U0294354

银盘水电站工程全貌

左岸边坡

厂房

船闸

三期施工全景

厂房施工

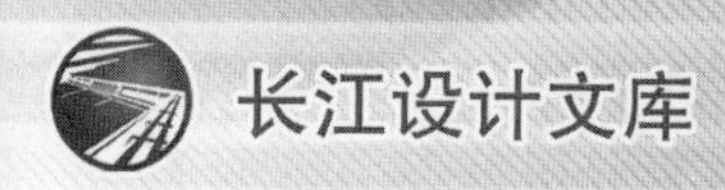


# 银盘水电站勘察设计关键技术

杜俊慧　沈晓明 等　著

·北京·

# 内 容 提 要

本书对低水头、大流量水电工程——乌江银盘水电站勘察设计关键技术进行系统总结。全书共14章，内容包括：综述，工程地质，工程规划，坝址、坝型及枢纽布置，挡水建筑物，泄洪消能建筑物，电站建筑物，通航建筑物，基础处理，边坡设计，金属结构，工程施工，机电，工程征地与移民安置。

本书可供国内外从事水利水电工程勘察、设计、科研、施工及管理人员使用，也可供有关高校相关专业师生参考。

**图书在版编目（CIP）数据**

银盘水电站勘察设计关键技术 / 杜俊慧等著. -- 北京 : 中国水利水电出版社, 2022.11
ISBN 978-7-5226-1069-6

Ⅰ. ①银… Ⅱ. ①杜… Ⅲ. ①乌江－水利水电工程－工程地质勘察－重庆 Ⅳ. ①TV22

中国版本图书馆CIP数据核字(2022)第210167号

| | |
|---|---|
| 书　名 | **银盘水电站勘察设计关键技术**<br>YINPAN SHUIDIANZHAN KANCHA SHEJI GUANJIAN JISHU |
| 作　者 | 杜俊慧　沈晓明　等　著 |
| 出版发行 | 中国水利水电出版社<br>（北京市海淀区玉渊潭南路1号D座　100038）<br>网址：www.waterpub.com.cn<br>E-mail：sales@mwr.gov.cn<br>电话：（010）68545888（营销中心） |
| 经　售 | 北京科水图书销售有限公司<br>电话：（010）68545874、63202643<br>全国各地新华书店和相关出版物销售网点 |
| 排　版 | 中国水利水电出版社微机排版中心 |
| 印　刷 | 北京印匠彩色印刷有限公司 |
| 规　格 | 184mm×260mm　16开本　20.25印张　499千字　2插页 |
| 版　次 | 2022年11月第1版　2022年11月第1次印刷 |
| 印　数 | 0001—1000册 |
| 定　价 | **130.00**元 |

# 前言

银盘水电站为乌江干流水电开发规划的第十一梯级电站，是发电兼顾彭水水电站的反调节任务和渠化航道的二等大（2）型枢纽工程。枢纽总布置格局为：河床布置混凝土重力坝，坝身设泄洪表孔，左岸布置电站建筑物，右岸布置通航建筑物。

银盘水电站为河床式水电站，由于山区河流峰高、量大，建一个集发电、泄洪并兼顾航运等任务于一身的水利枢纽遇到了各种困难。不论是技术上的创新，还是规范的突破，工程参与人员都积攒了不少宝贵的经验。本书对银盘水电站工程设计进行全面总结，对各建筑物的基本设计情况进行了简要介绍，对工程设计关键技术如泄洪消能设计、大推力表孔闸墩设计、左坝肩斜交边坡稳定分析模式及加固、软硬相间坝基基础处理、高水头窄航道的闸门设计等做了重点论述，为今后同类型工程设计提供参考。

本书第 1 章、第 4 章、第 5 章、第 6 章、第 10 章由沈晓明、王辉编写，第 2 章由王颂、王雪波编写，第 3 章由罗斌、周超编写，第 7 章由张玲丽编写，第 8 章由朱世洪、徐刚、陈鹏编写，第 9 章由李洪斌、施华堂、于习军、刘瑞懿编写，第 11 章由王启行、孔剑编写，第 12 章由何为、陈浩、饶志文、张雄编写，第 13 章由宋木仿、郑建强、杨志芳、高军华、陈红君、张重农、刘朝华、江宏文编写，第 14 章由陶更宇、姚劲松编写。全书由沈晓明、冉红玉统稿，由杜申伟、杜俊慧审定。

本书的出版得到了多家单位和多位专家的大力支持，特别是在编写过程中得到了胡进华、宋志忠等教授级高级工程师的审稿指导，在此表示衷心的感谢！谨以此书献给所有参与和关心银盘水电站工程的研究、论证和建设的单位、专家、学者，并向他们表示崇高的敬意与衷心的感谢！

限于编者水平和经验，本书的错误和不当之处在所难免，敬请同行专家和广大读者赐教指正。

**作者**

2021 年 11 月

# 目　录

# 第1章 综 述

## 1.1 工程概况

### 1.1.1 工程简介

银盘水电站位于乌江下游河段，地处重庆市武隆区，是乌江干流水电开发规划的第十一个梯级，上游接彭水水电站，下游为白马枢纽，是发电兼顾彭水水电站的反调节任务和渠化航道的枢纽工程。

银盘水电站的开发任务是以发电为主，其次为航运。枢纽主要由挡水建筑物、泄洪建筑物、电站厂房和通航建筑物等组成。大坝为混凝土重力坝，电站布置在左岸，为河床式厂房，通航建筑物布置在右岸。枢纽布置如图1.1-1所示。

施工采取明渠通航、三期导流方式，导流明渠布置在右岸。

银盘水电站水库正常蓄水位为215.00m，校核洪水位为225.47m，总库容为3.2亿$m^3$，最大坝高为78.50m，电站装机容量为600MW（4×150MW），通航建筑物规模为500t级单级船闸。按照《防洪标准》（GB 50201—2014）和《水电枢纽工程等级划分及设计安全标准》（DL 5180—2003）的规定，工程等别为二等，工程规模为大（2）型。挡水建筑物、泄洪建筑物、上闸首、闸室和下闸首、电站厂房、副厂房为2级建筑物，大坝下游护坦及尾水护坦等为3级建筑物，船闸导航设施、靠船墩等为4级建筑物。

根据《水电水利工程边坡设计规范》（DL/T 5353—2006），大坝左、右岸坝肩、电站进水口及尾水渠边坡均为A类Ⅱ级边坡，上、下游引航道等部位的边坡均为A类Ⅲ级边坡。

工程地处山区，主要建筑物洪水标准如下：

混凝土重力坝和船闸上闸首（挡水坝段）按100年一遇洪水设计，1000年一遇洪水校核；河床式电站作为挡水建筑物按100年一遇洪水设计，1000年一遇洪水校核，尾水平台按500年一遇洪水校核；下游消能防冲建筑物按50年一遇洪水设计。根据《防洪标准》（GB 50201—2014），Ⅳ级船闸的防护等级为Ⅲ等，非挡水下闸首和闸室的防洪标准

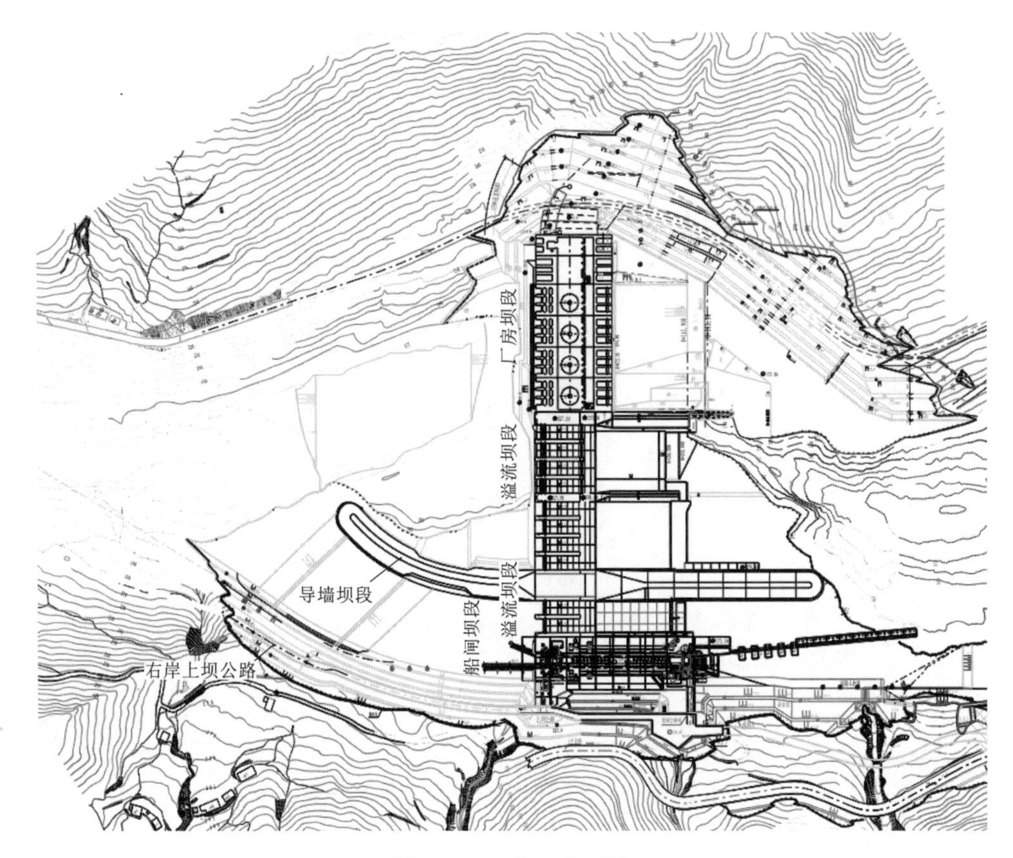


图 1.1-1 枢纽布置图

为 20 年一遇洪水。

工程地震基本烈度为Ⅵ度，根据《水电枢纽工程等级划分及设计安全标准》（DL 5180—2003）的规定，工程等别为二等，建筑物抗震设计烈度取Ⅵ度。

银盘水电站保证出力 161.7MW，年发电量为 27.08 亿 kW·h，扣除对上游彭水水电站的顶托影响，多年平均有效发电量为 26.35 亿 kW·h。与彭水水电站联合运用，可扩大彭水水电站容量效益，增加电网调峰能力。此外，银盘水库可渠化库区约 55km 深水航道，增加下游枯水流量，改善乌江通航条件，促进乌江航运的发展。

### 1.1.2 建设历程

为开发乌江丰富的水能资源，改善乌江航运条件，提高乌江中下游抗洪能力并配合长江中下游防洪，1987 年长江流域规划办公室（1989 年更名为水利部长江水利委员会）与贵阳勘测设计院共同编制完成了《乌江干流规划报告》，并于 1989 年得到批复。2003 年 4 月，重庆市发展改革委委托长江勘测规划设计研究院（简称“长江设计院”）进行彭水至河口河段的规划修订工作。长江设计院于 2003 年底完成了《乌江干流彭水至河口河段综合规划报告》。该报告拟定河段的开发任务为发电和航运，并推荐该河段由大溪口一级开发改为“银盘＋白马”两级开发方案，将彭水水电站的反调节梯级银盘水电站列为首期工程，规划在“十一五”初期开工建设。2004 年 4 月，重庆市发展改革委对此报告进行了审查，同意规划推荐的开发方案。

受重庆大唐国际武隆水电开发有限公司委托，长江设计院于2004年4月开始了重庆乌江银盘水电站预可行性研究工作，2005年1月提出了《重庆乌江银盘水电站坝址选择专题报告》，推荐杨家沱坝址。在坝址选择专题研究工作的基础上，开展了有关勘察、设计、研究补充工作，编制了《重庆乌江银盘水电站预可行性研究报告》。2005年5月，预可行性研究报告通过审查。

2005年4月，长江设计院开始乌江银盘水电站可行性研究。2008年1月，可行性研究报告通过水电水利规划设计总院和重庆市发改委的审查。

2008年12月，国家发展和改革委员会对"重庆乌江银盘水电站项目"予以核准；银盘水电站工程于2007年12月大江截流；2011年4月初期蓄水；2011年5—12月，四台机组相继并网发电；2014年5月，工程通过蓄水安全鉴定；2015年9月，船闸通航验收，开始试通航；2015年12月，通过工程竣工安全鉴定。随着通航系统的投入运行，标志着银盘水电站工程建设基本完成，银盘水电所有工程已全部完成竣工安全鉴定，具备永久运行条件。

### 1.1.3 工程运行概况

工程建成以来，水库水位达到了设计正常蓄水位，经历了多次泄洪考验；施工、运行中，大坝和枢纽各建筑物，以及金属结构、机电设备运行正常。截至2021年11月底，电站已累计发电289.34亿kW·h，实现利润25.65亿元，工程的经济、社会、环境、安全效益显著。

## 1.2 水文特性

银盘水电站坝址气候特征的分析采用其上游的彭水气象站1951—2000年观测资料。

坝址年径流段系列为1959—2004年，均值为1380$m^3/s$。

银盘水电站坝址与彭水站相距约47.3km，坝址以上集水面积74910$km^2$，与彭水站集水面积仅相差6.55%。坝址洪水以乌江干流来水为主，且彭水水文站已控制了坝址以上流域面积的绝大部分，因此，银盘水电站坝址设计洪水计算以彭水站作为设计依据站。坝址设计洪水采用彭水站的设计洪水按面积比放大，其中，洪峰按面积比的2/3次方放大，天然情况下的坝址设计洪水见表1.2-1。

表1.2-1　　银盘水电站坝址设计洪水

| 项　目 | $X_{0.02\%}$ | $X_{0.1\%}$ | $X_{0.2\%}$ | $X_{1\%}$ | $X_{2\%}$ | $X_{5\%}$ | $X_{10\%}$ | $X_{20\%}$ | $X_{33.3\%}$ |
|---|---|---|---|---|---|---|---|---|---|
| $Q_m/(m^3/s)$ | 41400 | 35600 | 33100 | 27100 | 24400 | 20800 | 18000 | 15100 | 12700 |
| $W_{24h}$/亿$m^3$ | 35.7 | 30.6 | 28.4 | 23.1 | 20.8 | 17.7 | 15.2 | 12.7 | 10.7 |
| $W_{72h}$/亿$m^3$ | 97.0 | 83.1 | 76.9 | 62.4 | 56.0 | 47.4 | 40.7 | 33.7 | 28.3 |
| $W_{168h}$/亿$m^3$ | 174 | 148.3 | 137.2 | 111 | 99.3 | 83.7 | 71.6 | 59.1 | 49.3 |

银盘坝址多年平均悬移质输沙量与含沙量，分别由龚滩及龚滩—武隆站区间输沙模数与坝址多年平均流量计算而来。根据乌江渡蓄水前的1941—1979年悬移质资料统计，坝址多年平均含沙量为0.599kg/m$^3$，多年平均输沙量约为2630万t，多年平均输沙模数为351t/km$^2$。1979年11月20日乌江渡水库下闸蓄水后，1980—2007年坝址多年平均含沙量为0.35kg/m$^3$，多年平均输沙量仅为1524万t，输沙量减少了42%。乌江渡水库建后的彭水坝址的悬移质泥沙中值粒径为0.007mm。

银盘水电站的推移质将主要来自区间的郁江。郁江年推移质输沙量为5.20万t，彭水—银盘区间推移质输沙量（不包括郁江）为1.46万t。

## 1.3 工程主要特点和难点

银盘水电站为乌江上的河床式水电站，坝高78.5m，坝型是混凝土重力坝。由于山区河流峰高、量大，建一个集发电、泄洪并兼顾航运等任务于一身的水利枢纽遇到了各种困难。不论是技术上的创新，还是规范的突破，工程参与人员都积累了不少宝贵经验，为今后同类型工程设计提供参考。

银盘水电站工程的主要特点和设计难点表现在以下几方面：

(1) 汛期水位调度难度大。银盘工程开发任务为：以发电为主，其次为航运，同时兼顾彭水水电站的反调节和渠化航道任务。从满足最低通航水位和充分发挥彭水水电站容量，进行对库容反调节的要求，工程主汛期运行水位不得低于214m；另外，根据减少库区主要淹没对象损失要求，库水位应低于214m。要同时满足发电、航运和水库淹没要求，主汛期的水位调度运行难度大。

(2) 泄洪建筑物布置及消能设计难度大。银盘水电站泄洪流量大，校核流量达35600m$^3$/s；下游水位高且变幅大，上、下游水位差在31～2m范围变化，枢纽布置需满足上游库区淹没、大流量泄洪、三期施工导流以及通航等需求，泄洪消能设计难度大。

(3) 泄洪表孔尺寸大，弧门总推力大，闸墩厚度较薄，设计难度大。银盘水电站表孔宽15.5m，闸门挡水高度20m。为缩短坝轴线长度，使闸墩厚度较薄，为4.5m。弧形闸门挡水水位按常蓄水位215.00m设计，弧门总推力为45784kN，单个支铰推力$T_1$=24721kN，与水平方向夹角（仰角）为23.158°。弧门支铰高程为212.00m，距闸墩边缘2m。闸墩厚度较薄，设计难度大。

(4) 左坝肩边坡和坝基稳定分析及加固设计难度大。坝址基岩岩性主要为页岩、砂岩、局部分布岩溶系统；左岸坝肩边坡为顺向坡—斜交坡，局部含剪切带，地质条件复杂。按传统的二维分析方法计算得到的边坡加固工程量大，并且设计规范对于坝肩结合坝基的边坡稳定分析没有明确的计算模式和安全系数规定，坝肩边坡及坝基稳定分析及加固处理设计难度大。

(5) 软硬相间、缓倾软弱夹泥的坝基基础处理难度大。银盘水电站坝基存在岩体软硬相间、软弱夹层、岩溶透水层等，构成了坝基不均匀变形、基岩渗漏和软弱夹层渗透变形等复杂关键技术问题。夹泥层的处理在国内外尚无经济有效的方法，灌浆处理难度大，技术复杂。

（6）厂房结构复杂，施工工期紧，蜗壳和分层分块设计难度大。银盘水电站蜗壳为梯形断面混凝土结构，最大作用水头为 49.67m（安装高程处），蜗壳侧墙厚 4.5m，高 14.4m，顶板厚 5.6m，最大跨度为 25.7m。作用水头和结构尺寸在混凝土蜗壳中都属于超大型的。大尺寸混凝土蜗壳的限裂设计难度大。

厂房结构混凝土浇筑分层分块设计中沿顺水流向分为进水口段、主机室段、尾水段。由于主机室段结构复杂、机电埋件多、施工干扰大，三部分同步上升难度较大。因此需采取合理可靠的措施保证进水口段、尾水段快速上升，并满足提前挡水安全要求，技术难度较大。

（7）超高水头船闸水力学设计难度大。银盘水电站船闸按Ⅳ级航道标准进行设计，需要通行 500t 级船舶，为国内已建水头最高的单级船闸，给保证船闸输水时闸室内船舶的安全停泊和输水阀门及土建结构的安全运行带来了巨大挑战，设计难度大。

（8）高水头、窄航道的航道闸门设计难度大。银盘水电站船闸为亚洲已建单级最高水头船闸，船闸下闸首最大工作水头 35.12m，闸室有效尺寸为 120m×12m×4m（长×宽×槛上水深），具有高运行水头、窄航槽的特点，其下闸首通航闸门的门型选择、门体结构设计难度大。

（9）高温季节浇筑基础约束区混凝土难度大。银盘水电站由于截流时间的推后，造成高温季节浇筑基础强约束区混凝土，而且强度较大，混凝土浇筑温度控制难度大。

（10）电器主接线设计难度大。银盘水电站属径流式电站，主要承担基荷和部分腰荷，并与彭水水电站联合调度运行，因而，对电站电气一次系统的发送电可靠性及运行灵活性提出了较高的要求。电气主接线的设计难度大。

（11）建设征地和移民安置规划设计难度大。银盘水电站征地和移民规划设计工作开始于 2005 年，2006 年 6 月编制完成规划报告初稿。当报告准备提交审查之际，国务院于 2006 年 7 月颁布实施《大中型水利水电工程建设征地补偿和移民安置条例》，国家发展和改革委员会于 2007 年 7 月发布实施《水电工程建设征地移民安置规划设计规范》及配套规范，对水利水电工程移民安置、补偿补助提出了新的规定和要求。

银盘水电站建设征地和移民安置主要涉及彭水苗族土家族自治县及彭水县城淹没处理等，新移民条例强调“以人为本”，要求充分尊重移民安置意愿，增加了移民安置规划工作的难度。《银盘移民安置规划报告》是全国水电行业中第一部严格按新条例、新规范编制的报告，需妥善处理新、老移民政策的过度和衔接问题，设计难度大。

# 第2章 工程地质

## 2.1 工程地质概况

### 2.1.1 区域构造稳定及地震

银盘水电站库坝区本区位于扬子准地台（Ⅰ级）上扬子台褶带（Ⅱ级）黔江拱褶断束（Ⅲ级）构造单元（图2.1-1）。古生代以来，沉积了巨厚的盖层。燕山运动使本区盖层发生强烈褶皱和断裂，形成规模巨大的北北东～北东向构造形迹。后期处于隆起状态，仅

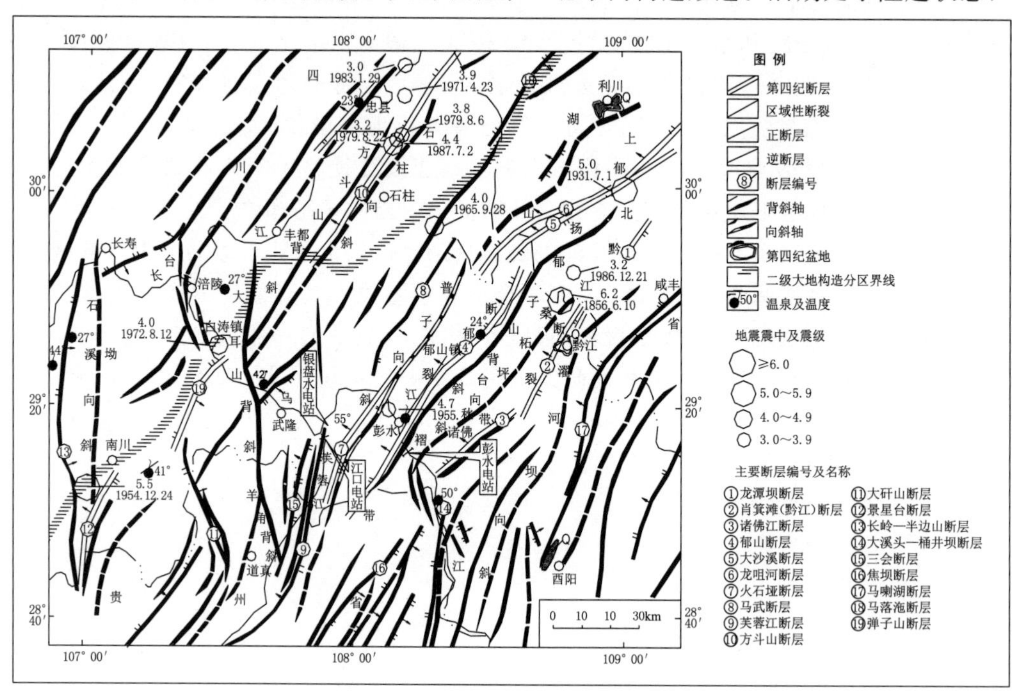


图2.1-1 银盘水电站构造纲要图

局部有小的凹陷盆地发育。喜马拉雅运动早期，上白垩统及以下的地层形成近南北向和规模不大的北北西向的褶皱和断裂。第四纪以来，本区以间歇性隆升为主，各级剥夷面保存较好，未发现明显的差异运动迹象。

工程区属于弱震环境，地震活动水平不高。坝址所处的金沙-咸丰-秭归地震带，地震主要集中在巫山-金佛山基底断裂东西两侧，距坝址较远。自有历史记载以来，工程区及外围中强地震对坝区的影响烈度小于Ⅵ度。根据《中国地震动参数区划图》（GB 18306—2015），库坝区地震动峰值加速度为 0.05$g$，相应地震基本烈度为Ⅵ度，区域构造稳定性较好。根据 2005 年重庆市地震局编制的《重庆银盘水电站工程建设场地地震安全性评估报告》，工程区 50 年超越概率 10%地震动峰值加速度为 0.067$g$，相应地震基本烈度Ⅵ度。

### 2.1.2 水库工程地质

银盘水电站水库正常蓄水位为 215m，相应库容为 1.8 亿 $m^3$，水库回水至彭水水电站，干流库长约 53km，蓄水后水库水面宽度一般为 100～200m，为河道型水库。

#### 2.1.2.1 水库渗漏分析

根据地形、地质、构造条件分析，水库封闭条件好，水库蓄水后不存在向右岸临谷水系渗漏的可能，也不存在向左岸邻谷芙蓉江江口水电站水库渗漏的可能。

水库右岸河湾地块，在库内龙溪一带分布二叠系（P）及三叠系下统（$T_1$）强岩溶含水层，直接暴露于库内，该地层分布连续，在坝址下游张家沱—中咀之间出露，可能形成长约 16km 的渗漏通道。经水文地质勘察，河湾地块岩溶系统及岩溶泉水出露的最低高程为 231m，均高于水库正常蓄水位 215m。水库下游乌江一侧未见岩溶系统及地下水露头，水库内外不存在集中渗漏的通道，水库蓄水后，不会产生管道型渗漏。

水库左岸河间地块，在库首附近分布奥陶系下统红花园组（$O_1h$）灰岩含水层，直接暴露于库内，该地层分布连续，在芙蓉江江口水电站大坝下游出露，可能存在水库渗漏的问题。在岩溶层与非岩溶层交界附近，出露裂隙性泉水。经水文地质勘察，河间地块中可溶岩层出露面积小，岩溶不发育，库内外无集中渗漏的岩溶通道，且芙蓉江一侧出露的裂隙性泉水高程远高于乌江一侧出露的泉水高程，均大于水库正常蓄水位 215m，水库蓄水后库水通过岩溶层向芙蓉江江口水电站大坝下游渗漏的可能性小。

水库从蓄水至今，未发现库水通过岩溶层向右岸临谷水系渗漏，也没有发现库水通过岩溶层向芙蓉江江口水电站大坝下游渗漏。经水库蓄水运行验证，勘察结论基本正确。

#### 2.1.2.2 库岸稳定性

水库两岸主要为碳酸盐岩和碎屑岩组成的岩质岸坡。松散堆积物岸坡多分布在较宽河谷段，所占比例较小。由于岩性组合、河谷结构、地形地貌、构造等因素的控制，岸坡的稳定条件有很大的差异。

在正常回水位范围，干流库岸线长 106km。根据岸坡类型和分类标准，银盘水电站库区岸坡中，稳定条件好和较好的岸坡占库岸总长的 83.4%，稳定条件较差的占库岸总长的 3.8%，稳定条件差的占库岸总长的 12.8%。由此可见，银盘水电站水库岸坡稳定条件总体较好。

1. 蓄水前库岸稳定性

岸坡变形破坏类型主要有滑坡和崩塌两种。银盘库区库岸共分布3个体积大于10万$m^3$的滑坡，分别为新田、水田坝、新滩滑坡，总体积约156万$m^3$；崩塌堆积体6处，分别为丁家坳、火石坡、木棕坪、丁家沟、小湾及炭坪子崩塌堆积体，总体积约500万$m^3$。

新田、水田坝、新滩滑坡均为Ⅱ级工程边坡，库区3个滑坡在天然条件下均处于稳定状态；根据崩塌堆积体形态、物质胶结、水文地质特征等多方面宏观判断，丁家坳、火石坡、木棕坪、丁家沟、小湾及炭坪子崩塌堆积体现状处于稳定状态。

2. 蓄水后库岸稳定性

水库蓄水以后，在正常蓄水条件下，新田、水田坝、新滩滑坡（已经治理）均处于稳定～基本稳定状态。蓄水后20年一遇洪水降落过程中，新田滑坡处于欠稳定、不稳定状态，水田坝滑坡处于基本稳定状态。新田滑坡上的居民已进行搬迁，新滩滑坡已完成治理，新田滑坡距大坝较近，对库首可能产生一定影响。

小湾、炭坪子崩塌堆积体在水库蓄水后，库水对崩塌堆积体影响小，崩塌堆积体整体上失稳的可能性小，为基本稳定。鉴于崩塌堆积体距坝址较近，且规模大，建议进行长期监测。丁家沟崩塌堆积体蓄水后被淹没，木棕坪、火石坡、丁家坳崩塌堆积体蓄水后，库水对崩塌堆积体影响小，崩塌堆积体整体上为基本稳定。

蓄水后，3处人工堆积体在库水浸泡和冲刷作用下易产生整体或局部坍塌，稳定性差，失稳后对公路、铁路影响不大，无影响居民，对库容基本无影响。

目前库区内的滑坡、崩塌堆积体均处于稳定状态，与前期勘察结论基本一致，考虑到部分滑坡、崩塌堆积体在较差的环境下，可能产生较大的危害性，建议对新田、水田坝滑坡、小湾崩塌堆积体和炭坪子崩塌堆积体进行长期监测。

#### 2.1.2.3　水库诱发地震

银盘水电站坝前增加水头40m，干流回水长度53km，总库容为3.2亿$m^3$。区内岩溶较发育，断裂构造较多，灰岩、白云岩刚度大，脆性强，渗透条件良好，有温泉分布。根据水库区岩性、构造、渗透条件、地应力及地震活动水平等，存在中小强度地震的可能性。

库首大坝—下龙溪段，为碳酸盐岩和碎屑岩相间分布，发育芙蓉江复背斜、芙蓉江逆断层和梨子坪逆断层等压性断裂构造，因此诱发构造水库地震的可能性小。但该库段发育有$KW_4$岩溶管道，蓄水库水位抬升30～35m，具备诱发岩溶型水库地震的地质条件。

库中下龙溪—下塘口段，主要分布有三叠系嘉陵江组，二叠系长兴组、茅口组，奥陶系红花园组、南津关组及寒武系毛田组、耿家组等碳酸盐岩，地下岩溶管道发育，出露岩溶泉水较多，构造上位于普子向斜核部及西翼，发育有火石垭逆断层及其牵引的高谷逆断层等压性断层和文复张性断层。水库蓄水后，该段具有诱发岩溶型水库地震的可能性。

库尾下塘口—彭水水电站大坝段，主要出露奥陶系南津关组、红花园组至寒武系平井组灰岩、白云岩，岩溶发育，库尾发育郁山镇断层。因蓄水深度小，与天然洪水位相近，因此诱发水库地震的可能小。

综合库区地质构造和岩溶发育情况，并参比国内已建典型岩溶水库地震规模和特点，银盘水电站蓄水后，水库区可能产生的岩溶型水库地震的最大震级可按4级考虑，相应的震中烈度约Ⅵ度。影响到银盘坝址的烈度小于Ⅵ度。从水库蓄水以来，水库区未发生有感地震。

### 2.1.3 坝址区基本地质条件

乌江在坝区主要流向为SW213°，岩层走向355°～15°，倾向265°～285°，倾向右岸偏下游，倾角35°～50°，乌江流向与岩层走向交角约25°，为斜向谷，经坝址后乌江转向正南流向，与岩层走向基本一致，为走向谷。坝址两岸临江山顶高程约550m，相对高差370m，坝址左岸地形坡角为20°～35°；右岸地形上陡下缓，坡角10°～35°，两岸为一不对称的U形谷。

坝址区出露地层以碎屑岩地层为主，碳酸盐岩分布较少。从左至右出露奥陶系大湾组（$O_1d$）砂页岩，中奥陶系（$O_{2+3}$）灰岩、五峰组（$O_3w$）页岩，志留系龙马溪组（$S_1ln$）页岩。第四系（Q）河床河流冲积（$Q^{al}$）厚度7.0～22.45m，两岸残坡积（$Q^{el+dl}$）一般厚度小于5.0m。坝址区地层岩性特征见表2.1-1。

表2.1-1　坝址区地层岩性特征

| 界 | 系 | 统 | 组 | 地层代号 | 地层厚度/m | 岩性简述 |
|---|---|---|---|---|---|---|
| 新生界 | 第四系 | | | Q | 0～25.9 | 河床为砂卵石，两岸主要为粉质黏土及碎石 |
| 下古生界 | 志留系 | 下统 | 龙马溪组 | $S_1ln$ | 473.1 | 页岩夹粉砂岩 |
| | 奥陶系 | 上统 | 五峰组 | $O_3w$ | 6.66 | 黑色板状炭质页岩 |
| | | | 临湘组 | $O_3i$ | 41.44 | 含泥质瘤状灰岩 |
| | | 中统 | 宝塔组 | $O_2b$ | | 龟裂纹灰岩 |
| | | | 十字铺组 | $O_2s$ | | 含泥质瘤状灰岩 |
| | | 下统 | 大湾组 | $O_1d^{3-4}$ | 20.20 | 粉砂岩与页岩互层夹长石石英砂岩及少量含泥质灰岩 |
| | | | | $O_1d^{3-3}$ | 14.05 | 长石石英砂岩、粉砂岩 |
| | | | | $O_1d^{3-2}$ | 33.81 | 长石石英砂岩、粉砂岩、页岩不等厚互层 |
| | | | | $O_1d^{3-1}$ | 39.5 | 灰绿色页岩夹粉砂岩及少量灰岩 |
| | | | | $O_1d^2$ | 21.61 | 中厚层含泥质生物灰岩 |
| | | | | $O_1d^{1-3}$ | 87.43 | 页岩夹薄层含泥质灰岩及少量粉砂岩 |
| | | | | $O_1d^{1-2}$ | 6.78 | 含泥质生物灰岩 |
| | | | | $O_1d^{1-1}$ | 9.45 | 页岩夹薄层灰岩 |
| | | | 红花园组 | $O_1h$ | 59.73 | 厚～中厚层生物碎屑灰岩，近底部夹页岩及燧石层 |
| | | | 分乡组 | $O_1f$ | 42.66 | 上下部为薄～中厚层结晶灰岩夹页岩及燧石层，中部为页岩夹少量结晶灰岩，底部0.35m为长石石英砂岩 |

坝址区位于江口背斜北西翼，为单斜地层，岩层走向355°～15°，倾向265°～285°，倾向右岸偏下游，倾角35°～50°。坝址区主要构造形迹为断层、裂隙和层间剪切带。坝址

区建筑物基础共揭露断层31条，断层多发育在$O_1d^{1-3}$、$O_1d^{3-1}$页岩中，断层地层断距一般较小，大部分无明显断距，性质一般表现为逆断层，断层一般延伸较短，长度多为10～30m，大部分断层均见泥化。断层发育的方向主要有NNW、NWW、NNE三组，以中～高倾角为主，倾角一般为50°～75°，倾角30°～35°的缓倾角断层2条。断面一般较平直，少数局部断面弯曲；岩层中存在层间破碎带，但规模一般较小，主要表现为沿层间薄层页岩错动，可成片状、鳞片状页岩夹方解石脉，局部有泥化现象。右岸五峰组（$O_3w$）页岩中，中上部发育一厚2～5.0m的层间挤压破碎带。坝址区主要裂隙有NWW、NNE、NEE三组，坝基内缓倾角裂隙主要发育在$O_1d^{1-3}$层中，裂隙面新鲜，一般为方解石充填，胶结好。

坝址区地层中共发现各类层间剪切带70条。根据剪切带的成因、类型、物质组成及性状将其分为两个基本类型：Ⅰ类层间泥化剪切带为剪切作用充分，发育完善的层间泥化剪切带，一般为页岩夹极薄层灰岩及砂岩透镜体，在构造影响和地下水作用下，页岩全风化成泥或泥夹碎屑，剪切带一般厚1～4cm，局部厚7～20cm，泥化层厚度一般为1～3cm，最厚为7cm，夹少量的方解石细脉，泥面光滑而平整，具镜面，这类剪切带有11条；Ⅱ类层间破碎剪切带为剪切作用不充分，发育不完善的层间破碎夹泥、破碎剪切带。剪切带主要为页岩夹方解石脉、砂岩及灰岩透镜体，页岩强风化，挤压破碎，一般为碎屑夹泥，泥化层多为不连续分布。根据剪切带泥化的厚度及连续性，破碎剪切带可分为两个亚类：$Ⅱ_1$类层间破碎夹泥剪切带为页岩夹方解石脉、砂岩及灰岩透镜体，页岩呈片状～鳞片状，强风化，挤压破碎，为碎屑夹泥，泥化层多为不连续分布，剪切带厚度一般为2～5cm，最厚22cm，该类剪切带有27条；$Ⅱ_2$类破碎剪切带为页岩夹方解石脉、砂岩及灰岩透镜体，剪切带中坚硬岩石的团块或角砾较多，页岩呈片状，方解石脉发育，层间剪切破坏面不连续，不平直，面粗糙，断续附泥膜，起伏差较大。剪切带厚度一般为0.5～2cm，少量厚10～20cm，该类剪切带有32条。

坝址区出露地层以碎屑岩地层为主，碳酸盐岩分布较少。坝址区岩溶发育特征主要受地层岩性、地质构造及构造控制，岩溶层与隔水层、相对隔水层相间分布，主要岩溶层为$O_{2+3}$、$O_1d^{1-2}$、$O_1d^2$层，其中$O_{2+3}$层岩溶最发育，各层发育有较独立的岩溶系统；主要隔水层有$O_1d^{1-1}$、$O_1d^{1-3}$、$O_1d^3$、$O_3w$、$S_1ln^{1-1}$等，岩溶不发育或发育微弱。岩溶以顺层发育为主，其次为顺裂隙性断层发育。右岸岩溶比左岸发育，$O_{2+3}$层溶洞发育，数量多、规模大，坝身段向下游方向至江边岩溶最为发育，在高程170m至地表岩溶较为发育，高程170m以下呈递减趋势。坝址两岸的岩溶系统$O_1d^{1-2}$层有$W_9$，$O_1d^2$层有$W_{11}$、$W_{29}$，$O_1h$层有$W_{57}$，$O_{2+3}$层有$KW_{64}$。

坝址区岩体总体透水性较弱。透水性相对较大的岩体主要集中在右岸的$O_{2+3}$层和左岸的$O_1d^2$层等岩溶层。

坝区两岸岸坡岩体主要为页岩、砂岩，少量为灰岩，地表岩体卸荷现象不明显。岩体卸荷带水平宽度为6～17m。坝址区砂岩、页岩分布范围大，岩体风化在坝址区是一种较为普遍的地质现象。页岩风化较强烈，强风化厚度为0～9m，弱风化厚度为0～14m；砂岩、粉砂岩风化相对较弱，强风化厚度为0～5m，弱风化厚度为0～6m；灰岩未见风化。

## 2.2 页岩地质特性研究

银盘水电站大坝为混凝土重力坝，最大坝高约为78.5m，大坝建基岩体主要由软岩和坚硬岩互层组成。其中坝基的软岩为$O_1d^{1-3}$、$O_1d^{3-1}$、$O_3w$及$S_1ln$页岩层，硬岩类岩层有$O_1d^2$、$O_1d^{3-2}$、$O_1d^{3-3}$、$O_{2+3}$灰岩、砂岩。页岩在坝基出露长度约为378m，占大坝长度的61%。页岩湿抗压强度低，微裂隙发育，岩体破碎，层面结合较差，变形模量低。坝基的岩体，尤其是页岩力学性质各向异性明显，坝基岩体软硬相间，倾角中等，力学性质差异性大，存在不均匀沉降问题。

### 2.2.1 页岩物理力学性质

坝区页岩有含炭质页岩、砂质页岩和页岩，它们的孔隙率为1.89%～8.62%，但大多数岩石的孔隙率在5%以上，属中～高孔隙率岩石。页岩主要成分为伊利石，其中，$O_1d^{3-1}$中含20%的绢云母和绿泥石；$O_1d^{1-1}$中伊利石含量为85%，绢云母为10%；$O_1d^{1-3}$中伊利石含量为85%，高岭石为13%。

$S_1ln$、$O_3w$、$O_1d^{3-3}$含炭质、砂质页岩的试验成果统计见表2.2-1和表2.2-2，其中页岩湿抗压强度为15.5～42.7MPa，变形模量为7.6～39.5GPa，属于较软岩；$O_1d^{1-1}$、$O_1d^{1-3}$、$O_1d^{3-1}$页岩，湿抗压强度为7.7～21.3MPa，变形模量为7.14～22.1GPa，属于软岩。

页岩的物理力学参数比坚硬岩石低得多，且页岩中所含成分不同，变形及强度参数也相差较大，同一地层的页岩，由于其结构特点、试验时的条件等因素的影响，参数差别也相当大。

页岩是呈定向排列的强各向异性岩石，其页理面的倾角和作用力的方向，对强度特性的影响较为明显。银盘水电站工程页岩的页理面倾角为38°～40°，在外载荷作用下，易沿页理面开裂破坏，页岩在取样、运输和加工过程中页理面受到一定程度的扰动，使力学参数偏低。而三轴试验说明，页岩在围压状态下的强度明显高于单轴抗压强度值。坝址区页岩室内试验和现场试验力学成果见表2.2-1和表2.2-2。

表2.2-1　坝址区页岩室内试验力学成果表

| 地层代号 | 岩石名称 | 比重 | 抗压强度/MPa | | 软化系数 | 变形特征 | | |
|---|---|---|---|---|---|---|---|---|
| | | | 饱和 | 自然 | | 变形模量/MPa | 弹性模量/MPa | 泊松比$\mu$ |
| $S_1ln^{1-1}$ | 页岩 | 2.70 | 17.1～42.7<br>26.46 (18) | 23.7～55.3<br>35.57 (18) | 0.7～0.77<br>0.74 (6) | 6639～28829<br>14098 (18) | 7601～31841<br>15974 (18) | 0.17～0.27 |
| $O_3w$ | 页岩 | 2.65 | 15.5～27.2<br>20.27 (6) | 22.3～34.9<br>28.1 (6) | 0.69～0.75<br>0.72 (3) | 9677～15385<br>13113 (9) | 10774～19104<br>14281 (9) | 0.16～0.24 |
| $O_1d^{3-4}$ | 页岩 | 2.75 | 16.1～31.1<br>23.0 (9) | 23.2～39.1<br>31.24 (9) | 0.72～0.75<br>0.74 (3) | 10306～33862<br>22062 (9) | 11287～37870<br>24245 (9) | 0.22～0.27 |

续表

| 地层代号 | 岩石名称 | 比重 | 抗压强度/MPa | | 软化系数 | 变形特征 | | |
|---|---|---|---|---|---|---|---|---|
| | | | 饱和 | 自然 | | 变形模量/MPa | 弹性模量/MPa | 泊松比 $\mu$ |
| $O_1d^{3-1}$ | 页岩 | 2.81 | $\frac{7.7\sim19}{13.2\ (18)}$ | $\frac{11\sim25.3}{19.05\ (18)}$ | $\frac{0.61\sim0.75}{0.69\ (6)}$ | $\frac{8060\sim15287}{11733\ (18)}$ | $\frac{9969\sim16216}{12771\ (18)}$ | 0.22~0.33 |
| $O_1d^{1-3}$ | 页岩 | 2.80 | $\frac{10.1\sim21.3}{15.11\ (18)}$ | $\frac{15.4\sim29.8}{21.33\ (18)}$ | $\frac{0.67\sim0.72}{0.71\ (6)}$ | $\frac{8481\sim17978}{12786\ (18)}$ | $\frac{10300\sim19048}{14311\ (18)}$ | 0.18~0.29 |
| $O_1d^{1-1}$ | 页岩 | 2.76 | $\frac{8.9\sim14.5}{11.4\ (6)}$ | $\frac{12.6\sim18.4}{16.98\ (6)}$ | $\frac{0.64\sim0.7}{0.67\ (2)}$ | $\frac{6452\sim21053}{14014\ (6)}$ | $\frac{7143\sim22069}{14988\ (6)}$ | 0.2~0.27 |
| $O_1d^{3-2}$ | 弱风化页岩 | | $\frac{7.2\sim8.2}{7.6\ (2)}$ | $\frac{10.4\sim12.8}{12.6\ (2)}$ | 0.67 | 3571 | 3970 | 0.24 |

**注** 表中数值含义为$\frac{最小值\sim最大值}{平均值（块数）}$。

**表 2.2-2　　坝址区页岩现场试验力学成果表**

| 部位 | 层位 | 岩性 | 最大压力/MPa | 变形模量/GPa | 弹性模量/GPa | 波速/(km/s) | 简要说明 |
|---|---|---|---|---|---|---|---|
| PD1平洞 | $O_1d^{1-3}$ | 微新页岩 | 4.08 | 2.60~3.26 | 3.28~4.1 | 3.21~3.29 | 层面裂隙较发育，较完整 |
| PD3平洞 | $O_1d^{1-3}$ | 微新页岩 | 3.30 | 4.40~8.04 | 6.12~9.52 | 3.56~3.68 | 层面新鲜，较完整 |
| PD3主洞 | $O_1d^{3-1}$ | 弱风化页岩 | 3.30 | 0.84~1.71 | 1.53~3.29 | 2.59~3.00 | 层面裂隙发育，多层侵水呈铁锈色 |
| PD6主洞 | $O_1d^{3-1}$ | 微新页岩 | 4.71 | 7.72~9.51 | 13.27~14.24 | 3.72~3.80 | 岩石新鲜、完整，裂隙充填方解石脉 |
| PD5主洞 | $O_1d^{3-1}$ | 微新页岩 | 4.71 | 1.93~3.33 | 4.51~6.33 | 3.43~3.67 | 夹较多浅色条带，条带间见泥膜，岩石新鲜完整，未见裂隙 |
| | | | 4.71 | 4.37~10.49 | 6.48~14.13 | 3.54~3.58 | 夹较多浅色条带，岩石新鲜完整 |
| PD7主洞 | $O_1d^{1-3}$ | 弱风化页岩 | 2.04 | 0.54~2.23 | 1.77~3.82 | 2.67~3.34 | 裂隙和层面裂隙将岩体切割成块状，沿裂隙面风化 |
| PD8主洞 | $S_1ln$ | 微新炭质页岩 | 4.00 | 10.40~25.10 | 16.52~30.53 | 4.193.51 | 岩石新鲜完整 |

### 2.2.2 页岩变形特性

1. 试验成果分析

$O_1d^{1-3}$、$O_1d^{3-1}$ 页岩层间夹薄层灰岩或者砂岩，层理间胶结程度和页理面的发育程度直接影响岩体的完整性。结合试点地质情况分析，新鲜完整且页理面不发育的页岩以及下伏灰岩或者砂岩的情况下，其变形模量为7.7～10.5GPa；较完整且页理面较发育的页岩，其变形模量为4.4～5.1GPa；较破碎且页理面发育、层间有钙质或者泥质充填的页岩，其变形模量为1.9～3.3GPa。新鲜完整～较完整含炭质、砂质页岩的变形模量为10.4～25.1GPa。

2. 参数取值

结合平洞及坝区钻孔波速，并考虑各向异性系数计算各个层位岩体大范围岩体的变形模量。与试验平均值比较，对于 $O_1d^{3-1}$ 弱风化页岩，换算值比试验平均值略高，主要是在静力法试验中由于页岩易卸荷松弛，制作试点时受到一定的扰动。而钻孔声波波速是平洞中1m以下的波速平均值；$S_1ln$ 微风化炭质页岩的试验数量较少，且试点选择在完整的岩体上，因此试验值比计算值高1倍；$O_1d^{1-3}$、$O_1d^{3-1}$ 微风化页岩试验结果比其他地层具有明显的代表性，且声波测试的数据也比其他层位多，变形模量计算值比试验值低。

综合以上分析，$O_1d^{1-3}$、$O_1d^{3-1}$ 微风化普通页岩的综合变形参数为4GPa，弱风化页岩综合变形参数为1.2GPa。$S_1ln$ 微风化炭质页岩综合变形参数为8GPa。对于页岩为主、夹灰岩或砂岩的情况，应根据工程应力大小及硬质岩所占的比例适当提高变形参数，但微风化普通页岩变形模量不宜大于5GPa，其他各层位的含炭质砂质页岩变形模量不宜大于10GPa。

### 2.2.3 页岩声波特性

#### 2.2.3.1 页岩声波特性分析

坝区平洞中波速近似水平方向，与岩层之间有一定的交角，钻孔及变形试点钻孔波速为铅直方向，与岩层之间有约40°的交角。为研究页岩的各向异性特点，在平洞对 $O_1d^{3-1}$ 层完整新鲜的页岩中布置了钻孔，钻孔方向与页理面平行，孔与孔之间平行，采用跨孔法测试钻孔之间的波速。32条测线统计结果表明，平行页理面方向波速范围为4.07～5.00km/s，平均值为4.62km/s；垂直页理面方向波速范围为2.75～3.15km/s，平均值为2.98km/s；与页理面有27°～66°交角的波速介于二者之间，波速范围为3.04～4.72km/s，平均值为3.66km/s。$V_{P锤}/V_{P平}=0.65$，$V_{P锤}/V_{P交}=0.79$。从波速角度说明页岩具有明显的各向异性特征。页岩在不同方向的波速有显著的差别，二者的比值为0.81。

#### 2.2.3.2 页岩强度与声波关系曲线

银盘水电站一期工程纵向围堰堰基岩体地层与大坝坝基一致，纵向围堰布置在右岸，全长558.13m，从上游至下游地层为 $O_1d^2$～$S_1ln$ 层。施工开挖中有选择地取了9个点进行对比试验，$E_0-V_p$ 关系见图2.2-1，不同阶段得到的 $E_0-V_p$ 关系式见表2.2-3。

数据表明，低波速段 $V_p$ 在2.0～5.0km/s范围内变形模量离散性较小，而高波速段 $V_p>5.0$km/s后变形模量离散性较大。因此，综合前期勘探、纵向围堰堰基岩体的声波检测和岩体变形模量资料，修正 $E_0-V_p$ 关系曲线，可应用于快速判断大坝建基岩体坝基岩体质量。随着试验数量增多，进一步验证了建基岩体的变形参数，也增强了地质代表性。

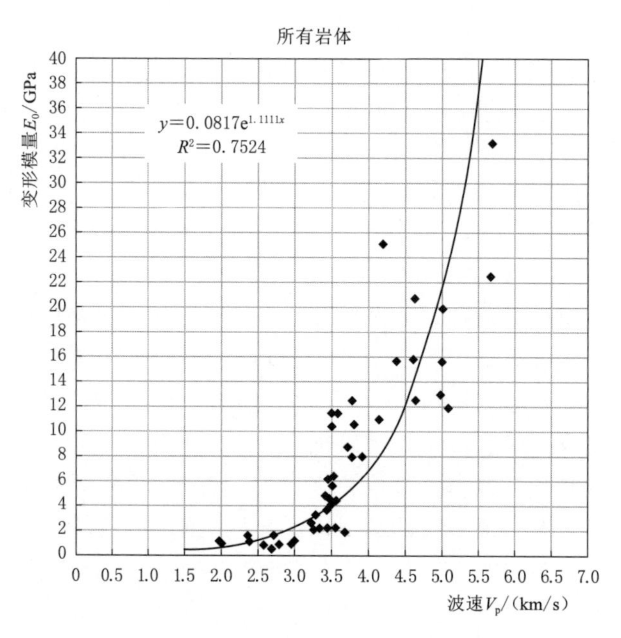


图 2.2－1　乌江银盘水电站纵向围堰施工阶段岩体 $E_0-V_p$ 关系曲线

**表 2.2－3　　坝址岩体不同阶段 $E_0-V_p$ 关系**

| 勘察阶段 | 数量/点 | $E_0-V_p$ 关系式 |
|---|---|---|
| 可研阶段前 | 41 | $E_0=0.074\cdot e^{1.12V_p}$（式 1） |
| 纵向围堰施工阶段 | 53 | $E_0=0.082\cdot e^{1.116V_p}$（式 2） |

研究 $E_0-V_p$ 关系的主要目的是确定大范围岩体的变形参数，通过简便的声波测试方法可以计算出较为准确的变形参数，从而快速判断大坝建基岩体质量。根据岩体级别对应的波速平均值，按照表 2.2－3 中施工阶段的 $E_0-V_p$ 关系式，计算出银盘水电站坝基岩体变形模量结果，见表 2.2－4。从表中参数对比可见，设计采用值与计算的变形模量较为接近，表明用大范围岩体波速平均值，并通过施工阶段的 $E_0-V_p$ 关系式，可以较为准确地确定岩体的宏观变形参数。

**表 2.2－4　　大坝坝基岩体变形参数**

| 岩体级别 | 单孔波速平均值/(km/s) | 计算变形模量/GPa | 设计采用变形模量/GPa |
|---|---|---|---|
| Ⅰ | 6.28 | 29.52 | 28～32 |
| Ⅱ | 5.29 | 10.25 | 9～11 |
| Ⅲ | 4.06 | 7.44 | 7～8 |
| Ⅳ | 3.54 | 4.57 | 4～5 |

建立 $E_0-V_p$ 关系在建基岩体验收应用以及对比试验表明，用 $E_0-V_p$ 关系确定工程大范围岩体变形参数是一种有效的方法，通过单孔声波测试值快速判断岩体质量有较大的应用意义。解决了各种不同风化状态页岩无法在工程较快提出地质参数的局面，减少了工程处理难度和工程量。

### 2.2.4 页岩抗剪强度

#### 2.2.4.1 混凝土与页岩接触面抗剪强度

混凝土与页岩接触面直剪强度试验成果见表 2.2-5。破坏形态为沿接触面脆性破坏，但由于页岩裂隙较发育，试点面形成较多的凹坑，破坏后混凝土面起伏不平，起伏差明显比混凝土与硬质岩之间的破坏面大，而且混凝土与 $O_1d^{1-3}$ 层弱风化岩体之间的破坏面的起伏差比混凝土与微风化页岩的起伏差大，因此，抗剪强度参数反而比混凝土与微新页岩的高，由此更进一步说明起伏差是影响抗剪强度参数的主要因素。由于起伏差是主要控制因素，因此将混凝土与弱风化和微新页岩之间的试点进行综合整理，$\tau-\sigma$ 综合关系曲线见图 2.2-2。用图解法确定的峰值强度参数为 $f=1.15$，$c'=0.99$MPa，$f=0.81$，$c=0.22$MPa；比例强度参数为 $f_b=0.74\sim0.84$，$c_b=0.37\sim0.71$MPa。

表 2.2-5 混凝土与页岩接触面直剪强度试验成果

| 层位 | 风化程度 | 混凝土强度/MPa | 抗剪断峰值 | | 抗剪峰值 | |
|---|---|---|---|---|---|---|
| | | | $f'$ | $c'$/MPa | $f$ | $c$/MPa |
| $O_1d^{1-3}$ | 微新 | 21.8～23.2<br>22.4 | 1.40 | 0.87 | 0.88 | 0.21 |
| $O_1d^{1-3}$ | 弱风化 | 14.1～25.1<br>/20.4 | 1.33 | 1.03 | 0.78 | 0.23 |
| $O_1d^{3-1}$ | 弱风化 | | 1.17 | 0.64 | 0.79 | 0.29 |

混凝土与页岩接触面之间的峰值强度参数略低于混凝土与硬质岩之间的直剪强度参数，但比例界限值强度参数前者明显低于后者。

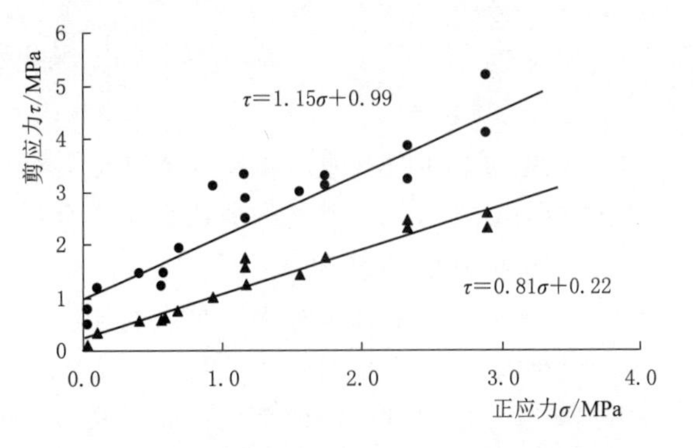


图 2.2-2 混凝土与页岩 $\tau-\sigma$ 综合关系曲线

#### 2.2.4.2 页岩抗剪强度

1. 试验成果分析

坝址页岩岩层产状为 280°∠35°～38°，推力方向为 210°～240°向下游。在空间上，岩体直剪推力方向与岩层走向之间呈 40°～70°交角，与岩层倾角之间呈 35°～38°交角，且逆向作用，破坏面多为锯齿状态或者凹凸不平的不规则倒坎形态，倒坎型锯齿数量与页岩页理面发育程度、裂隙分布情况有关，页岩被剪断后的起伏差一般为 3～10cm，最大为 16cm；少数试点破坏面受裂隙影响起伏差相对较小，但也有 3～5cm。因此，破坏面的起伏差是影响页岩抗剪强度参数的主要因素。

大湾组页岩页理面的性质也直接影响岩体的抗剪强度参数，对完整新鲜且页理不发育的页理面进行的原位直剪试验结果说明，页理不发育时，多数情况为切层破坏，实际上属于岩体本身破坏，但破坏面起伏差一般为1～3cm，局部为3～4cm，明显比页岩本身破坏面起伏差小，抗剪强度参数略低于岩体本身的直剪强度参数。而充填钙泥膜的页理面的抗剪强度参数为 $f=0.50$，$c'=0.18\text{MPa}$，明显低于页理面不发育的情况。

由此可见，在剪应力作用下，切层破坏、起伏差较大时的剪应力明显高于起伏差较小的剪应力，而且与破坏面的形态有关。由于起伏差的影响，使单组试验值的离散性较大。对微新页岩本身和页理面现场剪切试验数据进行综合整理并用图解法确定抗剪断峰值强度参数，$\tau-\sigma$ 关系曲线见图2.2-3。

结合试点的破坏形态和岩体的完整程度对应分析，大值平均抗剪断峰值强度参数为 $f=1.29$，$c=2.74\text{MPa}$，代表完整且起伏差大于10cm的情况；小值平均抗剪峰值强度参数为 $f=0.86$，$c=0.63\text{MPa}$，代表较破碎岩体且起伏差小于3cm的情况；平均抗剪强度参数为 $f=0.86$，$c=0.83\text{MPa}$，代表较完整且起伏差在5～10cm的情况。

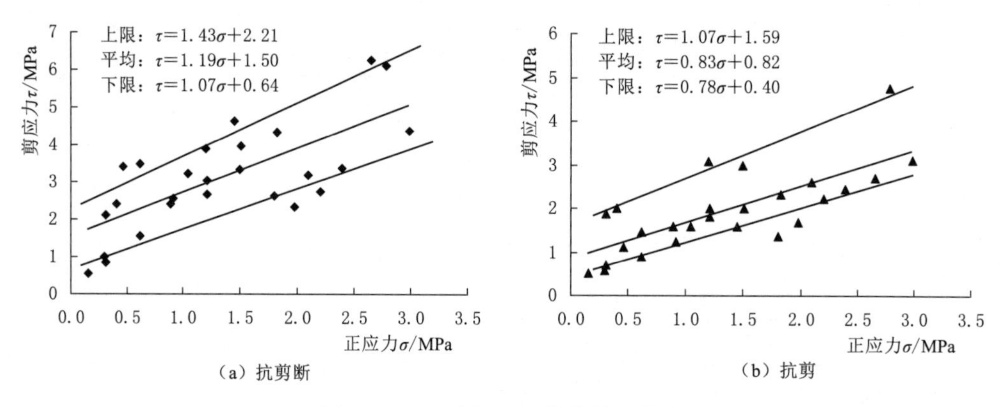


图2.2-3 页岩 $\tau-\sigma$ 综合关系曲线

2. 参数取值

根据页岩本身的直剪试验和混凝土与页岩之间的直剪破坏机理分析，由于页岩具有典型的各向异性特征，不同的剪切方向会有不同的抗剪强度参数，页理面的性状也直接影响页岩的抗剪强度参数。

由于混凝土的强度远大于页岩的强度，其抗剪强度参数主要决定于页岩本身，因此混凝土与页岩接触面抗剪强度参数与页岩本身的抗剪强度参数一致。根据相关规范要求，采用抗剪断峰值强度的小值平均值作为取值的依据，并考虑工程与页岩之间的交角关系，坝基页岩：$f'=0.80$，$c'=0.60\text{MPa}$。

对于边坡的稳定问题，抗剪强度参数与页岩层理面之间的关系密切。顺层边坡容易沿页理面滑动，坡面与页理面之间存在交角时，可能与结构面之间形成组合滑体，因此对于右岸逆向边坡，可以按坝基页岩取值；对于左岸顺层及斜交边坡，页岩抗剪强度参数以页理面直剪试验值为依据：$f'=0.50$，$c'=0.10\text{MPa}$。

#### 2.2.4.3 页岩与灰岩层间接触面抗剪强度

1. 试验成果分析

$O_1d^2$ 灰岩与 $O_1d^{1-3}$ 页岩接触面，试验后沿接触面破坏，面较平直，呈铁锈色，附黄色泥膜，面上残留页岩碎片。起伏差一般为1～2cm，最大为3cm。抗剪断强度参数为 $f=0.62$，$c'=0.10$MPa。

$O_1d^{1-3}$ 页岩与 $O_1d^2$ 灰岩接触面，破坏后沿页岩与灰岩的接触面破坏，剪切面平直、较粗糙，见页岩碎片或碎屑，起伏差一般为1～2cm，最大为4cm。抗剪断强度参数为 $f=0.67$，$c'=0.17$MPa。

2. 参数取值

结构面主要研究裂隙及层间接触面，以抗剪断屈服强度值作为取值依据，并综合考虑结构面的性状、结构面在整个坝区地质代表性，参数取值结果见表2.2-6。

表2.2-6　结构面参数取值结果

| 结构面类型 | | 结构面特征 | 抗剪断 | | 抗剪 |
|---|---|---|---|---|---|
| | | | $f'$ | $c'$/MPa | $f$ |
| 裂隙 | | 平直附泥膜 | 0.30～0.35 | 0.03～0.05 | 0.25～0.30 |
| | | 平直，局部附泥膜 | 0.40～0.50 | 0.08～0.10 | 0.30～0.40 |
| | | 平直无充填 | 0.55 | 0.10 | 0.45 |
| | | 面有起伏，方解石充填 | 0.60 | 0.15 | 0.50 |
| 层间接触面 | $O_1d^{3-1}/O_1d^2$<br>$O_1d^2/O_1d^{1-3}$ | $O_1d^{3-1}/O_1d^2$、$O_1d^2/O_1d^{1-3}$ | 0.60～0.65 | 0.10～0.15 | 0.50～0.55 |
| | 页理面 | 页理面 | 0.50 | 0.10 | 0.45 |

### 2.2.5 页岩力学参数建议值

页岩与坝基之间呈斜交层理状态，考虑页岩的各向异性特征、变形参数与波速之间的相关关系及大范围声波测试波速进行综合评估，确定微风化页岩（$O_1d^{1-3}$、$O_1d^{3-1}$）的综合变形参数为4GPa，含炭质砂质页岩（$S_1ln$）综合变形参数为8GPa。对于页岩夹灰岩或砂岩的情况，应根据工程应力大小及硬质岩所占的比例适当提高变形参数，但微风化页岩变形模量不宜大于5GPa，含炭质砂质页岩变形模量不宜大于10GPa。

从页岩的破坏机理分析，无论是混凝土与页岩或者页岩本身的直剪强度参数都受试验作用力与页理面的夹角及页理面特性的影响较大，单组试验具有较高的抗剪强度参数，以综合曲线的小值平均值作为取值依据，根据建筑物与页理面之间的关系，坝基页岩及逆向边坡：$f'=0.80$，$c'=0.60$MPa。顺层～斜交边坡页岩：$f'=0.50$，$c'=0.10$MPa。

### 2.2.6 页岩快速风化规律及坝基开挖保护层厚度选择

1. 页岩快速风化规律

为了解页岩岩体在自然状态下其力学参数的变化，对钻孔岩芯进行了声波衰变测试等大量的现场试验和室内试验（表2.2-7）。

表2.2-7　　坝址页岩钻孔声波纵波速度值表

| 地层代号 | 岩石名称 | 岩体波速/(m/s) | 完整岩体波速/(m/s) | 岩体完整系数 $K_V$ | 钻孔编号 |
|---|---|---|---|---|---|
| $S_1ln$ | 含炭质页岩 | 3380～3930 | 4060 | 0.75～0.90 | ZK9、ZK23、ZK53 |
| $O_3w$ | 炭质页岩 | 3630～3950 | 4060 | 0.79～0.87 | ZK35、ZK37、ZK51 |
| $O_1d^{3-4}$ | 砂质页岩 | 3560～3700 | 4060 | 0.76～0.79 | ZK7、ZK19、ZK21 |
| $O_1d^{3-1}$ | 页岩 | 3400～3610 | 3810 | 0.73～0.80 | ZK2、ZK3、ZK6 |
| $O_1d^{1-3}$ | 页岩 | 3540～3660 | 3810 | 0.75～0.83 | ZK2、ZK3、ZK6、ZK14 |
| $O_1d^{1-1}$ | 页岩 | 3250～3553 | 3810 | 0.73～0.87 | ZK14、ZK16、ZK42、ZK46 |

在历时近两个月的钻孔岩芯声波衰变测试过程中，其随时间推移，通过观察岩芯在自然存在条件下，弱风化、微风化页岩岩芯在失水和应力释放状态下出现干裂现象，钻孔岩芯甚至出现了崩解现象，声波同时出现持续衰减，波速由最开始的3780m/s降至1360m/s，钻孔岩芯的各项力学参数降低，见图2.2-4。

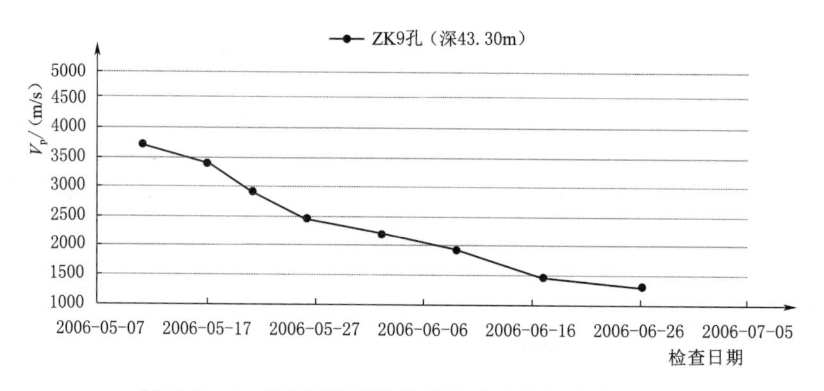


图2.2-4　坝址区页岩钻孔岩芯声波衰变测试成果图

坝址页岩岩石（体）在室内和现场进行了大量的试验和测试。从试验成果来看，页岩的各项力学参数均与裂隙发育程度和风化程度的关系密切。弱风化页岩饱和抗压强为7.2～8.2MPa；完整新鲜、裂隙不发育的试点变形模量为8.04～10.49GPa，弹性模量为9.52～14.24GPa；新鲜较完整、裂隙间距在20～40cm的试点的变形模量为4.4～5.14GPa，弹性模量为5.20～8.26GPa；完整性较差，层面裂隙发育的试点的变形模量为2.60～3.33GPa，弹性模量为1.5～3.82GPa；弱风化页岩试点的变形模量为0.54～2.23GPa，弹性模量为2.69～3.29GPa。

2. 页岩坝基开挖保护层厚度选择

坝区页岩地基分布面积超过60%，且工程分三期导流施工，页岩坝基开挖后会长时间暴露在自然状态下，因此，对页岩坝基保护及预留保护层厚度的选择就显得十分重要。通过对坝基页岩的声波衰减试验等试验进行分析总结，考虑到页岩易软化、抗风化能力差、耐崩解性低等特点，提出了在坝基开挖过程中上部预留保护层（厚度为2.5～

3.0m)，在开挖保护层后应及时浇筑等工程处理措施的建议。在后续施工过程中，对页岩坝基进行的钻孔声波测试表明，提出的预留保护层和保护层厚度的指导意见是十分有效的。

## 2.3 大坝建基岩体选择地质研究

### 2.3.1 坝基地质条件

坝区乌江平水位为180.30m，水深0～10m。河床发育一顺河向的深槽，覆盖层厚度为13.35～22.45m，向下游覆盖层渐变薄。坝轴线河床覆盖层为粉细砂夹卵砾石，厚2.35～19.25m，基岩顶板高程152.74～179.10m。

坝基岩体为奥陶系下统的大弯组$O_1d$地层。岩性主要为页岩、砂岩、含泥质灰岩，除页岩为软岩外，其余均为坚硬岩体，岩体较完整。护坦下游侧分布少量奥陶系中统的十字铺组＋宝塔组、临湘组的$O_{2+3}$干裂纹、瘤状含泥质灰岩。

坝基岩层倾向右岸偏下游，倾向265°～290°，倾角35°～40°，坝基范围内无大的顺河向断层，坝址区建筑物基础共揭露断层31条，断层多发育在左岸厂房尾水护坦，厂房坝段、泄洪1号及2号坝段、泄洪坝段中区护坦亦见少量发育。

主体建筑物开挖区内地质共编录较大裂隙1857条，其中大坝基础范围内210条，厂房坝段共243条。坝基揭露缓倾角裂隙25条，占坝基揭露裂隙总数的5.5%。缓倾角裂隙主要发育在厂房坝段$O_1d^{1-3}$页层中，以走向290°～310°、倾向NE、倾角13°～26°，及走向350°～25°、倾向NW、倾角17°～29°的缓倾角裂隙为主，缓倾角裂隙一般长1～4m，大者达6m，两缓倾角裂隙间高差为4～11m。连通率为11%～15%，均为方解石充填，结合好。坝基岩体中发育Ⅰ类泥化剪切带10条，$Ⅱ_1$类破碎剪切带15条。

开挖揭示泄洪坝段坝基中性状较差的Ⅰ类和$Ⅱ_1$类剪切带主要有$Ⅱ_1$-2002、Ⅰ-3101、$Ⅱ_1$-3105、Ⅰ-3202等，其余层间剪切带一般表现为页岩夹方解石脉，性状较好。厂房坝段坝基岩体开挖揭示的Ⅰ类和$Ⅱ_1$类层间剪切带主要为1301、1304、1306、1307、1308、1310等。对建基岩体完整性影响较大的是分布在1～2号机部位的1305～1308密集剪切带，剪切带间距1.16～2.52m，剪切带累计厚度0.31m，其中1306厚7cm，顶底面夹灰白色泥，泥化厚0.1～3cm，中部为鳞片状页岩，遇水成泥，性状差。

坝址区出露地层以碎屑岩地层为主，碳酸盐岩分布较少。坝基分布的灰岩层有$O_1d^{1-2}$、$O_1d^2$、$O_{2+3}$层，对坝址建筑物有影响的岩溶系统：与纵向围堰、溢流坝段中区护坦有关的是$KW_{64}$岩溶系统；与左岸非溢流坝段、厂房安装间有关的是$W_9$岩溶系统；与左岸厂房坝段尾水护坦有关的是$W_{11}$岩溶系统。

对坝址区钻孔压水试验吕荣值进行统计分析，吕荣值$q<1$Lu占试验段的57%，$q=1$～3Lu占26.7%，二者约占试验段的84%；$q>3$Lu约占试验段的16%，坝址区岩体总体透水性较弱。透水性相对较大的岩体主要集中在右岸的$O_{2+3}$层和左岸的$O_1d^2$层等岩溶层。

坝址区地下水主要为重碳酸钙（$HCO_3-Ca$）型水，pH值7.2～7.8，属中性～偏碱性水，其矿化度低，离子总量小于300mg/L，侵蚀性$CO_2$为0～4.3mg/L，坝址区及乌江江水对普通硅酸盐水泥制造的混凝土无腐蚀性。

页岩风化较强烈，强风化厚度为0～9.0m，弱风化厚度为0～14.18m；砂岩风化相对较弱，强风化厚度为0～4.55m，弱风化厚度为0～5.95m。灰岩未见风化。

## 2.3.2　坝基岩体质量

### 2.3.2.1　坝基岩体质量划分

坝基岩体质量的划分是在岩体基本质量分类的基础上进行的，综合考虑岩体结构及岩性、断裂发育程度及充填物特征、风化及溶蚀程度等工程地质特征，以及岩体的强度指标、岩体完整性指标等，共划分为Ⅰ～Ⅴ类，依次为优质、良质、中等、差、极差岩体（表2.3-1）。岩体质量的划分为地基岩体鉴定验收和处理提供了依据和指导，在工程设计和施工中，取得了良好的效果。

### 2.3.2.2　坝基岩体质量划分

河床最低基岩顶板高程为152.7m，弱风化下限高程为150.8m，结合坝基岩体质量分级，河床厂房坝段及溢流坝段最低建基面高程为149m，其余坝段建基面进入弱风化岩层以下即可，建基面主要由建筑物结构决定。

大坝建基岩体地震波波速为3400～4500m/s，单孔声波波速为3400～5500m/s，跨孔声波波速为3400～5000m/s，建基面岩体完整性较好，满足建基面的要求。

### 2.3.2.3　坝基岩体质量复核

在前期勘察过程中，充分利用平洞、钻孔揭示的地质资料以及物探测试成果，在大量的现场与室内试验基础上，根据上述岩体质量划分原则，将不同质量的岩体在建基面上分布的面积进行统计分析，坝基岩体以Ⅱ、Ⅲ、Ⅳ级岩体为主，其中又以Ⅱ、Ⅳ级岩体占比例大，Ⅲ级岩体数量少。

工程开挖揭示，坝基地层分界位置与前期成果一致，坝基Ⅱ类优良岩体占61.1%，Ⅳ岩体占38.9%（图2.3-1）。对层间剪切带、断层以及溶蚀裂隙进行刻槽处理，爆破裂隙进行了灌浆处理，并进行了岩体固结灌浆和接触灌浆，经工程措施处理后，岩体性状变好，岩体完整性增强，建基岩体强度能满足设计要求。总体而言，坝基岩体质量与前期成果是基本吻合的。

## 2.3.3　坝基主要地质缺陷及处理

在前期勘察过程中，采用了平洞、钻孔以及物探等勘察手段，基本查清了大坝坝基主要地质缺陷的类型及分布，主要有裂隙性断层、层间剪切带以及岩溶洞穴。开挖揭示坝基岩体地质缺陷与前期成果的类型与分布基本一致。尤其是KW64岩溶系统、层间剪切带及NWW、NNE两组陡倾角裂隙，其分布空间、性状与前期成果吻合。没有新增影响大坝抗滑与变形稳定的不利因素。

### 2.3.3.1　坝基主要地质缺陷

1. 裂隙

坝基主体建筑物开挖区内地质共编录较大裂隙1857条，统计显示坝基岩体主要裂隙有NWW组：走向270°～295°，倾向0～25°，倾角74°～87°，裂隙连通率19%～30%；

**表 2.3-1　坝基岩体基本质量分级表**

<table>
<tr><th rowspan="3" colspan="2">岩体质量分级及代号</th><th rowspan="3">岩性及代号</th><th rowspan="3">岩体结构</th><th colspan="3">岩体完整性</th><th colspan="5">岩体强度指标</th><th rowspan="3">岩体变形模量/GPa</th><th rowspan="3">岩体工程地质评价</th></tr>
<tr><th rowspan="2">结构面密度/(条/m)</th><th rowspan="2">岩体波速 $V_p$/(km/s)</th><th rowspan="2">完整系数 $k_v$</th><th rowspan="2">湿抗压强度/MPa</th><th colspan="2">岩/岩</th><th colspan="2">混凝土/岩</th></tr>
<tr><th>$f'$</th><th>$c$/MPa</th><th>$f'$</th><th>$c'$/MPa</th></tr>
<tr><td rowspan="3">Ⅱ</td><td rowspan="3">良质岩体</td><td>结晶灰岩、含泥质灰岩($O_{2+3}$、$O_1d^2$、$O_1d^{1-2}$)</td><td>厚～中厚层状结构</td><td rowspan="3">2.1～2.6</td><td>4.9～5.9</td><td>0.77～0.90</td><td>34～60</td><td>0.9～1.2</td><td>1.0</td><td>0.9～1.0</td><td>0.9～1.0</td><td>10～15</td><td>岩溶较发育，岩体透水性中等，岩体强度高，是可利用的坝基岩层</td></tr>
<tr><td>石英砂岩夹页岩($O_1d^{3-3}$)</td><td rowspan="2">互层状结构</td><td>4.7～5.0</td><td>0.74～0.89</td><td>60～85</td><td>1.2</td><td>1.0</td><td>1.0</td><td>1.0</td><td>9～11</td><td rowspan="2">岩体透水性弱，强度高，坝基处理工程量较小</td></tr>
<tr><td>砂岩、页岩互层($O_1d^{3-2}$)</td><td>4.2～4.6</td><td>0.70～0.77</td><td>35～40</td><td>1.1</td><td>1.0</td><td>1.0</td><td>1.0</td><td>7～8</td></tr>
<tr><td>Ⅲ</td><td>中等岩体</td><td>砂质页岩($O_1d^{3-4}$)</td><td>薄层状结构</td><td>1.8～3.3</td><td>3.6～3.7</td><td>0.76～0.79</td><td>15～20</td><td>0.75</td><td>0.45</td><td>0.75</td><td>0.50</td><td>5</td><td>岩体完整性较好，强度中等，变形模量受裂隙影响大</td></tr>
<tr><td>Ⅳ</td><td>差岩体</td><td>页岩($S_1Ln$、$O_3w$、$O_1d^{1-3}$、$O_1d^{3-1}$、$O_1d^{1-1}$)</td><td>薄层状结构</td><td>0.2～1.8</td><td>3.3～3.9</td><td>0.73～0.90</td><td>10～20</td><td>0.75</td><td>0.45～0.5</td><td>0.75</td><td>0.40～0.5</td><td>4～5</td><td>岩体完整性较好，强度较低，变形模量受裂隙影响大</td></tr>
<tr><td>Ⅴ</td><td>极差岩体</td><td>风化页岩<br>剪切带、溶洞</td><td></td><td></td><td></td><td></td><td></td><td></td><td></td><td></td><td></td><td></td><td>岩体透水性大，变形模量和强度低，需开挖清除置换混凝土</td></tr>
</table>

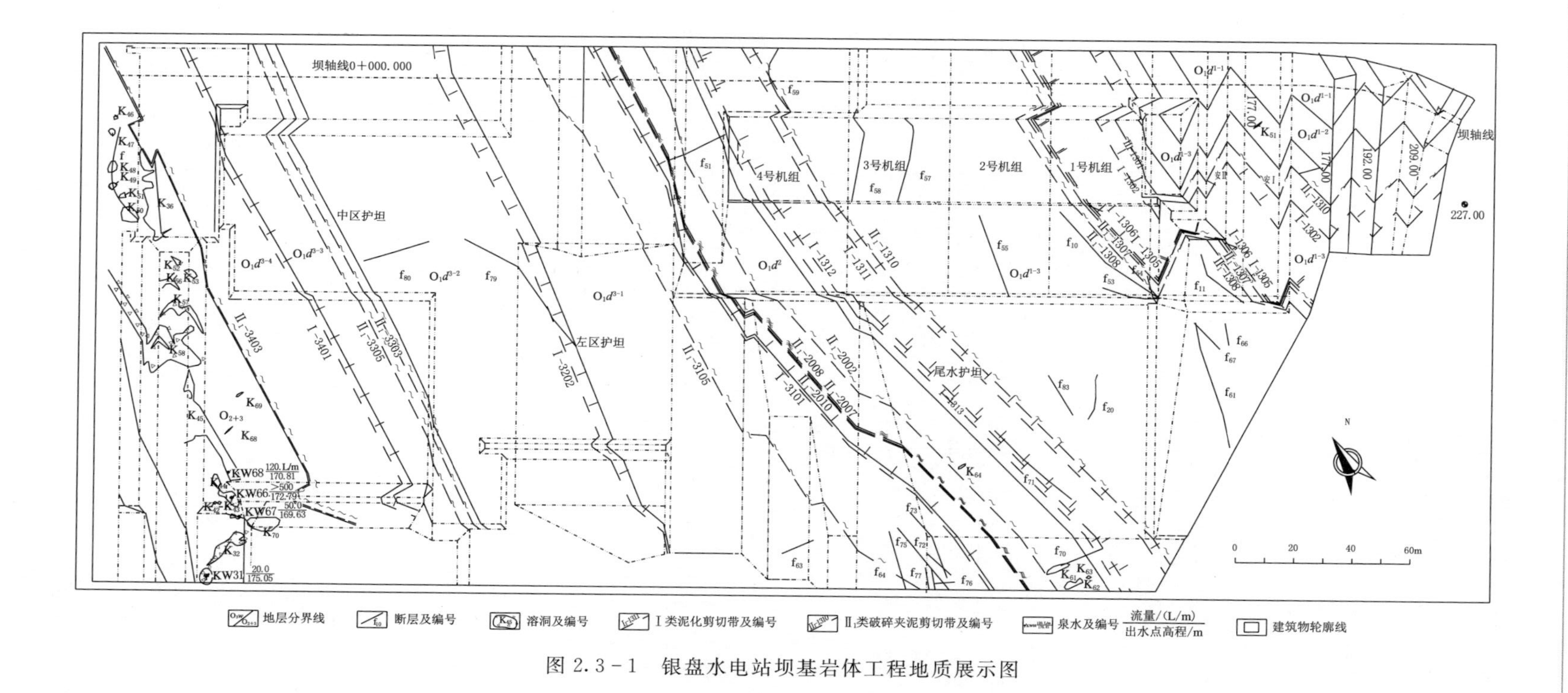


图 2.3-1　银盘水电站坝基岩体工程地质展示图

NNE组：走向0°～30°，倾向90°～120°，倾角35°～50°，裂隙连通率13%～20%；NEE组：走向70°～85°，倾向345°～355°，倾角60°～90°，裂隙连通率14%～19%。NNE组裂隙与大坝推力方向夹角小于30°，可视为侧向滑移面。坝基岩体中NNE组走向0°～30°，倾向90°～120°，倾角35°～50°。在坝基岩体范围内，NNE组裂隙间距1.2～3.2m，线密度1.3条/m，NNE组裂隙为不连通的侧向滑移面，裂隙连通率13%～20%。NNE组裂隙裂面附方解石膜，张开宽度小于1cm，裂隙无充填或充填方解石脉，一般无须进行处理。

坝基揭露缓倾角裂隙25条，占揭露裂隙总数的5.5%。缓倾角裂隙主要发育在$O_1d^{1-3}$页层中，以走向290°～310°、倾向NE、倾角13°～26°，以及走向350°～25°、倾向NW、倾角17°～29°的缓倾角裂隙为主，缓倾角裂隙一般长1～4m，大者达6m，缓倾角裂隙间高差4～11m。连通率11%～15%，均为方解石充填，结合好。

2. *断层*

坝基共揭露断层31条，断层多发育在左岸厂房尾水护坦，厂房坝段、泄洪1号及2号坝段、泄洪坝段中区护坦亦见少量发育。断层多发育在$O_1d^{1-3}$、$O_1d^{3-1}$页岩中，断层具有规模较小、没有明显的断距等特点，地层断距一般较小，大部分无明显断距，性质一般表现为逆断层，断层一般延伸较短，长度多为10～30m，破碎带宽5～7cm，为薄层页岩夹方解石脉，页岩挤压破碎，大部分断层均见泥化。

3. *层间剪切带*

坝基岩体中发育Ⅰ类泥化剪切带2条，$Ⅱ_1$类破碎剪切带9条。开挖揭示泄洪坝段坝基中性状较差的Ⅰ类和$Ⅱ_1$类剪切带主要有Ⅰ-3101、Ⅰ-3202、$Ⅱ_1$-2002等，其余层间剪切带一般表现为页岩夹方解石脉，性状较好。其中Ⅰ-3101、Ⅰ-3202、$Ⅱ_1$-2002层间剪切带性状较差，其余剪切带风化轻微，性状较好，只作一般性的刻槽处理。

4. *岩溶洞穴*

岩溶洞穴主要为分布在三期工程船闸坝段上闸首、纵向围堰、溢流坝段中区护坦的$KW_{64}$岩溶系统，左岸非溢流坝段、厂房安装间的$W_9$岩溶系统，左岸厂房坝段尾水护坦的$W_{11}$岩溶系统。其中$KW_{64}$岩溶系统为坝基的主要岩溶系统，对工程影响较大，其余两个岩溶系统对工程影响较小。

$W_9$岩溶系统发育于左岸$O_1d^{1-2}$层中，总体呈顺层发育。开挖揭示在高程213～214m坝肩上游边坡发育$K_{72}$、$K_{73}$、$K_{74}$、$K_{75}$等4个溶洞，厂房Ⅰ安装间发育$K_{51}$溶洞，左岸高程227m灌浆平洞发育$K_{76}$溶洞。溶洞与左岸3号阻滑键施工支洞$W_9$泉连通，构成$W_9$岩溶系统。安装间Ⅰ号坝段$O_1d^{1-2}$灰岩层中开挖揭示溶洞$K_{51}$，属$W_9$岩溶系统的较低出露，建基岩体$O_1d^{1-2}$灰岩中未发现较大规模的岩溶空洞，溶蚀区基本分布在溶洞$K_{51}$附近，溶蚀深度0～3.3m。

$W_{11}$岩溶系统发育地层为$O_1d^2$层，在尾水护坦发育$W_{11}$岩溶系统的$K_{61}$、$K_{62}$、$K_{63}$、$K_{64}$、$K_{65}$等5个溶洞。溶洞一般沿裂隙发育，呈串珠状或缝状，充填黄泥及碎石。

$KW_{64}$岩溶系统溶洞十分发育且规模大，地表溶蚀面积率高达21%～30%，钻孔共揭露溶蚀裂隙约400条，溶蚀线率15.8条/100m。溶洞65个，遇洞线率5.9%，其中高度小于1m的溶洞46个，占溶洞总数的71%；高度1～5m的溶洞19个，占溶洞总数的 29.2%。从溶洞的个数来看，以小于 1m 的溶洞为主，从溶洞的高度来看，小于 1m 的溶洞累计高度 20.4m，占溶洞总高度的 31%；高度 1～5m 的溶洞累计高度 45.28m，占溶洞总高的 69%。总体而言，坝址区勘察阶段揭示岩溶洞穴以中小型为主，见表 2.3-2。

**表 2.3-2　坝址溶洞规模统计表**

| 溶洞高度/m | 溶洞数量/个 | 发育层位 | 累计高度/m | 溶洞个数百分比/溶洞高度百分/% | 说　明 |
|---|---|---|---|---|---|
| <1 | 46 | $O_{2+3}$ \| $O_1d^2$ \| $O_1d^{1-2}$ | 20.4 | 71/31 | 坝区共揭露溶洞 65 个，累计高度 65.68m，其中 $O_{2+3}$ 层揭露溶洞 55 个，溶洞累计高度 60.41m；$O_1d^2$、$O_1d^{1-2}$ 层揭露溶洞 10 个，累计高度 5.27m |
| 1～2 | 9 | | 15.17 | 14/23 | |
| 2～3 | 6 | | 15.69 | 9/24 | |
| >3 | 4 | | 14.42 | 6/22 | |

### 2.3.3.2　坝基主要地质缺陷工程处理

坝基地质缺陷处理的主要目的是解决大坝抗滑稳定和强度变形问题。解决问题的主要手段是采用刻槽、清挖，然后采取换填混凝土等多种手段，以提高坝基岩体的强度。

对影响坝基变形与抗滑稳定的地质缺陷，分别采取了浅层与深层处理。处理主要包括对揭露溶洞及破碎带的清挖、固结灌浆、表层刻槽等。地质缺陷处理措施见表 2.3-3。

**表 2.3-3　地质缺陷处理措施**

| 地质缺陷类型 | 处理的主要措施 | 辅助措施 | 地质缺陷类型 | 处理的主要措施 | 辅助措施 |
|---|---|---|---|---|---|
| 溶洞 | 清挖、混凝土换填 | 固结灌浆 | 断层 | 表层刻槽、清挖 | 固结灌浆 |
| 层间剪切带 | 表层刻槽 | 固结灌浆 | 破碎带 | 表层刻槽、清挖 | 固结灌浆 |

1. *断层及裂隙密集带*

（1）对性状较差、有风化的断层破碎带一般进行掏挖，当结构面倾角大于 45°时，采用掏挖回填混凝土塞处理，混凝土塞深度为断层带出露宽度的 1.0～1.5 倍，并不得小于 50cm。当结构面倾角小于 45°时，处理深度按上覆完整岩体最小厚度不少于 1.0m 控制；对重点地段，因岩石破碎、裂隙发育，应全面地进行固结灌浆，以增加地基完整性和承载力。当断层及影响带胶结良好，结构较致密时，处理深度适当减少。

（2）对于横穿建筑物基础的断层等地质缺陷，沿其走向延伸扩挖，延伸长度不小于 2～3 倍扩挖深度，处理长度不短于该部位设计水头的 1/10。

（3）对缓倾角裂隙进行凿毛，对性状差的一般进行挖除处理。

（4）对处理过程中出现的深坑，应先用混凝土回填，再浇筑结构混凝土。

2. *层间剪切带*

坝区软弱夹层有 3 类。对厚度不大的Ⅰ、$Ⅱ_1$ 类层间剪切带，施工过程中根据开挖揭示的情况，不同部位分别采取不同的处理措施。对坝基中出露的性状差、泥化层较厚的Ⅰ、$Ⅱ_1$ 类层间剪切带，对大坝稳定有影响的应进行必要的槽挖处理，将层间剪切带两侧构造岩带、影响带、充填物全部挖出至坚硬完整岩石，清挖宽度应大于层间剪切带的宽度，清挖深度不小于宽度的2～3倍。

3. 岩溶洞穴及溶蚀带

对与工程建筑物相关的岩溶洞穴，进行适当追踪、清挖并冲洗干净，然后回填混凝土；溶洞中出露的断层破碎带，软弱破碎带结合溶洞清理一并做适当的挖除，挖除宽度一般按破碎带宽度控制，其深度为宽度的1.5倍。在帷幕范围内的岩溶洞穴进行追踪清挖应满足帷幕防渗的要求。回填后的洞穴部位应根据需要进行灌浆处理。对岩溶系统地下水，专门考虑了排水措施。

4. 坝基固结灌浆

根据开挖揭示实际地质条件，坝基岩体由于存在性状差的剪切带、层间挤压破碎带和岩溶强烈发育等地质问题，且受开挖爆破影响，基础表层一定深度范围内的岩体受到不同程度的损伤，产生新的裂隙，形成松动岩层，从而影响基岩的整体性，降低岩体强度。为提高坝基岩体整体性，减少其不均匀变形，并增强表层基岩的防渗能力，确定对大坝基础岩体进行一定范围的固结灌浆处理。

坝基固结灌浆的范围，原则上是根据坝基不同部位的应力情况及相应的工程地质条件确定。对岩体性状较好的Ⅱ、Ⅲ类岩，只需进行常规固结灌浆处理即可满足大坝要求；Ⅳ类页岩岩体强度虽能满足建坝要求，但变形模量较低，需加强、加深固结灌浆，以避免产生不均匀变形问题。坝基开挖形成后，层间错动带、断层及其交汇区等地质缺陷部位适当加深固结灌浆孔。左、右岸非溢流坝段建基面开挖高程较高，且坝基呈台阶式陡坡，受卸荷影响强烈，坝基采用全面固结灌浆处理。固结灌浆要求在一定盖重下进行。

(1) 灌浆后各坝段检查孔透水率小于1Lu的占压水段数的66%，1～3Lu的占压水段数的34%，灌浆后透水率明显减小，且均小于3Lu，全部达到设计防渗标准要求。

(2) 固结灌浆后，Ⅱ、Ⅲ类岩体声波波速均比灌前提高了9.5%～15.6%，Ⅳ类页岩岩体声波提高了3.4%～8.84%，且灌后岩体声波低速部位所占的百分比减少的幅度较大。灌后页岩岩体90%测点最小声波波速不小于3400m/s，灰岩部位平均波速值不小于4300m/s。砂岩夹薄层页岩、粉细砂岩部位平均波速值不小于4000m/s。

### 2.3.4 变形监测检验

自工程蓄水以来，泄洪坝段坝基上、下游方向最大累积位移为向下游2.65mm，左、右岸方向最大累积位移为向右岸0.59mm；坝顶上、下游方向最大累积位移为向下游6.33mm，左右岸方向最大累积位移为向左岸3.89mm。坝基垂直位移为－1.61～0.55mm，坝顶垂直位移为－3.65～2.64mm。泄洪坝段基岩变形在－1.54～－0.12mm。

厂房坝段坝基垂直累计位移为－0.42～0.20mm，坝顶垂直累计位移变形在－2.53～3.22mm；厂房坝段基岩变形在－1.61～－0.44mm，基岩变形状况未见异常。

船闸坝段坝基上、下游方向最大累积位移为－0.93mm，左、右岸方向最大累积位移为1.44mm。船闸坝段基岩变形在－1.72～－0.16mm。

监测表明，大坝坝基及建筑物变形小于设计允许值，大坝枢纽运行正常、安全。

# 2.4 斜交岩层坝肩及坝基抗滑稳定地质研究

## 2.4.1 坝肩边坡结合坝基抗滑稳定分析

### 2.4.1.1 坝肩边坡结合坝基抗滑稳定问题的特点及难点

银盘水电站左岸坝肩边坡及坝基地质条件特点如下：

(1) 坝肩边坡为斜交边坡，开挖边坡高。大坝左岸为一斜坡地形，地形坡角为20°～35°，大坝左岸坝肩开挖边坡最大坡高约170m，坝顶高程227.5m以上最大边坡高约90m，高程227.5m以下边坡高约80m。

边坡岩石为$O_1d^1$页岩，岩层走向358°～10°，倾向W，倾角36°～40°，岩层走向与开挖坡面夹角约25°，为斜交顺向坡，开挖坡角陡于岩层倾角，边坡整体稳定性较差。

(2) 边坡岩层发育多条剪切带，力学参数低。坝肩边坡岩层有红花园组$O_1h$灰岩、大湾组含泥质灰岩、页岩等，层间发育有多条剪切带，其中$Ⅱ_1$-7005、$Ⅱ_1$-7006因其出露部位以及与大坝的相对位置，其影响最为显著。剪切带抗剪摩擦系数$f=0.22$，抗剪断摩擦系数$f'=0.22\sim0.25$，黏聚力$c'=0.01\sim0.02$Mpa。岩层中主要发育有3组裂隙，层间剪切带与裂隙组合切割时，有可能形成潜在不稳定块体，对大坝坝肩及坝基的抗滑稳定造成不利影响。左岸坝肩边坡剪切带分布及边坡开挖见图2.4-1和图2.4-2。

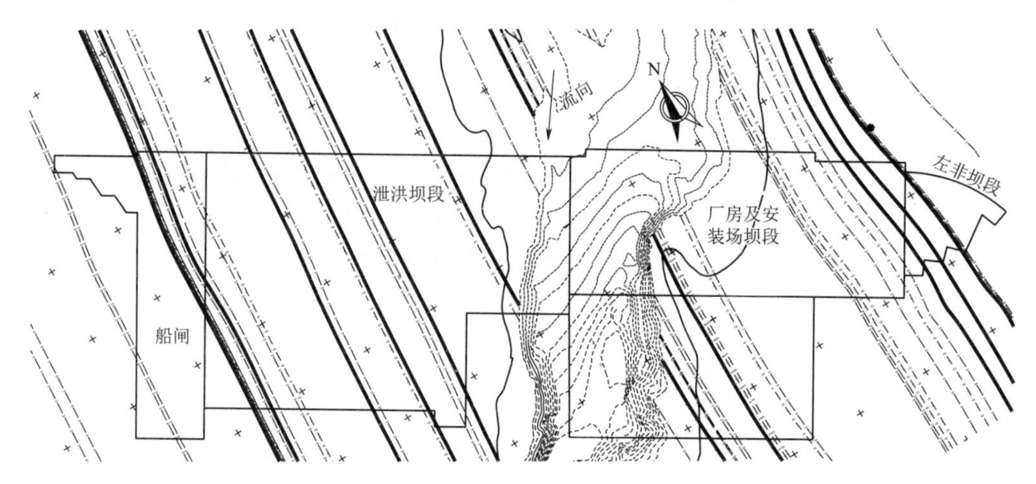


图2.4-1 左岸坝肩边坡剪切带分布平面图

坝肩边坡结合坝基抗滑稳定分析的难点如下：

1) 按传统的二维分析方法计算得到的边坡加固工程量大，需考虑侧向岩体的阻滑作用，计算滑块在上、下游水压、坝体自重、扬压力以及侧向水压力、坝肩岩体对坝基的作用力等荷载共同作用的空间三维抗滑稳定。

2) 坝肩边坡结合坝基的整体抗滑稳定分析模式难以确定。规范上对边坡的安全系数规定为1.0～1.3，而坝基抗滑稳定安全系数规定为2.3～3.0。二者安全系数相差较大，因此需要研究一种合理的分析计算模式。

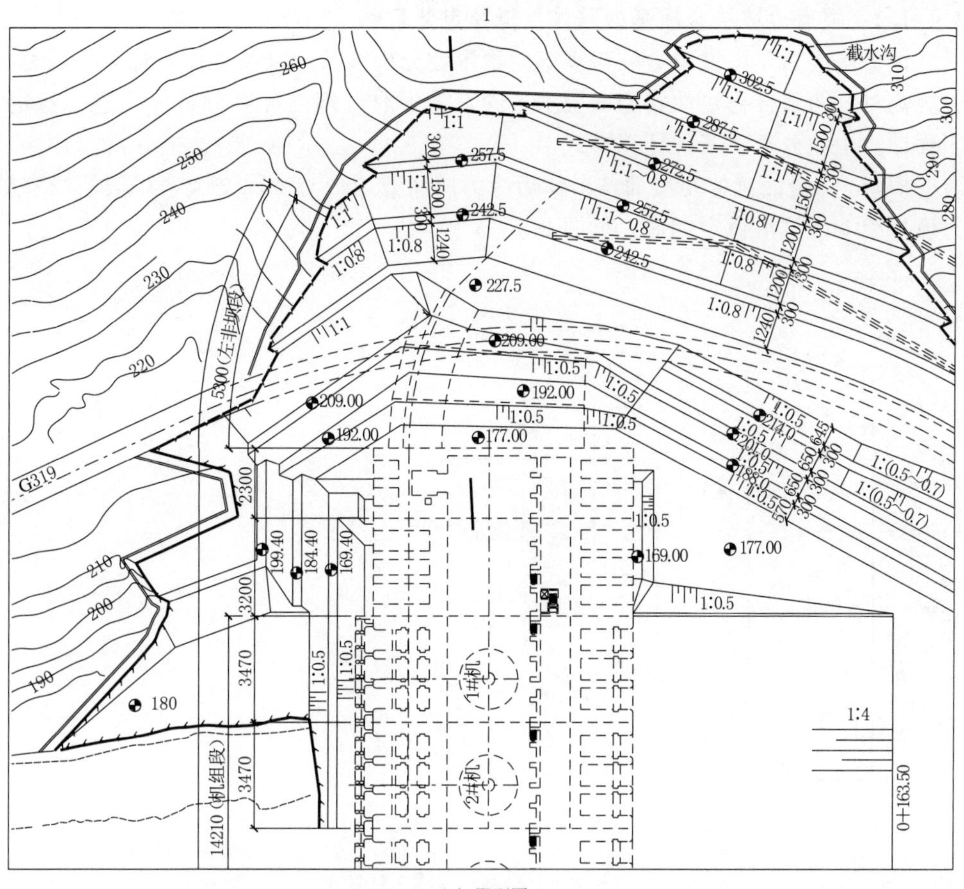


(a) 平面图

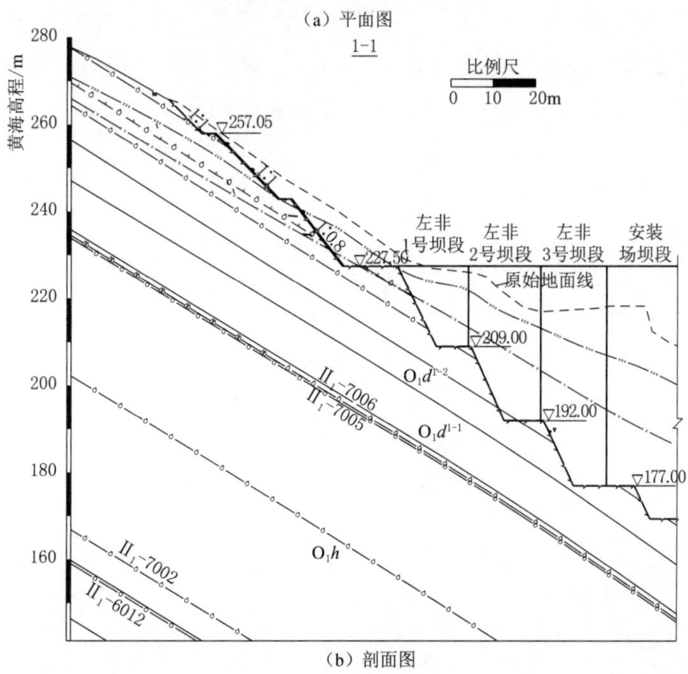


(b) 剖面图

图 2.4-2　左岸坝肩边坡开挖平、剖面图

#### 2.4.1.2　坝肩边坡结合坝基的整体抗滑稳定分析

银盘水电站左岸坝肩边坡与坝基的稳定性分析涉及边坡及坝体两部分的抗滑稳定，由于规范对这两部分稳定性安全度要求不同，需采取合理的计算分析模式进行稳定性分析，工程计算中，分析了三种计算模式。

模式1：滑面延伸至坡面，滑体后缘为层间剪切带与坡面交线，岸坡坝段基础与坝肩边坡按统一的抗滑稳定标准，见图2.4-3。

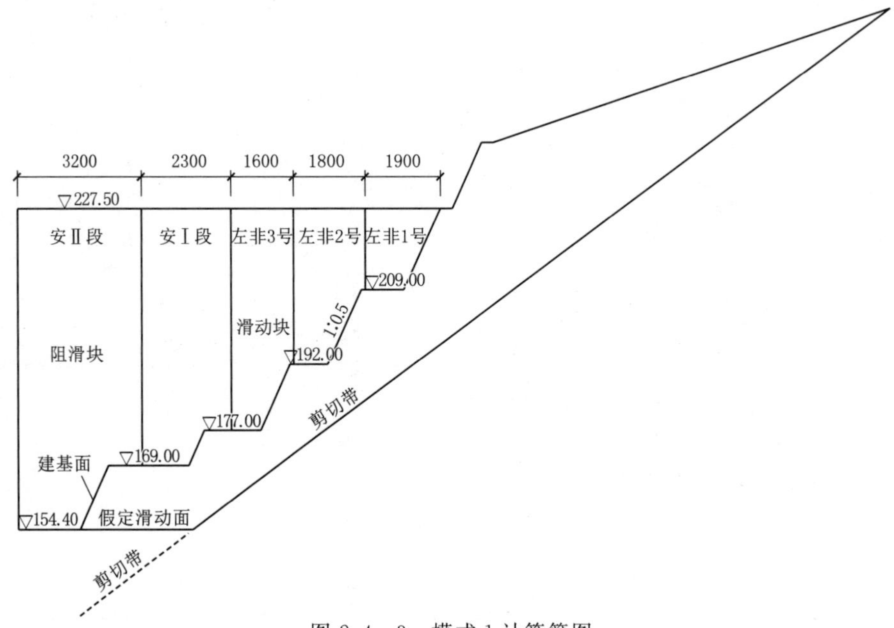


图2.4-3　模式1计算简图

模式2：滑体后边界为边坡面227.50m（坝顶高程）等高线，后缘以铅直向张裂缝断开，不考虑张裂缝以上边坡岩体对下面的作用，见图2.4-4。

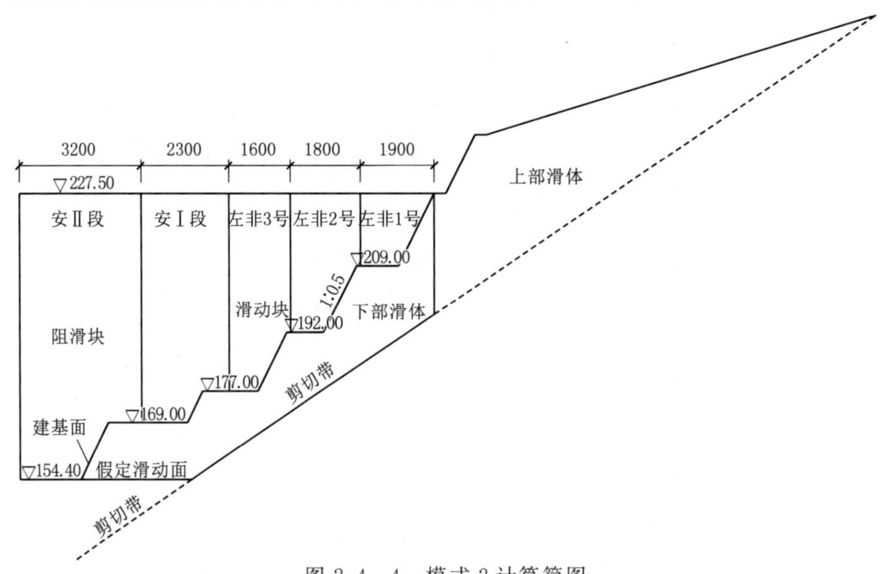


图2.4-4　模式2计算简图

模式 3：滑体延伸至坡面，但滑体分成上下两部分，分别称为上部滑体和下部滑体，分界面为坝段端头（高程 227.50m）竖直面，分界面考虑力的传递，下滑体按大坝安全系数，上部滑体安全系数分别设定为 1.2、1.25 及 1.3，见图 2.4－5。

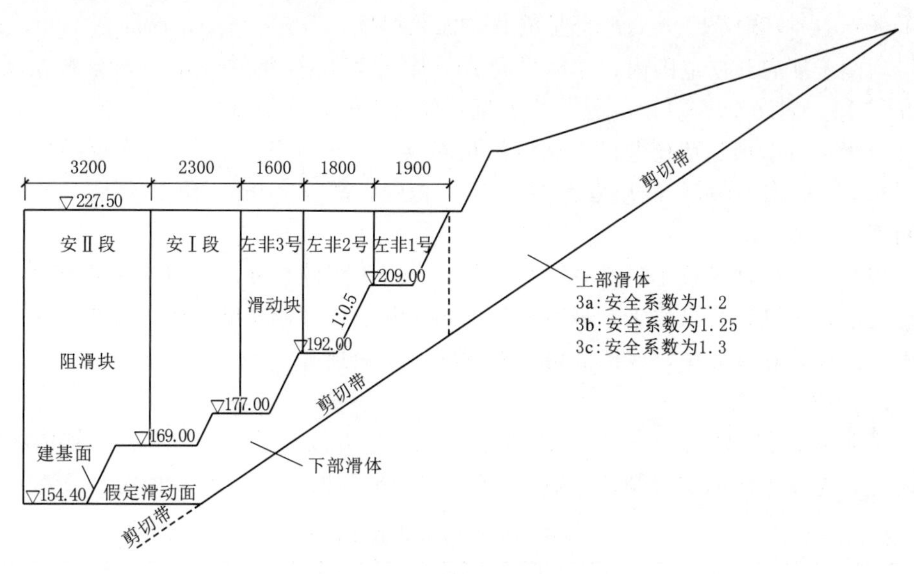


图 2.4－5　模式 3 计算简图

经过计算比较，认为模式 3 可以灵活地设定上部滑体安全系数，根据不同部分滑体设定不同的安全系数，保证了坝体外上部分滑体满足稳定性要求，计算出的安全系数反映坝体在坝肩边坡作用下的抗滑稳定性，使其满足规范要求。这种计算模式可以保证上部边坡及下部坝基各自达到允许的安全度，减小了边坡的加固量，并且可以考虑界面之间的相互作用，计算方法具有较好的实用性和一定的创新性。

## 2.4.2　考虑侧向岩体阻滑作用的大坝深层抗滑稳定分析

银盘水电站大坝坝基岩层倾向右岸偏下游，倾角 40°，岩层走向与坝轴线夹角 55°，岩层中发育泥化、破碎夹泥层间剪切带，大坝存在深层抗滑稳定问题。在这一特殊地质结构条件下，深层抗滑稳定模式的建立和边界条件较为复杂且具有明显的三维空间特性。对大坝进行深层抗滑稳定计算时，需考虑侧向切割面岩体的阻滑作用，方能满足大坝抗滑稳定要求。通过对侧向岩体的阻滑作用、不同裂隙连通率组合、滑动体与抗力体间作用力角度不同取值的影响进行了分析研究，提出了以剪切带为底滑面，下游滑出面为缓倾角裂隙，并考虑了侧向岩体的阻滑作用的大坝深层滑动地质模型。

大坝建基岩体中发育多条不利剪切带，大坝抗滑稳定条件较为复杂，剪切带倾向右岸偏下游，倾角 40°，剪切带走向与坝轴线交角约 75°，岩层中发育 NWW、NEE、NNE、NNW4 组裂隙，缓倾角裂隙约占裂隙总数的 10.8%，具有明显的三维空间特性，对大坝河床坝基进行深层抗滑稳定计算时，可以考虑侧向切割面岩体的阻滑作用。

### 2.4.2.1　底滑面类型分析

大坝抗滑稳定计算的底滑面应考虑以下几种类型。

1. 缓倾角断层

在坝址区8个平洞中共揭露小于30°的缓倾角断层5条，左岸平洞$PD_1$中$f_5$、$f_8$、$f_9$断层发育在$O_1d^{1-3}$弱～强风化带中，走向为283°～316°，倾角8°～18°，断层破碎带一般宽1～5cm，最宽仅10cm，局部呈缝状，泥化厚度0.5～1.0cm，局部达2cm，$f_5$、$f_8$、$f_9$断层均位于坝肩开挖范围内；左岸平洞$PD_3$中$f_9$断层发育在$O_1d^{1-3}$，分布在坝线下游约120m，$PD_3$洞深105～110m处，均未见延伸至上游，对坝基岩体稳定影响不大。

河床及右岸坝基钻孔电视未见缓倾角断层，厂房坝基$f_6$、$f_{10}$均为近顺层，中倾角断层；右岸$PD_8$平洞中$f_2$断层发育在$S_1ln$页岩层，高程243m，位于洞深43～44m处，未切割坝基岩体。

缓倾角断层规模较小，没有明显的断距，多为裂隙性断层，且多终止在陡倾角断层或剪切带上，坝基钻孔录像未发现明显的缓倾角断层，缓倾角断层未形成贯通坝基的连通结构面。因此，在计算中，底滑面可不考虑缓倾角断层。

2. 缓倾角裂隙

平洞共揭露裂隙1311条，其中小于30°的缓倾角裂隙144条，约占裂隙总数的10.8%。左岸平洞揭露缓倾角裂隙42条，右岸平洞揭露102条（表2.4-1）。

**表2.4-1　坝区平洞缓倾角裂隙性状统计表**

| 位置 | 编号 | 倾向 | | | | 延伸长度/m | | 切割深度/m | | | 宽度/mm | | | 充填物 | | | | | |
|---|---|---|---|---|---|---|---|---|---|---|---|---|---|---|---|---|---|---|---|
| | | NE | NW | SE | SW | 0.5～1 | >1 | <0.5 | 0.5～1 | >1 | <1 | 1～5 | >5 | 方解石 | 钙膜 | 强风化 | 弱风化 | 轻度溶蚀 | 溶蚀填泥 |
| 左岸 | PD1 | 10 | | 1 | 1 | 11 | 1 | 6 | | 4 | 9 | 1 | | 9 | | 1 | | | |
| | PD3 | | 7 | 1 | 5 | 6 | 7 | 12 | 1 | | 11 | 2 | | 9 | 4 | | | | |
| | PD5 | 1 | 1 | 2 | 2 | | 4 | 1 | | 3 | 3 | 1 | | 2 | 1 | 1 | | | |
| | PD7 | | 8 | | 1 | | 9 | 8 | 1 | 4 | | | | 5 | 4 | | | | |
| | 合计 | 11 | 16 | 4 | 9 | 17 | 21 | 27 | 2 | 11 | 23 | 4 | | 25 | 9 | 2 | | | |
| 右岸 | PD2 | | 4 | | | 3 | 2 | 2 | 2 | 1 | | | | 5 | | | | | |
| | PD4 | 4 | 5 | 8 | | 5 | 12 | 13 | 2 | 2 | 16 | | 1 | 14 | | | | | 3 |
| | PD6 | | 47 | 7 | 3 | 37 | 20 | 15 | 32 | 10 | | | | 41 | 4 | 2 | | | |
| | PD8 | 5 | 15 | 5 | 5 | 21 | 19 | 21 | 3 | 1 | 16 | 4 | 5 | 20 | 8 | 10 | 2 | | |
| | 合计 | 9 | 67 | 20 | 8 | 66 | 43 | 40 | 39 | 14 | 32 | 4 | 6 | 80 | 12 | 12 | 2 | | 3 |
| 总计 | | 20 | 83 | 24 | 17 | 83 | 64 | 67 | 41 | 25 | 55 | 8 | 6 | 105 | 21 | 14 | 2 | | 3 |

缓倾角裂隙走向以NNE0°～30°，倾向NWW为主，共83条，约占缓倾角裂隙总数的58%，其次为走向NNW335°～355°、NWW270°～290°，分别为20条和17条，占总数的14%和12%，其他走向裂隙占19%。倾角在1°～10°的有19条，占测量总数的13%；倾角在11°～20°的有41条，占测量总数的29%；倾角在21°～30°的有84条，占测量总数的58%。

坝址区钻孔彩色电视共观测到裂隙 2261 条，其中缓倾角裂隙 240 条，占观测总数的 10.6%，以走向 NW330°～NE30°、倾向 NWW 为主。倾角在 1°～10°的有 34 条，占观测总数的 14%；倾角在 11°～20°的有 53 条，占观测总数的 22%；倾角在 21°～30°的有 153 条，占观测总数的 64%。

钻孔电视观测结果统计资料表明，坝址小于 30°的缓倾角裂隙在各个层位均有发育，其中 $S_1ln$、$O_{2+3}$、$O_1d^{3-4}$ 及 $O_1d^{1-3}$ 地层中缓倾角裂隙较其他层位发育。坝址区缓倾角裂隙倾角一般在 20°～30°之间。缓倾角裂隙在距地表深部多方解石胶结，灰岩中部分裂隙面溶蚀。浅部多沿裂隙面风化，裂隙间距 3.8～12.9m，直线率为 15 条/100m，72.9%附钙膜或方解石充填。

上述条件表明，缓倾角裂隙横向上不连续且裂隙间高差大，不能作为连续平整的底滑面。在河床坝基抗滑稳定计算时，缓倾角裂隙可按 10%～15%连通率，倾角按 20°～30°，抗剪断参数 $f'=0.4\sim0.6$，$c'=0.1$MPa 计算。

3. 剪切带

坝基岩层倾向右岸偏下游，剪切带与 NNE 组裂隙、反向滑出面三者可构成坝基滑动块体，稳定性计算时，剪切带以全贯通考虑。考虑以剪切带为底滑面的抗滑模式见图 2.4-6。

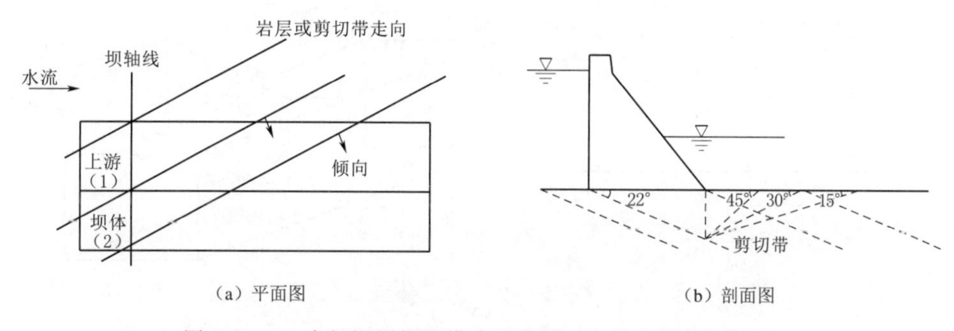


图 2.4-6　大坝深层抗滑模式示意图（未考虑侧向切割面）

### 2.4.2.2　侧向滑移面分析

据地表和平洞裂隙调查统计，坝址 NNE 组裂隙优势走向 10°～20°，裂隙与大坝推力方向夹角小于 30°，可视为坝基岩体侧向滑移面。坝址分布软岩较多，抗滑计算还应考虑侧向（顺流向）切割岩体模式。

1. NNE 组裂隙

据地表和平洞裂隙调查统计，坝址以走向 NWW275°～291°、倾向 SW、倾角 60°～90°以及走向 NNE10°～30°、倾向 SE、倾角 50°两组裂隙最发育，其中 NNE 组裂隙优势走向 10°～20°，裂隙与大坝推力方向夹角小于 30°，可视为坝基岩体侧向滑移面。该组裂隙占总数的 15.9%，平洞统计长度一般小于 5m，切割深度一般小于 2m，大部分方解石胶结好（表 2.4-2）。

在坝基岩体范围内，NNE 组裂隙间距 0.2～1.2m，线密度达 3.1 条/m，NNE 组裂隙为不连通的侧向滑移面，可按走向 12°～20°，倾角 50°，抗剪断参数 $f'=0.5\sim0.6$，$c'=0.1$MPa 进行抗滑稳定计算。

表 2.4-2　　NNE组反倾向裂隙统计表

| 统计位置 | 层位 | 统计长度/m | 裂隙总数/条 | 平均密度/(条/m) | 走向10°～20°，倾向SE | | | | | | | 充填情况 | | |
|---|---|---|---|---|---|---|---|---|---|---|---|---|---|---|
| | | | | | 延伸长度/m | | | 切割深度/m | | | | 方解石/% | 弱风化/% | 溶蚀/% |
| | | | | | 0.5～1 | 1～5 | >5 | <0.5 | 0.51～1 | 1～2 | >2 | | | |
| PD1 | $O_1d^{1-3}$～$O_1h$ | 94 | 21 | 4.5 | 11 | 7 | 0 | 7 | 5 | 9 | 0 | 61.9 | 9.5 | 0 |
| PD2 | $O_1d^{3-2}$～$O_{2+3}$ | 95 | 5 | 19 | 2 | 3 | 0 | 0 | 0 | 4 | 1 | 80.8 | 19.2 | 0 |
| PD3 | $O_1d^{3-1}$～$O_1d^{1-3}$ | 142.7 | 11 | 13 | 7 | 1 | 0 | 3 | 2 | 4 | 0 | 67.3 | 5.5 | 9.1 |
| PD4 | $O_1d^{3-3}$～$O_{2+3}$ | 99.5 | 49 | 2 | 2 | 10 | 0 | 0 | 4 | 7 | 2 | 73.2 | 0 | 26.8 |
| PD5 | $O_1d^{3-2}$～$O_1d^2$ | 118.4 | 9 | 13.2 | 4 | 5 | 0 | 4 | 1 | 2 | 2 | 72 | 11 | 0 |
| PD6 | $O_1d^{3-2}$～$O_1d^2$ | 75 | 37 | 2 | 2 | 14 | 0 | 6 | 10 | 9 | 10 | 59.5 | 5.4 | 0 |
| PD7 | $O_1d^{3-1}$ | 51 | 3 | 17 | 2 | 1 | 0 | 0 | 2 | 1 | 0 | 73 | 0 | |
| PD8 | $S_1ln^{1-1}$ | 51 | 61 | 0.8 | 0 | 20 | 2 | 20 | 12 | 17 | 6 | 54.8 | 16.1 | 0 |

考虑侧向裂隙切割面的抗滑模式见图2.4-7。

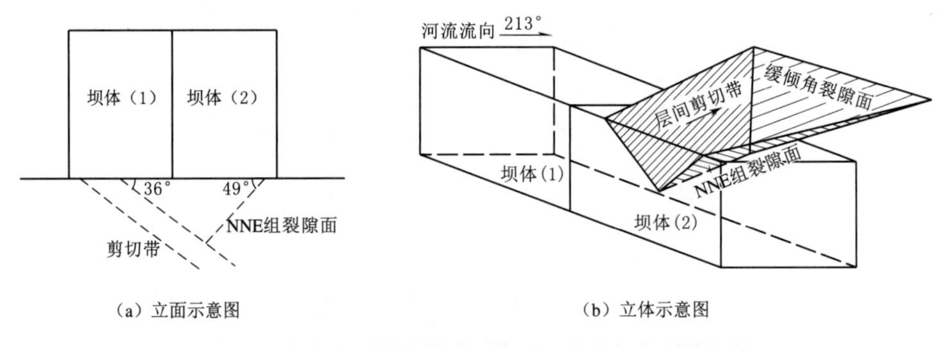


（a）立面示意图　　（b）立体示意图

图2.4-7　大坝深层抗滑模式示意图（考虑侧向裂隙切割面）

2. 侧向切割岩体

大坝建基岩体为软硬相间分布，软岩约占61%，抗滑计算还应考虑侧向（顺流向）切割岩体模式。考虑侧向切割软岩的抗滑模式见图2.4-8。

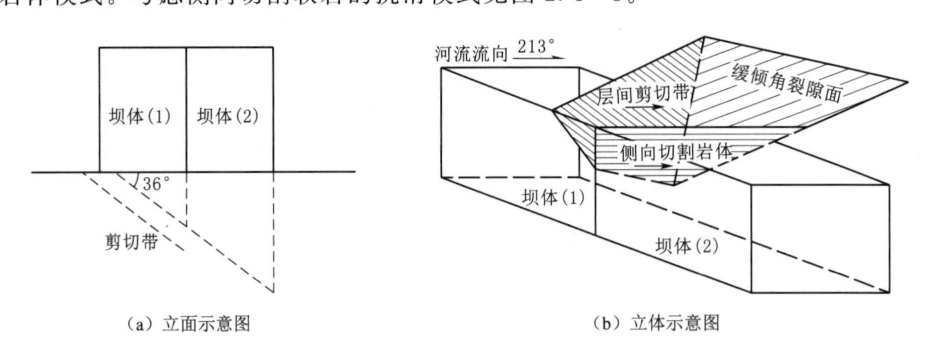


（a）立面示意图　　（b）立体示意图

图2.4-8　大坝深层抗滑模式示意图（考虑侧向切割软岩）

#### 2.4.2.3 反向滑出面分析

平洞揭示缓倾角裂隙走向 NWW270°～290°（倾角 20°～30°）的条数为 17 条，占缓倾角裂隙总数的 14%，倾向上游的 7 条，占总数的 4.8%，不形成连续的下游剪出结构面。倾向上游的缓倾角裂隙虽然发育较少，鉴于大坝下游分布较多页岩，岩性较为软弱，仍应考虑沿缓倾角裂隙滑出的可能。沿不连续缓倾角裂隙的滑动面，可按 10%连通率，倾角 20°～30°，抗剪断参数 $f'=0.4\sim0.6$、$c'=0.1$MPa 计算。

岩体中 NWW、NEE 两组裂隙最为发育，NWW 组裂隙优势走向 275°～291°，NEE 组裂隙优势走向 74°～83°，与大坝推力方向交角较大，裂隙连通率虽高达 77.3%，但裂隙倾角较大，为 60°～90°，可不视为坝基岩体下游滑出结构面。

#### 2.4.2.4 侧向岩体的阻滑作用的河床坝基深层滑动地质模型

综合分析及结构面赤平投影图（图 2.4-9）表明，大坝深层抗滑稳定计算时，应主要考虑底面沿剪切带，侧向切割面考虑 NNE 组反倾向裂隙、顺流向切割岩体，下游滑出面主要为剪断岩体的组合模式。

| 结构面 | | | | 组合交线产状 | | |
|---|---|---|---|---|---|---|
| 结构面 | 走向 | 倾向 | 倾角 | 交线 | 倾向 | 倾角 |
| 剪切带 | 8° | 278° | 40° | AO | 191° | 2° |
| NNE 组裂隙 | 12° | 102° | 50° | BO | 343° | 20° |
| 下游缓倾角裂隙 | 123° | 33° | 30° | CO | 41° | 30° |
| 河流流向 | 213° | | | | | |

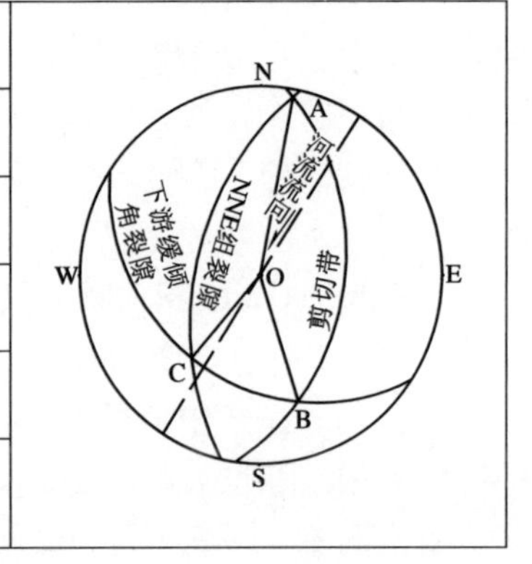


图 2.4-9 河床坝基结构面赤平投影图

## 2.5 渗控工程地质研究

### 2.5.1 防渗帷幕线路的选择与布置

根据坝线工程地质条件和大坝结构布置，大坝防渗方案主要采用坝基垂直帷幕防渗，防渗接头右岸接 $S_1ln$ 砂页岩，左岸通过弧形坝肩后帷幕线路向下游接 $O_1d^{1-3}$ 页岩层。同时在左、右岸 227.5m 高程各布置一条灌浆平洞，左岸灌浆平洞穿过 $O_1d^{1-2}$ 灰岩层进入 $O_1d^{1-1}$ 页岩层；右岸灌浆平洞布置于 $S_1ln$ 砂页岩层。

### 2.5.2 防渗标准

根据《水利水电工程地质勘察规范》（GB 50487—2008）要求并类比同类工程经验，防渗帷幕设计标准为：坝基及两岸坝肩防渗帷幕透水率小于 3Lu；两岸山体防渗帷幕透水率小于 5Lu。

## 2.5.3 防渗线路水文地质条件

### 2.5.3.1 左岸坝基及左岸山体地质条件

左岸227.50m高程以下帷幕穿过的地层为$O_1h$、$O_1d^{1-1}$、$O_1d^{1-2}$及$O_1d^{1-3}$层，其中$O_1h$岩性为结晶灰岩，$O_1d^{1-2}$岩性为含泥质灰岩，其余地层岩性为页岩。

在左岸$O_1d^{1-2}$层坝基岩体中发育$W_9$岩溶系统，总体呈顺层发育，边坡开挖揭示在213～214m发育$K_{72}$、$K_{73}$、$K_{74}$、$K_{75}$4个溶洞，洞口宽0.2～0.5m，可见深1～3m，黄泥半充填或无充填，溶洞与左岸3号阻滑键施工支洞$W_9$泉连通，构成$W_9$岩溶系统。左岸山体227.50m高程灌浆平洞$O_1d^{1-2}$层灰岩中，发育$K_{76}$溶洞，主要顺层发育，溶洞主体位于灌浆平洞内，发育高程223～227m，大部分充填黄泥，溶洞于平洞上游壁沿东西走向呈缝状发育，洞宽约1m，高约4m，可见深度大于10m，黄泥半充填，该溶洞与坝基$W_9$岩溶系统相通。$W_9$岩溶泉揭露高程约200m，平流量为40～50L/min。

### 2.5.3.2 河床坝基地质条件

河床坝基防渗帷幕穿过的地层主要为$O_1h$、$O_1d$、$O_{2+3}$及$O_3W$层，岩体中$O_1d^{1-1}$、$O_1d^{1-3}$、$O_1d^3$及$O_3w$为砂页岩。坝基开挖揭示，岩体中以短小裂隙为主，裂面多平直，呈闭合状，并见少量裂隙性断层，岩石新鲜较完整，其中$O_3W$页岩中发育剪切破碎带，岩体较破碎。页岩岩体透水性微弱，是良好的隔水层。

$O_1h$、$O_1d^{1-2}$、$O_1d^2$、$O_{2+3}$为灰岩岩溶透水层，钻孔揭示$O_1h$灰岩中溶洞发育的最低高程为76.6m，溶洞最大铅直高度5.1m；$O_1d^{1-2}$灰岩中溶洞发育的最低高程为101.33m，溶洞最大铅直高度5.1m；$O_1d^2$灰岩中压水试验不起压的最低高程为142.96m，未揭示溶洞；$O_{2+3}$灰岩中溶洞发育的最低高程为164.04m，溶洞最大铅直高度3.25m。

坝基开挖揭示，安Ⅰ～安Ⅱ坝段$O_1d^{1-2}$灰岩中，溶蚀裂隙较发育，沿裂隙见少量缝状溶洞发育，宽0.4～0.6m，长3.5m，可见深大于1.5m，黄泥夹碎石充填。泄1号、泄2号坝段$O_1d^2$灰岩中，溶蚀裂隙发育，裂隙走向以北西西向为主，裂面多溶蚀呈铁锈色，部分充填方解石，少量呈宽0.5～5cm的缝，黄泥充填。纵向围堰坝段$O_{2+3}$灰岩中发育一条$f_{10}$断层，走向16°，倾向NW，倾角21°，从上游至下游，断层贯通整个基坑，出露长度大于40m，地层断距不明显，断层面微弯曲，附方解石脉，见擦痕。沿断层面揭示8个溶洞，呈串珠状发育，最低高程169.5m，洞口形状不规则，宽0.8～6m，高1～2.5m，充填黄泥、粗砂及砾石，洞壁附钙华。

### 2.5.3.3 右岸坝基及右岸山体地质条件

右岸坝基防渗帷幕穿过的地层主要为$S_1ln$砂页岩，为相对隔水层。经钻孔及坝基边坡开挖揭示，岩石新鲜，岩体中发育短小裂隙，闭合，多平直，面附钙膜，岩体较完整，未见断层，岩体透水性小，是良好的隔水层。

## 2.5.4 渗控工程主要地质缺陷处理及评价

### 2.5.4.1 防渗帷幕主要地质缺陷处理

1. *左岸防渗帷幕*

（1）主要地质缺陷及大吸浆量段。左岸227.50m高程以下帷幕岩体中的地质缺陷主

要为 $O_1h$、$O_1d^{1-2}$ 层中发育溶蚀裂隙及溶洞，其次为页岩岩体中的风化裂隙及层间剪切带。左岸 227.50m 灌浆平洞共布置灌浆孔 28 个，灌浆进尺 962.85m，灌浆段长一般为 5m，共 210 段。单位注入量大于 100kg/m 的有 62 段，占总灌浆段的 29.5%，其中 $Q>$ 1000kg/m 的有 7 段，最大 2480kg/m，均为复灌 1～3 次，$Q=500\sim1000$kg/m 的有 9 段。

压浆段共布置灌浆孔 8 个，灌浆进尺 350.70m，灌浆段长一般为 5m，共 77 段。单位注入量 $Q>100$kg/m 的有 47 段，占总灌浆段的 61%，其中 $Q>1000$kg/m 的有 3 段，最大 4538kg/m，均为复灌 1～4 次；$Q=500\sim1000$kg/m 的有 7 段。

帷幕岩体灰岩段岩溶发育，页岩段风化裂隙较发育，层间剪切带性状较差，岩体完整性较差。

(2) 灌浆效果分析与评价。帷幕灌浆孔平均单位注入水泥量 148.1kg/m，其中 10～50kg/m 的有 106 段，占总段数的 50%；大于 100kg/m 有 62 段，占总段数的 30%。压浆板段帷幕灌浆孔平均单位注入水泥量 299.71kg/m，无小于 10kg/m 的试段，其中 10～50kg/m 的有 20 段，占总段数的 26%；50～100kg/m 的有 10 段，占总段数的 13%；大于 100kg/m 有 47 段，占总段数的 61%，可见左岸山体帷幕灌浆岩体风化裂隙及岩溶均较发育，且裂隙贯通性好。

在左岸 227.5m 高程灌浆平洞布置检查孔 3 个，第三方检查孔 2 个，其中 1 个为封孔检查。桩号分别为 0+118.43、0+110.43、0+074.43、0+088.43，总进尺 135.4m，压水段总长 126.5m，作简易压水 30 段，透水率 $q<1$Lu（微透水）的 18 段，占总检查段的 86.7%；$q=1\sim3$Lu 的 4 段，占 13.3%；无 $q>3$Lu 的试段。检查孔中未见水泥结石，说明检查孔附近帷幕岩体完整，裂隙不发育。总体上帷幕灌浆效果好，已经达到设计标准。

2. 大坝基础帷幕

(1) 主要地质缺陷及大吸浆量段。左岸非溢流坝段帷幕岩体中的地质缺陷主要为 $O_1h$、$O_1d^{1-2}$ 层中发育的溶蚀裂隙及溶洞。在左岸非溢流坝段灌浆廊道中共打灌浆孔 26 个，灌浆进尺 962.10m，单位注入量 $Q>100$kg/m 的有 55 段，占总灌浆段的 26.3%，其中 $Q=100\sim500$kg/m 的有 44 段；$Q=500\sim1000$kg/m 的有 11 段，最大注入量 749.10kg/m；无 $Q>1000$kg/m 的试段。左岸非溢流坝段帷幕岩体灰岩中以溶蚀裂隙为主，未遇溶洞，页岩中以风化贯通裂隙为主，在单位注入量 $Q>100$kg/m 试段中多在 100～500kg/m 之间。

河床式厂房安装场坝段帷幕岩体中的地质缺陷主要为 $O_1h$、$O_1d^{1-2}$ 层中发育的溶蚀裂隙及溶洞。安装间坝段灌浆廊道共打灌浆孔 32 个，灌浆进尺 1133.90m，灌浆段长一般为 5m，共 248 段。单位注入量大于 100kg/m 的有 29 段，占总灌浆段的 11.7%，其中无大于 1000kg/m 的试段；500～1000kg/m 的有 2 段，均复灌 1 次，最大注入量 810.4kg/m。单位注入量大于 100kg/m 的试段最低高程为 121m。

河床式厂房 1 号～4 号机坝段帷幕岩体中的地质缺陷主要为 $O_1h$、$O_1d^{1-2}$ 灰岩层中发育的溶蚀裂隙、页岩岩体中发育的裂隙密集带、层间剪切带及断层。坝段单位注入量大于 100kg/m 的有 84 段（1 号机 36 段，2 号机 15 段，3 号机 21 段，4 号机 12 段），占总灌浆段的 31.7%，其中 $Q>1000$kg/m 的有 3 段（1 号机 2 段，4 号机 1 段），均复灌 1～2

次，最大注入量2577.1kg/m；$Q$=500～1000kg/m的有15段。1号机坝块单位注入量大于100kg/m的试段最低高程为106m，2号机坝块单位注入量大于100kg/m的试段最低高程为91m，3号机坝块单位注入量大于100kg/m的试段最低高程为94.5m，4号机坝块单位注入量大于100kg/m的试段最低高程为120m。

左溢流坝段及纵向围堰坝段帷幕岩体中的地质缺陷主要为$O_1d^2$、$O_{2+3}$灰岩层中发育的溶蚀裂隙、溶洞、断层及页岩岩体中发育的贯通裂隙。左溢流坝段帷幕岩体中单位注入量$Q$>100kg/m的段数占总灌浆段的比例很小，主要出现在泄1、泄4、泄5和纵向围堰坝块，说明岩体中裂隙不发育，岩体完整性较好。灰岩中岩体以溶蚀裂隙为主，未遇规模较大的溶洞；砂页岩岩体中主要为贯通裂隙。泄1～泄4坝块单位注入量大于100kg/m的试段最低高程为121.80m（泄2坝块）；泄5至纵向围堰坝块单位注入量大于100kg/m的试段最低高程为124m（泄5坝块）。

船闸、纵向围堰帷幕岩体中的地质缺陷主要为中奥陶（$O_{2+3}$）地层的$KW_{64}$岩溶系统，岩溶系统规模庞大且复杂，常规的处理方案已不能解决渗漏问题，需要综合处理方案方能解决其渗漏问题。$O_{2+3}$灰岩主要出露在10号～12号坝段、船闸上闸首大部分基础，岩体中主要发育$K_{77}$、$K_{78}$、$K_{79}$3个溶洞，溶洞相互贯通，均属于$KW_{64}$岩溶系统。$KW_{64}$岩溶系统的5处出水点$KW_{84}$、$KW_{85}$、$KW_{87}$、$KW_{88}$、$KW_{89}$。

（2）灌浆效果分析与评价。左岸非溢流坝段帷幕第三方检查孔试段透水率$q$<1Lu的12段，占总检查段的39%；试段透水率$q$=1～3Lu的19段，占总检查段的61%；无透水率$q$>1Lu的试段。检查孔中岩体较完整，水泥结石量较少，说明帷幕灌浆效果好，达到设计标准。

厂房安Ⅰ坝块灌浆孔由Ⅰ序至Ⅲ序孔平均单位注入量为99.0kg/m、30.0kg/m、24.8kg/m，安Ⅱ坝块灌浆孔由Ⅰ序至Ⅲ序孔平均单位注入量为92.7kg/m、78.2kg/m、40.0kg/m，安Ⅱ坝块较安Ⅰ坝块平均单位注入量大。由Ⅰ序至Ⅲ序孔平均单位注入量由大变小较明显，特别是安Ⅰ坝块由Ⅰ序至Ⅱ序变化最大，说明灌浆效果明显。第三方检查孔所有试段透水率$q$均小于1Lu，检查孔结石量很少，帷幕灌浆效果好，已经达到设计标准。

厂房1号机坝块灌浆孔由Ⅰ序至Ⅲ序孔平均单位注入量为234.1kg/m、93.7kg/m、29.5kg/m，由Ⅰ序至Ⅲ序孔平均单位注入量由大变小明显，灌浆效果明显。同时2号～4号机坝块灌浆孔上、下游排由Ⅰ序至Ⅲ序孔平均单位注入量由大变小均较明显，说明灌浆效果明显。灌浆孔由Ⅰ序至Ⅲ序孔平均单位注入量由大变小明显，灌浆效果明显。第三方检查孔所有试段透水率$q$均小于1Lu，检查孔结石量较多，帷幕灌浆效果好，已经达到设计标准。

左溢流坝段、纵向围堰坝段帷幕泄1～泄4坝块上、下游排灌浆孔由Ⅰ序至Ⅲ序孔平均单位注入量由大变小明显，下游排灌浆孔的平均单位注入量大于上游排灌浆孔的平均单位注入量。泄5至纵向围堰坝块灌浆孔由Ⅰ序至Ⅲ序孔平均单位注入量由大变小亦明显，说明灌浆效果明显。第三方检查孔试段透水率$q$<1Lu的占82.5%，无$q$>3Lu的试段。检查孔中水泥结石多为水泥薄膜，厚0.5～1mm，少量为1～3mm，分布在裂隙面及层面上，帷幕灌浆效果较好，已经达到设计标准。

右溢流坝段和船闸首先在初期要保证帷幕施工，对渗水点进行压重施工。压重前对出水点周边的松动块石及碎渣进行清理，确保基岩面平整。其次，下游施工一排膏浆灌浆孔，并利用水泥膏浆、速凝膏浆等进行灌注，以封堵涌水通道。涌水通道封堵完成后，在膏浆孔左侧边墙施工一排固结灌浆孔，并对出水点反灌，在出水点四周布置固结灌浆，经过以上措施处理后，岩溶涌水全部得到封堵。经检查孔质量检测，无 $q>3$Lu 的试段。船闸坝段、右溢流坝段帷幕灌浆效果较好，已经达到设计标准。

右非坝段帷幕灌浆经检查孔质量检测，无 $q>3$Lu 的试段。溢流坝段帷幕灌浆效果好，已经达到设计标准。

3. *右岸防渗帷幕*

右岸坝基防渗帷幕穿过的地层主要为 $S_1 ln$ 砂页岩，岩体中发育短小裂隙，闭合，多平直，面附钙膜，岩体较完整，未见断层，岩体透水性小，是良好的隔水层。

右岸灌浆平洞帷幕灌浆，经检查孔质量检测，总体上帷幕灌浆效果好，达到设计标准。

#### 2.5.4.2 强岩溶坝基地质缺陷处理

由于受地形地质条件制约，船闸、纵向围堰坝基须穿过强岩溶层 $O_{2+3}$ 层中的 $KW_{64}$ 岩溶系统，岩溶系统发育主要溶洞 32 个，溶洞高度 0.1～5m，最大约 19m，发育强度随深度增加逐渐减弱，发育下限高程约 150m。岩溶系统性状复杂，横跨坝基及二期、三期基坑，施工难度大，防渗问题尤为突出。在施工过程中根据岩溶的性状，采取了分高程、多工作面的施工方案，对岩溶系统进行了清挖、置换回填、灌浆加固等处理措施。$KW_{64}$ 岩溶系统岩溶渗漏流场复杂多样且难以准确勘测，防渗处理很难达到应有效果。利用水下机器人查明渗漏洞口，采用示踪探测技术基本查明了二期、三期基坑间隐藏的渗漏通道，实施灌浆施工防渗封堵效果显著，避免岩溶防渗处理中的失当和过量现象，有效地保证了施工安全及进度。

1. $KW_{64}$ *系统主要岩溶形态*

$KW_{64}$ 系统发育层位为 $O_{2+3}$ 层，地表 $K_{20}$、$K_{21}$ 溶洞，$PD_4$、$PD_2$ 平洞内溶洞，钻孔揭露溶洞构成 $KW_{64}$ 岩溶系统，总体上呈顺层分布，沿大田沟一带尤为发育，出口为 $KW_{64}$ 岩溶泉，高程 180～185m，有多个出水点，平、枯流量为 500～600L/min，流量受降雨影响明显，暴雨后流量激增，流量大于 2000L/min。连通试验表明，该系统与 $ZK_{55}$ 钻孔内的溶洞为同一岩溶系统。大田沟补给面积较大，雨后流量约 2500～3000L/min，沟口仅为 300L/min，沟中流水下潜流量与 $KW_{64}$ 泉雨后增加量大致相当，说明 $KW_{64}$ 泉主要由大田沟及 $O_{2+3}$ 层灰岩补给。

钻孔揭露 $KW_{64}$ 岩溶系统溶洞 55 个，溶洞发育最低下限高程 150.87m，溶洞高度 0.10～4.98m，岩溶于近地表十分发育，随高程降低岩溶发育逐渐减弱，高程 180m 以下揭露溶洞 17 个，高程 175m 以下揭露溶洞 10 个，高度一般为 0.20～0.75m。

坝址两个平洞揭露 $KW_{64}$ 岩溶系统溶洞 5 个，发育方向 60°～70°，溶洞高 1.5～13m。

$KW_{64}$ 岩溶系统具有规模大且顺层延伸远的特点，连通试验表明，岩溶系统在乌江岸边仍有岩溶管道连通。

2. 二期基坑揭露主要溶洞

在施工过程中岩溶层中揭露岩溶现象十分普遍，尤其以中奥陶（$O_{2+3}$）宝塔铺组（$O_2b$）岩溶最为发育，该岩溶层各溶洞与构造溶蚀裂隙共同组成一个规模十分庞大的 $KW_{64}$ 岩溶系统（图 2.5-1～图 2.5-6），对工程产生了十分重要的影响。

图 2.5-1 坝基岩体（$O_{2+3}$）被 $KW_{64}$ 岩溶系统切割成碎块（一）

图 2.5-2 坝基岩体（$O_{2+3}$）被 $KW_{64}$ 岩溶系统切割成碎块（二）

图 2.5-3 坝基（$O_{2+3}$）$KW_{64}$ 岩溶系统（一）

图 2.5-4 坝基（$O_{2+3}$）$KW_{64}$ 岩溶系统（二）

图 2.5-5 坝基（$O_{2+3}$）$KW_{64}$ 岩溶系统（三）

图 2.5-6 坝基（$O_{2+3}$）$KW_{64}$ 岩溶系统（四）

3. 三期基坑揭露主要溶洞

强岩溶坝基主要为三期基坑船闸、纵向围堰的中奥陶（$O_{2+3}$）地层的 $KW_{64}$ 岩溶系统，其余坝基岩溶规模小，用常规的一些方法处理即可。$KW_{64}$ 岩溶系统规模庞大且复杂，常规的处理方案已不能解决渗漏问题，需要综合处理方案方能解决其渗漏问题。银盘水电站三期工程基坑中 $O_{2+3}$ 灰岩主要出露在10号～12号坝段、船闸上闸首大部分基础，岩体中主要发育 $K_{77}$、$K_{78}$、$K_{79}$ 三个溶洞（图2.5-7），溶洞相互贯通，均属于 $KW_{64}$ 岩溶系统，溶洞发育特征详见表2.5-7。

**表2.5-1　三期工程基坑 $O_{2+3}$ 灰岩层主要溶洞特征表**

| 溶洞编号 | 发育位置 | 高程/m | 规模/m | | | 溶洞发育特征 |
|---|---|---|---|---|---|---|
| | | | 长 | 宽 | 高 | |
| $K_{77}$ | 11号坝段高程175m及部分10号坝段 | 164～175 | 28 | 0.8～2.5 | 0.8～5 | 溶洞沿走向5°、倾角73°以及走向345°、倾角45°两组裂隙发育，溶洞呈三角形，洞宽0.8～2.5m，贯穿11号坝段（高程175m部分）及部分10号坝段，溶洞全充填黄泥夹碎石，少量砂砾石，可塑～软塑状 |
| $K_{78}$ | 11号坝段大部分 | 164～175 | 63 | 0.8～16 | 0.3～6 | 溶洞上游段在高程175m平台主要顺层发育，贯穿大部分11号坝段，溶洞呈长条槽状，洞宽0.8～1.5m；在高程175m平台与高程169m平台分界处，溶洞左侧以岩层层面为界，右侧以走向75°倾角近直立裂隙为界，溶洞清挖后呈大三角形，右侧直立洞壁高约6m；下游段在高程169m平台主要顺层发育，呈三角形槽状，局部沿溶蚀裂隙发育，扩大成洞。最低发育高程约164m，溶洞全充填黄泥、粉细砂，可塑～软塑状 |
| $K_{79}$ | 12号坝段及上闸首左侧 | 164～176 | 105 | 1.5～20 | 3～10 | 溶洞主要顺层发育，贯穿12号坝段（高程175m部分）及上闸首左侧，上游段延伸至K0—43，下游进入高程169m建基岩体中，最低发育高程约165m；上闸首齿槽部位溶洞主要顺层发育，左侧洞壁为岩层层面（形成齿槽与12号坝段分界），上游段已回填，在建基面呈树枝状，溶洞主要沿走向0°、倾角50°及走向70°、倾角60°两组裂隙发育，裂隙汇合处扩大，深3～4m，最低发育高程约为163m。溶洞全充填黄泥、粉细砂，可塑～软塑状，洞壁岩体溶蚀较为强烈，附黄褐色钙华；在高程175m坝基部位溶洞沿145°方向发育8m，后转向95°发育，长约10m，洞宽约2.0m，深约3m。溶洞全充填黄泥、粉细砂，可塑～软塑状，洞壁岩体溶蚀较为强烈。左侧洞壁为岩层层面，沿岩层层面网状发育，岩体切割较强烈；在下游段高程169m坝基部位溶洞呈长条槽状，洞宽1.5～3.5m，上游段扩大呈半圆形，洞宽最大约15m，溶洞全充填黄泥、砂砾石，可塑～软塑状 |

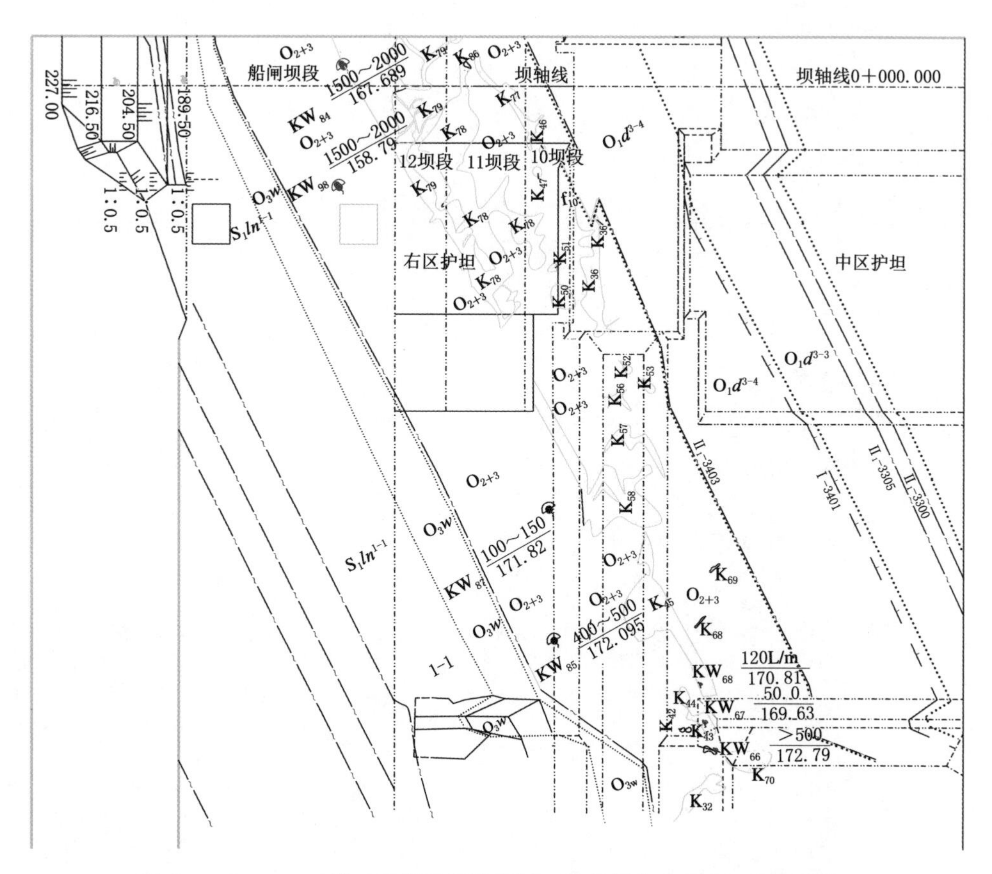


图2.5－7　二、三期工程坝基岩溶简图（黄色部分为$KW_{64}$岩溶系统）

4. 三期工程基坑揭露主要出水点

三期工程开挖基坑主要出露$KW_{64}$岩溶系统的5处出水点为$KW_{84}$、$KW_{85}$、$KW_{87}$、$KW_{88}$、$KW_{89}$，其出露位置见表2.5－2、图2.5－8和图2.5－9。

**表2.5－2　　三期工程基坑$O_{2+3}$灰岩中出水点特征表**

| 出水点编号 | 出露位置 | 出水点特征 |
|---|---|---|
| $KW_{84}$ | 上闸首左侧，坝轴线上游约4.8m | 出水点原出口处为一宽约1.2m、高约0.3m的狭缝状溶洞，高程167.689m。出口处水流呈涌出状，流速较快，流量约1500～2000L/min。封堵后出现后仍见水流，一般为清水，下游侧因混杂部分施工用水，常为浑水，流量与封堵前基本相同。测量清水水温约23℃，浑水水温23℃，$HCO_3-SO_4-Ca$型水 |
| $KW_{85-1}$ | 泄洪坝段护坦左侧，紧邻纵向围堰，坝轴线下游约131m | 出水点分别有两处，相距约1.0m，高程172.017～172.095m。出水清澈，水温约23℃，较气温略低（24℃），与乌江水温相近。出口处水流呈冒出状，流量约400～500L/min，$HCO_3-Ca$型水 |
| $KW_{85-2}$ | 泄洪坝段护坦左侧，紧邻纵向围堰，坝轴线下游约131m，与$KW_{85-1}$相距约1.0m | （同上） |

续表

| 出水点编号 | 出露位置 | 出水点特征 |
| --- | --- | --- |
| $KW_{87}$ | 泄洪坝段护坦左侧，紧邻纵向围堰，坝轴线下游约102m | 出水点高程172.82m。出水清澈，水温约23℃，较气温略低（24℃），与乌江水温相近。出口处水流呈冒出状，流量约100～150L/min，$HCO_3$－Ca型水 |
| $KW_{88}$ | 上闸首齿槽上游壁，坝轴线上游约28.5m | 出水点出口处为一宽约1.2m、高约0.5m的三角形溶洞，高程165.75m。水温约23℃，较气温略低（24℃），与乌江水温相近。出口处水流流量约200L/min，大雨后水流浑浊，两天后略呈清澈，与上游围堰渗水变化一致，$HCO_3$－$SO_4$－Ca型水 |
| $KW_{89-1}$ | 上闸首左侧，坝轴线下游约24m | 出水点分别有两处，相距约2.2m，高程158.97～159.11m。水温约23℃，较气温（24℃）略低，与乌江水温相近。出口处水流呈冒出状，流量约3000～3500L/min。访问抽水人员得知，在连续降雨后以及下游江水水位升高时$KW_{89}$出水量有所增大，水变浑浊，颜色呈黄色，雨后逐渐变清，$HCO_3$－Ca型水 |
| $KW_{89-2}$ | 上闸首左侧，坝轴线下游约25m，与$KW_{89-1}$相距约2.2m | |

图2.5－8　坝基（$O_{2+3}$）$KW_{64}$岩溶系统$KW_{89}$出水点（处理前1）

图2.5－9　坝基（$O_{2+3}$）$KW_{64}$岩溶系统$KW_{89}$出水点（处理前2）

岩溶出水点水补给来源从以下四个方面进行分析：

（1）灰岩层空间分布。$O_{2+3}$灰岩层与三期基坑走向呈25°斜交。坝轴线下游灰岩层穿越纵向围堰坝身段，直至二期基坑下游齿槽，向下游延伸至二期基坑护坦。二期基坑过流江水可能通过纵向围堰向三期基坑渗漏。

$O_{2+3}$灰岩层在坝轴线上游约210m处进入导流明渠边坡，延至三期上游土石围堰轴线时高程大于215m，基坑内灰岩与围堰上游库水无沟通。

从$O_{2+3}$灰岩层空间走向分布分析，$KW_{84}$、$KW_{85}$、$KW_{87}$、$KW_{88}$、$KW_{89}$水补给来源有：①三期上游土石围堰渗水；②二期基坑过流江水通过纵向围堰向三期基坑渗漏；③灰岩层山体岩溶水。

（2）水温分析。2011年9月8日，统一对$KW_{84}$、$KW_{85}$、$KW_{87}$、$KW_{88}$、$KW_{89}$进行水温测量，当日出水点水温均为23℃，较气温（24℃）略低，与乌江水温（23℃）相近。

说明 $KW_{84}$、$KW_{85}$、$KW_{87}$、$KW_{88}$、$KW_{89}$ 水来源应主要为地表水补给。

（3）水化学成分分析。从表 2.5-2 可知，$KW_{84}$、$KW_{88}$ 水均为 $HCO_3-SO_4-Ca$ 型水，与三期上游围堰渗水类型相同，其补给来源应主要为上游围堰渗水补给。

$KW_{85}$、$KW_{87}$、$KW_{89}$ 水化学成分与乌江水相近，其补给来源于二期基坑过流乌江水通过纵向围堰堰基渗流补给的可能性较大。

（4）船闸上游齿槽检查堵漏灌浆后出水变化情况分析。船闸上游齿槽检查堵漏灌浆后 $KW_{84}$、$KW_{88}$、$KW_{89}$ 出水点流量均有所变化。其中，$KW_{84}$、$KW_{88}$ 流量明显变小，且在灌浆过程中，$KW_{84}$ 有冒浆现象，说明其补给来源主要为上游围堰渗水。

$KW_{89}$ 出水量在灌浆后反而有所增大，水变浑浊，颜色呈黄色，并有时伴有泥沙涌出，且有施工人员在出水处捕捉到江鱼，雨后逐渐变清。综合分析，$KW_{89}$ 出水补给来源为二期工程基坑过流江水通过纵向围堰堰基 $O_{2+3}$ 灰岩中的岩溶虹吸管道涌流。

5. *三期工程基坑岩溶渗漏封堵处理措施*

2011 年年底，由于银盘水电站下游水位上涨且持续维持在高水位（基坑内外水位差约 25m），致使三期基坑船闸闸室正在实施作业的 $KW_{89}$ 岩溶涌水急剧增大，在连续增设抢险抽排后仍未能维持水位平衡，船闸基坑发生短期充水，对正常施工造成较大影响。在经过基坑外岩溶通道进口充填骨料、中间段灌浆、基坑内涌水点沉箱压罩引流并反灌处理后，取得了明显效果，基坑涌水得到了很好的控制。

（1）岩溶通道进口检查及封堵。在前期工程施工开挖时已初步查明二期工程泄洪坝段中区护坦 $O_{2+3}$ 灰岩中发育 $KW_{66}$、$KW_{67}$ 两个岩溶泉，其补给来源为导流明渠过水，因此判断二期工程基坑充水后存在通过纵向围堰下方岩溶渗流通道向三期工程基坑产生局部渗漏的可能性，必要时应进行防渗处理。但由于施工单位抽水资料统计，两溶洞泉枯水期抽排量约 $200m^3/h$，雨季抽排量约 $300m^3/h$，工程参建各方认为三期工程基坑涌水量可控。因此仅对纵向围堰部位的浅部主要岩溶通道 $K_{45}$、$K_{58}$ 进行了回填混凝土处理，对 $KW_{66}$、$KW_{67}$ 两岩溶泉未进行封堵，仅采用抽排处理。

因此建议首先在纵向围堰左侧下游灰岩出露区进行岩溶通道入渗进口检查与封堵，重点排查二期工程基坑中 $K_{45}$、$K_{58}$ 附近出露灰岩区域。主要方法为采用由潜水员配合水下摄影探查，如果发现有集中入渗通道，直接采用棉纱或编织袋填塞入渗口进行封堵，同时设置水面浮标，对水面浮标处一定范围内由水面抛填黏土或浇筑水下混凝土；若没有发现集中渗漏点，则视情况在可能的分散渗区（灰岩露头区）分层抛填粗砂及黏土。

通过潜水员水下探查，找到两处较为明显的入渗通道，在通道口灌注了 800 多立方米砂石料，$KW_{89}$ 岩溶涌水量由最初的 $6000m^3/h$ 减少为 $3000m^3/h$。但在灰岩区抛填黏土的效果不明显，说明 $KW_{89}$ 出水点的通道不仅为两处，有必要在纵向围堰右侧下游灰岩出露区设置帷幕，进一步查明岩溶通道具体位置，并实施灌浆封堵。

（2）中间段帷幕灌浆。根据相关建议，在纵向围堰右侧下游灰岩出露区设置帷幕，并进行入渗检查与封堵。钻孔分序加密方式施工（8m、4m、2m、1m），孔深不小于建议的渗漏底线以下 5m，要求帷幕线有一定厚度（具体厚度应不小于渗漏水头的 1/5）。

首先沿前期出水较大的锚桩或其附近钻设检查孔，结合孔内电视进一步查明孔内溶蚀通道大小。孔内投放高锰酸钾示踪剂并压入高压风，以判断钻孔内溶蚀部位与 $KW_{89}$ 是否串通。

施工中如发现通道，在该导通孔两侧逐渐加密增加钻孔，至少要布置 3 排孔进行灌注。钻孔排距按动水中灌浆孔排距要大于孔距的原则，排距按 1～2m 布置。并根据钻孔涌水量大小来确定灌注材料，涌水量大于 200L/min 的钻孔揭露溶洞灌堵可先灌级配料或模袋灌注，若级配料不能稳定可采用下铁链方式。然后在该钻孔处或邻近采用地质钻加大孔径至不小于 $\phi$200mm，视具体情况从该孔投入级配碎石或粗砂，碎石最大粒径应不超过 3cm，粗砂最大粒径应不超过 2.5mm。具体投入石料或砂的粒径可根据钻孔电视录像、钻孔取芯、钻孔掉钻等情况分析确定，并注意动态调整。孔隙大者投入粗石与细石，小者投入砂料与细石。为避免钻孔涌水影响投料，可通过孔口埋管加高平压或间歇性导入高压水以推进投放的碎石或砂料。为防止投石从 $KW_{89}$ 溢出，可在 $KW_{89}$ 处抛填柔性的尼龙网袋石（石料以直径小于 15cm 为宜），形成反滤。

帷幕钻孔施工中结合钻孔录像等物探探测手段以及连通试验，揭露 8 号孔、22 号孔两处灌浆异常部位，经过以上措施投石结合灌浆处理后，$KW_{89}$ 岩溶涌水量减少至 800$m^3$/h，初步具备出口点反灌条件。

（3）基坑内涌水点反灌处理。首先初期为保证帷幕施工，需对渗水点进行压重施工。压重前对出水点周边的松动块石及碎渣进行清理，确保基岩面平整。基岩面处理完成后，用事先制作好的沉箱将主要出水点全部覆盖，使沉箱与基岩面贴合紧密，出水点渗水主要通过沉箱一侧的 8 根 DN350 管道出水，部分渗水通过沉箱与基岩面接触面流出。为将此部分水流全部封堵，需在沉箱四周用模袋混凝土进行封堵。

其次，在沉箱的左侧及下游施工一排膏浆灌浆孔，孔距 1.0m，孔深一般达到高程 135m，以进一步查找涌水通道，并利用水泥膏浆、速凝膏浆等进行灌注，以封堵涌水通道。涌水通道封堵完成后，为确保沉箱部位重新开挖过程中涌水通道不被再次击穿，在膏浆孔左侧边墙施工一排固结灌浆孔，孔向斜向边墙，顶角 10°，孔距 2.0m，孔深深入附近膏浆灌浆孔涌水高程以下 5.0m。

对 $KW_{89}$ 出水点反灌采用注 0.5∶1的水泥浆，进浆量控制在 50～60L/min。当灌浆量达到 300t，流量和压力均无明显变化时，可改用速凝浆液灌注。在灌浆过程中，灌浆初始压力控制在 0.2MPa，在确保抬动变化的情况下分级升压，以每级 0.05MPa 逐步升至 0.4MPa，或根据现场灌浆以实际注入率来控制灌浆压力值。灌浆过程中，若发现地表有出水或渗浆点，应及时嵌堵封闭。当 MN 段帷幕孔口返浆，则可结束灌浆作业并封闭待凝；若始终未达到预期效果，则在灌入一定量的水泥浆后进行封闭待凝，待凝 72h 后，打开闸阀观测是否有水流出，若有，则重复上述步骤直至沉箱回填完毕。

灌浆待凝后，在出水点四周按 1.0m 间排距布置两排孔深 15m 的固结灌浆孔，固结灌浆采取全孔一次性灌浆。按 5m 段长自上而下分段阻塞灌浆，第 1 段灌浆压力为 0.2MPa，第 2、3 段为 0.3～0.4MPa。

历时 11 个月，钻孔进尺约 7092m，灌浆量为 934872kg，经过以上措施处理后，$KW_{89}$ 岩溶涌水全部得到封堵，为船闸坝段的顺利施工创造了良好条件。

通过对三期基坑涌水处理效果（图 2.5-10）可以看出，前期一系列地质测绘、钻探、物探、勘探平洞及灾害出现后的水下机器人、人工潜水作业等综合勘察手段，对后期涌水处理设计方案提供了重要的技术支撑，为最终方案的实施起到了必不可少的重要作用。

图 2.5-10　坝基（$O_{2+3}$）$KW_{64}$ 岩溶系统 $KW_{89}$ 出水点（处理后）

### 2.5.5　工程蓄水检验

帷幕形成后，灌浆帷幕经质量检查，满足灌后基岩透水率 $q \leqslant 3Lu$ 或 $q \leqslant 5Lu$ 的防渗标准。

电站蓄水后建基面渗透水位高程在 167.71～180.48m，扬压力分布大体合理。大坝基础廊道上下游水位相对较稳定，廊道内渗流量为 14.4$m^3$/h，设计在廊道集水井内布置 3 台水泵抽排积水，抽排量为 200$m^3$/h，现有渗流量占设计总排水能力的 7.2%。总体来看，基础排水灌浆廊道内渗流量不大，渗水清澈，渗流情况正常。通过蓄水检验，帷幕效果较好，各项指标均在设计允许范围内，说明对防渗依托层、帷幕下限的选择以及地质缺陷的界定是合适的，所采取的工程措施是得当的。

## 2.6　页岩高边坡稳定地质研究

银盘水电站坝址两岸分布较多页岩岸坡，左岸开挖人工边坡最高达 160m，右岸开挖人工边坡最高达 156m，高边坡稳定性分析为坝址的主要工程地质问题。左岸坝肩边坡为斜交顺向坡，边坡岩体为 $O_1d$ 页岩，发育多个层间剪切带，与裂隙组合边坡可能发生不同规模的块体滑移失稳；右坝肩边坡为逆向坡，边坡岩体为 $S_1ln$ 页岩，软弱层面对边坡稳定不起控制作用，边坡稳定主要由顺坡向发育的反倾向裂隙控制。对两岸坝肩页岩边坡采取采用锚喷支护、预应力锚索、边坡排水及边坡变形监测等综合措施进行处理，可保证边坡安全系数达到设计要求。总体上表明，局部不稳定块体通过处理后，边坡处于整体稳定状态。

### 2.6.1　边坡地质条件

#### 2.6.1.1　左岸边坡

大坝左岸临江峰顶高程 351.7m，坝址河流平枯水位 180.3m，相对高差约 170m。地形坡度为20°～35°，319国道从左岸通过，高程约220m。

边坡岩石为$O_1d^1$页岩、砂岩和灰岩，岩层走向358°～10°，倾向W，倾角36°～40°，为斜交顺向坡。左岸边坡发育剪切带20条，其中Ⅰ类剪切带5条，占25%；$Ⅱ_1$类剪切带6条，占30%；$Ⅱ_2$类剪切带9条，占45%。左岸主要发育三组裂隙：NWW组走向275°～290°，倾向185°～200°，倾角65°～90°，裂面平直、闭合，附方解石膜。裂隙连通率34.3%；NNE组走向0°～15°，倾向90°～105°，倾角40°～75°，多发育在强风化带内，裂面平直，少量填泥，裂隙连通率17.6%；NEE组走向70°～85°，倾向340°～355°，倾角60°～90°，裂面平直，裂隙连通率19.4%。

左岸人工边坡走向347°～32°，倾向257°～302°，边坡平面形态呈不对称m形，设计坡比1∶0.5（图2.6-1）。根据开挖边坡形态、岩体结构特征，将左岸边坡分为三段（表2.6-1）。

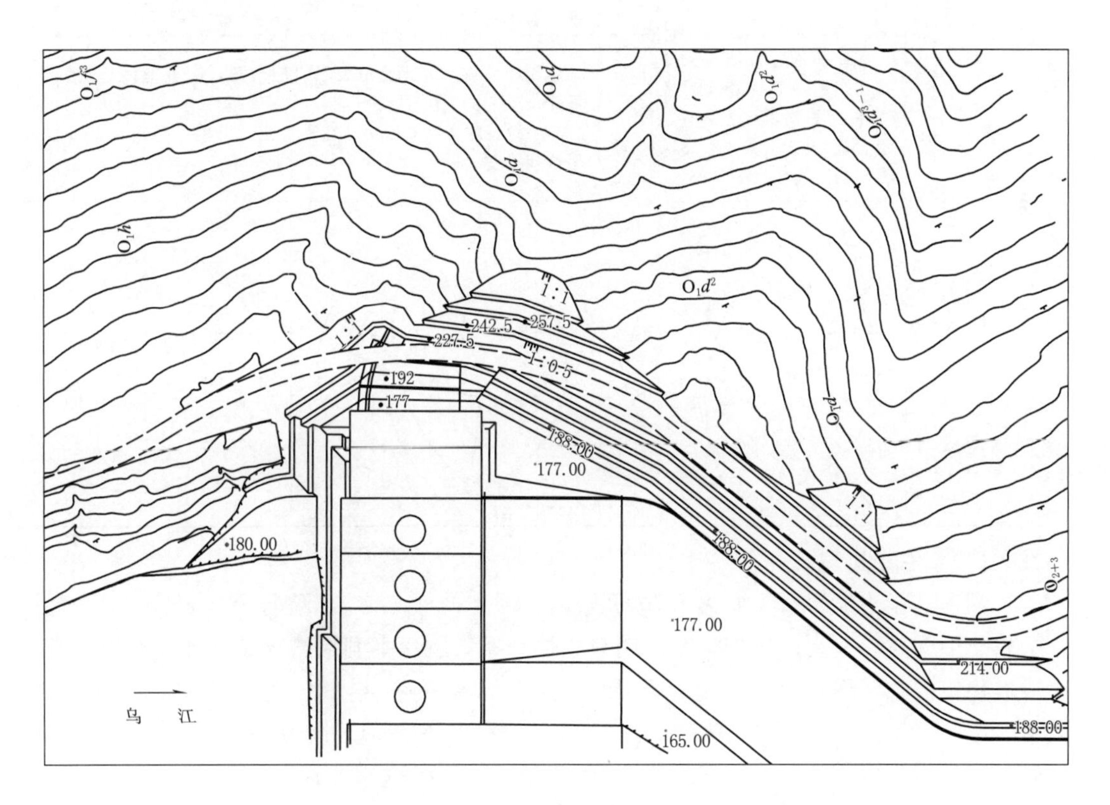


图2.6-1 左岸边坡形态及剖面布置图

(1) 左坝肩上游边坡：为顺向坡，边坡整体稳定性差，经赤平投影分析，NWW、NEE组裂隙切割岩块，边坡顺软弱层面滑动的可能性大。

(2) 左坝肩边坡：为斜交顺向坡，开挖边坡坡角大于岩层坡角，边坡整体稳定性较差，经赤平投影分析，层面、NEE和NWW组裂隙切割的岩块潜在不稳定，可能产生滑动。

(3) 左坝肩下游边坡：为斜向坡，经赤平投影分析，边坡整体稳定性较好，卸荷松动带稳定性较差，局部可能产生小坍塌。

**表 2.6-1　　左岸边坡工程地质条件及评价表**

| 名称 | 大坝左岸边坡 | | |
|---|---|---|---|
| 分段/m | 左坝肩上游边坡（b1 剖面） | 左坝肩边坡（b2 剖面） | 左坝肩下游边坡（b3 剖面） |
| 边坡类型 | 岩质边坡 | 岩质边坡 | 岩质边坡 |
| 边坡走向/(°) | 347 | 18 | 35 |
| 边坡倾向/(°) | 257 | 288 | 305 |
| 最大坡高/m | 临时：54；永久：14 | 临时：110；永久：40 | 临时：127；永久：73 |
| 工程地质特征简述 | 顺向坡，边坡岩石为 $O_1d$ 页岩、灰岩，岩层走向 358°，倾向 W，倾角 39°，页岩单层厚 0.1～1.5m，层间剪切带较发育，无大的断层切割，岩体较完整，岩石强风化厚 3.9～7.0m，地下水埋深 9.83～20.7m | 斜交顺向坡，边坡岩石为 $O_1d^{1-3}$ 页岩、砂岩、砂岩夹薄层灰岩，岩层走向 358°，倾向 W，倾角 37°，页岩单层厚 0.1～4.18m，层间剪切带较发育，岩石强风化厚 0～8.9m，地下水埋深 9.83～16.3m | 斜交顺向坡，边坡岩石为 $O_1d^{1-3}$ 页岩、砂岩、砂岩夹薄层灰岩，岩层走向 358°，倾向 W，倾角 37°，页岩单层厚 0.12～7.9m，层间剪切带较发育，岩石强风化厚 3.9～7.5m，地下水埋深 9.83～36.0m |
| 稳定性评价 | 顺向坡，边坡坡角大于岩层坡角，边坡整体稳定性差，经赤平投影分析，NWW、NEE 组裂隙切割岩块，边坡顺层面滑动的可能性大 | 斜交顺向坡，边坡坡角大于岩层坡角，边坡整体稳定性较差，可能产生侧向顺层滑动破坏，经赤平投影分析，层面、NEE 和 NWW 组裂隙切割的岩块潜在不稳定，可能产生滑动。页岩易产生快速崩解 | |
| 赤平投影 | N NNE NWW W E NEE 边坡 层面 S | N NNE NWW W E NEE 边坡 层面 S | N NNE NWW W E NEE 边坡 层面 S |

### 2.6.1.2　右岸边坡

坝址右岸边坡岩石主要为 $S_1ln$ 页岩，岩层走向 2°～10°，倾向 W，倾角 41°，整体上为斜交逆向坡。地表地质调查未见明显断层分布，右岸平洞揭露少量裂隙性断层。其中对边坡稳定起控制作用的主要为 $f_1$ 断层。

$f_1$ 断层走向 15°～42°，倾向 105°～132°，倾角 36°～51°，破碎带宽 0.02～0.38m，破碎带为页岩，挤压呈碎块，夹泥厚 0.5～3cm，$f_1$ 断层特征见表 2.6-2。

边坡下部 $f_1$ 断层性状最差，倾角最缓。向边坡上方、上游、下游断层性状均见有明显变好趋势，倾角逐渐变陡。此外在 $ZK_{23}$、$ZK_{39}$、$ZK_{53}$ 钻孔岩体没有明显的声波异常点，钻孔岩性获得率为 95.1%～96.6%，RQD 为 71%～95%，岩体完整性较好。钻孔录像中揭示反倾向结构面均为裂隙，张开宽度一般为 2～10mm，大部分性状较好，未见明显的断层发育迹象（表 2.6-3），初步判断 $f_1$ 断层向下延伸穿过 $ZK_{23}$、$ZK_{39}$、$ZK_{53}$ 钻孔可能性不大。

高程 227.5～242m 明渠开挖边坡岩体较完整，出露反倾向裂隙倾角小于 50°的共 7 条，裂隙面一般呈弱风化，未见夹泥。Ⅰ-5007 剪切带斜穿边坡，出露高程 230～238m，夹泥厚约 20cm。3 号路平台（高程 257m）$ZK_{84}$ 钻孔录像中未见断层发育明显迹象，坝顶高程 227m 平洞 $PD_{16}$ 揭示亦未见断层发育迹象，综合判断 $f_1$ 断层穿过Ⅰ-5007 剪切带的可能性不大（图 2.6-2、图 2.6-3）。

表 2.6-2　　$f_1$ 断层特征表

| 揭露位置 | 出露 | 高程/m | 产状 | | 特征 |
|---|---|---|---|---|---|
| | | | 倾向/(°) | 倾角/(°) | |
| $PD_8$ | $S_1ln$ | 244.33 | 110 | 36 | 洞深 35m 处出露，破碎带宽 0.31～0.38m，碎裂岩原岩为页岩，挤压呈碎块，夹泥，碎块直径 5～15cm，泥厚 0.5～3cm |
| $PD_{10}$ | $S_1ln$ | 257.12 | 105 | 51 | 洞深 12m 处出露，破碎带宽 0.02～0.07m，页岩挤压呈碎块，强～全风化，夹泥厚 1～2cm |
| $PD_{12}$ | $S_1ln$ | 257.04 | 132 | 48 | 洞深 13m 处出露，破碎带宽 0.2m，破碎带密集发育裂隙，页岩挤压破碎，强风化，夹泥厚 1～2cm |
| $PD_{14}$ | $S_1ln$ | 257.14 | 120 | 48 | 洞深 11m 处出露，破碎带宽 0.05～0.10m，页岩挤压局部呈碎块，强～全风化，破碎带顶底夹泥厚 0.5～1cm，顶拱性状相对较好，破碎带为弱风化页岩，断续附泥膜 |

表 2.6-3　　右坝肩边坡钻孔录像反倾向结构面统计表

| 钻孔编号 | 孔深/m | 高程/m | 层位 | 倾向/(°) | 倾角/(°) | 裂隙特征 |
|---|---|---|---|---|---|---|
| $ZK_{53}$ Ⅰ坝线 | 8.27 | 236.95 | $S_1ln$ | SE105 | 66 | 反倾向裂隙，宽 5～10mm，裂面风化 |
| | 8.68 | 236.54 | | SE93 | 56 | 反倾向裂隙，裂面风化，微张 |
| | 8.74 | 236.48 | | SE104 | 63 | 反倾向裂隙，宽 5～10mm，裂面风化 |
| | 17.24 | 227.98 | | NE89 | 50 | 反倾向裂隙，宽 5～10mm，裂面风化 |
| | 17.39 | 227.83 | | SE99 | 52 | 反倾向破碎带，厚 20cm，岩石风化，性状差 |
| | 27.04 | 218.18 | | SE92 | 31 | 反倾向裂隙，微张 |
| | 29.03 | 216.19 | | NE83 | 31 | 反倾向裂隙，微张 |
| | 55.63 | 189.59 | | SE99 | 29 | 反倾向裂隙，微张 |
| | 64.74 | 180.48 | | SE135 | 40 | 反倾向裂隙，宽 5～10mm，面风化，结合较好 |
| | 65.19 | 180.03 | | SE118 | 33 | 反倾向裂隙，闭合 |
| | 66.36 | 178.86 | | SE106 | 62 | 高倾角裂隙，宽 3～6mm，闭合 |
| | 66.6 | 178.62 | | SE98 | 62 | 高倾角裂隙，宽 5～8mm，闭合 |
| | 67.39 | 177.83 | | SE114 | 42 | 反倾向裂隙，闭合 |
| | 67.65 | 177.57 | | SE112 | 42 | 反倾向裂隙，闭合 |
| | 74.96 | 170.26 | | SE117 | 52 | 反倾向裂隙，宽 2cm，微张 |
| $ZK_{23}$ Ⅱ坝线 | 9.69 | 233.97 | $S_1ln$ | SE140 | 43 | 裂隙，裂面风化，微张 |
| | 10.57 | 233.09 | | SE146 | 62 | 裂隙，裂面风化，微张 |
| | 24.79 | 218.87 | | SE147 | 65 | 裂隙，微张 |
| | 54.32 | 189.34 | | SE101 | 56 | 反倾向裂隙，方解石充填，闭合 |
| | 70.57 | 173.09 | | NE89 | 54 | 反倾向裂隙，方解石充填，闭合 |
| | 73.22 | 170.44 | | SE134 | 54 | 反倾向裂隙，方解石充填，闭合 |
| | 77.7 | 165.96 | | SE92 | 59 | 反倾向裂隙 |

续表

| 钻孔编号 | 孔深/m | 高程/m | 层位 | 倾向/（°） | 倾角/（°） | 裂　隙　特　征 |
|---|---|---|---|---|---|---|
| $ZK_{39}$<br>Ⅲ坝线 | 9.57 | 230.07 | $S_1 ln$ | SE123 | 67 | 高倾角裂隙，宽 4cm，裂面风化，微张 |
| | 10 | 229.64 | | SE135 | 51 | 裂隙，微张 |
| | 12.7 | 226.94 | | SE138 | 65 | 反倾向裂隙，宽 5～8mm，裂面风化，微张 |
| | 14.58 | 225.06 | | SE119 | 56 | 裂隙，宽 5～8mm，裂面风化，微张 |
| | 15.08 | 224.56 | | NE65 | 32 | 反倾向裂隙，微张 |
| | 15.17 | 224.47 | | SE129 | 23 | 反倾向裂隙，微张 |
| | 15.4 | 224.24 | | SE130 | 26 | 反倾向裂隙，裂面风化，微张 |
| | 19.62 | 220.02 | | SE123 | 55 | 反倾向裂隙，方解石充填，微张 |
| | 20.23 | 219.41 | | SE137 | 55 | 反倾向裂隙，方解石充填，微张 |
| | 20.51 | 219.13 | | SE122 | 48 | 反倾向裂隙，微张 |
| | 22.09 | 217.55 | | SE142 | 45 | 反倾向裂隙，微张 |
| | 28.44 | 211.2 | | SE131 | 43 | 反倾向裂隙，微张 |
| | 29.03 | 210.61 | | SE124 | 40 | 反倾向裂隙，微张 |
| | 29.42 | 210.22 | | SE133 | 50 | 反倾向裂隙，微张 |
| | 30.54 | 209.1 | | SE136 | 46 | 反倾向裂隙，微张 |
| | 33.31 | 206.33 | | SE127 | 51 | 反倾向裂隙，闭合 |
| | 38.27 | 201.37 | | SE122 | 54 | 反倾向裂隙，闭合 |

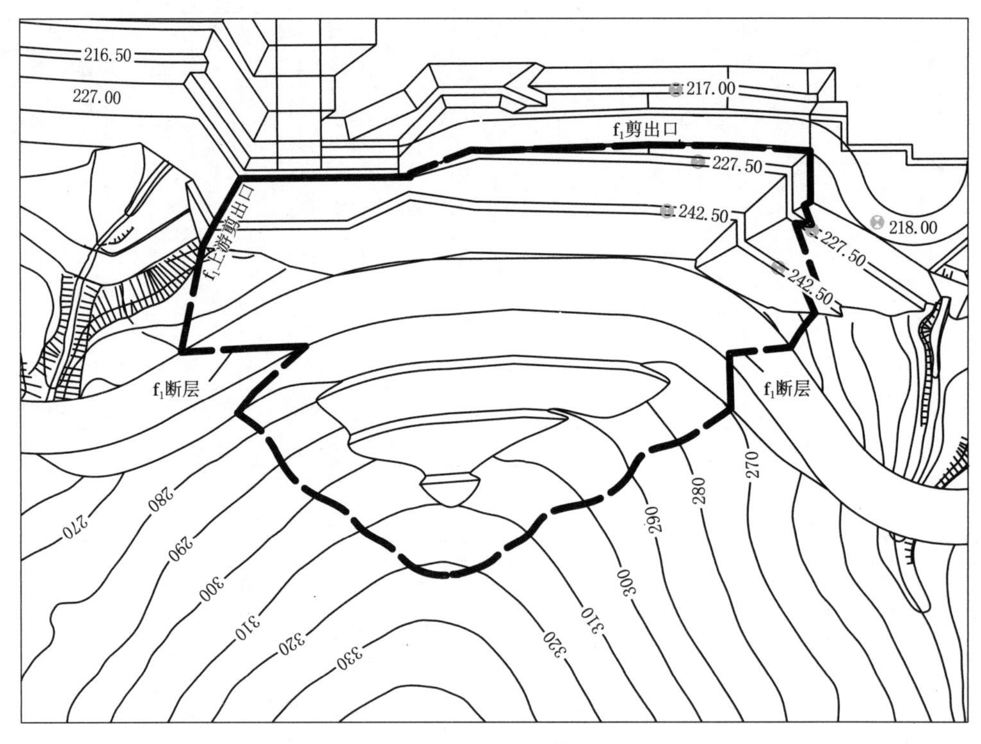


图 2.6-2　右坝肩边坡 $f_1$ 断层平面示意图

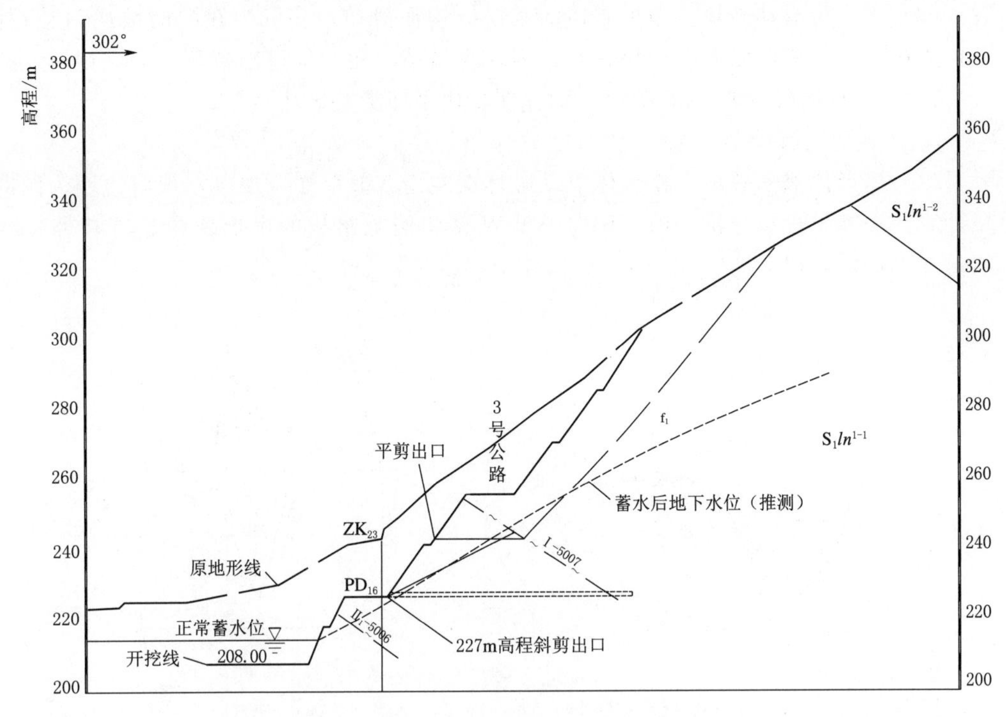


图 2.6-3　右坝肩边坡 1-1 剖面示意图

岩体中主要发育三组裂隙：①NWW 组走向 270°～295°，倾向 0°～25°，倾角 74°～87°，张开宽 1～2mm，裂面较平直，附方解石膜，少量裂隙面粗糙，见擦痕，裂隙连通率为 16.8%；②NEE 组走向 70°～85°，倾向 340°～355°，倾角 60°～90°，面平直，附方解石膜，裂隙连通率为 9.5%；③NNE 组走向 0°～30°，倾向 90°～120°，倾角 35°～50°，裂面浸染呈铁锈色，附方解石膜，裂隙连通率为 22.6%。其中 NNE 组为反倾向裂隙，尤为发育，优势走向 10°～20°，该组裂隙平洞统计长度一般小于 5m，切割深度一般小于 2m，大部分方解石胶结好。在坝基岩体范围内，NNE 组裂隙间距 0.2～1.2m，线密度达 3.1 条/m。

边坡岩体地下水埋深 2.51～35.12m，高程 180.96～242.76m。$O_{2+3}$ 层灰岩中岩溶发育，溶洞高度 0.10～10.0m，分布高程主要在 175～200m。溶洞多顺层发育，洞内充填黄泥，呈可塑状，雨后大量涌泥，涌泥呈流塑状。在 $O_{2+3}$ 层灰岩中还发育 $KW_{64}$ 岩溶系统。

## 2.6.2　边坡稳定性分析

### 2.6.2.1　左岸边坡

1. 边坡失稳模式分析

左岸边坡主要破坏形式为楔形体滑动破坏和平面型滑动破坏两种。

(1) 楔形体滑动破坏。边坡两个或两个以上的结构面组合的楔形体，沿结构面交线方向滑动。这种类型的边坡破坏多发生在受结构面控制的较完整的岩质边坡，一般规模较小，这种形式的边坡破坏在左岸普遍存在。

（2）平面型滑动破坏。边坡岩体沿某一结构面滑动，多发生在顺向坡或斜交顺向坡，开挖边坡后，结构面以上的岩块临空，岩块将沿结构面产生滑动破坏。如左坝肩上游边坡（b1 剖面）、左坝肩边坡（b2 剖面）均存在岩块平面滑动破坏。

2. 边坡稳定性计算

（1）楔形体滑动破坏。楔形体滑动破坏在左岸普遍存在，现以左坝肩边坡为例进行定量计算。经赤平投影分析，由 NEE、NWW 两组裂隙组成的楔形块体是具有外倾结构面的潜在不稳定岩块（图 2.6－4），结构面交棱线产状 270°∠35°。

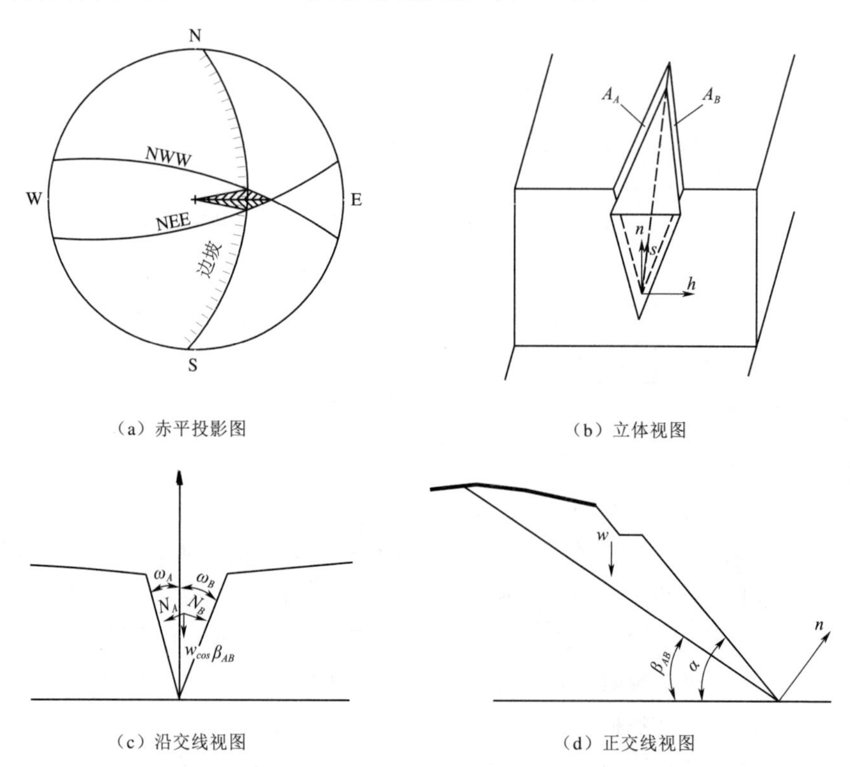


（a）赤平投影图　（b）立体视图

（c）沿交线视图　（d）正交线视图

图 2.6－4　楔形体滑动示意图

楔形体稳定系数公式为

$$F_S=\frac{N_A\tan\varphi_A+N_B\tan\varphi_B+C_AA_A+C_BA_B}{W\sin\beta_{AB}} \tag{2.6-1}$$

其中，$N_A=\dfrac{W\cos\beta_{AB}\sin\beta'_B}{\sin(\beta'_A+\beta_B)}$；

$N_B=\dfrac{W\cos\beta_{AB}\sin\beta'_A}{\sin(\beta'_A+\beta_B)}$；

$\beta_{AB}=\tan^{-1}[\tan\beta_A\cos\alpha_{AB}]$；

$\alpha_{AB}=\tan^{-1}\left[\dfrac{1}{\sin\theta}\cdot\dfrac{\tan\beta_A}{\tan\beta_B}-\cot\theta\right]$；

式中：$F_S$ 为稳定系数；$W$ 为楔形体的重力，kN；$A_A$、$A_B$ 为结构面 $A$、$B$ 的面积，m$^2$；$\varphi_A$、$\varphi_B$ 为结构面 $A$、$B$ 的内摩擦角，(°)；$C_A$、$C_B$ 为结构面 $A$、$B$ 的黏聚力，kPa；$N_A$、

$N_B$ 为由 $W$ 引起的作用于结构面 $A$、$B$ 上的法向应力，kN；$\beta_A$、$\beta_B$ 为结构面 $A$、$B$ 的倾角，(°)；$\beta'_A$、$\beta'_B$ 为与结构面交线垂直剖面上的结构面 $A$、$B$ 的视倾角，(°)；$\omega_1$、$\omega_2$ 为结构面 $A$、$B$ 与其交线的法线的夹角，(°)；$\beta_{AB}$ 为结构面 $A$、$B$ 交线倾向的倾角，(°)；$\alpha_{AB}$ 为结构面 A、B 交线倾向的方位角，(°)；$\theta$ 为结构面 $A$、$B$ 倾向线间的夹角，(°)。

左岸裂隙共分 4 类，连通率为 17.6%～34.3%，各类裂隙取值及计算稳定系数见表 2.6-4。

**表 2.6-4　　边坡楔形体滑动稳定性计算结果**

| 裂隙类型 | 裂隙 1 | 裂隙 2 | 裂隙 3 | 裂隙 4 |
|---|---|---|---|---|
| 结构面特征 | 面平直，附泥膜 | 面平直，局部附泥膜 | 面平直，附方解石膜 | 面有起伏，粗糙，充填方解石脉 |
| 等效内摩擦角/(°) | 19.3 | 21.8 | 26.5 | 30.9 |
| 稳定系数 | 0.87 | 1.04 | 1.22 | 1.32 |

由表 2.6-4 可知，裂隙附泥膜时，楔形体稳定系数 $F_S=0.87\sim1.04$，具有外倾结构面的楔形体潜在不稳定，一部分楔形体边坡开挖临空后就会产生滑动变形，另一部分楔形体会自稳一段时间，随着条件的改变（如长期下雨、爆破等因素的影响）而逐步失稳，故具有外倾结构面的楔形体不稳定或暂时稳定，需及时支护。

（2）平面滑动破坏。平面滑动破坏主要为岩体顺层面滑动和侧向顺层滑动，左岸坝肩上游边坡为这类破坏，且规模较大，现对其进行稳定性计算：左岸坝肩上游边坡走向 347°，倾向 257°，设计坡比 1∶0.6，倾角约 59°，最大坡高约 64m，为顺向坡，边坡岩石为 $O_1d^{1-1}$、$O_1d^{1-2}$、$O_1d^{1-3}$ 页岩、灰岩，岩层走向 358°，倾向 W，倾角 39°，页岩单层厚 0.1～1.5m，地下水埋深 20.70m。

根据《水电水利工程边坡工程地质勘察技术规程》（DL/T 5337—2006）附录 E 中的公式，采用平面滑动法时，边坡稳定性系数可按下式计算：

$$F_S=\frac{(W\cos\beta-\mu-\upsilon\sin\beta)\tan\varphi+cL}{W\sin\beta+\upsilon\sin\beta} \tag{2.6-2}$$

其中，水的上举力：$\mu=\frac{1}{2}\gamma_W Z_W L$；

水的水平力：$\upsilon=\frac{1}{2}\gamma_W Z_W^2$；

式中：$F_S$ 为稳定系数；$W$ 为滑体的重力，kN；$c$ 为滑面的黏聚力，kPa；$\varphi$ 为滑面的内摩擦角，(°)；$L$ 为滑面长度，m；$\beta$ 为结构面倾角，(°)；$\gamma_W$ 为水的密度；$Z_W$ 为裂隙地下水高度。

式中未考虑侧向阻滑力、地震的影响。

左坝肩上游边坡为顺向坡，根据赤平投影分析及地面调查，NNW 向裂隙发育，由 NNE 向切割的条（岩）块顺层滑动的可能性较大。$\text{II}_1$-7005、$\text{II}_1$-7006 两条剪切带在边坡坡脚埋深仅 3.5m，对边坡稳定有一定影响（图 2.6-5）。

现分别对两条剪切带及 $O_1d^{1-2}/O_1d^{1-1}$、$O_1d^{1-1}/O_1h$ 两层面滑动进行边坡稳定性计算。

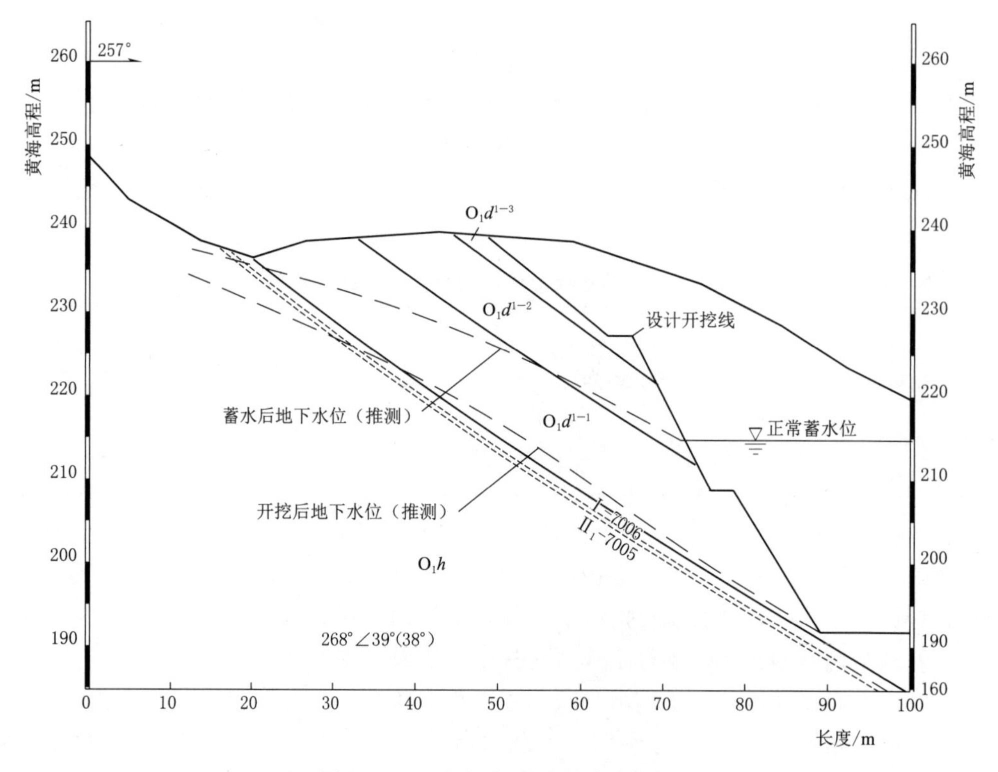


图 2.6-5　左坝肩顺层滑动示意图

左坝肩上游边坡稳定性计算结果见表 2.10-5。从计算结果可以看出，左坝肩上游边坡不稳定，破坏方式是沿剪切带产生平面滑动，其稳定系数 $F_s$=0.46～1.02，尤其应注意边坡沿Ⅱ$_1$-7005、Ⅱ$_1$-7006 剪切带破坏。

#### 2.6.2.2　右岸边坡稳定性评价

根据开挖边坡形态、岩体结构特征和建筑物类型，将右岸边坡分为三段：上游引航道边坡、右坝肩边坡和下游引航道边坡。上游引航道边坡和下游引航道边坡开挖高度小，而坝肩边坡开挖高度大，且发育有顺坡向的 $f_1$ 断层，边坡稳定条件相对较差，因此右坝肩边坡是分析研究的重点。

**表 2.6-5　　左坝肩上游边坡稳定性计算结果**

| 滑动剪切带 | $O_1d^{1-2}/O_1d^{1-1}$ | $O_1d^{1-1}/O_1h$ | Ⅱ$_1$-7006 | Ⅱ$_1$-7005 |
|---|---|---|---|---|
| 黏聚力/kPa | 100 | 100 | 30 | 30 |
| 内摩擦角/(°) | 28.8 | 28.8 | 12.4 | 12.4 |
| 蓄水前稳定系数 | 1.49 | 1.02 | 0.67 | 0.68 |
| 蓄水后稳定系数 | 1.44 | 1.00 | 0.66 | 0.67 |

右岸边坡最大的工程地质问题是 $f_1$ 断层破坏了岩体的完整性。$f_1$ 断层走向与开挖边坡走向夹角约 12°，与坝肩及坝肩下游边坡倾向基本一致，开挖边坡倾角（59°）大于 $f_1$ 断层面倾角。因此边坡开挖后，$f_1$ 断层下部将有出露，断层上盘的岩体潜在不稳定。由于

$f_1$ 断层上盘岩体规模大，边坡开挖将不同程度地造成断层下部出露，断层上盘岩体若发生失稳破坏（图 2.6-2、图 2.6-3），将对大坝及通航建筑物的稳定性及安全运行造成威胁。因此，右坝肩边坡的稳定性需要进行深入研究。

边坡上部为 $S_1ln$ 页岩，强风化厚 0～9.0m，弱风化厚 0～14.18m，在干湿条件下易沿着页理面而开裂崩解，若干天后其强度将有很明显的降低。右岸边坡除 $f_1$ 断层之外，还存在较多的顺坡向裂隙，对边坡稳定性造成不利影响。此外，岩体由于存在裂隙、层面等切割，可能存在楔形块体稳定问题。$O_{2+3}$ 灰岩中岩溶发育，对边坡稳定性造成不利影响。

1. 边坡失稳模式分析

右坝肩人工边坡走向 32°，倾向 122°，边坡平面形态呈浅 U 形，高程 257m 为 3 号路，宽约 11m，坝顶高程 227m 以上为设计坡比 1∶0.75，为永久坝肩边坡，以下为开挖坡比 11∶0.5，为临时坝基边坡。

边坡与岩层走向夹角 20°～30°，为逆向坡，软弱层面对边坡稳定不起控制作用，边坡稳定主要由顺坡向发育的 $f_1$ 断层和 NNE 组反倾向裂隙控制。

$f_1$ 断层向下由 Ⅰ-5007 剪切带控制，$f_1$ 断层在坡面没有出露，但断层在边坡中埋深不大，在坝顶高程附近存在剪断岩体，出现边坡失稳的可能性。可考虑两种组合模式：一为与缓倾角裂隙组合，沿 227m 高程剪出；二为沿 5007 剪切带处 243m 高程水平剪断岩体。

2. 边坡稳定性计算

现对沿高程 227m 和沿 5007 剪切带处 237m 高程水平剪断岩体两种模式进行稳定性计算。

根据《水电水利工程边坡工程地质勘察技术规程》(DL/T 5337—2006)，采用平面滑动法时，考虑到上游宽约 22m 的岩体将剪断形成剪出口，将公式细化如下：

$$F_s=\frac{(\sum\gamma V_i\cos\theta_i-\sum\mu_i-\sum v_i\sin\beta_i)\tan\varphi+Ac+\tau_{ck}A_1+p}{\sum W_i\sin\beta_i+\sum v_i\cos\upsilon\beta_i} \qquad (2.6-3)$$

$$\tau_{ck}=\sigma_{ck}\cdot\tan\varphi_1+c_1$$

其中，

$$\mu=\frac{1}{2}\gamma_W Z_W L$$

$$v=\frac{1}{2}\gamma_W Z_W^2$$

式中：$F_s$ 为稳定系数；$W$ 为岩体的重度，kN；$c$ 为 $f_1$ 剪切面的黏聚力，kPa；$c_1$ 为前缘剪切面的黏聚力，kPa；$\varphi$ 为 $f_1$ 剪切面的内摩擦角，(°)；$\varphi_1$ 为前缘剪切面的内摩擦角，(°)；$A$ 为 $f_1$ 剪切面的面积，$m^2$；$A_1$ 为前缘剪切面的面积，$m^2$；$V_i$ 为第 $i$ 块滑体的体积，$m^3$；$\beta_i$ 为第 $i$ 块 $f_1$ 剪切面的倾角，(°)；$\tau_{ck}$ 为前缘剪切面剪应力，kPa；$\sigma_{ck}$ 为前缘剪切面正应力，kPa；$P$ 为上游剪切面摩阻力，kN。

右坝肩边坡稳定性计算结果见表 2.6-6。从计算结果可以看出，滑块沿 227m 高程剪出，滑块稳定系数 $F_s$=1.12～1.27，为基本稳定状态；若考虑滑块将沿 243m 高程水平剪出，$F_s$=1.24～1.28，为稳定状态。

表 2.6－6　　右坝肩边坡稳定性计算结果

| 滑动剪切带 | $f_1$ 断层面 | 剪切面 | | 备　注 |
|---|---|---|---|---|
| | | $S_1ln$ 页岩 | 裂隙 | |
| 黏聚力/kPa | 50 | 500 | 50 | 裂隙面较平直，局部附泥膜。考虑裂隙连通率 20%和 30% |
| 内摩擦角/(°) | 16.7 | 36.9 | 19.3 | |
| 沿 227m 高程剪出（裂隙连通率 20%） | 天然稳定系数 | 1.27 | | |
| | 蓄水后稳定系数 | 1.21 | | |
| 沿 227m 高程剪出（裂隙连通率 30%） | 天然稳定系数 | 1.17 | | |
| | 蓄水后稳定系数 | 1.12 | | |
| 沿 237m 高程水平剪断岩体 | 天然稳定系数 | 1.28 | | |
| | 蓄水后稳定系数 | 1.24 | | |

另外应注意的是，NNE 组裂隙倾角以 50°为主，坝顶高程 227m 以下开挖坡比 1∶0.5，相应坡角 63°，陡于裂隙倾角，存在沿该组裂隙发生局部块体滑移失稳的可能。大坝右岸边坡工程地质评价见表 2.6－7。

表 2.6－7　　大坝右岸边坡工程地质条件及评价表

| 名　称 | 右　坝　肩 | | | | | |
|---|---|---|---|---|---|---|
| 类　型 | 边坡 | 岩层面 | $f_1$ | NEE | NWW | NNE 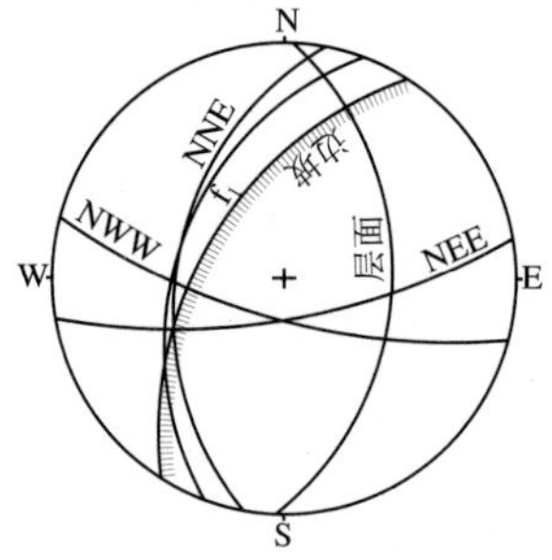 |
| 走向/（°） | 32 | 2 | 20 | 80 | 285 | 10 |
| 倾向/（°） | 122 | 272 | 110 | 350 | 15 | 100 |
| 倾角/（°） | 63 | 41 | 40 | 75 | 75 | 40 |
| 最大坡高/m | 临时：156；永久：114 | | | | | |
| 边坡类型 | 岩质边坡 | | | | | |
| 工程地质特征简述 | 逆向坡，边坡上部岩石为 $S_1ln$ 页岩，页岩薄层结构，岩石裂隙较发育，在 $PD_8$ 平洞 35m（洞顶）处出露 $f_1$ 断层，断层走向 20°，倾向 110°，倾角 36°～40°，破碎带宽 0.31～0.38m。$O_{2+3}$ 地层溶洞较发育，填泥，发育方向 NE60°～NE74°。边坡卸荷带 3.5～11m，岩石强风化厚 9m，地下水埋深 13.81m。岩层走向 2°～4°，倾向 W，倾角 41° | | | | | |
| 稳定性评价 | 边坡整体稳定性较差。经赤平投影分析，NNE 组裂隙与剪切带（层面）切割形成的岩块，将产生沿 NNE 组反倾向裂隙面滑动。右岸边坡存在 $f_1$ 断层，与上下游冲沟、NWW 组裂隙切割所形成的岩块，现在处于稳定状态，当切坡后，岩体可能顺 $f_1$ 断层面产生滑动。边坡上部风化层可能产生拉裂隙变形 | | | | | |
| 措施建议 | ①开挖坡比：覆盖层 1∶1.25；强风化带 1∶1～1∶1.25；弱风化带 1∶0.75～1∶0.85。微新岩石 1∶0.55～0.75。坡高 15m 设置一马道，并及时支护。<br>②建议采用逆作法施工，小药量爆破。<br>③及时清除或锚固潜在不稳定岩（楔）块。<br>④清除或锚固 $f_1$ 断层、自然斜坡、边坡所组成的潜在不稳定岩块。<br>⑤页岩易产生风化崩解、剥落，坡面应及时处理 | | | | | |

## 2.6.3 地质缺陷处理

### 2.6.3.1 层间剪切带的处理

左坝肩边坡下伏 $O_1h$ 灰岩层顶部发育 $Ⅱ_1$ 类剪切带 7005、7006，埋深在坝基以下约 3.5～20.0m，高程 173.0～192.0m，剪切带为页岩夹灰岩透镜体，厚 5～7cm，页岩挤压成鳞片状、局部强风化成泥，性状较差。坝肩边坡以层间剪切带为底滑面，NWW 组裂隙为侧向切割面，在坝体应力作用下，可能产生向下顺层滑动。设计对坝肩边坡的稳定性进行分析研究，针对 $Ⅱ_1$－7005、$Ⅱ_1$－7006 破碎夹泥层间剪切带，分别在高程 197m、187m、170m 布置 3 层（4m×7m）阻滑键。在高程 197m、187m 进行阻滑键开挖施工，根据阻滑键洞开挖揭露的地质情况，$Ⅱ_1$－7005、$Ⅱ_1$－7006 层间剪切带性状与原勘察资料基本一致，局部洞段剪切带性状稍好。根据 7005、7006 破碎夹泥层间剪切带的抗剪强度，设计对左岸坝肩边坡及坝基岩体的稳定性和支护进行复核，提出了左岸坝肩阻滑键的优化设计方案，取消了高程 170m 阻滑键。

### 2.6.3.2 裂隙性断层及裂隙密集带的处理

1. 裂隙性断层的处理

左岸坝肩边坡仅见发育裂隙性断层 2 条：$f_{60}$ 断层分布在左岸非溢流坝段 1 号坝段 0－2～0＋4，高程 177～182m；$f_{82}$ 断层分布在左岸非溢流坝段 3 号坝段 0－20～0－2，高程 192～201m。处理措施为顺断层刻槽清挖至高程 201m，混凝土回填。

2. 裂隙密集带的处理

左岸发育裂隙密集带一处，位于桩号 K0＋57～K0＋72，高程 209m，发育地层 $O_1d^{1-3}$ 页岩中。处理措施为裂隙密集带发育地段清挖至高程 206～207m，直至裂隙闭合，进行混凝土回填。

### 2.6.3.3 风化卸荷变形块体的处理

1. 左岸边坡

左岸边坡在施工开挖时产生 5 段岩层塌滑、变形破坏。

（1）K0－35～K0＋0 变形段。K0－035～K0＋0 段边坡岩体为 $O_1d^{1-3}$ 页岩，多为弱～强风化岩体，边坡为顺向坡。开挖时发生顺层滑塌，滑塌岩体宽度约 5.6m，厚度约 5m。边坡岩体中发育破碎夹泥层间剪切带 $Ⅱ_1$－1301，且 NWW 组裂隙密集发育。边坡设计开挖坡比 1∶1，较岩层倾角陡，边坡向下开挖切脚造成临空，且暴雨后坡顶积水集中下渗，由裂隙与层间剪切带 $Ⅱ_1$－1301 组合，产生顺层滑塌，见图 2.6－6。

处理措施为挖除滑塌体上游残余部分土体和下游已松动块体，边坡改为顺层开挖，增加 $\phi$28、9m 长的锁口锚杆 18 根。并加强排水措施。

（2）K0＋21～K0＋35.5 变形段。施工开挖时高程 192m 平台及以下边坡 $O_1d^{1-3}$ 页岩产生拉裂变形，变形段为 0＋21～0＋35.5，最大变形宽度约 7m，拉裂缝宽 3～14cm，裂面陡，呈锯齿状。边坡变形体上、下游均受 NEE 组裂隙控制，裂隙已延伸至高程 179.5m，在高程 179.5m 变形段桩号为 0＋34～0＋43.5，该变形体沿层面向下滑动。

处理措施为变形岩体全部清除，并对已开挖边坡进行及时系统支护。边坡地质滑塌范

图 2.6-6　厂房引水渠高程 199.4m 以下边坡变形

围内增设 $\phi$28 锚杆，$L$=6m，锚杆间距 2m×2m，锚杆垂直岩石层面；边坡顶部增设 1 排 $\phi$28 锚杆，$L$=9m，锚杆垂直岩石层面。

（3）K0+40～K0+60 变形段。开挖时 K0+40～K0+60、高程 209m 马道边坡部位出现顺层变形滑塌，局部变形开裂范围已扩展至马道内侧。

边坡岩体为 $O_1d^{1-3}$ 页岩，弱风化～微风化。走向与边坡走向夹角 26°，为斜交顺向坡，边坡岩体中发育Ⅰ-1305～Ⅱ$_1$-1308 密集层间剪切带，且该段 NWW 组裂隙密集发育，裂隙多平直，间距 0.3～0.5m。该段边坡设计开挖坡比 1∶1，高程 209m 以下为原设计素喷混凝土支护，开挖坡角较岩层倾角陡，坡脚临空，由裂隙与层间剪切带组合，产生顺层滑塌。

处理措施为变形岩体全部清除，并对已开挖边坡进行及时系统支护。边坡地质滑塌范围内增设 $\phi$28 锚杆，$L$=6m，锚杆间距 2m×2m，锚杆垂直岩石层面；边坡顶部增设 1 排 $\phi$28，$L$=9m 锚杆，锚杆垂直岩石层面。

（4）K0+150～K0+170 变形段。左岸 K0+150～K0+170，高程 201～227m 段边坡在开挖时岩体产生局部变形，4 号路混凝土路面见一近岩层走向裂缝，裂缝张开约 0.5cm，贯通整个路面；变形裂缝于高程 214～227m 边坡略缓于岩层层面发育，沿裂缝喷射混凝土已开裂约 1cm；裂缝向下延伸至 202m 高程，顺岩层层面发育，沿裂缝喷射混凝土变形开裂约 1cm（图 2.6-7）。

K0+150～K0+170，高程 201～227m 段边坡主要出露岩层为 $O_1d^{1-3}$ 页岩、$O_1d^2$ 灰岩。$O_1d^{1-3}$ 页岩中发育Ⅰ-1312 层间泥化剪切带，厚约 20cm，下部为褐黄色强风化页岩，中部 1～2cm 为褐灰色鳞片状页岩，湿水成泥，泥化层厚 0.2～2cm，断续分布，呈透镜状，上部厚 5～10cm 为错动带，发育宽方解石脉，挤压较强烈，局部见溶蚀现象。

$O_1d^2$ 灰岩中发育 $K_{19}$ 溶洞，溶洞边坡部分宽约 6.0m，高约 5.0m，呈三角形，全充填黄泥夹少量块石；溶洞顺层面发育，贯穿 4 号路，呈缝状，宽约 0.3m，深约 8m，向下

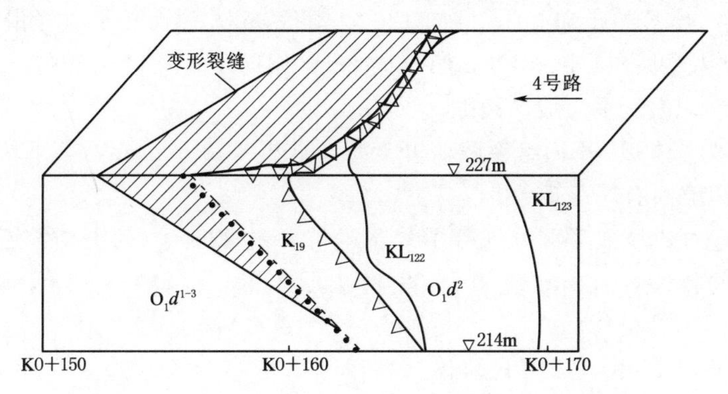


图 2.6-7 K0+150～K0+170 边坡变形块体平面图

发育至高程约 219m，充填碎、块石及少量黄泥。$O_1d^2$ 灰岩中还发育一组走向 NWW 组裂隙，倾向 0°～5°，倾角约 80°，其中 $KL_{122}$、$KL_{123}$、$KL_{124}$ 均为该组裂隙，裂隙局部溶蚀，宽 1～5cm 不等，充填碎石及黄泥。$L_{126}$ 为一组短小裂隙，均属 NWW 组裂隙，倾向 0°～10°，倾角 75°～80°，连通率近 100%。

变形块体以Ⅰ-1312、$L_{126}$、$KL_{122}$ 及 K19 溶洞壁为边界，由于开挖边坡、清挖溶洞形成临空，并在 4 号路内侧爆破开挖排水沟形成切割，造成边坡岩体局部变形。

处理措施为对 $K_{19}$ 溶洞进行开挖回填混凝土，该段边坡增设两排锚索进行支护。

（5）0 号桥台边坡变形段。左岸 0 号桥台边坡岩体为 $O_1d^{1-3}$ 段页岩，岩石微风化，岩层倾向 275°，倾角 39°，边坡走向 34°，边坡与岩层走向夹角为 29°，边坡为视顺向坡。在高程 201～214m 边坡中发育一条倾向 NW 的外倾裂隙面。4 号公路路面发育一张开裂隙，长约 10m，爆破后发现 4 号公路路面裂隙变形加大，裂隙宽 1～8cm，在公路内侧坡脚附近出现少量新的细小裂隙，变形范围加大，并沿高程 214～201m 边坡中外倾裂隙发展，岩体在高程约 205m 处剪出，变形明显。

处理措施为变形岩体全部清除，并进行及时系统支护。边坡地质滑塌范围内增设 $\phi$28 锚杆，$L$=6m，锚杆间距 2m×2m，锚杆垂直边坡面。

2. *右岸边坡*

（1）K0－341 至上游端风化带（高程 204.5～216.5m 边坡）。K0－341 至上游端段边坡由 $O_1d^{3-1}$ 页岩组成，岩层倾向 275°，倾角 42°，为逆向坡。页岩强风化，呈褐黄色，边坡岩体较破碎。

受风化及卸荷的影响，在开挖过程中高程 216.5m 平台及上游端部边坡中出现张拉裂隙，裂隙倾向坡外，倾向 110°，倾角 52°，裂隙宽 1～3mm，距平台边缘 1.5～3m，变形段在高程 216.5m 平台上长约 15m，在高程 204.5m 马道上长约 20m。

施工中，对边坡变形部分进行了削坡处理，并采取上部 2 排 9m 长 $\phi$28 锚杆、下部 4 排 6m 长锚杆、喷混凝土厚度为 10cm 等措施对边坡进行了锚固。

（2）K0－050～K0－065 段卸荷带（高程 243m 以上边坡）。K0－050～K0－065、高程 243m 以上边坡岩体为 $S_1ln$ 页岩，岩层倾向 280°，倾角 40°，为逆向坡，岩石多呈强～弱风化。开挖边坡处于卸荷带内，裂隙发育，岩体结构较为破碎，边坡稳定主要受以下 2

组裂隙控制：NNE 组走向 30°，倾向 120°，倾角 35°，裂面较平直光滑，附泥膜，发育长度 5～10m，为顺坡向裂隙；NEE 组走向 80°，倾向 170°，倾角 70°，面平直，多附泥膜，切割深 2～6m，为近垂直坡向裂隙。

开挖边坡岩体顺 NEE 组裂隙张开变形，张开宽 3～8mm，其下端受 NNE 组裂隙面的控制，顺裂隙面有塌落现象。

施工中，对边坡变形部分进行了局部挖除，并采取了挂网锚喷支护，锚杆采用 $\phi$25 二级钢筋，间排距@2.0m×2.0m，呈梅花形布置，锚杆长 4.5m，喷混凝土 M20，总厚 15cm。

（3）K0＋073～K0＋120 段块体（高程 193.0～204.5m 边坡）。K0＋073～K0＋120、高程 193.0～204.5m 段边坡岩体为 $S_1 ln$ 页岩，岩层倾向 279°，倾角 30°，为逆向坡，岩体中发育一组中倾角顺坡向裂隙，裂隙产状走向 45°，倾向 135°，倾角 35°，裂隙呈闭合状，局部渗水。

该组裂隙与其他方向结构面组合，形成不完全切割块体，为边坡稳定，对边坡变形部分进行了局部挖除，并采取了加强锚固支护，在高程 204.5m 马道以下采用两排长 12m 的锁口锚杆，锚杆采用 $\phi$32 钢筋，其余锚杆长度由 6m 改为 9m，间排 2.0m×2.0m，呈梅花形布置，喷混凝土 M20，总厚 15cm。

（4）K0＋385～K0＋400 段风化带。K0＋385～K0＋400 段边坡高程 175.5～194.5m 开挖坡比 1∶0.6，高程 194.5m 为宽 3m 马道，高程 194.5～210m 开挖坡比 1∶1.25。

该段边坡为逆向坡，高程 200m 以上为崩坡堆积混杂人工堆积黏土夹碎块石，高程 175.5～200m 出露岩层为 $S_1 ln$ 页岩，岩石弱～强风化，岩层中发育一组顺坡向倾角约 40°～50°的裂隙，岩体完整性相对较差。

由于拆除右岸导流明渠下游一期围堰开挖，引起边坡岩体发生卸荷，沿顺坡向裂隙产生变形。主要变形区为高程 194.5m 马道以下，沿马道变形裂缝长约 16m，张开约 10cm，马道以下至 183m 高程坡面喷护混凝土多处已开裂变形。高程 194.5～198m 为相对浅层变形区，坡面喷护混凝土拉裂张开宽 5～10cm。

为确保边坡安全，对边坡增设锚杆和钢筋网，喷 10cm 厚混凝土加强边坡支护。锚杆规格为 $L$＝4.5m，直径 25mm，间排距 2m；钢筋网为直径 6mm 钢筋，间排距 20cm，喷 C20 混凝土，并在坡面增加排水孔，排水孔深入坡面 2m，间排距 3m。

#### 2.6.3.3　岩溶的处理

1. $W_9$ 岩溶系统

$W_9$ 岩溶系统发育于左岸 $O_1 d^{1-2}$ 层中，总体呈顺层发育。开挖揭示在高程 213～214m 坝肩上游边坡发育 $K_{72}$、$K_{73}$、$K_{74}$、$K_{75}$ 等 4 个溶洞。溶洞与左岸 3 号阻滑键施工支洞 $W_9$ 泉连通，构成 $W_9$ 岩溶系统。

左坝肩上游边坡段（K0－30～K0－50，高程 217～227m）$O_1 d^{1-2}$ 层灰岩中 7 个锚桩钻孔揭露 $W_9$ 岩溶系统，岩溶相对较为集中，主要发育在高程 218.5～221m，溶蚀区一般位于孔深 6～10m，表现为夹泥，钻进无返渣、串风等。施工中对边坡开挖揭示的 $K_{72}$～$K_{75}$ 溶洞进行清除松动岩石与充填黄泥，并采用 $C_{15}$ 混凝土进行回填，在溶洞回填之后，再进行锚桩灌浆施工处理，锚桩、锚索施工完成后，在边坡溶洞部位设置了排水孔。并对左岸 3 号阻滑键施工支洞 $W_9$ 泉进行了引排。

2. $W_{11}$ 岩溶系统

左坝肩下游边坡 219～242.5m 高程 $O_1d^2$ 层灰岩中共 8 个锚索钻孔揭露 $K_{19}$ 溶洞，主要发育在 MS7-32、33～MS8-33，MS9-33、34～MS10-35 一带，溶蚀段位于孔深 12～25m 处，表现为钻孔时严重漏风，或钻杆直接进入，表现为溶蚀漏风的钻孔长度 5～9m 不等，钻杆直接钻进的溶洞局部有黄泥充填，洞径 2.5～3m。

对 $W_{11}$ 岩溶系统中边坡发育的 $K_{19}$ 溶洞进行回填混凝土，并设置排水孔处理，在溶洞回填之后，再进行锚桩灌浆施工处理。

3. $KW_{64}$ 岩溶系统

$KW_{64}$ 系统发育层位为 $O_{2+3}$ 层，总体上呈顺层分布，沿大田沟一带尤为发育，在右岸导流明渠边坡多处揭露溶洞。

(1) $K_{13}$ 溶洞塌陷。导流明渠 K0－278～K0－282.7、高程 245～256m 段边坡处于 $O_{2+3}$ 灰岩底部，发育一个 $K_{13}$ 溶洞，洞内全充填黄泥夹块石。溶洞充填物在雨水的浸泡下，土体内含水量增大，土体强度降低，导致发生坍塌。坍塌段上部边坡高程 256～257m 可见少量张开变形裂隙，坍塌段上游 K0－282.7～K0－293 仍为溶洞充填段（图 2.6-8）。

图 2.6-8　边坡岩溶坍塌

施工采用挂网喷混凝土方式对溶洞塌陷区进行修复，塌陷范围设置锚杆和排水孔的梅花形布置系统。锚杆采用二级钢筋，直径 25mm，单根长 4.5m，间排距 2m×2m。排水孔间排距 3m×3m，入岩 2m；塌陷范围清除表面浮渣、浮土，初喷 3cm 厚混凝土，然后挂机编网，再喷 12cm 厚 C20 混凝土。

(2) $DK_1$ 溶洞塌陷。K0－224.0～K0－262.7 段边坡 255m 高程以上为覆盖层，边坡高程 233～245m 为 $DK_1$ 溶洞塌陷区。塌陷区主要分布部位在 K0－224.5～K0－262.7，241～255m 高程，下游近似垂直，上游顺灰岩层面发育，主要成分为 $O_3w$ 强风化页岩，部分为黄泥夹灰岩块石。$DK_1$ 溶洞空腔部分主要出露在 K0－224.5～K0－243，240m 高程以下，上、下游各出露宽 1.3m、3m 洞口，溶洞顺层向下发育，可见深度大于 3m，洞壁发育石钟乳，洞内充填少量黄泥。K0－224.5、K0－243 两处溶洞向坡外延伸发育，全充填黄泥（图 2.6-9）。

由于开挖影响，沿高程 245m 马道出现长约 23m 的坍塌现象；上部覆盖层边坡 K0－222.6～K0－230 段 255m 高程处出现长 7.4m、宽约 0.5～2cm 的裂缝，裂缝距下部边坡临空面约 6.7m；K0－228～K0－234.6 段 255m 高程处出现长 6.6m、宽约 0.5cm 的裂缝，裂缝距下部边坡临空面约 2.0m。

为确保边坡安全，高程 245.0m 马道以上的土质边坡全部按 1∶1.2 重新削坡，上、下游两端采用坡比 1∶1.2 与原开挖坡衔接，削坡后喷混凝土，厚 10cm，以防雨水下渗。溶洞采用一级配 C20 混凝土进行回填封堵，K0－228.0～K0－241.0 建混凝土挡土墙，挡

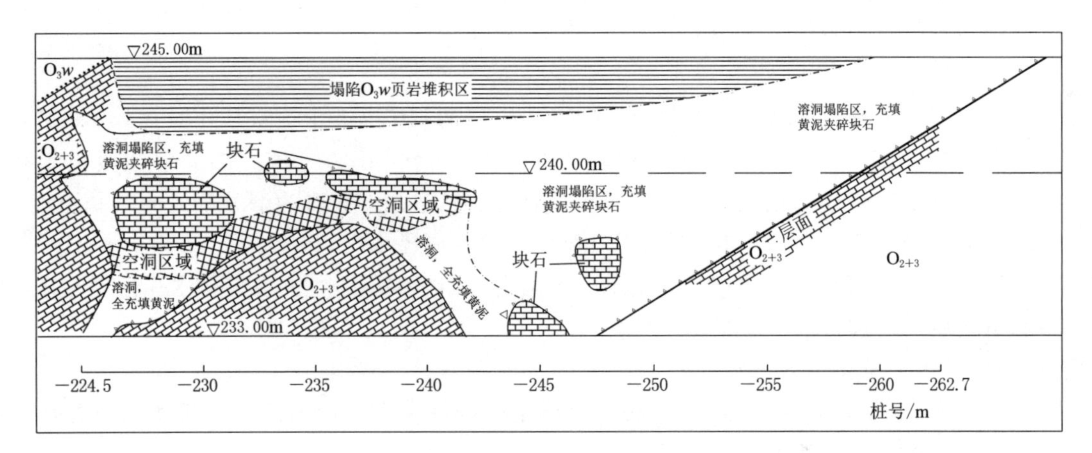


图 2.6-9　导流明渠边坡 $DK_1$ 溶洞塌陷区分布示意图

土墙底高程 226.5m，最小宽度 1.0m，顶高程 232.0m，且设间排距 3m×3m 的排水孔。其余部位采用挂网喷混凝土支护，喷混凝土标号 C20、厚 10cm，钢筋网直径 16mm，网格间距 20cm。塌方段边坡均设系统锚杆和排水孔，锚杆直径 25mm，长 4.5m，间排距 2m×2m；排水孔深入岩石 2m，间排距 3m×3m。

（3）$K_{32}$、$K_{33}$ 溶洞。K0－130～K0－180、高程 189.5～204.5m 边坡岩体为中奥陶统 $O_{2+3}$ 灰岩，在该段边坡灰岩中，发育 $K_{32}$、$K_{33}$ 两个溶洞（图 2.6-10）。

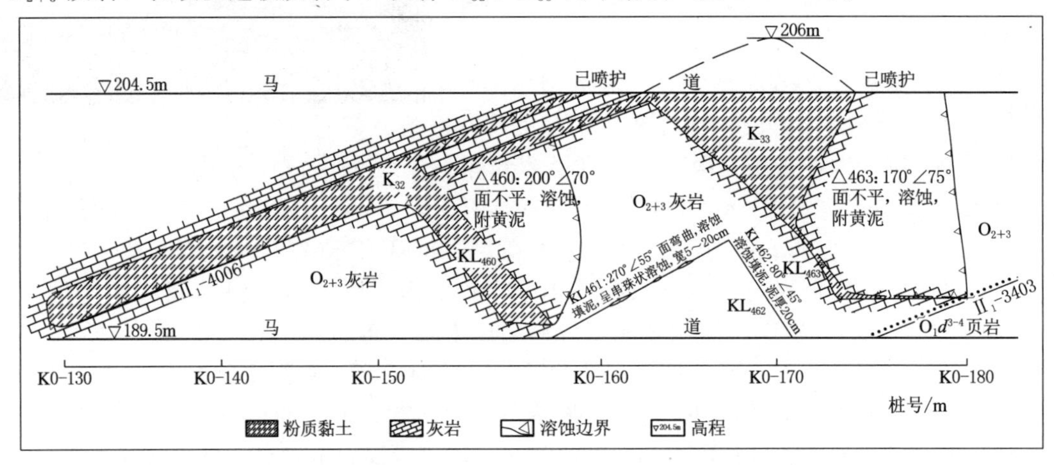


图 2.6-10　导流明渠 K0－130～K0－180 边坡溶洞分布示意图

$K_{32}$ 溶洞宽 0.5～1m，充填黄泥。于 K0－155～K0－158 段与裂隙 KL460 交汇，受到裂隙控制，宽 1～1.5m，黄泥全充填。$K_{33}$ 溶洞最大洞高约 12m（高程 194～206m），最大宽约 10m（K0－165～K0－175），呈菱形状，向下沿 KL463 裂隙发育，充填黄泥及碎块石，局部塌落。两个溶洞主要沿Ⅱ$_1$－4006 层间剪切带发育，受到裂隙控制，在与裂隙交汇处规模变大。

为保证边坡安全，对溶洞、溶蚀裂隙进行了清理，并采用 C20 混凝土回填，随边坡衬砌混凝土一起浇筑。

（4）$K_{54}$、$K_{55}$ 溶洞。K0－080～K0－125、高程 176～189.5m 段边坡岩性为 $O_{2+3}$ 灰

岩，发育 $K_{54}$、$K_{55}$ 两个溶洞及少量溶蚀裂隙。$K_{54}$ 溶洞发育高程为 184～176m，呈长方形，长约 17m，高约 2m，全充填黄泥及砂砾石。该溶洞顺层发育，可见深度大于 1m，溶蚀区周边岩石较为破碎。$K_{55}$ 溶洞发育高程为 189.5～176m，呈上宽下窄的漏斗状，宽 9～14m，高大于 13.5m，全充填黄泥，切层发育，可见深度大于 2m，溶蚀区周边岩石较为破碎（图 2.6－11）。

在施工中，对溶洞、溶蚀裂隙充填物进行了清理，并采用 C20 混凝土回填，随边坡衬砌混凝土一起浇筑。边坡喷混凝土表面增加 40cm 厚钢筋混凝土衬砌，并将锚杆与衬砌混凝土中的钢筋网搭接，沿溶洞、溶蚀裂隙增设间排距 2m×2m 的排水孔。由于溶洞发育至渠底部护坦，在护坦内浇筑 50cm 厚 C20 钢筋混凝土。

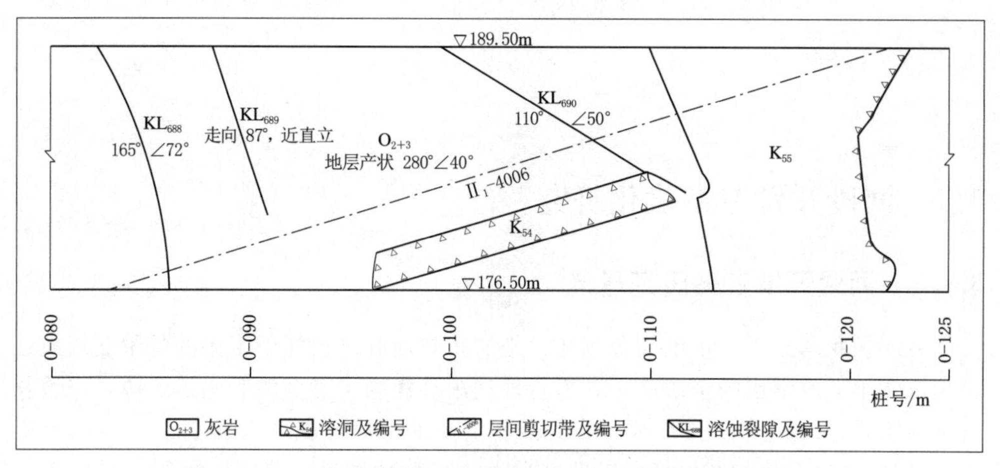


图 2.6－11　导流明渠 K0－80～K0－125 边坡溶洞分布示意图

# 第3章 工程规划

## 3.1 河段开发方案优化研究

### 3.1.1 河段开发方案研究背景

乌江是我国重要的水电能源基地，是贵州腹地联络长江中下游的骨干交通航道，同时也是长江中下游洪水的来源之一。为合理利用乌江的水能资源和水运资源，完善长江中下游防洪体系，1987年，长江水利委员会和贵阳勘测设计院联合编制了《乌江干流规划报告》，拟定乌江干流的开发任务以发电为主，其次是航运，兼顾防洪等，并推荐乌江干流按普定、引子渡、洪家渡、东风、索风营、乌江渡、构皮滩、思林、沙沱、彭水和大溪口等11级开发方案。1989年，原国家计委在计国土〔1989〕502号文对《乌江干流规划报告》的批复中指出：乌江干流梯级开发方案可按普定、引子渡、洪家渡、东风、索风营、乌江渡、构皮滩、思林、沙沱、彭水10个梯级考虑，其开发时序待有关方面进一步研究后确定。大溪口梯级要待三峡水库正常蓄水位确定后另行考虑。

此后，乌江干流开发按批准的规划实施。经过20余年的发展，至21世纪初，乌江干流已建成发电的有普定、引子渡、洪家渡、东风和乌江渡等5座水电站；正在建设的有索风营、构皮滩、思林、沙沱和彭水等5座水电站，原来乌江干流规划批复的10个梯级均已开建，2010年前后全部建成，乌江汇合口以下的三峡工程建设方案已明确，并已经开建，乌江彭水至河口河段的开发条件已基本明确，而随着重庆市经济的发展、对能源自给的需求和乌江高等级黄金航道建设的要求，对该河段的开发已迫在眉睫。较乌江干流规划编制时期，彭水至河口河段的开发条件已发生了较大变化：①河段上游彭水电站坝址上移约11km后已开工建设，下游长江三峡工程正在按正常蓄水位175m方案进行建设，较大地改变了河段上下游衔接关系；②河段内依山傍水的武隆区和彭水县人口大幅度增加，渝怀铁路和319国道已沿本河段铺设，支流芙蓉江的河口段建成了江口水电站，成为了河段开发的淹没制约因素。根据《乌江干流规划报告》批复意见，结合乌江河段开发条件的变化情况，受重庆市发改委的委托，2003—2007年期间，长江委设计院开展了该河段梯级开发方案研究工作。

### 3.1.2 河段开发治理目标

乌江干流彭水至河口河段位于乌江干流下游，宽谷与狭谷相间，两岸为丘陵和低山地貌，分布有彭水、武隆两座县城及涪陵主城区，并有渝怀铁路、319 国道和江口水电站等重要基础设施。该河段全长 147km，天然落差 78.6m，年径流量 460 亿～530 亿 $m^3$，水能资源丰富并距重庆负荷中心近，是重庆市重要的水电能源基地。乌江是贵州腹地通往长江的水运咽喉，但航道狭窄、水流湍急，通航标准较低，随着三峡工程和乌江彭水以上梯级的建设，乌江河口至白涛及彭水以上均可达到规划的四级航道要求，仅在彭水至白涛河段，由于存在乌江著名的碍航滩险——羊角碛，仅为准五级航道，为全线达到规划航运等级，只有通过渠化才能得以根本改善。河段上游彭水水电站是重庆电网骨干调峰电源，为解除航运基流和水位变动对发电效益的限制，迫切需要在该河段相继建设反调节梯级。该河段彭水和武隆两县沿江依山而建，随着国家一系列优惠政策和西部大开发战略的实施给两县带来了良好的发展机遇。随着沿江建筑和基础设施增加，防洪能力不达标，且芙蓉江河口也修建了江口水电站，采用工程措施带来的淹没影响成为本河段开发的制约因素。

根据该河段的开发条件，结合国民经济各部门的发展需求，河段主要开发目标为：应在尽可能减小水库淹没损失的前提下，通过兴建电航结合梯级水库，合理利用河段水能资源，淹没羊角碛碍航滩险，渠化白马至彭水坝下航道，解除航运对彭水电站运行的限制条件。

### 3.1.3 河段开发方案拟订

乌江干流规划推荐的大溪口坝址位于羊角碛下游 15km，地处三峡水库常年回水区。鉴于该坝址曾于 1994 年发生大滑坡，地质缺陷明显，经研究，放弃了该坝址，并在彭水到大溪口河段另选了坝址。在羊角碛以下河段，经过现场查勘，初选了小角帮、白马、猪头岩和新滩等 4 个坝址，进一步筛选后，选择白马作为该河段代表性坝址。白马坝址位于羊角碛下游约 4km，常年枯水位 156m（黄海高程，下同），三峡水库建成后，仍可保持乌江与长江的航运衔接，与大溪口坝址相比，利用水头相差不大，还能减小淹没损失，可作为羊角碛下游河段的代表性坝址。

如白马建坝直接与彭水电站尾水衔接（一级开发）或在羊角碛与芙蓉江河口之间建坝（两级建坝），武隆城区、319 国道和江口水电站均将受到重大的淹没损失。为了尽可能减小淹没损失，同时达到渠化彭水水电站坝下至白马河段航道的目标，方案研究考虑在芙蓉江河口上游河段新增一级枢纽。经过现场查勘，初选了木棕坪、黄草和杨家沱等 3 个坝址，进一步筛选后，选择杨家沱坝址作为芙蓉江河口上游段的代表性坝址。杨家沱坝址位于芙蓉江河口上游约 4km 处，常年枯水位 178.5m，坝址河谷开阔，利于枢纽和施工布置。河段天然落差 78.6m，三峡水库建成后，考虑顶托后，可常年利用的落差为 40～60m，考虑开发方案的经济性和河段开发治理目标的满足程度，在两级开发的基础上不宜再增加。

在坝址选择的基础上，考虑与上游彭水水电站下游尾水衔接情况，拟定了河段两梯级开发比较方案。

方案 1：一级开发，白马 213m（正常蓄水位，下同）。

方案 2：两级开发，银盘 215m＋白马 182m。

上述两梯级开发方案均不涉及自然保护区、水源保护区、地质公园等环境敏感目标，也不涉及风景名胜的核心区，均无环境制约因素。两方案均可淹没羊角碛滩险，渠化白马至彭水河段航道，保持乌江与长江的航运衔接，解除航运对彭水水电站运行的限制条件，实现河段主要开发目标。

### 3.1.4　枢纽工程规划

根据河段开发目标，按照死水位不低于上游相邻梯级设计尾水位的原则初定各水库的死水位。在此基础上，根据上游相邻水电站日调峰运行所需反调节库容，并考虑发电效益和水库淹没等因素，初拟各水库的正常蓄水位。针对规划电源的地理位置和调节性能，按补充装机年利用小时不小于 1000h 且装保比不大于 7.5 或者补充装机年利用小时不小于 1500h 为控制条件，初选各水电站装机容量。各枢纽工程规模见表 3.1－1。

**表 3.1－1　　各方案枢纽规模指标**

| 方案 | 水库 | 正常蓄水位/m | 死水位/m | 总库容/亿 $m^3$ | 装机容量/MW | 保证出力/MW | | | 年均发电量/亿 kW·h | | |
|---|---|---|---|---|---|---|---|---|---|---|---|
| | | | | | | 本电站效益 | 影响上游梯级 | 净效益 | 本电站效益 | 影响上游梯级 | 净效益 |
| 1 | 白马 | 213 | 211.5 | 8.56 | 1000 | 213.8 | －20.6 | 193.2 | 40.6 | －2.76 | 37.84 |
| 2 | 银盘 | 215 | 211.5 | 3.2 | 600 | 164.6 | －6.1 | 158.5 | 27.12 | －0.22 | 26.90 |
| | 白马 | 182 | 178.5 | 4.68 | 280 | 32.5 | 0 | 32.5 | 10.47 | －0.27 | 10.20 |

根据各枢纽的库容和装机规模，各枢纽均为Ⅱ等大（2）型工程，主要建筑物为 2 级建筑物。结合河段开发任务和两坝址地形地质条件，各枢纽均由挡水建筑物、泄水建筑物、引水发电系统和通航建筑物等主要建筑物组成。施工导流均采用河床 1 次断流、枯水期隧洞导流、汛期隧洞和其他泄水建筑物联合泄流的导流方式。白马（213m）枢纽总工期 90 个月；银盘（215m）枢纽和白马（182m）枢纽总工期均为 77 个月。

### 3.1.5　水库淹没处理

两开发方案水库淹没影响涉及武隆和彭水两县。根据设计回水计算成果和库区 1/10000 地形图，调查推算了两方案主要淹没实物指标，详见表 3.1－2。

**表 3.1－2　　各方案主要淹没实物指标**

| 方案 | 水库 | 县名 | 陆地面积/$km^2$ | 人口/人 | 房屋/万 $m^2$ | 耕园地/$hm^2$ | 319 国道/km |
|---|---|---|---|---|---|---|---|
| 1 | 白马 213m | 武隆 | 16.76 | 42916 | 275.98 | 615 | 51.8 |
| | | 彭水 | 7.87 | 6373 | 45.32 | 214 | 3.5 |
| | 合计 | | 24.63 | 49289 | 321.3 | 829 | 55.3 |

续表

| 方案 | 水库 | 县名 | 陆地面积/$km^2$ | 人口/人 | 房屋/万 $m^2$ | 耕园地/$hm^2$ | 319 国道/km |
|---|---|---|---|---|---|---|---|
| 2 | 白马 182m | 武隆 | 9.25 | 20887 | 153.51 | 396 | 1 |
| | 银盘 215m | 武隆 | 1.49 | 277 | 2.06 | 23 | 2 |
| | | 彭水 | 6.56 | 4248 | 30.21 | 121 | 3.5 |
| | 合计 | | 17.3 | 25412 | 185.78 | 540 | 6.5 |

两开发方案水库淹没均涉及武隆城区。一级开发方案白马（213m）水库淹没武隆城区面积 1.4$km^2$，直淹人口 2.5 万人，淹没面积和淹没人口分别占武隆城区现有面积和人口的 56%和 63%，需另择新址迁建县城。在妥善安置江口水电站和三峡水库移民后，武隆全县范围内难于选择合适的县城迁建地域，移民安置投资和难度均很大；两级开发方案白马（182m）水库淹没武隆城区面积约 0.5$km^2$，直淹人口 0.98 万人，可采取就地后靠和局部防护相结合的方式进行安置，不改变武隆城区现有的整体布局。

两开发方案水库淹没涉及 319 国道。一级开发方案白马（213m）水库淹没 319 国道 55.3km，规划复建里程 83km，需穿越著名的羊角、油房沟等滑坡和陡峻山崖，大多数复建地段地形陡峭，需爆破开凿山岩，实施难度大，工程造价高。两级开发方案淹没涉及 319 国道 6.5km，可采取后靠复建措施。两开发方案的白马枢纽（182m 和 213m）均与江口水电站的尾水重叠。一级开发方案白马（213m）水库重叠江口水电站尾水约 30.5m，降低相应时段内江口水电站的运行水头幅度达 25%～38%，其新投产 300MW 机组的预想出力常年受阻，损失容量效益 100MW，水轮机效率明显下降，严重偏离最优工况区运行，机组运行的稳定性差，存在重大安全隐患，需重新选型装设 200MW 水轮机设备，并对有关附属设备进行改造和更换；两级开发方案白马水库正常蓄水位 182m 与江口水电站最低尾水位基本不重叠，对其运行工况和发电效益基本无影响，属于梯级正常衔接范围。

### 3.1.6 开发方案比选

根据河段开发条件和开发目标，本次研究拟定了河段两类梯级开发方案。在枢纽规划和水库淹没处理的基础上，分析各方案的发电和航运效益、水库淹没影响及处理难度，对工程投资和经济性等主要方面进行比较，选择合理的河段梯级开发方案。从发电效益来看，一级开发方案白马（213m）装机容量 1000MW，年发电量 40.60 亿 kW·h，扣除对江口水电站和彭水水电站的发电影响后，一级开发方案有效装机容量和年净发电量分别为 900MW 和 37.84 亿 kW·h；两级开发方案装机容量合计 880MW，年发电量合计 37.59 亿 kW·h，扣除对白马（182m）、江口和银盘水电站以及银盘（215m）对彭水水电站的发电影响后，两级开发方案有效装机容量和年净发电量分别为 880MW 和 37.10 亿 kW·h。与两级开发方案相比，一级开发方案发电效益略大。有效装机容量和年净发电量比两级方案分别多 20MW 和 0.74 亿 kW·h。

从航运效益来看，两方案均可淹没羊角碛滩险，渠化白马至彭水水电站坝址航道，将该河段航道标准提高到四级，并可解除航运对彭水水电站运行的限制条件，两方案航运效益基本一致。从运输船舶的过坝耗时来看，一级开发方案比两级开发方案耗时短，更有利于航运。

从水库淹没实物指标来看，与两级开发方案相比，一级开发方案淹没人口增加2.4万人，淹没房屋增加135万$m^2$，淹没耕园地增加290$hm^2$，淹没319国道长度增加48.8km，水库淹没处理的难度很大，淹没处理存在制约性因素。

从经济性来看，一级开发方案和两级开发方案工程静态总投资分别为134.27亿元和133.64亿元，年运行费用分别为23790万元和21890万元，按社会折现率8%进行经济比较，两级方案年费用比一级开发方案少2702万元，经济性略优于一级开发方案。

与两级开发方案相比，尽管一级开发方案的发电效益略大，可缩短运输船舶的过坝耗时，且枢纽的工程量和工程投资均较小，但水库淹没损失和淹没处理补偿投资大幅度增加，导致该方案经济性差。

水库淹没是影响该河段梯级开发方案选择的主要因素。一级开发方案对江口水电站安全运行造成重大不利影响且导致其发电效益大幅度降低，对319国道淹没长度增加较多，并可能对渝怀铁路的边坡及基础造成不稳定影响，更重大的不利影响则是导致武隆城区需要整体搬迁，城区整体搬迁重建和移民安置难度极大，社会影响复杂，该方案难于实施。在两方案均可实现河段开发目标的前提下，从降低水库淹没处理难度和经济性出发，推荐河段两级开发方案，即银盘（215m）＋白马（182m）两级开发方案。

通过乌江彭水至河口河段梯级开发方案优化研究可以看出：

（1）我国水电规划从规划批准到实施一般会经过十年到几十年，而在开发的过程中原设计的经济社会环境均会发生较大的变化，有些规划方案在实施时需根据开发的现实情况进行调整以满足社会经济发展需要，也能使开发方案更满足实际情况，推动方案实施，早日发挥效益。

（2）在开发条件发生重大变化的情况下，根据国家计委关于乌江干流规划报告批复的相关彭水至河口河段规划意见，重新研究乌江干流彭水至河口河段开发方案是必要的，符合实际发展需要和《乌江干流规划》审批意见。

（3）该河段是重庆市的水电能源基地和乌江水运咽喉，在水文和勘测工作的基础上，根据河段开发条件，结合地区经济发展要求，河段开发治理应以发电和航运相结合。

（4）该河段治理开发无环境制约因素，但淹没损失及处理措施成为主要因素，从地区可持续发展战略出发，选择银盘（215m）＋白马（182m）两级开发方案是合适的，其中银盘梯级建设主要满足重庆的电力需求，改善航道运行条件和对彭水水电站进行反调节，并释放其航运基荷；白马梯级建设主要是淹没羊角碛滩险、渠化乌江航道，全面达到规划的乌江航道四级标准。

国家发展和改革委员会非常重视该河段开发，委托水电水利规划设计总院组织对《乌江干流彭水至河口河段梯级开发方案研究报告》进行审查。2007年4月，水电水利规划设计总院对该报告进行了审查，审查意见同意报告推荐的两级开发方案，即银盘＋白马梯级，并将审查意见报送国家发展和改革委员会。国家发展和改革委员会将审批意见发往原乌江干流规划审批相关单位征求意见，在广泛征求意见后以发改办能源〔2007〕2723号文对该河段开发方案进行了回复，复函同意乌江干流彭水至河口河段按银盘和白马两级开发。

# 3.2 工程任务和规模

银盘水电站位于乌江干流下游河段，坝址位于重庆市武隆区上游 20km，距河口涪陵 92km，距重庆市的直线距离约 160km。

银盘水电站是乌江干流梯级开发的第 11 级，坝址控制流域面积 74910km$^2$，多年平均径流量 436 亿 m$^3$，控制流域面积和径流量分别占全流域的 85.2%和 82.2%。

## 3.2.1 开发任务

1. 发电

西南地区的水电能源十分丰富，但主要集中在西部地区，其中金沙江、雅砻江及大渡河的可开发水力资源约占西南整个长江水系的 75%，西南地区的东部水力资源相对较少。重庆市地处西南东部，煤炭和水力资源不丰富，随着经济发展的需要，在开发本地区水力资源的同时，吸纳西电，是重庆市电力工业可持续发展的主要策略，乌江下游河段是重庆市的水电能源基地，银盘水电站是该河段仅次于彭水水电站的骨干水电站。

重庆电网用电负荷增长迅速，峰谷差大，目前电网内电源装机容量不足，电源结构以火电为主，且小机组比重大，导致电力缺口和电量缺口很大，调峰容量严重不足，拉闸限电时有发生，供电质量不高。从电网的安全运行和保证供电质量出发，迫切需要开发境内大中型水电站。银盘水电站装机容量达 600MW，多年平均发电量达 27.08 亿 kW·h，每年节约原煤达 128 万 t。银盘水电站距离负荷中心近，开发条件较好，除可向重庆电网提供大量的电力电量外，且作为彭水水电站的反调节梯级，还可释放彭水水电站的航运基荷，将使彭水水电站调峰能力增强，改善重庆电网供电质量，缓解电网电力供应紧张的状况，因此，银盘水电站拟定以发电为主要开发任务。

2. 航运

乌江航运历史悠久，自古以来就是乌江沿岸联络长江中下游的重要交通要道。新中国成立后，通过对潮砥、新滩、龚滩等断航滩险的整治，打通了乌江河口至大乌江 452km 航道。目前，大乌江至白马河段达Ⅴ级航道，白马至河口河段已达到Ⅳ级航道标准，一批经过改造的 300t 级船舶已上行至乌江中游的思南县境内。乌江流域腹地内资源丰富，工农业生产发展的潜力较大，但市场经济开发程度低。随着改革开放的不断深入，重庆市成立直辖市、西部大开发和三峡库区移民三大历史机遇，为乌江流域创造了经济快速发展的条件，特别是西部大开发战略的实施，西南地区利用自身的资源优势和区位优势，加快国民经济产业结构调整。乌江流域腹地内经济结构的战略调整与优化，将推动经济跨越式发展，腹地内各地区间的物资运量将会有大的增长。随着煤炭、磷矿生产基地的建设，大宗散货物流迫切需要运力大、成本低、通江达海的乌江水路运输。

乌江航运规划的目标是：通过乌江水电梯级的全部建成，并同步建设通航建筑物和治理各水电梯级间的回水变动区，使乌江渡坝下至白马河段达到Ⅳ级航道标准。银盘水电站位于乌江下游，可渠化彭水水电站坝址到银盘水电站区间的航道约 55km，并能改善下游枯水期航运条件，航运是其重要开发任务之一。考虑枢纽所在河段目前为通航河段，同步建设通航过坝建筑物是必要的。银盘水电站通航建筑物按Ⅳ级航道标准设计，采用 500t 级单线单级船闸方案。

综合上述分析，根据国家计委关于《乌江干流规划报告》的批复意见和《重庆市乌江干流彭水至河口河段开发方案优化专题研究》的复函意见，考虑地区综合利用对银盘水电站工程的要求，结合目前工程的实际情况，拟定银盘水电站的开发任务为：以发电为主，其次为航运。

### 3.2.2　正常蓄水位

在《重庆市乌江干流彭水至河口河段梯级开发方案研究》和《重庆市乌江干流彭水至河口河段开发方案优化专题研究》报告中，推荐银盘水电站正常蓄水位为 215m。

在预可行性研究阶段，综合考虑与上游梯级合理的水位衔接和反调节库容的要求以及尽量减小对彭水水电站顶托及库区淹没等因素，拟定 214m、215m、216m 三个正常蓄水位比较方案，初选正常蓄水位为 215m。2005 年 5 月，水电水利规划设计总院会同重庆市发展和改革委员会主持召开了对《乌江银盘水电站预可行性研究报告》的审查，审查意见认为：考虑与彭水水电站发电、航运尾水的合理衔接，基本同意正常蓄水位 215.0m，死水位 211.5m。下阶段应进一步分析库区淹没影响，复核各正常蓄水位方案的费用、效益，选定正常蓄水位。

根据预可行性研究阶段的审查意见，可行性研究阶段拟定了 214m、215m 和 216m 三个正常蓄水位比较方案，结合库区淹没影响分析，从环境影响、梯级衔接、工程费用和发电效益进一步进行分析和复核。

银盘水电站不同正常蓄水位方案，地形地质条件影响和环境影响差异不大。从库区淹没来看，正常蓄水位越高，库区淹没影响越大，征地及淹没补偿投资越多，特别是正常蓄水位 215m 抬高到 216m，人口迁移线将有所改变，增加淹没影响人口和房屋指标较大。从航运来看，各方案均满足航运要求，正常蓄水位越高，反调节库容越大，更有利于改善乌江航运条件，但船闸水力学要素不利影响也相应增加。从发电效益来看，随着正常蓄水位抬高，电站发电效益增大，同时对彭水水电站的顶托影响加大，整体增幅甚小，并且上游的彭水水电站为重庆电网的主力调峰电源，在电力系统中主要承担腰荷和峰荷，而银盘水电站受航运要求的限制，主要承担基荷，从两水电站供电的质量上来看，彭水水电站供电质量优于银盘水电站，不宜对彭水水电站发电效益影响过大。对三方案进行经济比较，正常蓄水位 214m、215m 和 216m 方案经济总费用现值相近，以正常蓄水位 215m 方案略小。从减少库区淹没、不过多影响上游彭水水电站的发电效益、方案经济性等方面综合分析，在既满足航运需要又能合理利用能源的条件下，选定银盘水电站正常蓄水位为 215m。该成果通过了水电水利规划设计总院的审查，认为：统筹考虑影响正常蓄水位选择的相关因素，并主要考虑尽量少影响彭水县城和与上游彭水水电站发电尾水合理衔接，同意拟定 214m、215m、216m 三个方案进行比选。同意报告经过技术经济综合比较推荐的银盘水电站水库正常蓄水位 215.0m。

### 3.2.3 死水位选择

银盘水电站死水位的选择主要考虑反调节要求、航运衔接以及泥沙淤积影响，具体考虑了以下几个因素：①银盘水电站的主要作用是解决彭水水电站—银盘水电站两坝址间河段的航运问题，死水位选择应不低于彭水水电站坝下最低通航水位；②为释放彭水水电站的航运基荷，银盘水电站死水位应满足彭水水电站日调峰运行所需反调节库容要求；③水库正常运行年限内水库泥沙淤积的影响。

彭水水电站坝下目前最低通航水位211.5m，因此以不低于彭水水电站坝下最低通航水位211.5m选择死水位。

采用银盘水电站设计水平年电力电量平衡成果，对具有代表性的典型负荷日进行了彭水水电站日调节和银盘水电站反调节联合运行调节计算，并采用四点加权隐格式差分逼近法进行库区下游河道不恒定流计算。在满足银盘库区及下游航道通航要求的前提下，银盘水电站反调节库容需2575万$m^3$。

乌江属少沙河流，随着本河段上游梯级水电站的相继建成，大部分泥沙被拦淤，银盘水库泥沙淤积量小，通过泥沙淤积计算，银盘水电站正常运行30年泥沙淤积总量为820万$m^3$。

综上所述，以不低于彭水水电站坝下最低通航水位211.5m、调节库容不少于2575万$m^3$和死库容不少于820万$m^3$作为初拟银盘水库死水位控制条件。银盘水库211.5m以下库容为1.46亿$m^3$，且211.5m到正常蓄水位215m间的库容为3710万$m^3$，能较好地满足泥沙淤积和反调节对库容的要求。从设置较大调节库容有利于发电和反调节调度出发，选定银盘水电站的死水位为211.5m。该成果通过水电水利规划设计总院的审查，水库死水位定为211.5m。

### 3.2.4 库区防洪汛期运行控制水位

银盘水库不具备设置防洪库容的条件，拟不承担下游的防洪任务。银盘水库主要淹没对象为彭水县城，彭水县城抗洪能力不足5年一遇，为了减少主汛期（6—8月）对上游彭水县城的淹没损失，水库需在主汛期降低水库运行水位，以减少对库区淹没影响。

从水库淹没影响调查的成果分析，彭水县城主要淹没对象是房屋，土地较少，淹没对象主要敏感因子主要受左岸的防护堤和河滨开发区的制约，经库区实地调查，要求考虑风浪浸没后彭水县城的淹没控制高程不宜超过234.6m，以减少淹没影响。

银盘水电站预可行性研究阶段初拟主汛期库区防洪运行控制运行水位214m，主要考虑因素为：汛期运行水位214m，按泄洪设备能力可下泄20年一遇洪峰流量20800$m^3/s$，即不因遭遇20年一遇洪水抬高坝前水位而增加库区淹没；汛期运行水位214m，至死水位水库库容为2650万$m^3$，基本可满足主汛期银盘水库反调节对库容的要求；坝前水位214m遭遇20年一遇洪水时的回水（空库）尖灭点高程为234.58m，低于彭水县城的淹没控制高程，与215m（不设汛期运行水位方案）比较，可减少水库淹没补偿投资高达3亿余元，而年发电量损失为2000万kW·h，综上考虑，权衡利弊推荐主汛期运行水位为214m。

预可研阶段审查意见提出："为最大限度地减轻对库区彭水县城的淹没影响，下阶段应结合泥沙淤积及回水的计算，研究确定电站汛期运行水位”。

可研阶段在考虑了泥沙淤积后，按汛期运行水位214m推求水库淤积回水水面线，其中人口迁移线在彭水县城的回水位已超过水库淹没控制水位234.6m，对彭水县城的淹没影响增加。因此，本阶段需研究进一步降低汛期坝前水位，以减少对彭水县城的淹没影响。

考虑到进一步降低汛期运行水位，主汛期设置的调节库容将不能满足反调节的需要，本阶段研究主汛期采用预泄方式运行，设置临时运行水位和正常运行水位配合运用。

银盘水电站汛期流量大，发电水头低，考虑在满足预泄要求情况下，尽可能利用汛期来水多发电，通过对洪水上涨时间的分析，对于5～20年一遇洪水到来时，银盘水库有充足的时间由正常蓄水位215m降低到所需水位，使人口迁移线在彭水县城的回水位不超过水库淹没控制水位，因此，汛期正常运行水位为正常蓄水位215m。

为减少对库区彭水县城的淹没影响，经过大量的回水计算分析，提出主汛期临时运行库区防洪运行控制水位最低需降低至210.5m。

由于银盘水电站所处的地理位置和工程建设的任务，在设置水库预泄运行方式时有以下三个制约条件：

（1）河段航运的要求。该河段最大通航流量约为5500$m^3/s$，因此当汛期来量小于5500$m^3/s$，应尽量不恶化河道通航条件，保证通航及水电站反调节运行的要求。

（2）下游武隆城区的防洪要求。下游武隆城区的抗洪能力只有5年一遇，控制断面为武隆水文站，相应安全泄量为18000$m^3/s$，银盘水电站坝址和武隆水文站之间，主要有支流芙蓉江的汇入。预泄过程中要求在武隆城区控制断面遭遇5年一遇标准以下洪水时，经过银盘水库调节后的洪水，与支流芙蓉江洪水遭遇后在下游武隆水文站断面流量不超过18000$m^3/s$。

（3）为减少预泄对武隆城区防洪的影响，预泄流量不宜过大。

通过对历年实测洪水资料的分析，考虑通航和下游行洪安全要求，初步拟定银盘水库汛期调度方式，见下文。

设置汛期临时运行库区防洪运行控制水位210.5m方案与不设置库区防洪运行控制水位方案汛期临时运行水位相比，可使水库淹没补偿投资减少45000万元，仅减少年发电量711.5万kW·h，经济上合理。本阶段推荐主汛期临时运行库区防洪运行控制水位210.5m方案。水电水利规划设计总院审查认为：为减少水库淹没损失，基本同意在满足通航要求的前提下采取主汛期（6—8月）通过预泄降低库水位运行的调度方案，相应库区防洪运行控制水位为210.5m。

### 3.2.5　装机容量

银盘水电站承担对彭水水电站的反调节任务，下泄航运基荷流量比重较大，除满足航运基荷要求外，只承担部分腰荷，必需容量较小，为合理利用水能资源，需装设部分重复容量。在预可行性研究阶段，根据径流调节计算成果拟定了540MW、600MW和660MW三个装机容量方案进行比较，根据重复容量的经济性初步选择银盘水电站装机容量600MW。银盘水电站预可研阶段对装机容量审查意见为：“基本同意本电站装机容量600MW，下阶段应结合电力市场需求、电站运行方式和财务分析结果，进一步分析论证装机容量”。

根据重庆市经济的快速发展，用电需求增长较快，用电缺口进一步加大，而该地区可开发的水电资源较少的情况，在预可行性研究阶段工作完成后提出了研究银盘水电站扩大装机容量的可行性专题报告，以专题报告结论作为银盘水电站可研阶段的工作基础。该报告通过对银盘水电站装机容量600MW、660MW和700MW三个方案在技术难度、发电效益、工程投资、经济合理性和财务可行性等方面的分析比较，建议银盘水电站在装机容量600MW的基础上不宜再进一步扩大。

根据银盘水电站装机容量有关研究成果及审查意见，可行性研究阶段进一步复核了重庆电网的负荷和电源等基本资料，并在各方案梯级径流调节计算的基础上，结合反调节梯级的水库特性，分析了银盘水电站日调节运行方式，对装机容量540MW、600MW和660MW三方案进行复核。

根据水电站的特点，重新进行了各方案设计枯水年的电力电量平衡，分别从国家整体和企业角度进行了方案间的经济比较和财务分析，分析了各方案对下游航运的影响。通过上述工作，得出如下主要结论：

（1）银盘水电站装机容量540MW、600MW和660MW三方案枢纽布置、施工方案及施工进度安排均相同，方案间的差异主要体现在由于机组转轮尺寸及流道尺寸的改变而引起电站厂房土建工程量、左岸边坡处理工程量、基础处理、机电设备及安装、金属结构及安装等工程的相应变化。

（2）银盘水电站装机容量540MW、600MW和660MW三个方案，由于反调节作用的限制，在电网中仅能发挥376MW、381MW和384MW的容量效益，电站的必需容量增加较少，其他为空闲容量，即为减少火电站的燃料消耗而装的重复容量，相应方案间增加的容量效益较小。

（3）从各装机容量方案的水能指标分析，随着装机容量的增加，年发电量有所增加，但增加幅度呈下降趋势。当装机容量由540MW增加到600MW时，补充装机利用小时达1183h；装机容量由600MW增加到660MW时，补充装机利用小时减小为883h。

（4）各装机容量方案经济比较表明，装机容量540MW、600MW和660MW三方案总费用现值以装机容量600MW方案最小，经济性最为合理。

（5）从不同装机容量方案间的财务指标分析，银盘水电站装机容量从540MW增加到600MW，按增加的投资和效益计算还本付息电价，此电价与重庆市平均上网电价持平，财务指标较好。而从600MW增加到660MW的补充电能上网电价高于重庆市平均上网电价，财务上现实性较差。

综合以上分析及比较结论，推荐银盘水电站装机容量为600MW。该成果通过了水电水利规划设计总院审查。

## 3.3 水库预泄调度关键技术

### 3.3.1 水库调度特点及难点

乌江干流横穿彭水县城，在县城中心地区与其右支流郁江交汇。彭水县城乌江右岸为主城区，县城港口、客运码头也主要分布于右岸；左岸主要为居住区，兼有办公区，货运码头主要分布于左岸。银盘水库主要淹没对象为彭水县城，彭水县城老城区现状抗洪能力不足 5 年一遇。随近几年地区经济发展，目前彭水县城乌江干流左岸沿江已新建成的河滨开发区，并建成一段长约 2km 的护坡，护坡坡顶高程为 235.1m，抗洪标准约为 10 年一遇，护坡内有滨江大道和商住区（地面高程约 235m），涉及已建房屋约 18.69 万 $m^2$，人口约 3000 人，成为银盘水电站水库淹没的敏感因子。

银盘水库不具备设置防洪库容的条件，拟不承担下游的防洪任务，但为了减少主汛期（6—8 月）对上游彭水县城的淹没，水库需在主汛期降低库水位运行，即设置汛期运行水位在主汛期降低坝前水位运行，以减少库区淹没损失。

水库淹没影响调查成果分析，彭水县城主要淹没对象是房屋，土地较少，淹没对象主要敏感因子主要受左岸的防护堤和河滨开发区的制约，经库区实地调查，要求考虑风浪浸没后彭水县城的淹没控制高程不宜超过 234.6m，以减少淹没影响。

银盘水电站汛期运行水位的确定主要受航运要求的限制，作为上游梯级彭水水电站的反调节梯级，为释放彭水水电站的航运基荷，经反调节计算，需预留 2757 万 $m^3$ 反调节库容，在满足与彭水水电站坝前最低通航水位 211.5m 衔接的情况下，水库正常运行的最高水位应不低于 214m。经计算，在考虑了泥沙淤积后，按汛期运行水位 214m 推求水库回水水面线，人口迁移线在彭水县城的回水位已超过水库淹没控制水位 234.6m，对彭水县城的淹没影响大大增加。

综上分析，银盘水库主汛期运行水位的确定反映了发电、航运和水库淹没要求的矛盾：从满足最低通航水位和充分发挥彭水水电站容量，进行反调节对库容的要求，银盘水电站主汛期运行水位不得低于 214m；另一方面从减少库区主要淹没对象损失要求在汛期遭遇设计标准洪水时，水库运行水位又应远低于 214m。为了协调两者矛盾，需研究在主汛期采用预泄调度方式，即在正常运行情况下水库维持满足航运和发电要求的水位，在遭遇库区防洪标准洪水前，将库水位临时降低到满足库区防护要求的水位，以正常运行水位和临时运行水位配合应用，达到满足发电航运和库区淹没要求的目标。

### 3.3.2　水库预泄调度研究

从水库预泄调度研究方法而言，有预报预泄方式和非预报预泄方式两大类，前者采用洪水预报作为预泄的判别条件，涉及洪水预报的预见期、预报精度和合格率等的分析和验证资料，受条件的限制，一般适用于运行阶段拟定实时调度方式；后者根据已出现水情作为预泄的判别条件，一般适用于设计阶段拟定可行的调度方式。在银盘水库设计阶段，从分析调度方式基本可行的角度，拟定非预报预泄方式，并作为工程运行阶段拟定实时调度方式的参考。

银盘水电站所处的乌江下游河段为降水补给河流。乌江为山区性河流，洪水主要由暴雨形成。由于暴雨急骤，坡降大，故汇流迅速，洪水涨落快，峰型尖瘦，洪量集中。乌江下游一次洪水过程约 20d，其中大部分水量集中在 7d 内。考虑到乌江洪水的特点，且上游彭水水电站已开工建设的情况，提出银盘水电站结合上游梯级下泄和通过区间来水预报实施动态预泄调度方式，可有效地解决发电、航运和库区淹没的矛盾。

水库预泄调度方式的思路为：主汛期在不出现相应库区防护标准洪水的水情时，水库按满足发电和反调节的水位运用，即按正常蓄水位215m、死水位211.5m运行，满足彭水坝下最低通航水位和对彭水日调节释放的不恒定流进行反调节所需库容的要求；当遭遇相应库区防护洪水的水情时，随入库流量增加，动态地将水库运行水位预泄至满足库区防护要求的水位迎汛，洪水过后再回充至水库正常蓄水位215m。

银盘水库拟定调度方式主要考虑的因素有：①选择具有代表性的洪水样本；②推求满足库区防护要求的预泄水位；③拟定制约预泄调度方式的边界条件；④选择开始预泄的水情（判别条件）和预泄流量；⑤形成预泄调度方式，分析预泄影响和效果（效益）。

1. 水库预泄调度典型年选择

银盘水库预泄调度研究典型年的选取原则是从发生的洪水资料中选取资料完整可靠、有代表性、对工程防洪运用较不利的洪水年份。由于银盘水电站调节库容小，为径流式水电站，设计洪水的洪峰和洪水的涨率对水库预泄调度方式拟定的影响大。据此，选取彭水站洪峰大、涨率快的1963年、1980年、1991年、1996年和1999年洪水过程作为典型。天然情况下的坝址设计洪水过程根据彭水站典型洪水过程，以洪峰控制，同倍比放大。

2. 水库预泄调度方式坝前最低临时运行水位拟定

彭水县城的主要淹没对象是人口和房屋，其淹没补偿标准为20年一遇，即为减少对彭水县城的淹没影响，要求20年一遇建库淤积后回水在彭水县城控制断面的水位不超过234.6m。通过对不同坝前水位淤积回水水面线的计算，当坝前水位降低至213.5m，5年一遇的回水尖灭点在彭水县城控制断面上游约6km处，回水线在彭水县城控制断面的高程232.63m，尖灭点高程为239.68m；20年一遇的回水尖灭点在彭水县城控制断面下游约10km处，尖灭点高程为233.55m。通过回水计算成果可以看出，虽然建库后5年一遇及20年一遇回水线在彭水县城控制断面水位均低于彭水县城淹没控制水位，但却出现5年一遇回水尖灭点高程高于20年一遇回水尖灭点高程的情况，使仅推求5年一遇和20年一遇回水线来确定淹没范围的方法不太合理。为使银盘水库淹没范围确定更合理，应对水库5年一遇到20年一遇不同流量级回水末端采取外包的方法处理。经过不同坝前水位和不同流量组合后大量的回水计算成果分析，提出主汛期临时运行水位最低需降低至210.5m，回水末端外包后彭水县城控制断面的最高淹没水位为233.86m，满足彭水县城淹没控制水位要求，由此确定银盘水库主汛期6—8月预泄调度方式的最低临时运行水位为210.5m。

3. 水库预泄调度方式拟定的制约条件

银盘水电站上游约41km处右岸有支流郁江汇入，下游约2km处左岸有支流芙蓉江汇入，库区内重要防护对象为彭水县城，抗洪能力不足5年一遇，坝下游有武隆城区，抗洪能力为5年一遇。

根据银盘水电站所处的地理位置和工程建设任务，在拟定水库预泄运行方式时制约条件主要为航运和防洪：

（1）河段航运的要求。该河段最大通航流量约为5500$m^3/s$，当河段来水量小于河段最大通航流量时，应尽量不恶化河道通航条件，保证通航及电站反调节运行的要求。

（2）下游武隆城区的防洪要求。下游武隆城区的抗洪能力只有5年一遇，控制断面为武隆水文站，相应安全泄量为 $18000m^3/s$，银盘水电站坝址和武隆水文站干流之间，主要有支流芙蓉江的汇入。因此，水库预泄过程中经过银盘水库调节后的洪水，与支流芙蓉江洪水遭遇后在下游武隆水文站断面流量不超过 $18000m^3/s$。同时为减少预泄对武隆城区防洪的影响，预泄流量不宜过大。

4. *预泄量及预泄过程中最大下泄流量初定*

通过对历年实测洪水资料的分析，乌江干流与支流芙蓉江洪水遭遇的概率较小，但从下游行洪安全角度出发，本阶段以武隆控制断面发生5年一遇洪水，相应洪峰流量 $18000m^3/s$，支流芙蓉江同频率遭遇时作为推求银盘水库预泄降低坝前水位过程中的最大下泄流量的控制条件。芙蓉江河口处5年一遇标准洪水洪峰流量为 $5530m^3/s$，考虑留有一定的调度余度，银盘水库预泄降低水位过程中，最大下泄流量不应大于 $12000m^3/s$。从保证武隆防洪安全和水库操作简单出发，预泄拟采用固定预泄流量的方式，银盘水库加泄流量为 $1000m^3/s$，最大下泄流量为 $12000m^3/s$。

5. *开始预泄时机的研究*

银盘水电站起调时机选择主要考虑是否有足够的时间使坝前水位降低后推求的人口迁移线到彭水县城的水位低于淹没控制高程 234.6m，且在预泄过程中尽量减少对航运的影响。

预泄时机的选择对航运的影响需要考虑以下两方面的因素：

(1) 银盘水电站作为上游彭水水电站的反调节梯级，需预留一定的反调节库容，用于释放上游彭水水电站按电网调度调峰运行而下泄的非恒定流，在上游彭水水电站调峰运行时，应预留足够的反调节库容。彭水水电站单机额定流量为 $577m^3/s$，电站按装机容量工作时发电引用流量达 $2885m^3/s$。由于彭水水库库容较小，汛期从充分利用水能资源、减少火电耗煤角度出发，当彭水水电站洪水来量大于 $2885m^3/s$ 时，为避免弃水情况，彭水水电站不宜按调峰方式运行。因此，当银盘水电站预泄方式起调时机选择为洪水来量大于 $3000m^3/s$ 时，一般可不需考虑反调节库容的要求。

(2) 银盘水库进行预泄调度后，应尽量不降低下游河道通航条件。经过分析，该河段最大通航流量为 $5500m^3/s$ 左右，考虑到通知下游航道航行中的船舶及其停泊时间（约3h)，通过对5个典型年5年一遇到20年一遇洪水过程的分析，洪水从 $5500m^3/s$ 上涨到 $6500m^3/s$ 最快约需要3h。因此，银盘水库洪水来量达 $6500m^3/s$ 时才开始预泄，不影响通航。

综合上述分析，在河段洪水来量大于 $3000m^3/s$ 时，银盘水库可不考虑对上游彭水水电站的反调节库容设置；在河段洪水来量大于 $6500m^3/s$ 时，下游河段停航，可不考虑对航运的影响。因此，银盘水库洪水来量达 $6500m^3/s$ 时才开始预泄，既不影响水库反调节水库的运用，也不影响下游通航。

为使预泄时机判别条件简单，仅将坝址洪水来量作为是否开始预泄的判别条件。考虑上述分析成果，对 $P=20\%$、10%和5%的5个典型洪水由 $6500m^3/s$ 上涨到 $12000m^3/s$ 所需时间进行了统计，成果见表3.3-1。以洪水来量大于 $6500m^3/s$ 开始预泄调度，并按上述拟定的洪水预泄方式进行洪水调度计算，5个典型洪水过程经预泄调度后洪峰流量对应坝前水位成果列于表3.3-2。

表 3.3-1　各频率洪水由 $6500m^3/s$ 上涨到 $12000m^3/s$ 所需时间统计表　单位：h

| 频　率 | $P=5\%$ | $P=10\%$ | $P=20\%$ |
|---|---|---|---|
| 1963 年典型 | 20.84 | 16.92 | 14.52 |
| 1980 年典型 | 25.2 | 24.3 | 20.7 |
| 1991 年典型 | 44 | 51 | 27.2 |
| 1996 年典型 | 111.9 | 46.5 | 48 |
| 1999 年典型 | 33.3 | 35 | 20 |

表 3.3-2　汛期临时运行水位方案不同洪峰流量对应坝前水位表　单位：m

| 洪峰流量 | $20800m^3/s$ ($P=5\%$) | $19500m^3/s$ | $18000m^3/s$ ($P=10\%$) | $16500m^3/s$ | $15100m^3/s$ ($P=20\%$) |
|---|---|---|---|---|---|
| 1963 年典型 | *213.2* | *212.3* | *211.14* | 210.5 | *211.5* |
| 1980 年典型 | *213.2* | *212.3* | *211.14* | 210.5 | 210.5 |
| 1991 年典型 | *213.2* | *212.3* | *211.14* | 210.5 | 210.5 |
| 1996 年典型 | *213.2* | *212.3* | *211.14* | 210.5 | 210.5 |
| 1999 年典型 | *213.2* | *212.3* | *211.14* | 210.5 | 210.5 |

注　表格中斜体数据为受泄流能力限制所能降低的水位。由于 $19500m^3/s$ 和 $16500m^3/s$ 两方案没有过程线，为其相邻方案查值而得。

根据表 3.3-2 不同洪峰流量对应坝前水位进行水库回水推算，以外包线组成的人口迁移线在彭水县城水位低于县城淹没控制高程，因此，暂以银盘水电站入库流量大于 $6500m^3/s$ 作为水库开始预泄调度的判别条件。

6. *水库预泄调度方式拟定*

综上所述，初步拟定银盘水库汛期调度方式如下：

(1) 当银盘坝址洪水来量小于等于 $6500m^3/s$ 时，银盘水库按日调节运行方式运行，坝前最高水位为正常蓄水位。

(2) 当银盘坝址洪水来量大于 $6500m^3/s$ 且小于等于 $12000m^3/s$ 时，加大下泄流量，按 $Q_{出}=Q_{入}+1000m^3/s$ 进行预泄，最低预泄水位为 210.5m，最大下泄流量不超过 $12000m^3/s$。

(3) 当银盘坝址洪水来量大于 $12000m^3/s$ 时，水库按敞泄方式进行洪水调节，即当洪水来量小于泄洪设备泄洪能力时按洪水来量下泄，维持坝前水位不变；当洪水来量大于泄洪设备泄洪能力时按泄洪能力下泄，坝前水位相应抬高。

### 3.3.3 水库预泄调度效果分析

银盘水电站设置汛期临时运行水位 210.5m 方案主要对电站发电效益、航运和库区淹没等几方面有影响，下面从这几方面对设置主汛期临时运行水位的合理性进行分析。

1. *发电效益*

银盘水电站开发任务以发电为主，电站坝址多年平均径流量为 436 亿 $m^3$，径流年际变化不大，但年内分配不均，多年平均情况下 5—10 月汛期径流占年径流的 80%左右，

6—7 月为流域径流最大时期，约达 37%。考虑上游水库调蓄后汛期水量有所减少，枯期水量有所增加，但汛期水量依旧占比重较大。银盘水电站汛期发电量占全年比重较大，若采用常规设计方法为减少上游库区的淹没影响而设置汛期限制水位，使电站年发电量减少 1.0 亿 kW·h，对电站发电效益影响较大。

银盘水电站按推荐汛期水库水位动态调度汛期，设置临时运行水位 210.5m 方案，与不设置汛期临时水位方案相比，发电量的差异出现在银盘水电站入库流量超过 $6500m^3/s$ 后，主要表现在两个方面：一方面，设置临时运行水位方案较不设置汛期临时运行水位方案平均发电水头低；另一方面，银盘水电站为大流量、低水头电站，根据机组制造厂家提供的资料，最小发电水头为 13m，设置汛期临时运行水位方案较不设置临时运行水位方案，机组发电水头低于最小发电水头而停机时间增加。通过对主汛期实测日平均流量不同量级天数的统计，经过计算，从银盘水电站本身发电指标看，汛期临时运行水位 210.5m 较不设置临时运行水位方案，多年平均发电量减少 711.5 万 kW·h。

2. 航运

银盘水电站的航运效益主要体现在渠化银盘到彭水水电站的航道，释放彭水水电站的航运基流。彭水水电站是重庆电网装机规模最大、调节性能最好的主力调峰电源点，由于彭水水电站所处的下游河段为通航河段，为满足下游通航需要，电站需承担一定的航运基流，限制了其调峰作用的发挥。银盘水电站作为彭水水电站的反调节梯级，水库死水位 211.5m 与彭水水电站完全衔接，工程建成后可释放彭水水电站的航运基荷，增加其调峰能力，为重庆电网提供一定的调峰容量和电量。若采用常规设计方法为减少上游库区的淹没影响而设置汛期限制水位，将使汛期水库水位低于上游彭水水电站最低通航水位，而使银盘水电站的反调节作用无法发挥。而采用汛期水库水位动态调度，由于汛期临时运行水位 210.5m 方案起调时机选择为银盘水库来量达 $6500m^3/s$ 时，大于该河段暂定的 $5500m^3/s$ 的最大通航流量，在河段不通航的情况下再降低水位，不对通航产生影响，保障了银盘水电站反调节作用的发挥。

3. 水库淹没影响

根据《水利水电工程建设征地移民设计规范》（SL 290—2018）规定，对于汛期运行水位低于非汛期正常蓄水位的水库，其库区不同频率回水的水面线采用主汛期和非主汛期同频率回水水面线外包处理。鉴于银盘水电站采用了汛期预泄调度方案，坝前水位随洪水流量增加而逐步降低，并出现了 5 年一遇回水尖灭点高程高于 20 年一遇回水尖灭点高程的特殊情况，按常规的 20 年一遇回水水面线确定库区淹没范围的处理方法存在一定的问题。经过多方案专题分析，首次提出水库回水水面线更为合理的外包线处理方式，即先通过计算 20 年一遇以下不同量级洪水外包线，然后对所有外包线再取外包作为确定库区淹没范围的依据，是对相关规范库区淹没处理方式的完善和补充（首次对于设置汛期运行水位并采用预泄调度方式的水库提出了库区淹没范围确定的方法），此方案得到了水利水电专家的广泛认可，认为该处理方法确定库区淹没范围更合理，最大限度保护了库区移民的权益。

银盘水电站库区主要淹没对象为彭水县城，彭水县城依山而建，抗洪标准低，土地资源贫乏，移民安置环境容量少。汛期临时运行库区防洪运行控制水位 210.5m 方案较不设置汛期临时运行水位方案，淹没影响差异主要在武隆区的黄草乡，彭水县的高谷镇、上塘村和主县城区，减少库区主要淹没指标为：减少淹没人口 8900 人，减少淹没房屋 53.5 万 $m^3$，减少淹没耕地 130.4 亩，减少库区淹没补偿投资达 45000 万元。银盘水电站汛期水库采用动态调度方式，在来大水以前降低坝前水位，减少建库对彭水县城的淹没影响，直接减少淹没人口 1850 人，减少淹没房屋 11.1 万 $m^3$，大大降低了移民安置难度。

4. 经济比较

设置汛期临时运行水位 210.5m 与不设置汛期临时运行水位相比，水库淹没补偿投资减少 45000 万元，年发电量减少 711.5 万 kW·h，容量效益基本无差别，按上网电价 0.30 元/(kW·h)，发电效益现值约减少 2205 万元。方案间经济比较采用各方案“电力电量等效、总费用现值最小”原则，设置汛期临时运行水位 210.5m 方案，与不设置汛期临时运行水位方案相比，总费用现值减少 39461 万元，经济上合理。

5. 综合比较

通过对多个洪水典型年分析，该方式能较好地协调水库综合效益的发挥、减轻库区淹没影响，践行人水和谐的治江理念，具有较强的可操作性，经分析，所选择的调度方式有效地保障了该河段综合利用效益的发挥，调度过程和控制运用成果可达到项目建设综合效益发挥和减轻库区淹没影响的双重目标，取得了较大的经济效益，成果得到专家认可。

根据工程建设和运行的实际情况，努力开源节流，优化经济调度，充分利用有限的水资源，创造出更大的综合效益，这就需要进一步做好水库调度工作，充分发挥水库调度作用，优化工程设计和保证工程综合利用效益的发挥。

# 第4章 坝址、坝型及枢纽布置

## 4.1 坝址选择

规划阶段在研究乌江彭水至河口河段梯级开发方案时，重点从减少梯级水库对芙蓉江江口水电站和武隆城区的淹没损失出发，推荐分别在芙蓉江江口（武隆城区）以上和以下河段各布置一个梯级枢纽。据此，规划阶段选择了在芙蓉江江口以上的坝址。

从充分利用彭水至芙蓉江江口河段的水能资源考虑，银盘水电站坝址应在地形地质条件满足建坝要求的条件下，尽可能下移靠近芙蓉江江口。预可研阶段，通过坝址选点察看，确定在江口—黄草场约 12km 河段范围内选择比较坝址。

江口—杨家沱河段：长约 4km，河谷较宽，平枯水位约 180m，出露地层为大湾组（$O_1d$）～志留系（S）地层，其中 $O_{2+3}$ 为岩溶层，存在左岸绕坝渗漏问题，河段内还存在天井凼滑坡问题。该河段左岸建有江口水电站集中移民安置点，如果坝址选择在此河段，存在二次移民问题。

杨家沱—银盘河段：长约 7.3km，乌江河流流向为南西方向，河段位于江口背斜轴部及两翼，轴部主要为寒武系（∈）、奥陶系（O）地层。杨家沱坝址位于背斜北西翼，出露地层主要为大湾组（$O_1d$）砂、页岩，河谷宽 250m，右岸为一宽缓地台，高程 210～225m，河谷及右岸地台宽达 580～600m，是乌江上少有的宽谷，易于水工建筑物布置。银盘坝址位于江口背斜北东翼，河谷较狭窄，出露地层为南津关组（$O_1n$）灰岩、白云岩，有 $O_1n^2$ 页岩、$O_1f$ 灰岩夹页岩层作为大坝防渗依托。

银盘—黄草场河段：长约 4km，河谷相对较宽，约 150～170m，出露地层主要为志留系砂、页岩。其地质条件与杨家沱坝址相仿，但两岸地形不如杨家沱坝址开阔，若采用河床式厂房和明渠导流布置方式，工程布置较困难。且下游 500～700m 有渝怀铁路黄草大桥，大坝泄洪可能对大桥产生影响。

因此，银盘水电站坝址在杨家沱—银盘之间 7.3km 河段内选择，从地形地质条件和水能资源合理利用等方面考虑，选择杨家沱和银盘两坝址开展比选工作。

银盘水电站的开发任务以发电为主，其次为航运，因此，主要建筑物有挡水、泄洪、发电和通航等建筑物。

乌江汛期洪峰流量大（校核流量 35600m$^3$/s），为减小水库淹没损失，要求泄洪建筑物具有较大的泄流能力，故其溢流前缘较长；工程水头低（13～35.12m），引用流量大，适合布置河床式厂房；导流流量大（20800m$^3$/s）、上下游水太差小，不适合采用隧道导流。

杨家沱坝址处河谷宽缓，较有利于水工建筑物布置，适合布置河床式厂房，这与本电站大流量、低水头的特点较为匹配。为满足泄洪要求，在河床中部布置 10 个泄洪表孔，与天然河道洪水流向基本一致，泄洪较顺畅；河床左岸布置河床式厂房，进口水流条件较好，出口水流条件也满足要求，且开挖工程量较小；右岸布置导流明渠，施工期明渠通航，后期布置船闸，上下游航道口门条件较好，开挖工程量及边坡处理工程量也较小。

银盘坝址河谷狭窄，受泄洪建筑物布置的影响，不能在河床布置电站厂房，只能布置地下厂房，而低水头地下厂房地下洞室尺寸大，地下厂房开挖工程量大。由于河谷狭窄，船闸布置在右岸，开挖边坡高达 180m，开挖工程量及边坡处理工程量大。显然，银盘坝址枢纽布置的困难和矛盾较为突出。

通过比较，最后选择杨家沱坝址。

## 4.2　坝型选择

银盘水电站坝址处河谷相对较宽，不具备修建拱坝的地形条件，可修建混凝土重力坝和当地材料坝。

由于坝址地处乌江下游，洪水流量大，需布置规模较大的泄洪建筑物来满足泄洪需要，溢流前缘长度约占整个河床的 1/2。另外，受彭水水电站尾水的制约，银盘水电站水库正常蓄水位为 215m，属低水头、大流量电站，适合布置河床式厂房，且机组尺寸大，厂房坝段宽度较大，再加上通航建筑物布置的需要，挡水坝段占的比例很小，不适合采用当地材料坝。因此，采用混凝土重力坝坝型。

## 4.3　枢纽布置方案选择

枢纽布置方案应结合地形地质条件，以及电站泄洪、发电、淹没、通航、施工导流要求等综合确定。

银盘水电站选定坝址位于江口背斜北西翼，河谷宽缓，岩层倾向右岸偏下游，为斜向谷。坝址右岸为一宽缓台地，河谷及台地宽 580～600m，利于水工及施工布置。电站以发电为主，并兼顾彭水水电站的反调节任务和渠化航道作用，正常蓄水位的确定既要考虑与上游梯级合理的水位衔接，又要尽量减小对彭水县城及 319 国道的淹没影响等。坝址洪峰流量大，下游水位高，属大淹没度出流。为减小上游水库淹没损失，要求泄洪建筑物具有较大的泄流能力，故其溢流前缘较长。

综合以上地形特点和布置要求，银盘水电站适合采用混凝土重力坝，布置河床式厂房、泄洪表孔和分期导流的布置形式，这与本电站大流量、低水头的特点较为匹配。

从提前投产发电、解决施工期通航、节省工程量、缩短建设工期、减少工程投资等方面又进行了多种方案的研究比较。如为了提前投产发电，研究了左岸布置河床式电站，右岸设明渠通航，采用三期施工导流方式，利用三期围堰挡水提前发电的枢纽布置方案；为了简化施工导流程序，研究了二期施工导流方案，一期修建右岸厂房和部分泄洪建筑物，二期修建左岸通航建筑物的枢纽布置方案；为解决施工期通航问题，研究了左岸布置河床式电站，右岸设通航建筑物，一期修建右岸通航建筑物和部分泄洪建筑物，主河床通航，二期修建左岸电站、右岸船闸通航的枢纽布置方案。

重点对以下3个方案进行了比较：

方案1：左岸厂房＋右岸船闸＋河床泄洪表孔（三期导流）。

枢纽布置格局：电站建筑物布置在河床靠左侧，泄洪建筑物布置在河床靠右侧，船闸布置在右岸。施工采取明渠通航，三期导流方式，导流明渠布置在右岸。方案1枢纽布置如图4.3-1所示。

方案2：右岸厂房＋左岸船闸＋河床泄洪表孔（二期导流）。

枢纽布置格局：电站建筑物布置在河床靠右侧，泄洪建筑物布置在河床靠左侧，船闸布置在左岸。施工采取二期导流方式。方案2枢纽布置如图4.3-2所示。

方案3：左岸厂房＋右岸船闸＋河床泄洪表孔（二期导流）。

枢纽布置格局：电站建筑物布置在河床靠左侧，泄洪建筑物布置在河床靠右侧，船闸布置在右岸。施工采取二期导流方式。方案3枢纽布置如图4.3-3所示。

经枢纽和导流建筑物布置、施工工期、通航及工程投资等方面的综合比较（方案比较见表4.3-1，按同等价格水平比较），方案1较方案2投资少43734万元，发电效益多54938万元；方案1较方案3投资少5392万元，发电效益多73251万元。因此，从工程投资和总工期来看，方案1工期短，且能提前发电，明显优于方案2和方案3。因此，银盘水电站推荐方案1（河床泄洪＋左岸河床式厂房＋右岸船闸）为枢纽最终方案。

**表4.3-1　　银盘水电站枢纽布置方案比较表**

| 项目 | | | 方案1 | 方案2 | 方案3 |
|---|---|---|---|---|---|
| 第一台机组发电 | | | 55 | 64 | 67 |
| 总工期/月 | | | 77 | 90 | 79 |
| 断航时间/月 | | | 29 | 39 | 7 |
| 施工难度 | | | 三方案相当 | | |
| 导流工程量 | 土石方 | 开挖/万 $m^3$ | 523.47 | | |
| | | 拆除/万 $m^3$ | 257.25 | 229.96 | 237.12 |
| | | 填筑/万 $m^3$ | 367.25 | 465.92 | 483.30 |
| | 混凝土 | 浇筑/万 $m^3$ | 45.33 | 50.38 | 48.47 |
| | | 拆除/万 $m^3$ | 4.37 | 11.88 | 11.88 |
| | 混凝土防渗墙/万 $m^2$ | | 1.28 | 7.176 | 7.245 |
| 枢纽工程量 | 开挖/万 $m^3$ | | 468.38 | 1597.08 | 1034.26 |
| | 混凝土/万 $m^3$ | | 209.04 | 265.5 | 205.55 |
| | 钢筋/万 t | | 6.32 | 6.14 | 6.23 |
| 枢纽及导流建筑物直接费/万元 | | | 402773 | 446507 | 408165 |
| 发电效益 | | | 方案1比方案2多54938万元，比方案3多73251万元 | | |

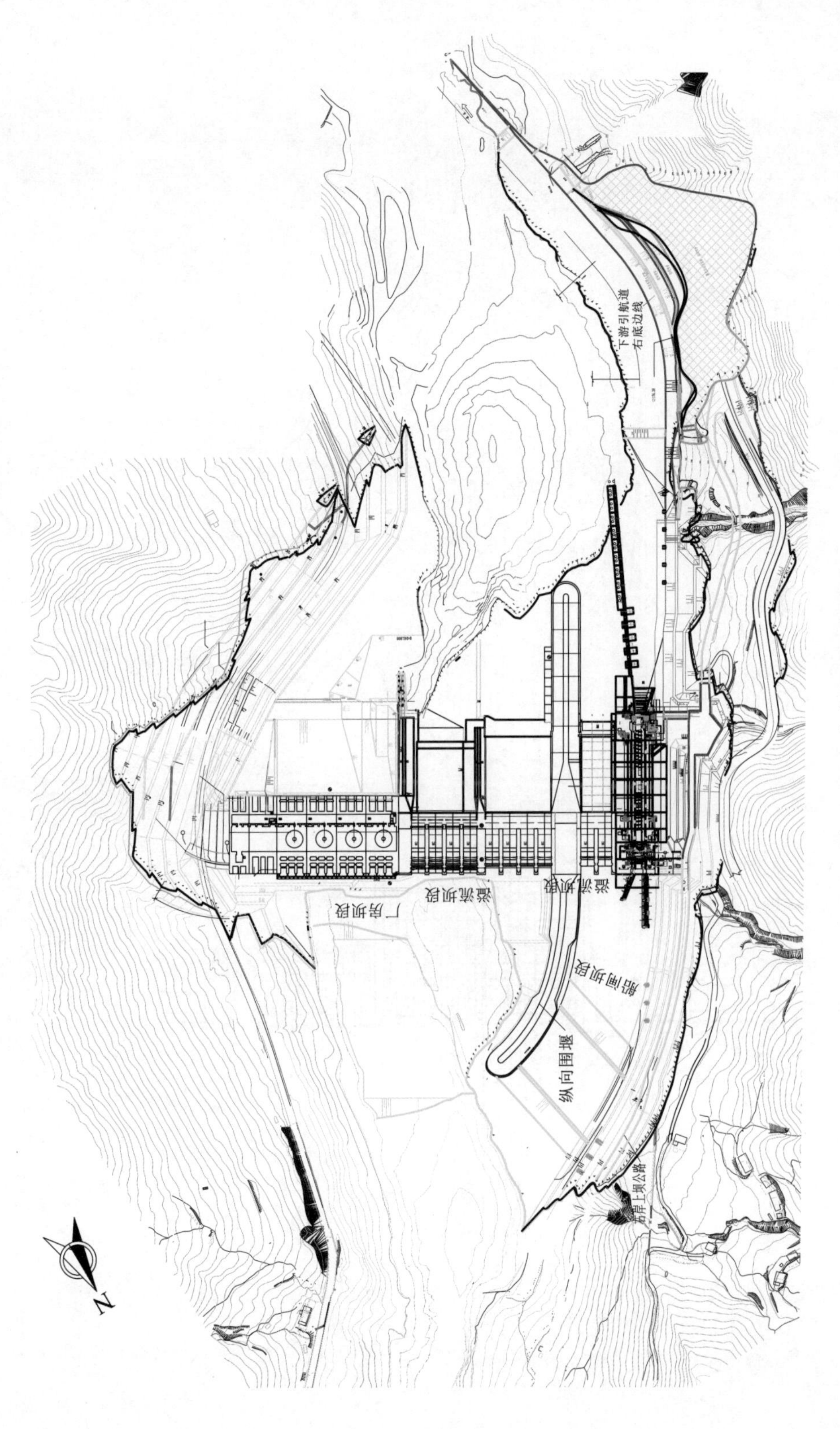


图 4.3-1 方案1枢纽布置图

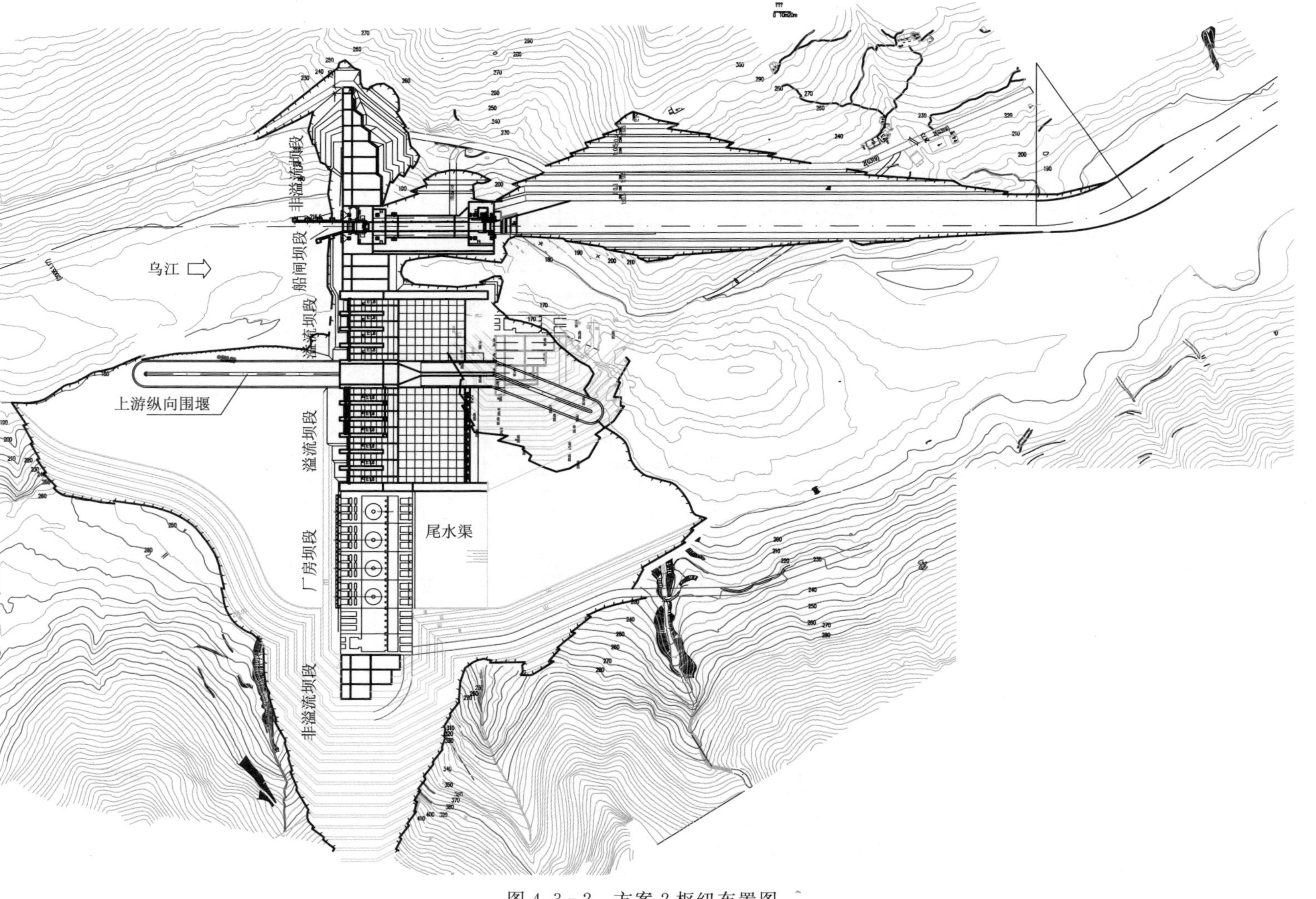


图 4.3-2　方案 2 枢纽布置图

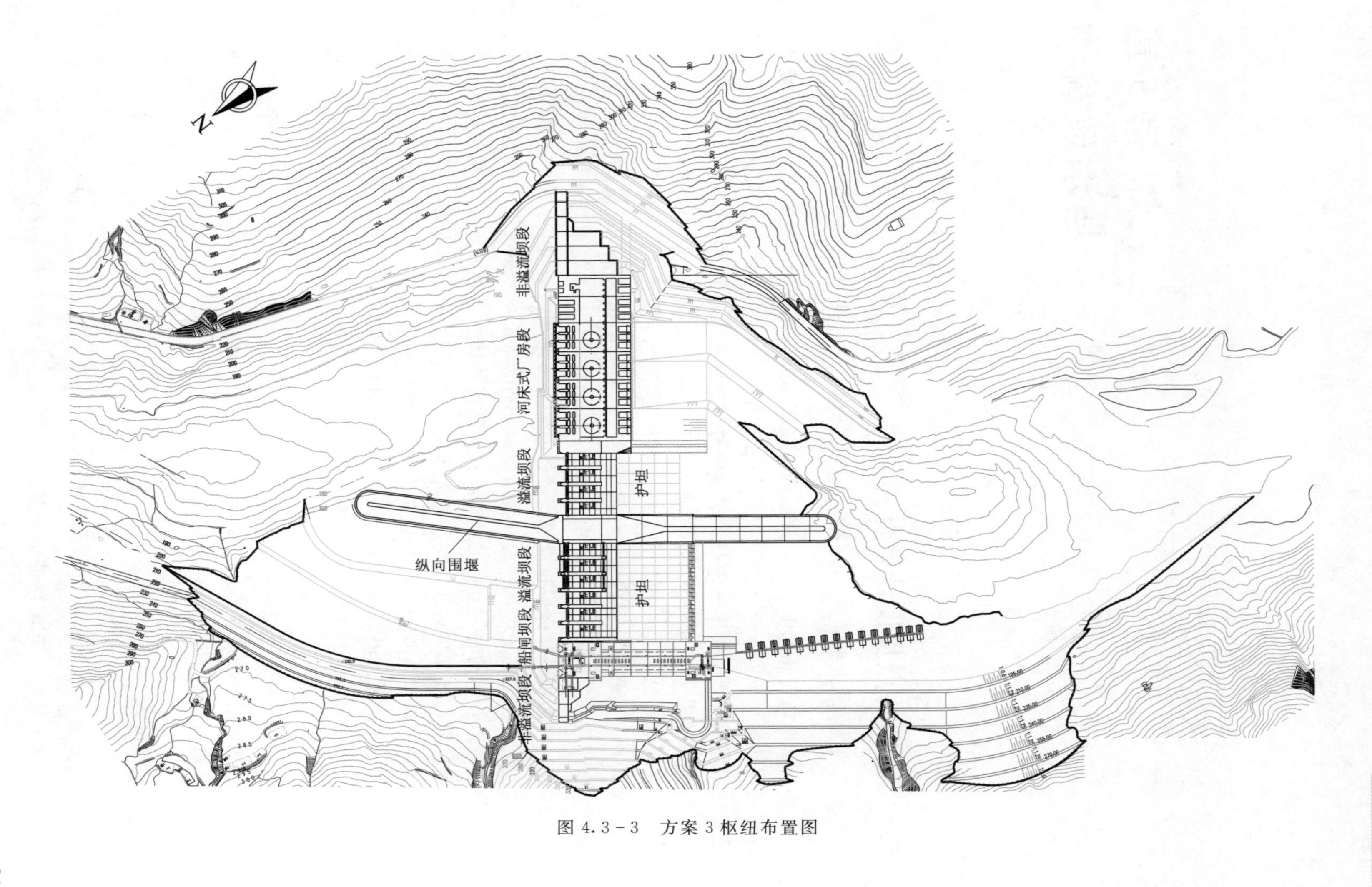


图 4.3-3 方案 3 枢纽布置图

# 第5章 挡水建筑物

## 5.1 大坝特点及设计难点

1. 大推力表孔闸墩及弧门支撑结构设计

银盘水电站表孔宽15.5m，闸门挡水高度20m，闸墩厚度拟定为4.5m。弧形闸门挡水水位按常蓄水位215.00m设计，弧门总推力45784kN。银盘水电站表孔弧门推力较大，表孔闸墩厚度及弧门支撑结构型式的选择是大坝设计重点研究的问题。

2. 斜交岩层上坝基及坝肩的抗滑稳定分析

(1) 银盘水电站大坝坝基岩层倾向右岸偏下游，倾角40°，岩层走向与坝轴线夹角55°，岩层中发育泥化、破碎夹泥层间剪切带，大坝存在深层抗滑稳定问题。在这一特殊地质结构条件下，深层抗滑稳定模式的建立和边界条件较为复杂且具有明显的三维空间特性。因此，对大坝进行深层抗滑稳定分析时，需考虑侧向切割面岩体的阻滑作用。

(2) 银盘水电站左岸坝肩为斜交边坡，坝肩边坡岩层层间发育有多条剪切带。层间剪切带与裂隙组合切割时，有可能形成潜在不稳定块体。边坡开挖后坝轴线上游剪切带上盘岩体较为单薄，且分布有性状较差的大湾组页岩，对大坝坝肩及坝基的抗滑稳定造成不利影响。岸坡坝段坝基的稳定性分析是一个非常复杂的三维问题，坝体及坝基受力条件复杂，除上、下游水压及坝体自重之外，还有来自坝基和岸坡山体内的渗透压力，以及坝肩岩体对大坝可能产生的作用力等。当坝肩为斜交岩层时，坝体和基岩相互作用的稳定性分析模式将更加复杂。

对斜交岩层上重力坝坝肩及坝基岩体失稳模式的合理分析，往往决定了坝基（深层）抗滑稳定计算结果的可靠性，直接影响着岸坡坝段的设计及坝基处理的工程量。因此，斜交岩层上重力坝坝基稳定性分析模式及对坝基的安全性评价是一个值得深入研究的问题。

## 5.2 大坝布置

1. 坝段布置

银盘水电站挡、泄水建筑物为混凝土重力坝。工程挡水前缘包括左非坝段、安装场及厂房坝段、泄洪坝段、纵向围堰坝段、船闸上闸首和右岸非溢流坝段，共分25个坝段，坝顶总长585.25m。坝顶高程227.50m，最大坝高78.5m。上游立视图如图5.2-1所示。

左岸非溢流坝段采用半径为100m（坝轴线处）的弧形，包括左非1号～3号坝段，总长53m，建基面高程为177.00～209.00m。各坝段上游面垂直，左非2、3号坝段坝顶设有悬出13m的牛腿。

安装场及厂房坝段位于左非3号和泄1号坝段之间，前缘总长197.10m。自左向右分别为安Ⅰ段、安Ⅱ段、1号～4号机组段。

泄洪坝段共设10个表孔，从左至右依次编号为1号～10号，表孔堰顶高程195m，宽度均为15.50m，跨横缝布置。泄洪表孔分为左、中、右区，左区包括1号～4号表孔，中区包括5号～8号表孔，右区包括9号～10号表孔。表孔之间由隔墩分开，左区左边墩厚15m，右边墩为左、中区的隔墙，厚10m，其余闸墩厚度均为4.5m。

纵向围堰坝段长25.50m，坝顶布置有表孔检修门库、变电所和集控室。

船闸坝段位于泄12号和右非1号坝段之间，上闸首为整体式U形槽结构，挡水前缘总宽49.0m。

右岸非溢流坝段分2个坝段，长度分别为18.50m、17.65m，总长35.15m。坝体上游面垂直，下游坝坡为1∶0.7，建基面高程176.50～227.00m。

2. 廊道与垂直交通布置

大坝基础灌浆廊道及下游排水廊道断面尺寸为3.0m×3.5m（城门洞形）。基础灌浆廊道布置在坝体上游侧，距上游面4～6m，贯穿整个大坝。

考虑各廊道之间的交通，在泄1号坝段设置电梯井，自基础廊道通至坝顶，与各层廊道相接，是进出坝内各层廊道的主要通道。在左非3号坝段设置楼梯井与左非1、2号坝段的基础廊道相接。右非1号坝段设坝内楼梯井，从高程181.00m上升至高程206.5m，然后通过基础廊道通至右非2号坝段坝外楼梯井。廊道立面布置图如图5.2-2所示。

3. 坝顶布置

坝顶公路布置在坝顶上游侧，左岸接319国道，右侧与右岸上坝公路相接。受表孔闸门布置、启闭操作等条件的限制，坝顶公路在泄洪坝段和纵向围堰坝段布置在门机轨道之间。公路车道宽5.50m，在纵向围堰坝段公路加宽至7.50m，两辆汽车可错车。坝顶公路只作操作管理用，不作为对外交通用。

泄洪坝段坝顶和厂房坝段及安装场坝段各布置一台2×2500kN双向门机，船闸上闸公路桥下游布置有双向桥式启闭机。

坝顶共设10个表孔弧形工作门液压启闭机房，位于每个闸墩下游侧，机房平面尺寸为10.0m×4.5m（长×宽）。船闸上闸首左、右墙均设启闭机房，平面尺寸为14.6m×15.5m（长×宽），共设3层，其中第一层为架空层；启闭机房仪器室和电缆夹层设在第二层，高程为224.75m；集控室、变电所布置设在第三层，高程为227.64m。

10个泄洪表孔设有两扇事故检修门，在纵向围堰坝段布置有平面尺寸为18m×5.5m（长×宽）的门库，底高程212.50m，只能放一扇事故检修门，另一扇事故检修门锁于泄1号～泄4号表孔门槽内。

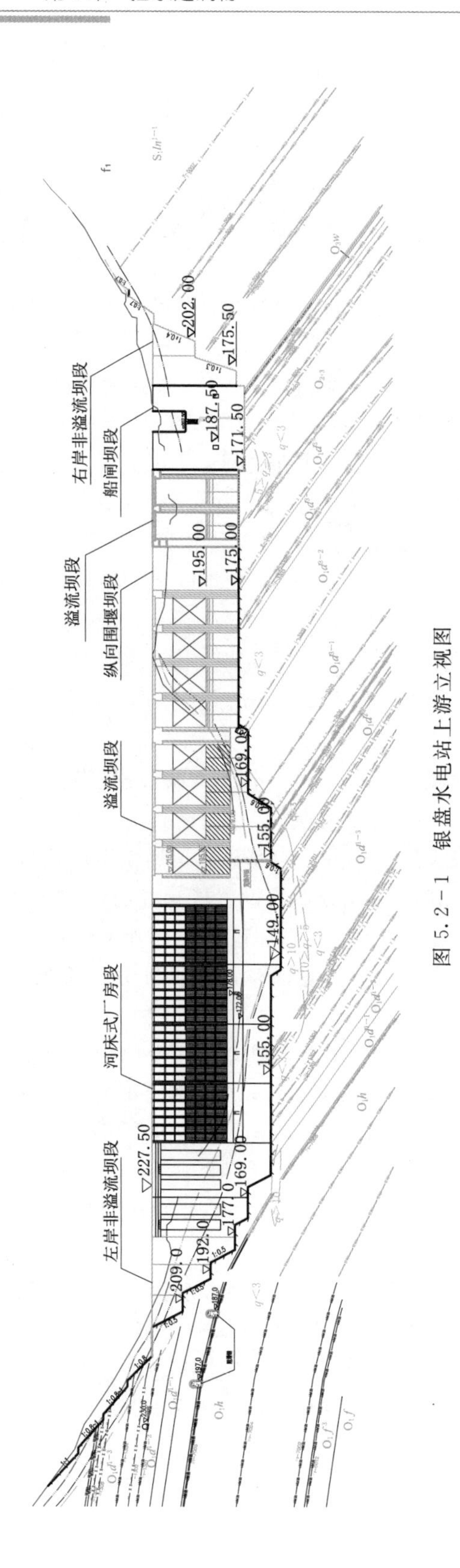


图 5.2-1　银盘水电站上游立视图

图 5.2-2　银盘水电站廊道立面布置图

根据动力、照明等供电需要，在纵向围堰坝段坝顶布置变电所、集控室及卫生间。在船闸启闭机房的第三层布置有集控室、变电所。

## 5.3 大坝设计

1. 坝顶高程确定

银盘大坝的坝顶高程是在综合考虑防浪墙顶高程及表孔门机大梁高度不影响表孔自由敞泄两方面因素后确定的。

根据坝顶高程计算，坝顶以上防浪墙高度采用 $h_{墙}=1.2\text{m}$，由校核洪水位工况计算的坝顶高程为 225.40m。由于水库校核洪水位为 225.47m，考虑到表孔门机大梁不影响孔口自由出流条件，选定坝顶高程为 227.50m，不设防浪墙。

2. 建基面开挖设计

大坝坝基岩体主要由软岩和硬岩互层组成，其中软岩（页岩）沿坝线出露长度约 378m，占大坝长度的 63%。坝基岩体中发育Ⅰ类泥化剪切带 11 条；$\text{Ⅱ}_1$ 类破碎剪切带 25 条，性状较差；$\text{Ⅱ}_2$ 类破碎剪切带 30 条，性状相对较好。

根据建筑物布置需要，河床坝段建基面高程为 149.00～175.00m，左岸非溢流坝段建基面高程为 177.00～209.00m，右岸非溢流坝段建基面高程为 176.50～227.00m，主要处于微新岩体。

坝基开挖至新鲜或微风化下部岩体。对断裂带和局部裂隙密集带，以及灰岩白云岩中的溶洞、断裂带和较软弱夹层等地质缺陷部位，挖槽回填混凝土塞或打孔置换混凝土。

3. 溢流坝段体型设计

溢流表孔采用开敞式 WES 实用堰体型，堰顶高程 195m，正常蓄水位为 215m，校核洪水位 225.47m，堰顶最大水头 30.47m，因校核洪水位时，上下游水位差很小，所以，堰面曲线的定型设计水头 $H_d$ 按正常蓄水位选取，其值为 20m。上游堰面垂直，堰头为椭圆曲线，下游为 WES 堰面曲线，堰面曲线原点位于坝轴线下 2.9m，堰面曲线下接直线段与反弧段相切，下游采用不同的消能型式，其直线段的坡比及反弧段半径不同。

表孔净宽 15.50m，跨横缝布置，中墩位于坝段中间，墩厚 4.5m。各区边墩位于分区的侧边，墩厚 5～15m。左区墩头采用半圆曲线，半径为 2.25m；中右区墩头采用椭圆曲线。考虑到坝顶交通桥及门机轨道布置，墩头伸出上游坝面 11.7m。边墩均伸向下游采用渐变段与下游纵向围堰、中隔墙和厂坝导墙相接，中墩为短隔墩，墩尾位于反弧段内，采用方形。

闸墩上设有一道事故检修门槽，门槽宽 1.7m，深 1.0m。

4. 混凝土分区设计

大坝泄洪建筑物采用全表孔方案，且表孔堰顶较低，下部浇筑仓面较小，不适合采用碾压混凝土浇筑，两岸非溢流坝段宽度不大，且为岸坡坝段，建基面高差大，也不宜采用碾压混凝土，因此，左右岸非溢坝段及泄洪坝段、船闸及河床厂房均采用常态混凝土。纵向围堰坝段为实体坝段，作为纵向围堰的一部分，与纵向围堰相同，采用碾压混凝土。

5. 大坝分缝设计

左非坝段每个坝段设一条横缝，横缝间距 16～19m，在距下游面 29m 处设置一条纵缝。

泄洪坝段在表孔中部设置横缝，泄 1 号～泄 5 号坝段在坝轴线下游 42.6m 处设置一条纵缝，泄 6 号～泄 9 号坝段在坝轴线下游 38.0m 处设置一条纵缝。此外，泄 1 号～泄 5 号坝段在坝轴线下游 14.0m 处设置一条纵缝，纵缝顶高程为 179.0m，并在缝顶设置并缝廊道。

## 5.4　大推力表孔闸墩及弧门支撑结构

### 5.4.1　闸墩结构设计

闸墩厚度主要与泄洪表孔的堰上定型设计水头和孔口宽度有关。另外，当闸墩一侧检修门挡水、另一侧弧门挡水时，闸墩在弧门支铰和门槽部位的侧向变形不宜过大，一般要求变形小于 5mm。

通过对闸墩厚度的侧向位移计算分析，并参考国内已建工程经验，银盘水电站表孔宽 15.5m，闸门挡水高度 20m，闸墩厚度拟定为 4.5m。

弧形闸门挡水水位按常蓄水位 215.00m 设计，弧门总推力 45784kN，单个支铰推力 $T_1=24721$kN，与水平方向夹角（仰角）23.158°。弧门支铰高程为 212.00m，距闸墩边缘 2m。

### 5.4.2　预应力弧门支撑结构设计

为改善结构应力状态，满足使用要求，确保安全可靠运行，20 世纪 50 年代末，突尼斯梅列格溢洪道开始将预应力技术应用于大型弧形闸门混凝土闸墩结构上。70 年代末，我国葛洲坝水利枢纽首次应用后张大吨位墩头锚预应力技术获得成功后，国内许多大尺寸弧门闸墩都采用了预应力技术。银盘水电站工程弧门推力较大，且闸墩较薄，因此进行了预应力结构方案设计。

经过方案比较，普通钢筋混凝土闸墩方案比预应力锚块方案投资少约 350 万元，但是其钢筋布置较多，混凝土浇筑质量不易保证，且在裂缝控制和运行安全可靠等方面不如预应力锚块方案。参考国内同类工程经验，银盘水电站工程闸墩设计采用预应力方案。

弧门支承结构预应力锚块高 6.5m，长 11.3m（边墩长 7.9m），宽 5m，悬出闸墩两侧各 3.4m，在锚块上游面底部各布置一小牛腿，尺寸为 3.4m×1.5m×1.0m。

由于弧门水推力大，所需预应力总吨位亦大，而锚束的布置受闸墩尺寸限制，锚束数量不宜过多，所以要求每束吨位不能太小，根据国内大吨位锚具设计、制造、施工经验，选用 3000kN 级的后张预应力锚束。

锚束造型采用 $7\phi5$ 预应力钢绞线，其极限强度 $R_y^b=1860$MPa。锚束张拉控制应力采用 $\sigma_k=0.69R_y^b$，超张拉控制应力 $\sigma_k'=1.05\sigma_k$，考虑预应力损失 10%，永存应力 $\sigma=0.9\sigma_k$。

主锚束每束由 $19-7\phi5$ 预应力钢绞线组成，次锚束每束由 $12-7\phi5$ 预应力钢绞线组成。主、次锚束每束相应的张拉吨位见表 5.4-1。

结合国内外工程经验，锚束布置选用平行布置方式。

表 5.4-1　　锚索张拉吨位表

| 锚束 | 锚束型式 | 超张拉吨位/kN | 张拉控制吨位/kN | 永存吨位/kN |
|---|---|---|---|---|
| 主锚束 | 19－7$\phi$5 | 3549 | 3380 | 3042 |
| 次锚束 | 12－7$\phi$5 | 2241.3 | 2134.6 | 1921 |

主锚束在闸墩竖直面内分为6层，以弧门推力作用平面为中心线，以1.7°扩散角向两侧呈放射状长短相间布置。根据相关规范要求，长锚束取30m，短锚束取26m，中墩每层布置6束，两侧各对称布置3束，共计36束；边墩每层布置4束，共计24束。预应力弧门支撑锚索布置图见图5.4-1。

次锚束布置在锚块竖直面内，分为5层，每层布置3束，其中2束布置在锚块上游部位，另外1束布置在锚块下游部位，共计15束。

## 5.4.3　闸墩支座有限元应力分析

1. 计算模型及边界条件

预应力计算模型取一个泄洪坝段的闸墩，省略坝体基础部分，闸墩底部为固定约束，按三维有限元计算，扇形预应力锚索作用按集中力方式施加。三维计算模型见图5.4-2。

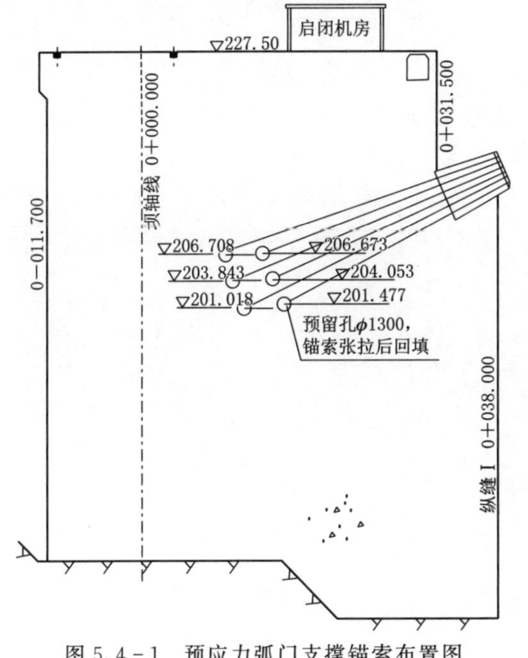


图 5.4-1　预应力弧门支撑锚索布置图

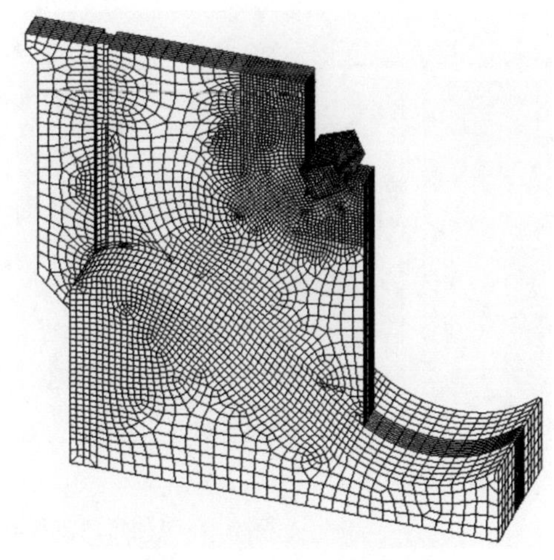

图 5.4-2　预应力闸墩模型

支座采用C40混凝土，闸墩采用C30混凝土，堰体采用C20混凝土，均按线弹性考虑。

2. 计算工况

预应力闸墩有限元计算考虑正常蓄水位两侧弧门挡水和正常蓄水位一侧弧门挡水＋一侧检修门挡水两种工况。

3. 计算成果分析

根据三维有限元计算结果，表孔闸墩根部应力基本为压应力区或零应力区。

与钢筋混凝土闸墩计算结果相比较，工况1（图5.4-3～图5.4-5）预应力闸墩支座根部第一主拉应力 $\sigma_1$ 范围明显减小，钢筋混凝土闸墩支座根部4m范围内全部为3.8MPa以上的高拉应力区，预应力闸墩支座根部仅在2.6m范围内为0.5MPa以上的拉应力区；同时，预应力闸墩在弧门推力中心平面上全断面4.5m范围内第一主拉应力大于0.5MPa的区域仅有1.4m，而钢筋混凝土闸墩在弧门推力中心平面上全断面4.5m范围内第一主拉应力均大于1.1MPa。

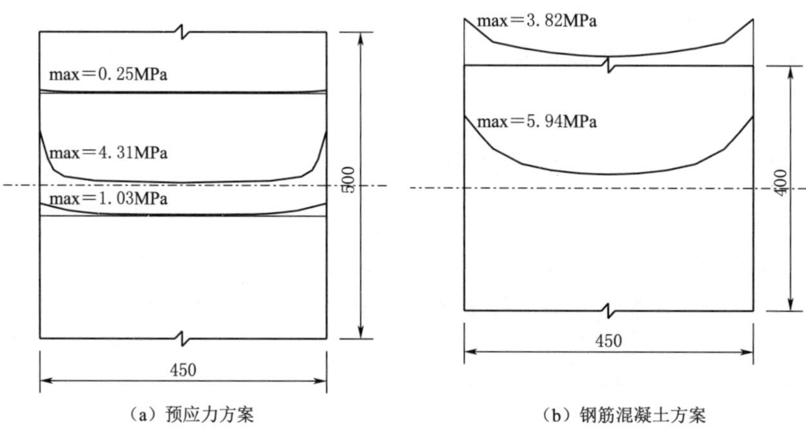


（a）预应力方案　　（b）钢筋混凝土方案

图5.4-3　弧门支承根部剖面闸墩主应力 $\sigma_1$ 分布图（工况1）

（max表示最大应力，下同）

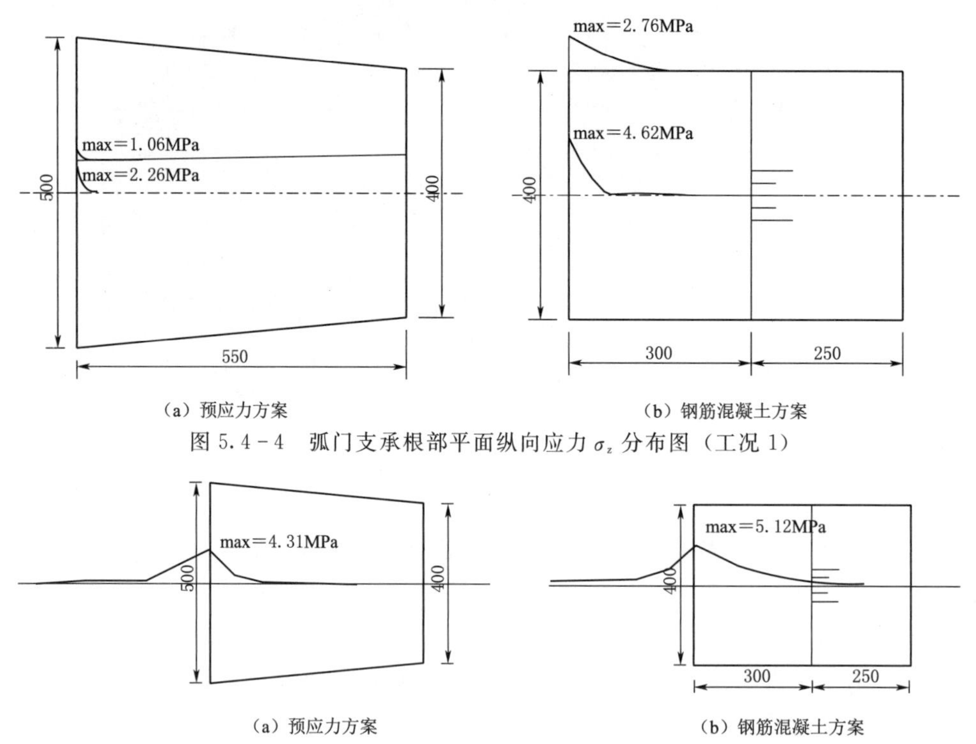


（a）预应力方案　　（b）钢筋混凝土方案

图5.4-4　弧门支承根部平面纵向应力 $\sigma_z$ 分布图（工况1）

（a）预应力方案　　（b）钢筋混凝土方案

图5.4-5　闸墩表面主应力分布图（工况1）

工况 2（图 5.4－6～图 5.4－8），钢筋混凝土闸墩支座根部 4m 范围内全部为 4.15MPa 以上的高拉应力区，而预应力闸墩支座根部在 5m 范围内为 1.81MPa 以上的拉应力区；预应力闸墩在弧门推力中心平面上全断面 4.5m 范围内第一主拉应力大于 0.5MPa 的区域仅有 0.9m，而钢筋混凝土闸墩在弧门推力中心平面上全断面 4.5m 范围内第一主拉应力大于 0.5MPa 的区域有 2.4m。

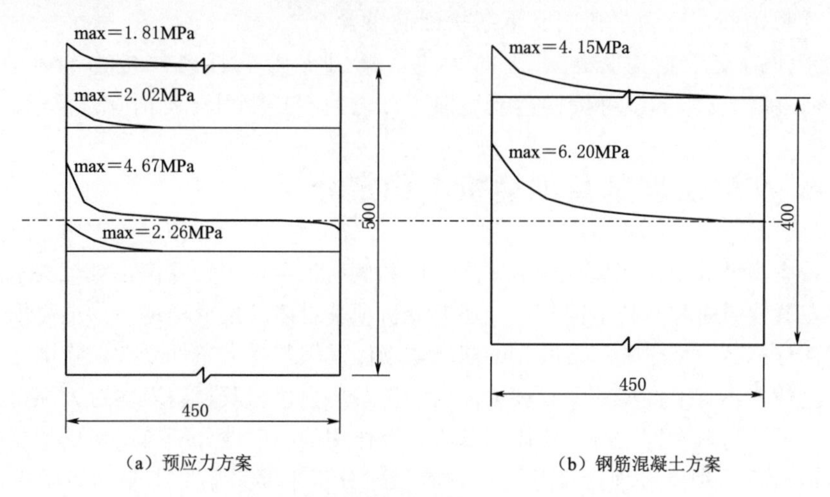


图 5.4－6　弧门支承根部剖面闸墩主应力 $\sigma_1$ 分布图（工况 2）

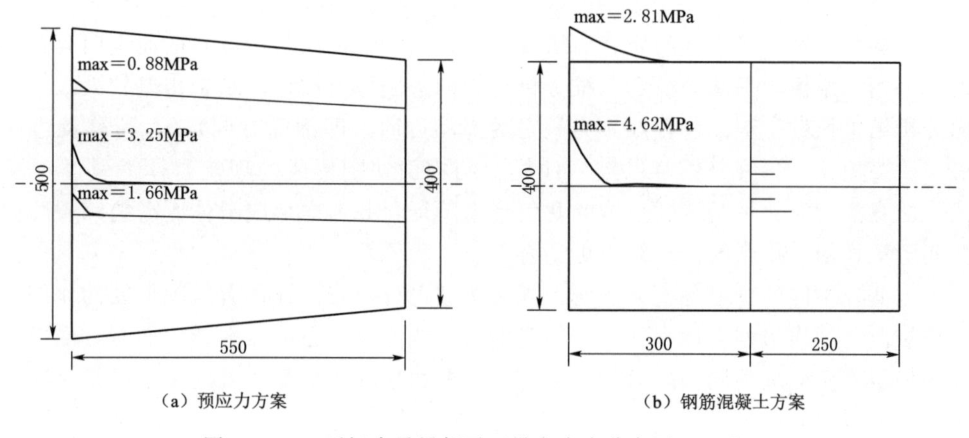


图 5.4－7　弧门支承根部平面纵向应力分布图（工况 2）

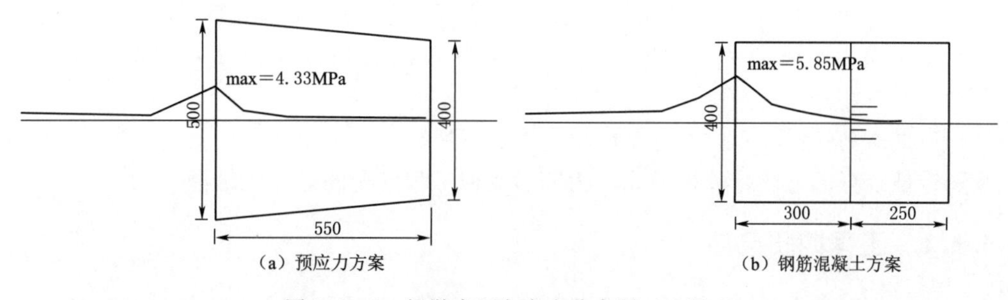


图 5.4－8　闸墩表面主应力分布图（工况 2）

综上可知，预应力有效地降低了闸墩支座部位的应力值和高应力区域。

根据三维有限元计算结果，在工况 2 情况下，弧门支承范围内扇形钢筋配筋最大，除预应力锚索外，须配 30$\phi$36 的钢筋作为其扇形钢筋，与常规钢筋混凝土方案配筋为 144$\phi$36 扇形钢筋的结果相比，钢筋量大为减少，有利于闸墩配筋布置。

支座根部顺坝轴线向的拉应力值在工况 2 情况下较大，每米范围内须配 3$\phi$32Ⅱ级钢作为其受拉钢筋，有利于弧门支承结构配筋布置。

由于弧门支铰推力以顺水流向为主，弧门支座垂直向拉应力较小，基本未超过 0.5MPa，弧门支座部位可按构造配筋即可，因此不必增加竖向预应力锚索。

## 5.5　斜交岩层坝基及坝肩抗滑稳定分析

在重力坝设计中，岸坡坝段沿顺水流向和侧向抗滑稳定均要满足规范要求，当大坝建基岩体存在着软弱面等不利结构面时，还要分析坝基岩体的抗滑稳定性。重力坝岸坡坝段坝基的稳定性分析是一个非常复杂的三维问题，坝体及坝基受力条件复杂，除上、下游水压，坝体自重之外，还有来自坝基和岸坡山体内的渗透压力，以及坝肩岩体对大坝可能产生的作用力等。当坝肩为斜交岩层时，坝体和基岩相互作用的稳定性分析模式将更加复杂。

目前对重力坝岸坡坝段坝基岩体抗滑稳定分析主要采用二维刚体极限平衡方法，分别计算坝基岩体在顺水流向和侧向的稳定性，其坝基稳定性的评价也是采用重力坝抗滑稳定的标准。

根据以往边坡稳定性的研究成果及经验，当岩层走向与边坡开挖面走向存在一定夹角时，采用二维极限平衡分析和三维分析得到的边坡稳定性计算结果相差较大。二维极限平衡分析结果依赖于剖面位置及人为假定的滑动方向（即剖面方向），对荷载及边界条件也做了很多简化。三维分析可以较好地模拟结构面切割形成的坝基岩体滑移类型及滑移模式，能真实地表达坝基滑动块体的几何形态特征，并考虑形成滑体所需追踪裂隙剪切面的侧向阻滑作用，得到的计算结果更为合理。

因此，不同的稳定分析方法对大坝和边坡设计及安全评价有至关重要的作用，特别是岸坡坝段与坝肩边坡岩体存在影响稳定的长大或连续分布的软弱结构面时，由于大坝与边坡的稳定安全标准不同，此时，边坡与大坝的稳定标准如何协调处理，也是目前工程实践中急需解决的问题。

对斜交岩层上重力坝坝基岩体失稳模式的合理分析，往往决定了坝基（深层）抗滑稳定计算结果的可靠性，直接影响着岸坡坝段的设计及坝基处理的工程量。因此，斜交岩层上重力坝坝基稳定性分析模式及对坝基的安全性评价是一个值得深入研究的问题。

通过对乌江银盘水电站坝基的稳定性分析研究，提出斜交岩层上重力坝坝基及岸坡坝段稳定性计算的方法、分析模式，为今后类似工程问题的设计提供借鉴。

### 5.5.1　工程地质条件

银盘水电站大坝建基岩体主要由软岩和硬岩互层组成，其中软岩类岩层有：$O_1d^{1-1}$、

$O_1d^{1-3}$、$O_1d^{3-1}$、$O_1d^{3-4}$、$O_3w$ 及 $S_1ln$ 页岩层，页岩在坝基出露长度约 378m，约占大坝长度的 63%。中硬岩类岩层有：$O_1d^2$、$O_1d^{1-2}$ 及 $O_1d^{3-2}$ 含泥质灰岩和粉细砂岩；坚硬岩类岩层有：$O_1h$、$O_{2+3}$ 及 $O_1d^{3-3}$ 灰岩和石英砂岩。

坝基岩层倾向右岸偏下游，倾角 40°，河流流向 SW213°，与岩层走向夹角 25°，岩层向下游视倾角 22°，岩体中发育 11 条Ⅰ类泥化剪切带，27 条 $Ⅱ_1$ 类破碎夹泥剪切带，32 条 $Ⅱ_2$ 类破碎剪切带，大坝存在深层抗滑稳定问题。

银盘水电站左岸坝肩为斜交边坡，施工期临时开挖边坡坡高 170 余米，大坝建成后边坡下部被大坝坝体覆盖，坝顶高程 227.5m 以上最大坡高约 90m。坝肩边坡岩层有红花园组 $O_1h$ 灰岩，大湾组含泥质 $O_1d^{1-2}$ 灰岩，大湾组 $O_1d^{1-1}$、$O_1d^{1-3}$ 和 $O_1d^{3-1}$ 页岩等，层间发育有多条剪切带，其中 $Ⅱ_1$ - 7005、$Ⅱ_1$- 7006 因其出露部位以及与大坝的相对位置，其影响最为显著。岩层中主要发育有 3 组裂隙：NWW 组、NNE 组及 NEE 组，层间剪切带与裂隙组合切割时，有可能形成潜在不稳定块体；边坡开挖后坝轴线上游剪切带上盘岩体较为单薄，且分布有性状较差的大湾组页岩，对大坝坝肩及坝基的抗滑稳定造成不利影响。左岸边坡剪切带分布及边坡开挖见图 2.4 - 1～图 2.4 - 2。

银盘左岸坝肩岩体施工期需进行较大程度的开挖，开挖后边坡岩体的稳定性状况直接影响到施工期的安全；运行期，坝肩坡体和基岩作用力复杂，有坝块重力作用、上下游水压以及坡体内渗流场的作用等。坝肩及坝基岩体在进行加固处理后，需达到一定的安全系数，不允许边坡岩体对坝块尤其是厂房坝段有较大的侧向推力作用；坝基岩体的深层抗滑稳定也应满足一定的安全储备。因此，需对左坝肩及坝基岩体的变形应力及稳定性展开深入研究。

## 5.5.2 斜交岩层岸坡坝段坝基稳定性分析

### 5.5.2.1 左岸坝肩及坝基岩体稳定性二维极限平衡分析

采用《混凝土重力坝设计规范》（SL 319—2005）中“坝基深层抗滑稳定计算”推荐的计算公式对左岸非溢流坝段及安装场坝基深层侧向抗滑稳定进行了计算分析。计算中将安装场坝段高程 154.40m 平段作为阻滑块，将高程 154.40m 平段以外安装场坝段、左岸非溢流坝段及 $Ⅱ_1$ - 7005、$Ⅱ_1$ - 7006 剪切带以上岩体作为滑动块，沿 $Ⅱ_1$ - 7005、$Ⅱ_1$ - 7006 剪切带下滑，$Ⅱ_1$ - 7005、$Ⅱ_1$ - 7006 剪切带走向 NE358°，倾向 NE268°，倾角 37°。抗剪断参数为：$Ⅱ_1$ 类剪切带层面 $f'=0.25$，$c'=0.02$MPa；岩体 $f'=0.75$，$c'=0.45$MPa；裂隙 $f'_R=0.35$，$c'_R=0.05$MPa；建基面 $f'=0.75$，$c'=0.45$MPa；混凝土 $f'=1.1$，$c'=1.30$MPa。计算工况及水位见表 5.5 - 1。左岸非溢流坝段坝基深层侧向抗滑稳定计算模型见图 5.5 - 1。

表 5.5 - 1　　计算工况及水位

| 序号 | 工况 | 上游水位/m | 下游水位/m | 序号 | 工况 | 上游水位/m | 下游水位/m |
|---|---|---|---|---|---|---|---|
| 1 | 施工 | | | 3 | 设计 | 218.61 | 216.92 |
| 2 | 正常 | 215.00 | 178.54 | 4 | 校核 | 225.47 | 223.50 |

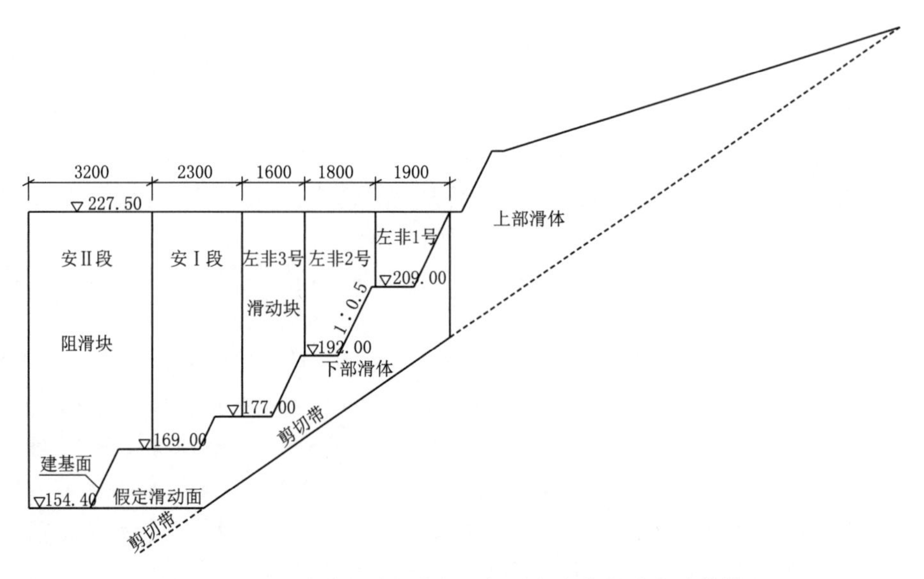


图5.5-1 左岸非溢流坝段坝基深层侧向抗滑稳定计算模型

计算剖面取坝轴线下游40m的剖面，按单宽计算，计算结果见表5.5-2。

若坝体及岩体的重量考虑上下游60m范围，计算中考虑下侧岩体的阻滑作用，岩体裂隙连通率为20%，计算结果见表5.5-3。

**表5.5-2　　　　左岸非溢流坝段沿Ⅱ₁类剪切计算成果**
**（不考虑下侧岩土的阻滑作用）**

| 工　况 | 自　重 | 正　常 | 设　计 | 校　核 |
|---|---|---|---|---|
| 单独上滑体 | 0.47 | 0.46 | 0.44 | 0.41 |
| 单独下滑体 | 2.10 | 1.71 | 1.33 | 1.25 |
| 整体 | 1.06 | 0.92 | 0.81 | 0.77 |
| 上部 $K'=1.25$、下部 $K'=3.0$ 的置换长度/m | 69.00 | 77.00 | 89.00 | 86.00 |

**表5.5-3　　　　左岸非溢流坝段沿Ⅱ₁类剪切计算成果**
**（考虑下侧岩土的阻滑作用）**

| 工　况 | 自　重 | 正　常 | 设　计 | 校　核 |
|---|---|---|---|---|
| 单独上块 | 0.86 | 0.85 | 0.83 | 0.80 |
| 单独下块 | 2.34 | 1.95 | 1.56 | 1.47 |
| 整体块 | 1.38 | 1.24 | 1.13 | 1.09 |
| 上部 $K'=1.25$、下部 $K'=3.0$ 的置换长度/m | 43.00 | 50.00 | 67.00 | 57.00 |

从表5.5-2计算结果可以看出，按二维刚体极限平衡分析法计算左岸非溢流坝段坝基侧向抗滑稳定各工况均不能满足规范要求，且差得较多。即使计算中考虑下侧岩体的阻滑作用，要使坝肩以上边坡安全系数达到1.25、坝肩以下基础安全系数达到3.0，也需要置换67m长的混凝土。

#### 5.5.2.2　坝肩及坝基岩体稳定性三维极限平衡分析

左岸坝肩边坡岩层为灰岩、页岩等，层间发育有多条剪切带，其中，Ⅱ类剪切带$Ⅱ_1$-7005和$Ⅱ_1$-7006（产状268°∠39°）直接影响着坝肩稳定及大坝的安全。岩层中主要发育有3组裂隙：NEE组，产状340°～355°∠60°～90°；NWW组，产状185°～200°∠65°～90°；NNE组，产状90°～105°∠40°～75°。经论证，对坝体稳定最不利的潜在滑体由层间剪切带、NEE组与NWW组裂隙，以及坝体建基面组成。层间剪切带构成潜在滑体的主滑面，NEE组裂隙控制潜在滑体下游边界，NWW组裂隙控制潜在滑体上游边界。

其抗剪断参数为：$Ⅱ_1$类剪切带层面$f'=0.25$，$c'=0.05$MPa；岩体$f'=0.75$，$c'=0.45$MPa；裂隙$f'_R=0.35$，$c'_R=0.05$MPa；建基面$f'=0.75$，$c'=0.45$MPa；混凝土（C20）$f'=1.1$，$c'=1.30$MPa。

1. 三维计算模式

银盘左非边坡和坝基的滑动模式表现为三维特性，因此采用三维刚体极限平衡分析可以得到更为合理的计算结果。坝肩边坡稳定性分析涉及边坡与坝体整体稳定，选取如下计算模式。

滑体延伸至坡面，滑面分成上下两部分，滑体分别称为上部滑体和下部滑体，其下边界为地面227.5m等高线，上部滑体安全系数分别设定为1.2、1.25及1.3，相应称为模式3a、模式3b及模式3c。上部滑体为典型楔形体，见图5.5-2。边坡三维滑体形态见图5.5-3。计算参数见表5.5-4。

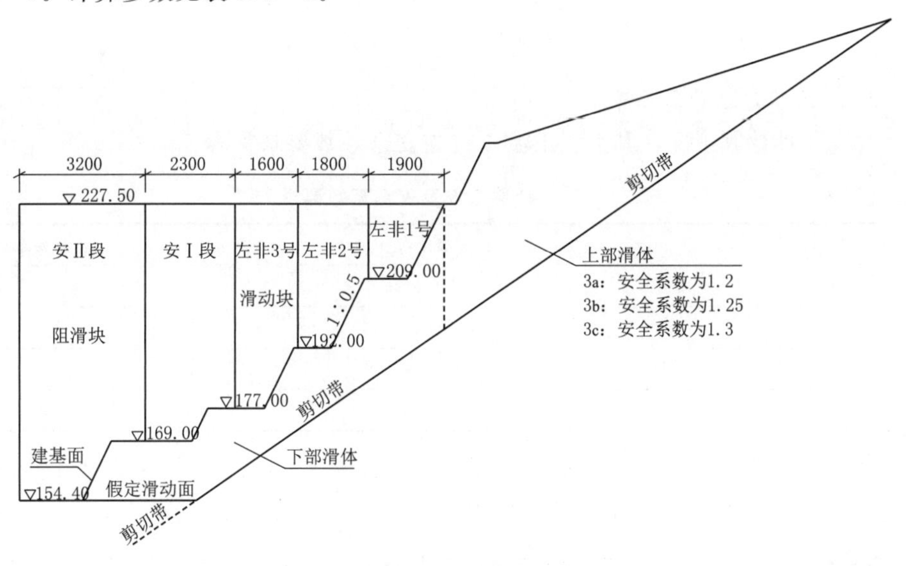


图5.5-2　计算模式

表5.5-4　　岩体及不连续面参数

| | 层间剪切带 | 滑裂面NEE | 滑裂面NWW | 建基面 | 混凝土 |
|---|---|---|---|---|---|
| 倾向角/(°) | 268 | 350 | 192 | | |
| 倾角/(°) | 39 | 70 | 75 | 0 | |

续表

| | 层间剪切带 | 滑裂面 NEE | 滑裂面 NWW | 建基面 | 混凝土 |
|---|---|---|---|---|---|
| 黏聚力/kPa | 20 | 330[a]/370[b] | 330[a]/370[b] | 450 | 1300 |
| 摩擦系数 | 0.25 | 0.63[a]/0.67[b] | 0.63[a]/0.67[b] | 0.75 | 1.1 |
| 内摩擦角/(°) | 14.04 | 32.2[a]/33.82[b] | 32.2[a]/33.82[b] | 36.87 | 47.73 |
| 备注 | 岩体容重=26.5kN/$m^3$<br>a. 滑裂面连通率=30%；b. 滑裂面连通率=20%； | | | | |

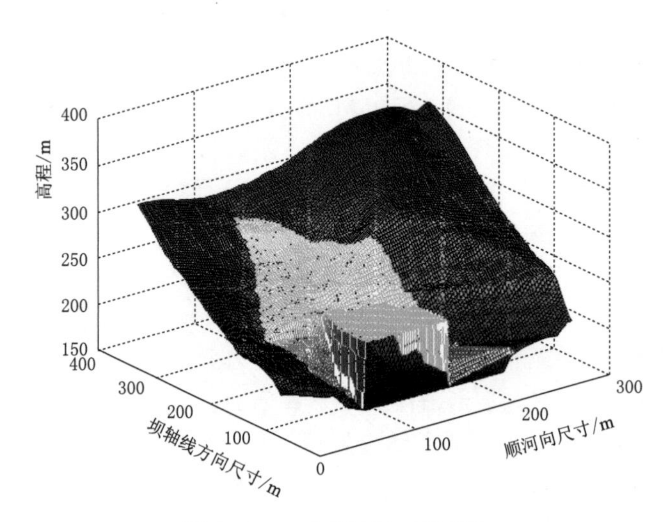


图 5.5-3　左岸边坡三维滑体

2. 三维稳定性计算结果

共有4种计算工况，其上、下游水位与安全系数要求见表5.5-5。

**表 5.5-5　　计算工况及安全系数要求**

| 序　号 | 工　况 | 上游水位/m | 下游水位/m | 规范要求最小安全系数 |
|---|---|---|---|---|
| 1 | 施工 | | | 2.5 |
| 2 | 正常 | 215.00 | 179.88 | 3.0 |
| 3 | 设计 | 218.61 | 216.92 | 3.0 |
| 4 | 校核 | 225.47 | 223.50 | 2.5 |

各种计算模式下的安全系数见表5.5-6～表5.5-8，表中安全系数1裂隙面连通率为30%，安全系数2裂隙面连通率为20%。

**表 5.5-6　　边坡三维安全系数（模式3a），上部安全系数为1.2**

| 序　号 | 工　况 | 滑动方向 $\theta$ | 安全系数1 | 安全系数2 |
|---|---|---|---|---|
| 1 | 施工 | 75° | 3.236 | 3.527 |
| 2 | 正常 | 74° | 3.284 | 3.698 |
| 3 | 设计 | 74° | 2.766 | 3.142 |
| 4 | 校核 | 75° | 2.711 | 3.059 |

表 5.5-7　　边坡三维安全系数（模式 3b），上部安全系数为 1.25

| 序　号 | 工　况 | 滑动方向 $\theta$ | 安全系数 1 | 安全系数 2 |
|---|---|---|---|---|
| 1 | 施工 | 75° | 3.114 | 3.369 |
| 2 | 正常 | 74° | 3.135 | 3.497 |
| 3 | 设计 | 74° | 2.665 | 2.974 |
| 4 | 校核 | 75° | 2.608 | 2.899 |

表 5.5-8　　边坡三维安全系数（模式 3c），上部安全系数为 1.3

| 序　号 | 工　况 | 滑动方向 $\theta$ | 安全系数 1 | 安全系数 2 |
|---|---|---|---|---|
| 1 | 施工 | 75° | 3.010 | 3.236 |
| 2 | 正常 | 68° | 3.011 | 3.332 |
| 3 | 设计 | 74° | 2.564 | 2.837 |
| 4 | 校核 | 75° | 2.516 | 2.793 |

由上表可知，施工、正常及校核 3 种工况边坡安全系数达到相关规范要求，而设计工况边坡安全系数小于相关规范要求。可以将设计工况作为控制工况，进行边坡稳定性评价与加固设计。

3. 边坡加固措施

对滑体采用混凝土阻滑键加固，如图 5.5-4 所示，用混凝土置换层间剪切带软弱岩体。根据混凝土置换率，换算加固后层间剪切带的综合平均黏聚力。

图 5.5-4　阻滑键加固

侧滑面的裂隙面连通率采用 30%，剪切带用 C20 混凝土置换，设计工况下各种混凝土置换率计算结果见表 5.5-9。

表5.5-9　　加固边坡三维安全系数（上部滑体安全系数 $k$）

| 置换率/% | $k$=1.20 | $k$=1.25 | $k$=1.30 | $k$=1.35 |
|---|---|---|---|---|
| 0 | 3.016 | 2.878 | 2.762 | 2.670 |
| 1 | 3.156 | 3.002 | 2.881 | 2.771 |
| 2 | 3.306 | 3.134 | 2.992 | 2.877 |
| 3 | 3.470 | 3.277 | 3.119 | 2.993 |
| 4 | 3.647 | 3.431 | 3.255 | 3.114 |
| 5 | 3.854 | 3.607 | 3.407 | 3.243 |
| 6 | 4.067 | 3.788 | 3.561 | 3.380 |
| 7 | 4.288 | 3.981 | 3.728 | 3.525 |
| 8 | 4.529 | 4.192 | 3.912 | 3.683 |

根据计算结果，左岸坝肩沿Ⅱ$_1$-7005、Ⅱ$_1$-7006布置2层4m×7m的阻滑键，高程分别为185m、197m，置换率为4.54%，坝肩227.5m以上边坡的安全系数为1.25时，左非坝段坝基在设计工况的安全系数可达到3.43。阻滑键加固布置见图5.5-5。

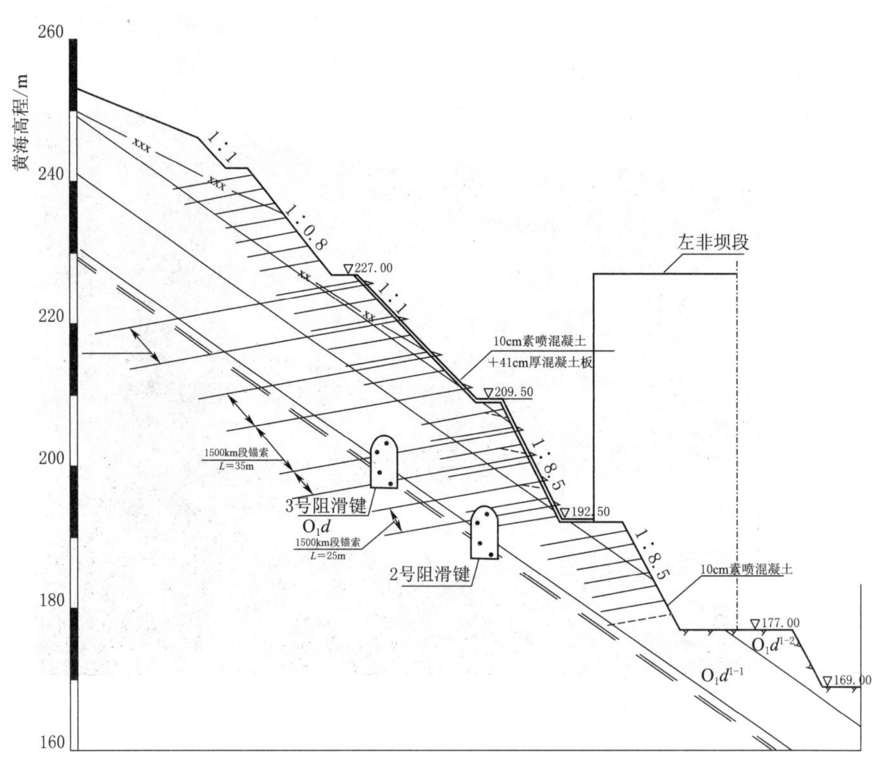


图5.5-5　阻滑键加固布置图

### 5.5.3 斜交岩层河床坝段深层抗滑稳定分析

银盘水电站大坝建基岩体主要由软岩和硬岩互层组成，其中软岩类岩层有：$O_1d^{1-1}$、$O_1d^{1-3}$、$O_1d^{3-1}$、$O_1d^{3-4}$、$O_3w$ 及 $S_1ln$ 页岩层，页岩在坝基出露长度约 378m，约占大坝长度的 63%。中硬岩类岩层有：$O_1d^2$、$O_1d^{1-2}$ 及 $O_1d^{3-2}$ 含泥质灰岩和粉细砂岩。坚硬岩类岩层有：$O_1h$、$O_{2+3}$ 及 $O_1d^{3-3}$ 灰岩和石英砂岩。

坝基岩层倾向右岸偏下游，倾角 40°，河流流向 SW213°，与岩层走向夹角 25°，岩层向下游视倾角 22°，岩体中发育 11 条Ⅰ类泥化剪切带，27 条$Ⅱ_1$类破碎夹泥剪切带，32 条$Ⅱ_2$类破碎剪切带，大坝存在深层抗滑稳定问题。

#### 5.5.3.1 计算方法及计算模式

泄洪坝段坝基深层滑动模式为以Ⅰ或$Ⅱ_1$类剪切带为底滑面，NNE 组反倾向裂隙为侧向切割面，下游滑出面以剪断岩体考虑，下游岩体中裂隙的连通率按 10%～20%计算，侧向切割面连通率按 20%～30%计算。各类岩体及剪切带的抗剪断参数取值如下。大湾组页岩 $O_1d^{3-1}$：$f'_R=0.75$，$c'_R=0.45$MPa；大湾组含泥质灰岩 $O_1d^2$：$f'_R=1.0$，$c'_R=1.0$MPa；Ⅰ类剪切带：$f'_R=0.20$，$c'_R=0.01$MPa；$Ⅱ_1$类剪切带：$f'_R=0.22$，$c'_R=0.01$MPa；裂隙：$f'_R=0.5$，$c'_R=0.1$MPa。下游抗力体滑出角分别假定为 45°、30°、15°等。

1. 计算工况和荷载组合

（1）持久状况。

基本组合 1（正常蓄水位）：自重＋静水压力＋扬压力。

基本组合 2（设计洪水位）：自重＋静水压力＋扬压力。

（2）偶然状况。

偶然组合（校核洪水位）：自重＋静水压力＋扬压力。

2. 计算方法及计算模式

大坝深层抗滑稳定计算采用《混凝土重力坝设计规范》（SL 319—2005）规定的刚体极限平衡法。

银盘水电站大坝建基岩体中发育多条不利剪切带，大坝抗滑稳定条件较为复杂，剪切带倾向右岸偏下游，倾角 40°，剪切带走向与坝轴线交角约 75°，岩层无垂直的平行河流方向的裂隙，具有明显的三维空间特性，对大坝进行深层抗滑稳定计算时，可以考虑侧向切割面岩体的阻滑作用。剪切带分布示意图见图 5.5-6。

因此，大坝深层抗滑稳定的计算模式为：以剪切带为底滑面，坝基右侧岩体为侧向切割面，下游滑出面按剪断岩体考虑。底滑面剪切带裂隙的连通率按 100%计，侧向切割面裂隙连通率按 20%～30%计，下游岩体中裂隙的连通率按 10%～20%计。下游抗力体滑出角 $\beta$ 分别假定为 45°、30°、15°，滑出面位置采用试算方法找出抗力最小的滑面。典型坝段深层抗滑稳定计算模型见图 5.5-7。

坝基内存在多条剪切带，剪切带在坝基出露位置分别假定为：在坝踵处埋深 $d$ 为 10m（剪切带在坝踵上游出露）、0m（剪切带在坝踵出露）、－10m（剪切带在坝踵下游出露）。

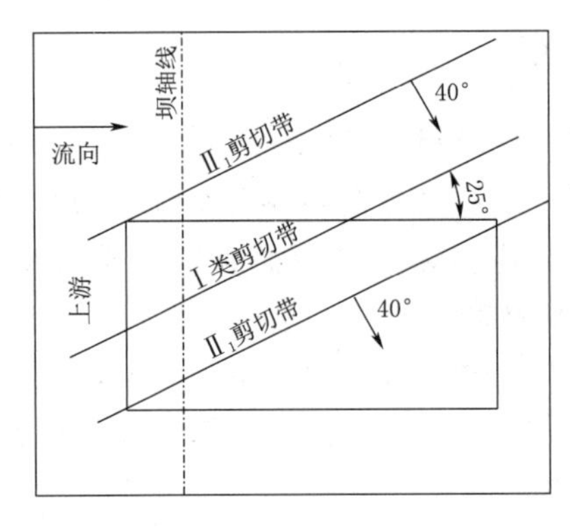


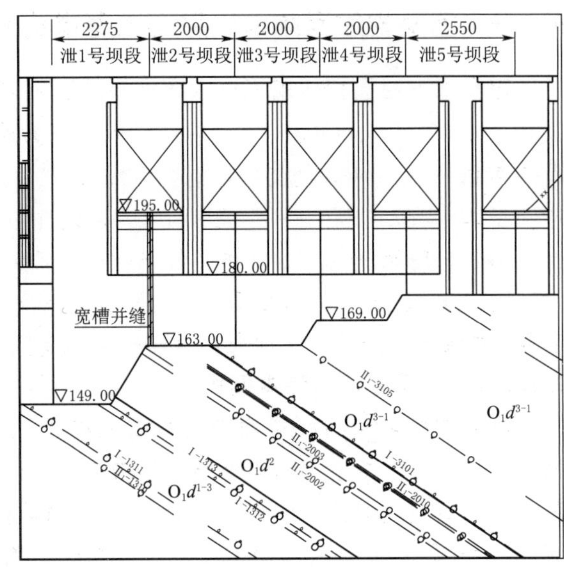


图 5.5－6　泄洪坝段剪切带分布示意图

### 5.5.3.2　计算成果及分析

典型坝段下游抗力体滑出角 $\beta$ 分别为 15°、30°、45°时深层抗滑稳定计算成果见表 5.5－10。

由表 5.5－10 可见，坝基深层抗滑稳定安全系数随下游抗力体滑出角 $\beta$ 不同而变化，当 $\beta$ 为 30°时，安全系数最小，此即为最可能滑裂面。

典型坝段坝基剪切带在坝踵处埋深 $d$ 为 10m、0m、－10m 时深层抗滑稳定计算成果见表 5.5－11。

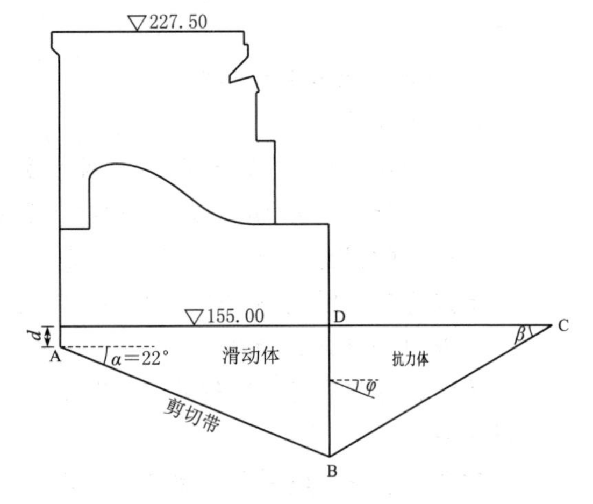


图 5.5－7　泄洪坝段深层抗滑稳定计算模型

由表 5.5－11 可见，剪切带在坝基出露位置对深层抗滑稳定影响较大，当剪切带在坝踵处埋深 $d$ 为 0m（即剪切带在坝踵处出露）时对坝基深层抗滑稳定最为不利，随着剪切带在坝踵位置埋深加大，坝基深层抗滑稳定安全系数也随之增大，剪切带在坝踵下游出露时坝基深层抗滑稳定安全系数亦随剪切带出露点与坝踵的距离增加而加大。

**表 5.5－10　典型坝段坝基深层抗滑稳定不同 $\beta$ 值计算成果**

| 计算模式 | | 安全系数 $K'$ |
|---|---|---|
| 不计侧向阻滑作用，$\varphi$=0°，剪切带在坝踵处埋深为 0m | $\beta$=15° | 2.47 |
| | $\beta$=30° | 1.83 |
| | $\beta$=45° | 1.93 |

**表 5.5－11　典型坝段坝基深层抗滑稳定不同 $d$ 值计算成果**

| 计算模式 | | 安全系数 $K'$ |
|---|---|---|
| 不计侧向阻滑作用，$\varphi$=0°，$\beta$=30° | $d$=10m | 2.32 |
| | $d$=0m | 1.83 |
| | $d$=－10m | 2.14 |

综合表5.5-10、表5.5-11计算成果，下游抗力体滑出角为30°，且剪切带在坝踵处出露为最不利深层抗滑稳定计算模式。

最不利计算模式深层抗滑稳定计算成果见表5.5-12。在计算时，对侧向岩体的阻滑作用（仅计受压一侧黏结力）、不同裂隙连通率组合、滑动体与抗力体间作用力角度 $\varphi$ 不同取值进行了计算分析。

**表5.5-12　　典型坝段坝基深层抗滑稳定最不利计算模式计算成果**

| 计算条件 | | 安全系数 $K'$ |
|---|---|---|
| 不计侧向阻滑作用 | $\varphi=0°$，裂隙连通率 $\eta_{底}=10\%$ | 1.83 |
| | $\varphi=0°$，裂隙连通率 $\eta_{底}=20\%$ | 1.74 |
| | $\varphi=21°$，裂隙连通率 $\eta_{底}=10\%$ | 3.09 |
| | $\varphi=22°$，裂隙连通率 $\eta_{底}=20\%$ | 3.01 |
| 计侧向阻滑作用 | $\varphi=0°$，裂隙连通率 $\eta_{底}=10\%$、$\eta_{侧}=20\%$ | 2.75 |
| | $\varphi=0°$，裂隙连通率 $\eta_{底}=20\%$、$\eta_{侧}=30\%$ | 2.58 |
| | $\varphi=5°$，裂隙连通率 $\eta_{镀}=10\%$、$\eta_{侧}=20\%$ | 3.01 |
| | $\varphi=9°$，裂隙连通率 $\eta_{底}=20\%$、$\eta_{侧}=30\%$ | 3.05 |

由表5.5-12可见，岩体侧向阻滑对提高坝基深层抗滑稳定性作用较明显，当计侧向岩体的阻滑作用（仅计受压一侧黏结力）时，抗滑稳定安全系数有较大提高。裂隙连通率 $\eta$ 对坝基深层抗滑稳定有一定影响，抗滑稳定安全系数随 $\eta$ 增大而相应减小。

由表5.5-12亦可知，滑动体与抗力体间作用力角度 $\varphi$ 对坝基深层抗滑稳定影响很大，抗滑安全系数随 $\varphi$ 增大而显著提高。$\varphi$ 取0°时，坝基深层抗滑稳定均不满足相关规范要求；$\varphi$ 取大于0°的一定角度时，坝基深层抗滑稳定可以满足相关规范要求，如 $\varphi$ 取22°时，即使不考虑岩体侧向阻滑作用，抗滑稳定亦可以满足相关规范要求。

鉴于 $\varphi$ 值对于深层抗滑稳定的显著影响，在此做进一步分析探讨。目前，角度 $\varphi$ 一般有以下几种取值：①令 $\varphi=0°$，这种做法最为简单，但成果常偏于安全；②令 $\varphi=\tan^{-1}f'$，$f'$为BD面上摩擦系数；③令 $\varphi=\tan^{-1}(f'/K')$，$K'$为安全系数，取3.0；④令 $\varphi=\alpha$，$\alpha$ 为剪切带与水平面夹角；⑤令 $\varphi=\gamma$，$\gamma$ 为有限单元法分析成果中BD面上主应力的平均倾角，这种做法较为合理。

根据典型坝段坝基剪切带产状和抗剪断参数可得：$\tan^{-1}f'=35°$，$\tan^{-1}(f'/K')=13°$，$\alpha=22°$。对典型坝段进行有限单元法计算，计算成果表明 $\gamma$ 大于55°。

因此，对典型坝段进行深层抗滑稳定计算分析时，$\varphi$ 取值范围为0°～22°，其成果是偏于安全的。

银盘水电站大坝建基岩体中发育多条不利剪切带，大坝存在深层抗滑问题，坝基岩层倾向右岸偏下游，剪切带走向与坝轴线交角约75°，大坝抗滑稳定条件较为复杂且具有明显的三维空间特性。通过对典型坝段各种计算模式进行计算分析，得出下游抗力体滑出角为30°，且剪切带在坝踵处出露为最不利计算模式。重点对最不利计算模式进行计算分析，计算采用刚体极限平衡法中的等安全系数法，对侧向岩体的阻滑作用、不同裂隙连通率组合敏感性、滑动体与抗力体间作用力角度 $\varphi$ 不同取值影响进行了分析探讨。计算结果表明，银盘水电站大坝深层抗滑稳定满足规范要求。

### 5.5.4 小结

1. 抗滑稳定分析方法

刚体极限平衡法应用非常广泛，它具有概念清楚、计算简便、易于掌握、适应性强等优点，且已有丰富的工程实践经验和与之配套的比较成熟的设计准则。

对具有三维空间受力状态的建筑物基础及边坡稳定性分析仅采用二维分析方法不能全面、真实地反映设计成果的合理性。

当岩层走向与边坡开挖面走向存在一定夹角时，采用二维刚体极限平衡分析和三维分析得到的边坡稳定性计算结果相差较大。仅采用二维刚体极限平衡分析很大程度上已不能满足实际工程的需要，其计算结果依赖于人为假定的滑动方向。所选取的计算剖面不同，往往安全系数差异较大，对边坡的支护设计或重力坝基础处理设计产生重要影响。三维刚体极限平衡分析可以较好地考虑到结构面切割形成的滑体类型及其滑移模式，真实地表达滑体几何形态特征，并考虑到形成滑体所需追踪裂隙剪切面的侧向阻滑作用，因此得到的计算结果更为合理，设计方案更经济。

目前数值分析方法计算抗滑稳定还没有统一的安全评价标准，数值分析方法能够从较大范围考虑介质的复杂性，全面地分析坝基岩体的应力应变状态，有助于对坝基变形和破坏机理的认识，可自动搜索滑移通道，是刚体极限平衡方法的有力补充。当坝基岩体内存在软弱面时，对重要且地质条件复杂的坝基应辅以数值分析方法分析坝基沿软弱面的抗滑稳定性，进行综合评定，其成果可作为坝基处理方案选择的依据。

2. 计算分析模式与安全系数

（1）当坝基岩体中存在软弱结构面，且软弱结构面的走向与坝轴线斜交于某一夹角时，一部分坝体可能连同其下的岩体在软弱结构面上失稳产生向下游的滑动。如果两侧的坝体是稳定的，则由于其侧向受到约束，不可能沿软弱结构面的真倾向滑动，而只可能顺河流向滑动，这样，就在滑移体两侧基岩中形成侧裂面，侧裂面上要受到侧向阻力，其中包括摩阻力和黏聚力。显然，考虑侧向阻力的作用时，应对滑动体的抗滑稳定性进行三维极限平衡分析，三维极限平衡分析的安全系数可按《混凝土重力坝设计规范》（SL 319—2018）中规定的坝基采用抗剪断公式计算的抗滑稳定安全系数选取。

（2）岸坡坝段的稳定性分析涉及边坡及坝基两部分的抗滑稳定，由于规范对这两部分稳定性安全度要求不同，需采取合理的计算分析模式进行稳定性分析。研究结果表明，当采用三维刚体极限平衡法进行分析时，岸坡坝段的稳定性宜将边坡和坝基的稳定安全系数分开考虑，可在坝体和边坡接触部位将滑体分成上下两部分，分界面处考虑力的传递，下滑体按大坝安全系数，上部滑体安全系数按边坡安全系数，如图5.5-8所示。

此种模式可以分别设定上部滑体安全系数，根据不同部分滑体设定不同的安全系数，保证了坝体外上部分滑体满足稳定性要求，计算出的安全系数反映坝体在坝肩边坡作用下的抗滑稳定性，使其满足规范要求。该计算模式可以保证上部边坡及下部坝基各自达到允许的安全度，减小了边坡的加固量，并且可以考虑界面之间的相互作用，计算方法具有较好的实用性，并且具有一定的创新性。

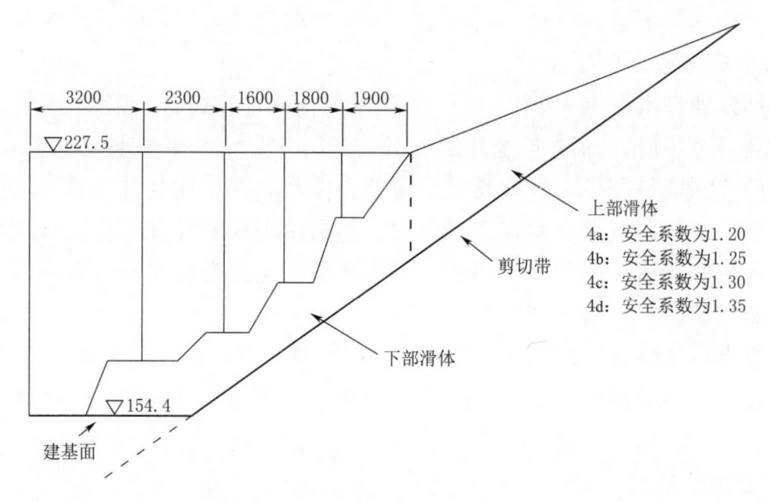


图 5.5-8 计算模式

下部滑体的安全系数按《混凝土重力坝设计规范》（SL 319—2018）中规定的坝基采用抗剪断公式计算的抗滑稳定安全系数选取。

上部滑体的安全系数按《水利水电工程边坡设计规范》（SL 386—2007）中对 A 类枢纽工程区边坡安全系数选取。

3. 加固处理措施

边坡加固处理即对边坡施加锚固力或者提高软弱夹层的抗剪断能力。常用的加固措施有固结灌浆、深挖回填混凝土、布置抗滑桩、锚索、桩锚组合及阻滑键等。

施加锚固力的一个重要参数就是加固力（桩锚组合为加固合力）倾角 $\alpha$ 取值，建议倾角取值在 0°～30°之间。阻滑键加固措施设计的重要参数是弱面置换率，即混凝土置换面积与弱面面积之比。

银盘水电站左岸坝肩边坡为典型的斜交坡，左岸坝肩及坝基岩体稳定性三维极限平衡分析的计算结果表明，单纯靠提高锚固力增加边坡安全系数是不经济的，阻滑键方案比较经济合理。为了防止阻滑键功能降低或失效，采用阻滑键与锚固联合加固方式，阻滑键起主要加固作用，锚索加固起辅助作用。

在采取具体加固措施时，根据滑动模式将滑块分为上下两部分，在上部边坡采用预应力锚索加固，其深度应穿越层间剪切带；下部坡体采用阻滑键和预应力锚索联合加固的方式，阻滑键应在边坡开挖之前施工，预应力锚索应在边坡开挖过程中及时支护。

## 5.6 大坝运行情况

### 5.6.1 变形监测

1. 坝顶及坝基水平位移

在大坝泄洪坝段安装 6 条倒垂线和 3 条正垂线，监测坝顶及坝基水平位移。另外，大坝泄洪坝段共埋设 13 个水平位移观测墩，监测坝顶水平位移。

目前，坝基向下游方向最大位移 2.55mm，坝顶最大位移向下游 8.48mm。

2. 坝顶及坝基垂直位移

泄洪坝段埋设水准点 47 个，监测坝顶及坝基的垂直位移。泄洪坝段二期工程在 2010 年底已经浇筑至坝段，2011 年 4 月蓄水至 210m，至 2014 年蓄水至 215m。从坝顶及坝基垂直位移的监测资料分析，坝基及坝顶的垂直位移是在二期基坑进水后开始观测，当时由混凝土自重产生的向下垂直位移已经完成，蓄水后坝顶及坝基垂直位移主要抬升。坝基垂直位移最大抬升量为－2.72mm，坝顶垂直位移最大抬升量为－8.45mm，且随温度及水位的变化而变化。

坝基垂直位移最大抬升量为－2.72mm，主要随着库水位的变化而变化。

坝顶垂直位移随温度及水位的变化而变化，夏季最大抬升量为－8.45mm，冬季抬升量约为 0。

3. 基岩变形监测

在泄洪坝段 1 号、2 号、7 号、11 号坝段共埋设 10 支基岩变形计，根据监测资料分析，基岩变形较小，均为压缩变形。最大累计变形在－1.65～－0.16mm 之间。

4. 接缝变形

泄洪坝段在表孔中部设置横缝，泄 1 号～泄 5 号坝段在坝轴线下游 14.0m 处设置一条纵缝，纵缝顶高程为 179.0m，并在缝顶设置并缝廊道。

由观测资料分析，纵缝开度在 0.9～1.71mm 之间，且变化不大，说明灌浆后纵缝的增开度小。

### 5.6.2　渗压渗流

1. 坝体及坝基渗透压力

大坝泄洪坝段及左岸非溢流坝段共埋设 20 支渗压计，监测坝体、坝基及坝肩的渗透压力情况。观测期内，建基面的渗透水位随下游水位的变化而变化，有些部位略低于下游水位，有些部位略高于下游水位。

2. 基础扬压力

大坝泄洪坝段基础灌浆廊道内钻孔安装 32 套测压管，钻孔深入基岩 1m，监测坝基扬压力、帷幕灌浆及排水幕的工作情况。

泄洪坝段帷幕后测压管渗压系数最大为 0.07（设计为 0.25），左非坝段渗压系数为 0.16～0.27（设计为 0.35），满足设计要求。

3. 渗漏量监测

泄 1 号坝段集水井前布置有一套量水堰设施监测基础排水灌浆廊道的渗流量。根据资料分析，基础廊道实测漏量为一般为 3～6L/s，漏水量较大。主要是泄 3 号、4 号表孔基础廊道内坝面排水孔的漏水量较大，最大排水孔漏水 21L/min。2015 年 4 月，经过对泄 3 号、4 号坝段混凝土进行补强灌浆，提高了混凝土的防渗性能，渗漏量有大幅度减小。基础廊道渗漏量为 2.11L/s，换算流量为 7.61$m^3$/h。

在泄 1 号坝段集水井内布置 3 台水泵抽排积水，流量为 200$m^3$/h，现有渗流量占设计总排水能力的3.8%。总体来看，基础排水灌浆廊道内渗漏量不大，渗水清澈，渗漏情况正常。

### 5.6.3 应力应变

1. 钢筋应力

泄洪坝段泄1号及泄5号闸墩较厚，采用普通钢筋混凝土结构；其余坝段的闸墩较薄，闸墩及弧门支承采用预应力结构。在泄2号及泄5号弧门支撑结构共埋设16支钢筋应力计。

泄洪坝段2号闸墩锚索张拉后，弧门支撑结构混凝土以压应力为主，预应力锚索有效地改善了弧门支撑结构的应力状况。5号闸墩弧门支撑结构混凝土以拉应力为主，钢筋应力在−18.3～91.9MPa之间。从过程线可以看出，钢筋应力与温度关系呈负相关，即随温度下降，拉应力增大或压应力减小；温度上升，拉应力减小或压应力增大。

2. 锚索预应力监测

在泄洪坝段2号、8号闸墩埋设8台锚索测力计，其中，4台主锚索，4台次锚索。主锚索设计吨位为3040kN，次锚索设计吨位为1920kN。由监测资料发现，主锚索应力在3246～3338kN，设计吨位为3040kN，满足设计要求；次锚索应力在1833～2143kN，设计吨位为1920kN，有2支略低于设计值。

# 第6章 泄洪消能建筑物

## 6.1 泄洪消能特点及难点

银盘水电站坝址地形开阔，岩层主要为页岩、砂岩和灰岩，洪水流量大。根据地形、地质及水文条件，适合采用混凝土重力坝、河床式厂房和分期导流的施工方案。大坝按100年一遇洪水设计，相应洪峰流量为27100$m^3/s$，1000年一遇洪水校核，相应洪峰流量为35600$m^3/s$。下游消能防冲建筑物按50年一遇洪水设计，相应洪峰流量为24400$m^3/s$。施工导流按20年一遇洪水设计，相应洪峰流量20800$m^3/s$。

泄洪建筑物布置需要考虑的主要因素如下：

(1) 泄洪流量大，下游水位高且变幅大，上、下游水位差在31～2m范围变化，这些特点适宜表孔泄洪。

(2) 水库调度：在遭遇频率$P=5\%$的洪水（20800$m^3/s$）时，要求坝前上游水位不超过213.5m，宜布置较多的泄洪孔口。

(3) 最大通航流量5500$m^3/s$，泄洪需满足引航道上、下游口门的通航水流条件。

(4) 施工导流：工程分三期施工，泄洪建筑物布置需要承担截流和度汛任务。

大流量、下游水位变幅大是银盘水电站泄洪消能的突出特点，并且要满足水库淹没、永久泄洪、施工导截流和通航水流条件要求，泄洪消能设计难度大。

## 6.2 泄洪建筑物布置方案研究

根据以上布置特点和原则，结合坝址地形、地质条件和水文特征条件，银盘水电站泄洪采用全表孔方案，对堰顶高程和溢流孔分区布置进行比较。

### 6.2.1 堰顶高程和孔数比较

经计算分析和模型试验验证，堰顶高程为196m时，布置11个泄洪表孔，孔宽15m，溢流前缘净宽为165m，宣泄$P=5\%$的洪水时（20800$m^3/s$），上游水位不超过213.5m；

堰顶高程为195m时，布置10个表孔，孔宽15.5m，溢流前缘净宽为155m，亦能满足泄流要求。比较两种方案，10孔方案更为经济，因此，推荐表孔堰顶高程195m、布置10个宽15.5m表孔的方案。

### 6.2.2 表孔分区比较

由于河床相对较开阔，枢纽采用分三期导流的施工方案，泄洪表孔的布置应与施工导流方式相结合。共研究了两种分区方案。

方案1：10个表孔均布置在二期工程范围内（纵向围堰左侧），分成两区：左区布置4孔用以三期截流时预留缺口过水；右区布置6孔，中间用导墙隔开。

方案2：10个表孔分成3区。按照三期导、截流的要求，在二期工程范围内（纵向围堰左侧）布置8孔满足施工期泄洪要求，8个表孔分成两区，每区4孔，另外2个表孔布置在纵向围堰右侧的三期工程范围内。

为满足施工期通航的要求，一期导流明渠的宽度需约90m。因此，方案2在三期布置2个泄洪表孔共3个坝段（宽45m），船闸宽度45.00m，与导流明渠需要的宽度一致。方案1的混凝土纵向围堰较方案2右移35m，为满足导流明渠宽度要求，需增加开挖和右岸非溢流坝段的混凝土工程量。

考虑以上因素，结合施工导流方式，推荐采用方案2，布置10个泄洪表孔，堰顶高程为195m，孔宽15.5m，闸墩厚4.5m。泄洪表孔分三区布置：左、中区位于河床中部（各4孔），兼作三期截流后的导流设施，右区表孔（2孔）位于纵向围堰右侧。表孔分区布置上游立视图见图6.2-1。

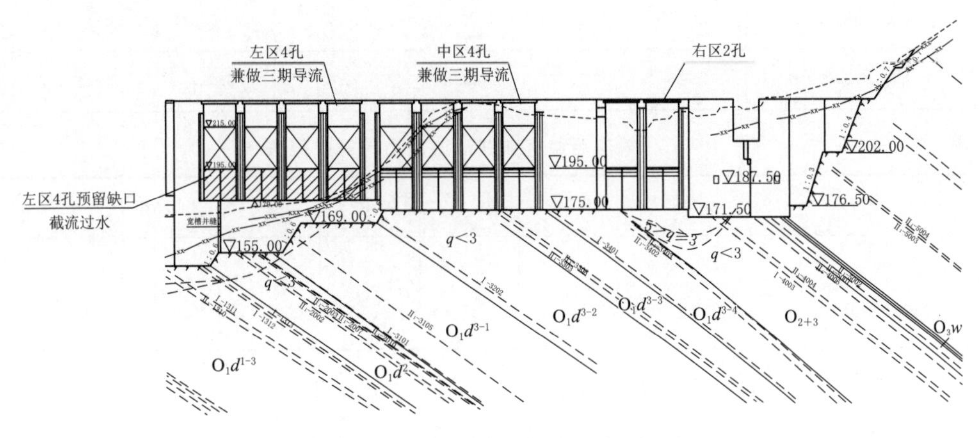


图6.2-1 表孔分区布置上游立视图

### 6.2.3 泄洪表孔体型及泄流能力

采用开敞式WES实用堰体型，堰顶高程195m，正常蓄水位为215m，校核洪水位为225.47m，堰顶最大水头为30.47m，因校核洪水位时，上下游水位差很小，所以，堰面曲线的定型设计水头$H_d$按正常蓄水位选取，其值为20m。

表孔净宽15.50m，跨横缝布置，中墩位于坝段中间，墩厚4.5m。左区墩头采用半圆曲线，半径为2.25m；中右区墩头采用椭圆曲线。

通过计算，正常运用期泄水建筑物的泄流能力见表6.2-1。在施工期间，8孔泄洪建筑物泄流能力见表6.2-2。截流期间左区4孔缺口（高程179m）泄流能力计算成果见表6.2-3；截流后中区4孔泄流能力计算成果见表6.2-4。

**表6.2-1　　10个表孔泄流能力计算成果表**

| 上游水位 $H$/m | 195 | 200 | 205 | 209 | 211.14 | 213.20 | 216.5 | 218.61 | 221.70 | 225.47 |
|---|---|---|---|---|---|---|---|---|---|---|
| 总泄量/（$m^3/s$）（10个表孔全开） | 0 | 3285 | 9464 | 15100 | 18000 | 20800 | 24400 | 27100 | 30844 | 35600 |

**表6.2-2　　围堰发电期间8个表孔泄流能力计算成果表**

| 上游水位 $H$/m | 195 | 197 | 200 | 205 | 209 | 211 | 212.81 | 215.2 |
|---|---|---|---|---|---|---|---|---|
| 总泄量/（$m^3/s$）（8个表孔全开） | 0 | 669 | 2628 | 7602 | 12947 | 15605 | 18000 | 20800 |

**表6.2-3　　截流期间左区4孔缺口泄流能力计算成果表**

| 上游水位 $H$/m | 183 | 184 | 185 | 186 | 187 | 188 | 189 |
|---|---|---|---|---|---|---|---|
| 泄量/（$m^3/s$） | 464 | 722 | 1020 | 1349 | 1710 | 2099 | 2515 |
| 下游水位/m | 180.25 | 181.03 | 182.0 | 182.5 | 183.3 | 184.1 | 184.9 |
| 上下游水位差/m | 2.75 | 2.97 | 3.30 | 3.49 | 3.71 | 3.92 | 4.11 |

**表6.2-4　　截流后中区4孔泄流能力计算成果表**

| 上游水位 $H$/m | 195 | 197 | 199 | 200.99 | 202.98 | 204.97 | 206.96 | 208.94 | 210.93 |
|---|---|---|---|---|---|---|---|---|---|
| 总泄量/（$m^3/s$）（4个表孔全开） | 0 | 308 | 894 | 1687 | 2660 | 3797 | 5094 | 6521 | 8055 |

为了验证表孔的泄流能力，分别进行了左区4孔、中区4孔、单独敞泄，左区、中区8孔联合敞泄，10孔联合敞泄运用条件下泄流能力试验。

运行期10孔敞泄计算和试验泄流能力曲线比较见图6.2-2。施工期8孔敞泄计算和试验泄流能力曲线比较见图6.2-3。

试验结果表明，泄流能力试验值与计算值基本一致，出入不超过3%。在正常运用期10孔泄洪，满足宣泄20年一遇洪水（$P=5\%$）上游水位不超过213.5m的要求。

在围堰发电期间8孔度汛，宣泄20年一遇洪水（$P=5\%$）满足围堰挡水要求。截流期间左区4孔缺口泄流能力满足截流水头不超过3.5m的要求。

因此，在各种工况下，泄流能力均满足要求，略有余度。

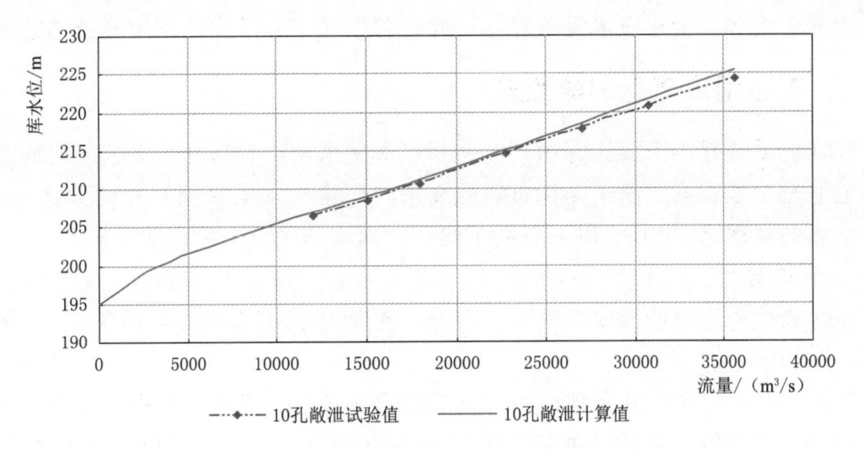


图 6.2-2 10 孔敞泄计算及试验泄流能力曲线

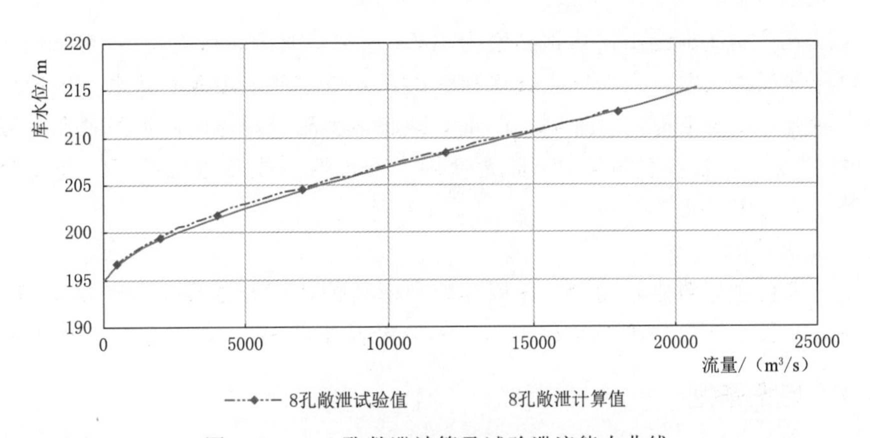


图 6.2-3 8 孔敞泄计算及试验泄流能力曲线

## 6.3 低水头大流量泄洪消能型式研究

银盘水电站泄洪流量大，表孔堰顶高程（195m）设置较低，且下游水位高（设计洪水流量时，下游水位为 217m），不适合采用挑流消能方式，宜采用底流、戽流或面流消能方式。

根据地形地质条件及水文特性，结合枢纽泄洪建筑物分三区布置及运行特点，对不同的泄洪区采用不同的消能型式。

### 6.3.1 中区、右区泄洪表孔的消能型式

中区泄洪表孔左邻中隔墙，右邻下游纵向围堰，左右建筑物的建基面高程在 175m 左右。右区泄洪表孔左邻下游纵向围堰，右接船闸坝段，为满足施工期通航和导流的需要，导流明渠开挖至高程 176.50m。银盘水电站在流量 5500$m^3/s$ 以下需要通航，船舶运行对通航水流条件要求较高，如采用面流或戽流消能方式，下游波浪较大，对下游通航水流条件不利。采用底流消能方式，在下泄流量 5500$m^3/s$ 以下时，产生稳定水跃，消能效果较

好，有利于改善下游通航水流条件。因此推荐中区、右区表孔采用底流消能型式。

### 6.3.2　左区泄洪表孔消能型式

左区泄洪表孔位于河床深槽，左侧邻厂房尾水渠，右邻左、中区之间的中隔墙。坝趾下游地形是左低右高，由于结构布置的要求，厂房尾水渠最低开挖高程为144.7m，中隔墙建基面的高程为172m。以下研究了戽流、面流和底流三种消能方式。

1. 戽流消能

左区表孔戽流消能戽底高程172.00m，挑坎高程176.68m，挑角40°，坝后河床高程为150～170m。

计算表明，左区4孔单独泄洪，不论控泄或敞泄，均可产生稳定戽流或淹没戽流。考虑到通航水流条件，在最大通航流量5500m³/s流量以下，不宜使用左区表孔泄洪。

2. 面流消能

左区表孔面流消能出口坎顶高程为180m，坝后河床高程为150～170m。

计算和试验表明，当左区4孔单独泄洪，不论控泄或敞泄，其水流衔接均为自由面流或混合面流，下游波浪大且冲刷较严重，因此，小流量时不使用左区表孔单独泄洪。超过3000m³/s流量以后，左区与中区联合使用，不论控泄或敞泄均可产生淹没面流或淹没混合面流，流态较稳定。

3. 底流消能

左区表孔底流消能，综合厂房尾水渠和中区护坦的开挖高程及泄洪建筑物布置需要，左区消力池长80m，底板顶高程165.00m，尾槛高程170m，靠近厂房侧护坦厚11m。

### 6.3.3　方案确定

为保证船闸下游航道口门区在通航流量345～5500m³/s运行安全的要求，采用底流消能方式影响较小。但由于左区下游基岩面左低右高，若采用底流消能方式，消力池底板低，尾水深、淹没度大，消能效率低，且需增加结构混凝土量和锚固工程量。

此外，1号泄洪坝段左邻厂房4号坝段，厂房侧止水高程为181.00m（即181.00m以上无水）。表孔泄洪时，因厂房侧无水，泄1号坝段边墩承受较大的侧向水压力。左区若采用底流消能或戽流消能方式，最大侧向水压力为58.5m、51.5m（面流消能为43.5m）。经计算，在设计及校核洪水位时，采用底流消能方式需将泄1号坝段由22.75m加宽至28.75m，坝基应力方能满足要求。采用戽流方式，1号溢流坝段需加宽至27.1m。同面流方案相比，厂房坝段及左岸非溢流坝段均需左移，增加混凝土和开挖工程量，底流方案约增加混凝土8万m³，戽流方案约增加混凝土3.5万m³。因此，从结构布置上考虑左区适合采用面流消能。

对“左区面流＋中区、右区底流”和“左区戽流＋中区、右区底流”分别进行了整体模型试验。各种工况下的试验成果表明，左区采用面流或戽流，其下游水流衔接和消能效果没有本质的区别，且左区采用面流下游冲刷略好于戽流消能。

综上所述，在保证运行安全的前提下，为节省工程量和投资，推荐采用左区面流＋中区、右区底流的消能布置方式。泄洪消能建筑物平面布置及下游立视如图6.3-1所示，左区面流消能典型剖面如图 6.3-2 所示，中区底流消能典型剖面如图 6.3-3 所示。

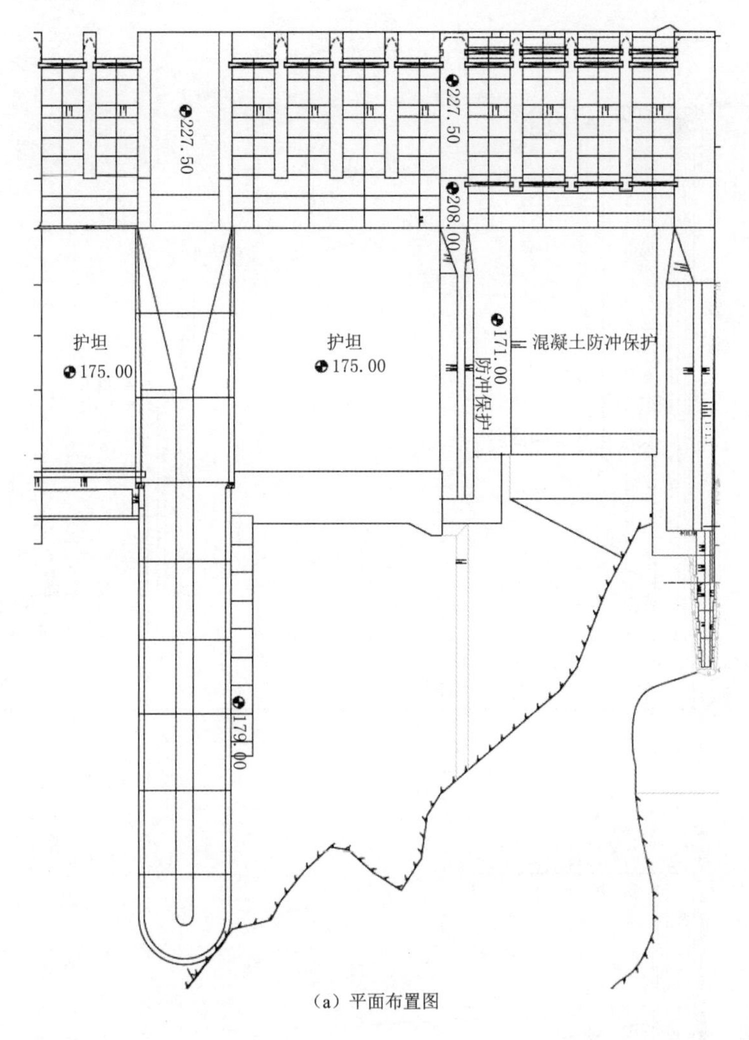


(a) 平面布置图

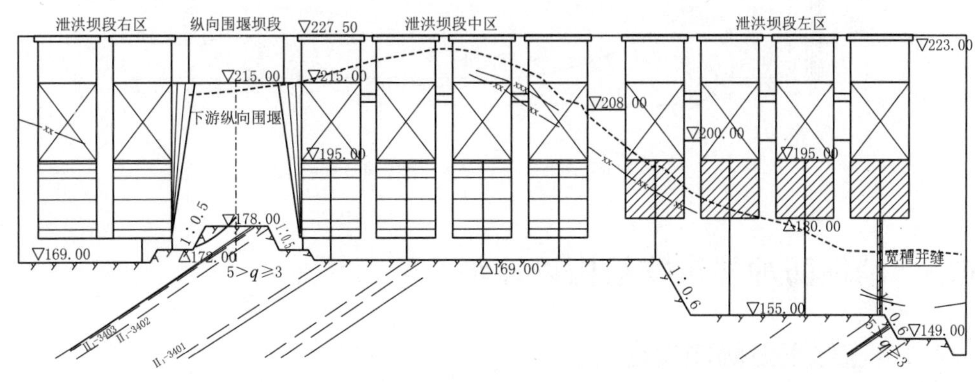


(b) 下游立视图

图 6.3-1 泄洪消能建筑物平面布置图及下游立视图

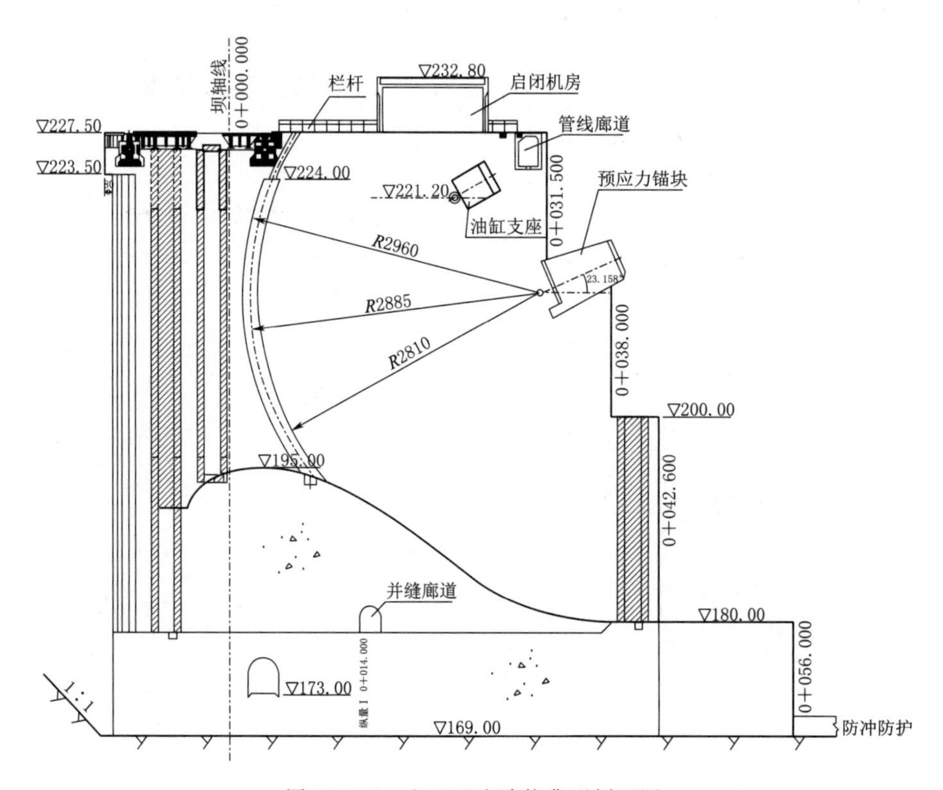


图 6.3-2　左区面流消能典型剖面图

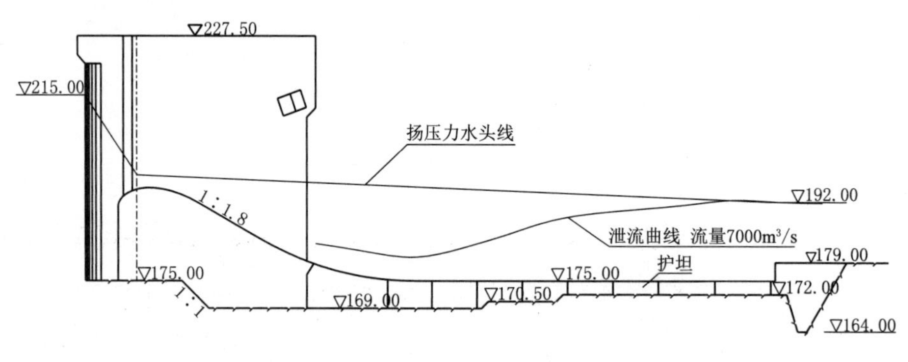


图 6.3-3　中区底流消能典型剖面图

## 6.4　消能防冲建筑物结构设计研究

### 6.4.1　左区下游防冲设计

左区为面流消能型式，在小流量时流态不稳定，因此，施工期和正常运行期，在 5500m$^3$/s 流量下不泄洪，超过 5500m$^3$/s 流量以上可配合中区、右区联合运用。

模型试验成果表明，在各种运用工况下，仅在中隔墙左侧尾部有局部冲刷，因此，在坝趾下游布置 80m 长的混凝土板，混凝土板左低右高，厚 2m。混凝土板的底部设 $\phi$28 的锚筋，锚筋间距 2.5m×2.5m。

### 6.4.2 中区、右区下游防冲设计

右区 2 孔、中区 4 孔采用底流消能型式，布置下挖式消力池，池底高程 175m，消力池长 80m，尾槛为连续槛，中区槛顶高程 179m，右区槛顶高程 176.50m。

消力池底设置混凝土护坦，比较了自排和封闭抽排两种方案。自排方案底板厚 6～3m，封闭抽排方案底板厚 6～2m。其中顶部 50cm 采用 C30 抗冲磨混凝土，下部采用 C20 混凝土。护坦顺流向分成 8 块，坝轴向中区分 6 块，右区分成 3 块，护坦基本分块尺寸为 12.5m×10m，缝顶部设止水。自排方案在护坦顶部结构缝设封闭止水，底部设纵、横向排水沟，排水沟通向下游，与下游水相通。

自排方案，顺流向第 1～2 块护坦的抗浮稳定由控泄 7000$m^3$/s 流量工况控制，第 3～4 块护坦的抗浮稳定由控泄 4000$m^3$/s 流量工况控制，其他各块由检修工况控制。护坦均需布置 3$\phi$36 的锚桩，锚桩间距 2.5m，锚桩锚入岩石深度 7.5m。

封闭抽排方案在中、右区护坦的左右两侧及下游侧底部设灌浆帷幕排水廊道，平面上呈 U 形布置，两侧的廊道与上游大坝的基础廊道相接。底板下设置排水孔和纵、横向排水沟，渗压水通过护坦上游边的排水廊道引至设在左、中区间导墙内的集水井内，抽排至下游河道，以有效降低护坦底部的扬压力。如果采用封闭抽排方案，检修工况为控制工况，顺流向第 3～4 块需布置 $\phi$36 的锚筋，其他各块需布置 $\phi$32 锚筋。

自排方案布置的锚桩较多，但封闭抽排方案增加混凝土和帷幕灌浆、排水孔工程量。另外，形成封闭帷幕需增加灌浆排水廊道开挖，廊道底板在高程 170m 以下，由于护坦分 2 区布置，灌浆排水廊道需穿过下游纵向围堰基础（基础高程为 184m）。为此，需在下游纵向围堰基础高程 169m 开挖两道深槽，给下游纵向围堰的布置和施工带来一定的难度。

综合考虑，推荐采用自排方案。

## 6.5 泄洪设施运行方式

（1）表孔开启泄洪顺序应均匀、对称，关闭时按相反的顺序进行，使出流均匀分布于泄流区。

（2）当枢纽泄量不大于 5500$m^3$/s（最大通航流量）时，下泄水流既要满足上、下游航道的通航水流条件，又要满足下游泄洪消能的要求。首先由电站投产机组过流，超过投产机组过流流量后，分别由左中区 8 孔或左中右区 10 孔均匀控泄。

（3）在电站机组不过流的特殊工况下，下泄流量不超过 3000$m^3$/s 时采用左中区 8 孔泄洪孔均匀控泄，下泄流量在 3000～5500$m^3$/s 时采用 10 孔泄洪孔非均匀控泄的开启方式，能基本满足下游引航道口门区的通航水流条件。

但要加强对下游消能区冲刷的检查，根据运行情况可对闸门开启方式进行调整。

（4）当下泄流量大于5500$m^3/s$时停止通航；在5500$m^3/s$<枢纽下泄流量≤9000$m^3/s$范围，随着流量的增加，分别由左中区8孔、左中右区10孔均匀控泄；在12000$m^3/s$<枢纽下泄流量≤15100$m^3/s$范围，由左中右区10孔均匀控泄或敞泄；当15100$m^3/s$<枢纽下泄流量≤35600$m^3/s$时，由左中右区10孔敞泄。

（5）在实际运行中应加强对泄水设施的巡视与监测。根据对巡视与监测资料的分析可对调度运用方式进行优化调整。

# 第7章 电站建筑物

## 7.1 电站建筑物布置

### 7.1.1 电站总布置

在银盘水电站枢纽布置中，厂房布置左侧河床，为河床式电站，左侧接左岸非溢流坝段，右侧接泄洪左溢流坝段，整个电站建筑物包括主厂房、安装场、尾水渠等。自左向右分别为安Ⅰ段、安Ⅱ段、1号～4号机组段，总装机容量为600MW，单机容量为150MW。水轮机安装高程为176.40m，机组间距34.70m，安装场总长55.00m，4个机组段总长142.10m，整个厂房总长197.10m。

尾水渠宽142.10m，右侧为厂坝导墙，左侧为尾水边坡，边坡最大长度约498.00m，最大开挖坡高约100m。

坝区公路布置在尾水渠边坡上高程227.50m处，通过左非坝段连接坝顶，通过交通桥连接至安Ⅰ段尾水平台。

出线场地布置于左非坝顶。

### 7.1.2 厂房结构布置

*1. 厂房主要控制高程*

建基面高程：145.30m。

尾水管底板高程：151.30m。

水轮机安装高程：176.40m。

水轮机层高程：186.60m。

发电机层高程：193.00m。

桥机轨顶高程：211.50m。

屋面高程：226.00m。

尾水平台高程：223.00m。

厂房进水口顶部高程：227.50m。

2. 机组段尺寸

标准机组段（1号～3号机）长34.70m，4号机为边机组段，长度为38.00m。厂房机组段结构布置详见图7.1-1。

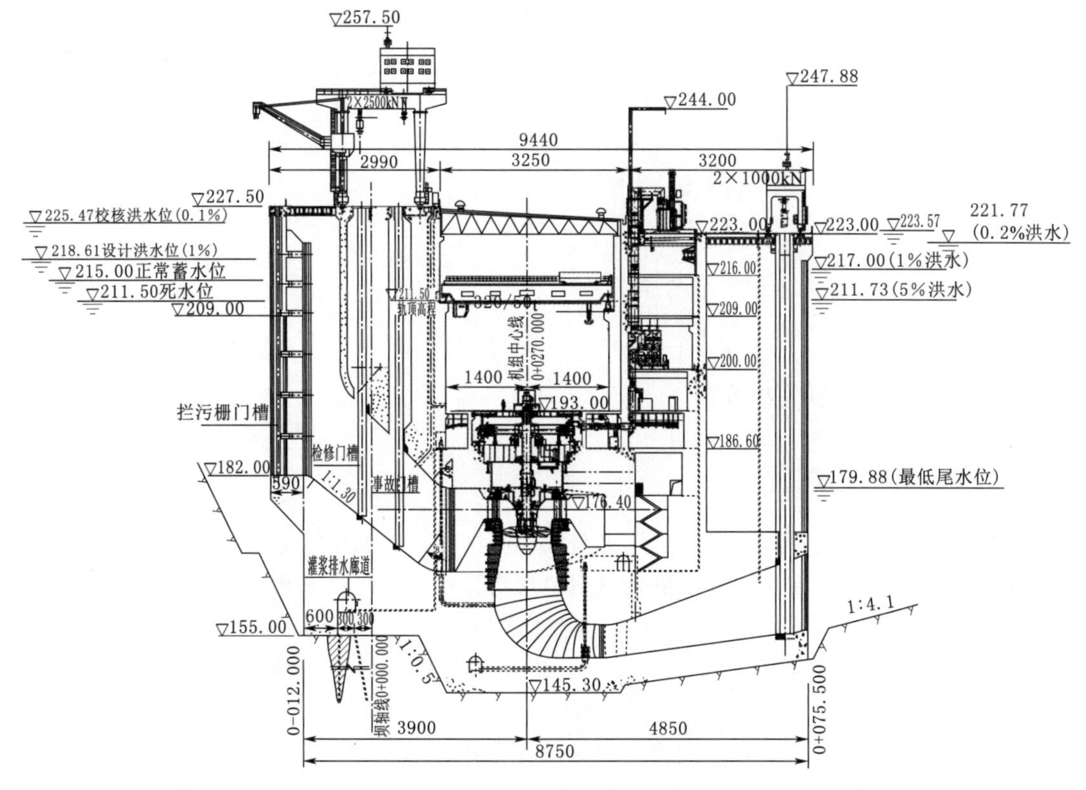


图7.1-1　厂房机组段横剖面图

机组段宽度（顺水流向尺寸）由进水口段、主机室段、尾水段三部分组成，进水口段顶部宽度为29.90m，下部宽度为25.00m。主机室段宽度桥机轨顶以上为32.50m，以下为31.50m。尾水段宽度：顶部尾水平台为32.00m，下部为31.00m。机组段整个宽度：水下为87.50m，水上为94.40m。

机组段最低建基面高程145.30m，最大高度为82.20m。

3. 安装场尺寸

安装场宽度和机组段相同，水下宽87.50m，顶部宽度91.50m，比机组段减小了拦污栅部分宽度2.90m。安装场总长55.00m，分安Ⅰ段和安Ⅱ段，其中安Ⅰ段长23.00m，安Ⅱ段长32.00m。厂房安Ⅱ段、安Ⅰ段结构布置分别详见图7.1-2、图7.1-3。

安装场段顺流向也分为进水口段、主机室段、尾水段。除进水口段顶部宽度比机组段少2.90m外，其他各段宽度与机组段相同。

安装场主机室段分两层：下层楼面高程和水轮机层同高，为186.60m；上层楼面高程和发电机层同高，为193.00m。

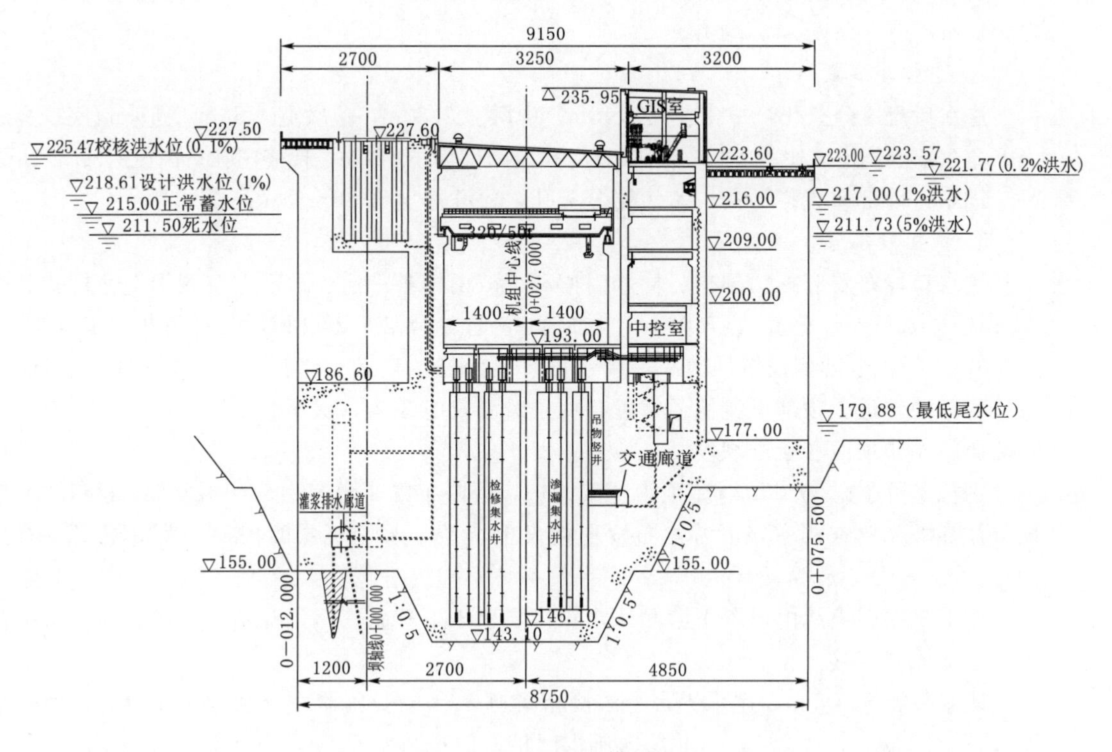


图 7.1-2 安Ⅱ段横剖面图

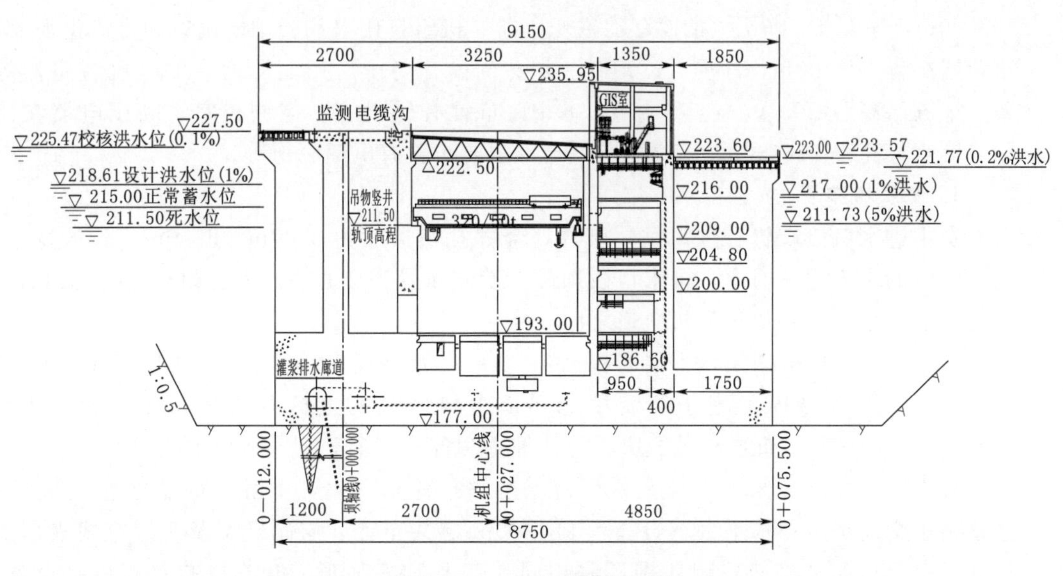


图 7.1-3 安Ⅰ段横剖面图

安Ⅰ段最低建基面高程169.00m，最大高度为58.50m。安Ⅱ段最低建基面高程143.10m，最大高度为84.40m。

4. 进水口布置

进水口流道分三孔，每孔净宽6.46m，中墩宽2.80m，边墩宽4.86m。进水口底坎高程为182.00m。流道坡比为1∶1.3，事故门孔口高度为16.21m，检修门孔口高度为17.72m。

进水口前部布置拦污栅，拦污栅分7孔，每孔净宽3.80m，净高27.00m。

5. 机组段布置

进水口段布置有拦污栅槽、检修门槽和事故门槽各一道。顶部上游侧为交通桥，其中人行道宽1.50m，公路宽7.00m，下游侧布置1台2×2500kN双向门机，其轨距为13.50m。门机上游侧设置回转吊，用于进口拦污栅的启闭、清污抓斗的操作以及坝面上零星物品的转运。顶部下游侧还布置有一条监测及电缆沟，贯穿整个厂房进水口顶部，左右端通向左非坝段和泄洪坝段。

主机室段净宽30.00m，屋顶为网架结构，厂内布置2台320/50t+320/50t桥机。上游侧布置有蜗壳放空阀室，下游侧布置连接发电机层、水轮机层的楼梯。发电机层设有吊物孔。

发电机主引出线由风罩下游侧从水轮机层引入下游副厂房，穿副厂房各层与尾水平台上的主变压器相接。

尾水段宽31.00m，尾水平台上游侧布置有2台主变压器，分别位于1号、3号机组段，下游侧布置一台2×630kN单向尾水门机，门机轨距5.5m。中间为交通道路。

尾水平台下布置为副厂房，副厂房共有6层，自下而上，第一层高程178.60m，净宽8.00m，布置有主变压器事故油池，通往交通廊道、蜗壳进人廊道及基坑进人廊道的楼梯。第二层高程186.60m，净宽9.50m，主要布置有技术供水设备。第三层高程193.00m，净宽10.00m，布置有励磁变压器、机组自用电和公用电设备和直流电源室等。第四层高程200.00m，净宽11.00m，主要布置有高压厂用变压器、发电机短路器等设备。第五层高程209.00m，净宽11.00m，布置有风机室、空调机室、高压电器实验室等。第六层高程216.00m，净宽11.50m，主要布置有电缆廊道等。

6. 安装场布置

安Ⅰ进水口段布置有进厂吊物竖井，竖井孔口尺寸为8.00m×6.50m（长×宽），为电站厂房的主要运输通道。进水口段顶部上游侧布置为交通桥，下游侧布置门机和监测电缆沟。进厂吊物竖井位于门机轨道之间。

安Ⅰ主机室段分两层，上层高程193.00m，为设备转运场地，布置有轨道式平台车。同时也是机组安装时的定子组装场地和机组检修时的上机架放置场地。下层高程为185.60～186.60m，布置有风机房、油处理室和油库，油处理室下设事故油池。

安Ⅰ尾水段高程223.00m尾水平台上游侧布置GIS室，下游侧布置交通道路。左侧连接尾水交通桥。尾水平台下自高程186.00m起共布置5层副厂房及1层电缆夹层。各层副厂房高程和宽度与机组段副厂房相同。其中，高程186.60m层布置有机修设备室、污水处理室；高程193.00m层布置有计算机室、起吊工具平衡梁室及卫生间；高程200.00m层布置有低压电器实验室、通信室、电源室等。电缆夹层高程为204.80m。

安Ⅱ进水口段布置有检修门库和拦污栅库。顶部上游侧布置为交通桥，下游侧布置门机和监测电缆沟。门库位于门机轨道之间。

安Ⅱ主机室段分两层，各层楼面高程和安Ⅰ段相同。高程193.00m层为机组安装和检修的主要场地，检修时放置转子、转轮、顶盖和下机架等。高程186.60m层布置有中、低压空压机室、排水泵房。安Ⅱ右侧高程186.00m以下设有渗漏集水井和检修集水井。

安Ⅱ尾水段尾水平台上左侧布置GIS室，右侧布置1号楼梯及电梯房，下游侧布置交通道路。尾水平台下布置有5层副厂房，各层高程和宽度与安Ⅰ段副厂房相同，其中高程193.00m层布置有中控室，高程200.00m层布置有仪表维修间、交换室等。

### 7.1.3 厂房廊道与厂内交通布置

厂房高程186.00m水轮机层以下设置有3条平行于坝轴线的纵向廊道，顺流向依次为灌浆排水廊道、厂房检修排水廊道、交通廊道。

灌浆排水廊道位于进水口段底板中，贯穿整个厂房，左右端通向大坝。断面尺寸3.00m×3.50m（长×宽），底板高程在机组段最低为159.00m，位于4号机右侧，在安Ⅰ段左侧高程为180.04m，安Ⅱ段设斜坡廊道连接。廊道纵坡0.5%，自左岸向右岸降低。

检修排水廊道位于尾水管肘管段上游侧，底板高程149.10m，断面尺寸2.00m×2.50m，廊道贯穿1号～4号机组段，左段连通安Ⅱ段下部的检修集水井。廊道两端各设有一处安全通道，左端是位于检修集水井的5号楼梯，通向集水井顶部水轮机层，出口设密封门。右端是位于4号机右侧的安全通道，直通尾水平台。

交通廊道位于尾水管肘管段顶板，底高程166.00m，断面尺寸2.00m×2.50m，贯穿1号～4号机组段，在安Ⅱ段右侧转向上游，通到渗漏集水井，交通廊道兼作厂房渗漏排水通道，副厂房各层渗漏水通过排水沟、排水管汇集到交通廊道，排入渗漏集水井。廊道内在各机组段均设有尾水管放空阀室、锥管进人廊道和尾水管进人孔，在安Ⅱ段设吊物竖井通向高程193.00m层，作为设备垂直运输通道。廊道经各机组段的4号楼梯可上至高程178.60m层副厂房。

厂内交通布置为水平交通纵横连接，垂直交通上下贯通，水平和垂直交通相连，以满足电站运行、操作、检修、设备运输、安全消防等要求。平面交通除高程164.00m交通廊道外，厂房主机室段水轮机层、发电机层以及副厂房各层均全厂贯通，主机室段和副厂房同高程层设门洞连通。垂直交通人员上下设有楼梯或电梯，设备上下运输设有吊物孔或吊物竖井。各机组段主机室下游侧设3号楼梯连接发电机层和水轮机层，安Ⅱ段和4号机组段副厂房设1号、2号楼梯和电梯一部，2号机组段副厂房设置7号楼梯，连接副厂房各层通到尾水平台，构成厂房对外的竖向交通通道，以满足厂房消防和正常交通要求。同时，根据具体需要，在厂房不同部位设置了吊物孔或吊物竖井。

### 7.1.4 厂房对外交通

银盘水电站下游洪水位较高，经方案比较，为不增加厂房高度，选择了垂直进厂方式。厂房在安Ⅰ段坝顶上布置有进厂吊物竖井，尾水平台上布置有3部楼梯和2部电梯。

大件设备进厂经上坝公路运输到安Ⅰ段坝顶后，利用电站进水口门机起吊，通过进厂吊物竖井下至高程193.00m，然后利用平台车水平运输到安Ⅰ段发电机层，再利用厂内桥机起吊运输。

人员及尺寸较小、重量较轻的设备进厂可通过尾水平台上的两部电梯至副厂房各层及主厂房。尾水平台通过尾水交通桥连接左岸319国道。

主变压器直接运输到尾水平台。

### 7.1.5 尾水渠布置

尾水渠分为反坡段和平直段。左侧高右侧低，由河床地形地质条件确定。反坡段自尾水管出口高程155.94m至高程177.00m（165.00m），底坡为1∶4（1∶9.5），总宽142.10m，长86.40m。平直段渠底高程右侧165.00m，左侧177.00m，宽约126.0m，最大长度约410.0m。整个尾水渠最大长度约490.00m。为减少尾水渠边坡开挖及支护工程量，平直段轴线相对反坡段轴线向右岸偏转约38°。

尾水渠反坡段及其下游20m长平坡段设有60cm厚钢筋混凝土护坦。

尾水渠左侧为尾水边坡，最大坡高约为110m。边坡高程227.00m处布置公路，通过交通桥连接安Ⅰ段尾水平台。

## 7.2 厂房稳定及地基应力分析

厂房基岩主要为$O_1d^{1-1}$、$O_1d^{1-2}$、$O_1d^{1-3}$、$O_1d^2$岩层，属Ⅱ、Ⅳ类岩体。基岩分布有Ⅰ类剪切带1302、1305、1306、1311、1312、1313，$Ⅱ_1$类剪切带1301、1304、1307、1308、1310、2002、2003、2007、2008、2010。地质分析表明，厂房抗滑稳定主要是沿建基面滑动和沿Ⅰ类剪切带的深层滑动，剪切带走向355°～15°，倾向265°～285°，倾角35°～50°，向下游视倾角22°，构成深层滑动的上滑面，下游基岩不形成连续的下游剪出结构面，下游滑出面以剪断岩体考虑，剪断面位置采用试算方法找出抗力最小的滑面，深层稳定计算模型见图7.2-1，计算时，不考虑岩体侧面阻滑力。

稳定分析中，岩体容重取26.5kN/m³，混凝土与岩体抗剪强度$f'=0.75$，$c'=0.45$MPa，Ⅰ类剪切带$f=0.18$，下游岩体$f'=0.75$，$c'=0.45$MPa。

$O_1d^{1-1}$、$O_1d^{1-3}$页岩允许承载力为2～3MPa，$O_1d^{1-2}$、$O_1d^2$灰岩允许承载力为4～5MPa。

稳定应力分析中，分别取机组段和安装场段作为独立的计算单元进行分析。深层稳定计算时，由于安装场段下游山体很高，不会发生下游岩体剪断破坏，因此深层稳定计算只分析机组段。

计算工况及荷载组合见表7.2-1。对于机组检修工况，计算分析了低尾水位和高尾水位2种情况，低尾水位为183.68m，对应流量为1907m³/s，为3台机组额定出力时的下泄流量；高尾水位为203.00m，对应3年一遇洪水下泄量12700m³/s。若考虑白马梯级回水影响，对应流量1907m³/s时的尾水位为186.35m，对应流量12700m³/s时的尾水位为203.45m。由于白马梯级回水对银盘水电站高尾水位影响很小，故对厂房设计没有影响。

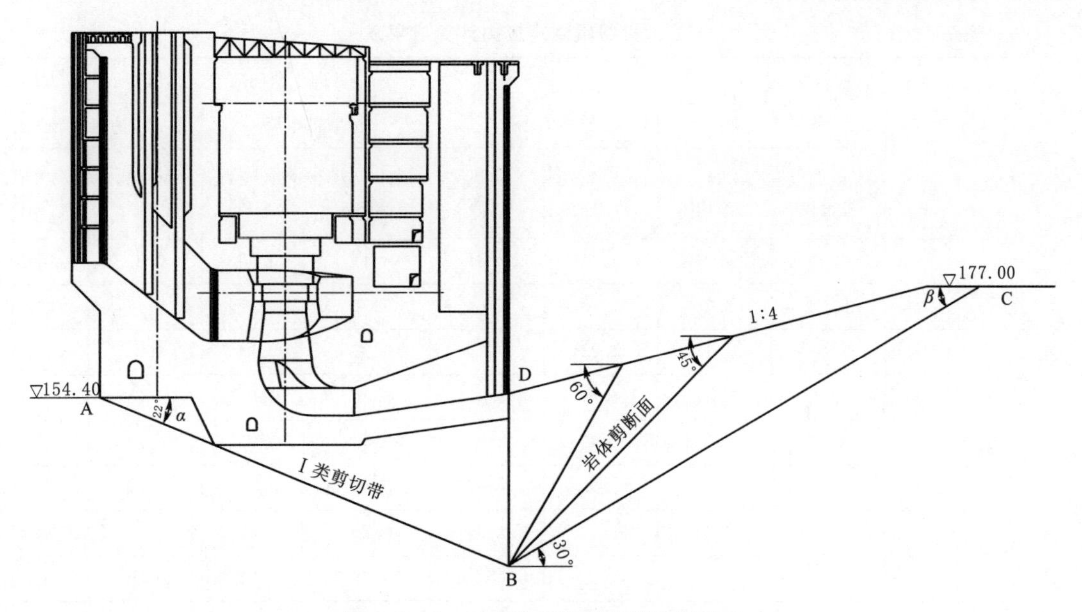


图 7.2-1 厂房深层抗滑稳定计算模型

稳定及应力计算成果见表 7.2-2～表 7.2-4。

**表 7.2-1　　计算工况及荷载组合**

| 荷载组合 | 计算工况 | | 上、下游水位（上游水位/下游水位） | 荷载类型 | | | | | | |
|---|---|---|---|---|---|---|---|---|---|---|
| | | | | 结构自重 | 永久设备自重 | 水重 | 静水压力 | 扬压力 | 泥沙压力 | 浪压力 |
| 基本组合 | 正常运行 | 1 | 上游正常蓄水位，下游最低尾水位（215.00m/179.88m） | √ | √ | √ | √ | √ | √ | √ |
| | | 2 | 上游设计洪水位，下游相应水位（218.61m/217.00m） | √ | √ | √ | √ | √ | √ | √ |
| 特殊组合 | 机组检修 | 1a | 上游正常蓄水位，下游检修尾水位（215.00m/183.68m） | √ | | √ | √ | √ | √ | √ |
| | | 1b | 上游 33.3%洪水位，下游检修尾水位（213.50m/203.00m） | √ | | √ | √ | √ | √ | √ |
| | 机组未安装 | 2 | 上游正常蓄水位，下游最低尾水位（215.00m/179.88m） | √ | | √ | √ | √ | √ | √ |
| | | 3 | 上游设计洪水位，下游相应水位（218.61m/217.00m） | √ | | √ | √ | √ | √ | √ |
| | 非常运行 | 4 | 上游校核洪水位，下游相应水位（225.47m/223.57m） | √ | √ | √ | √ | √ | √ | √ |
| | 完建未挡水 | 5 | | √ | √ | | | | | |

表 7.2-2　　机组段稳定应力计算成果表

| 工况 | | 沿建基面抗滑稳定安全系数 $K'$ | | 抗浮稳定安全系数 $K_f$ | | 地基面上法向应力（正值表示压应力） | | | |
|---|---|---|---|---|---|---|---|---|---|
| | | | | | | 标准机组段 | | 边机组段 | |
| | | 标准机组段 | 边机组段 | 标准机组段 | 边机组段 | 最小应力/MPa | 最大应力/MPa | 最小应力/MPa | 最大应力/MPa |
| 基本组合 | 1 | 3.99 | 4.26 | 2.61 | 2.81 | 0.41 | 0.98 | 0.29 | 1.27 |
| | 2 | 8.14 | 8.80 | 1.55 | 1.66 | 0.33 | 0.51 | 0.17 | 0.82 |
| 特殊组合 | 1a | 3.86 | 4.18 | 2.22 | 2.43 | 0.32 | 0.84 | 0.20 | 1.15 |
| | 1b | 5.25 | 6.67 | 1.70 | 2.09 | 0.36 | 0.52 | 0.36 | 0.86 |
| | 2 | 3.75 | 4.05 | 2.43 | 2.65 | 0.33 | 0.90 | 0.21 | 1.22 |
| | 3 | 7.51 | 8.24 | 1.45 | 1.57 | 0.24 | 0.44 | 0.08 | 0.77 |
| | 4 | 7.31 | 7.91 | 1.45 | 1.54 | 0.29 | 0.45 | 0.14 | 0.76 |
| | 5 | | | | | 0.76 | 1.23 | 0.56 | 1.09 |

表 7.2-3　　安装场段计算成果表

| 工况 | | 沿建基面抗滑稳定安全系数 $K'$ | | 抗浮稳定安全系数 $K_f$ | | 地基面上法向应力（压力为正） | | | |
|---|---|---|---|---|---|---|---|---|---|
| | | 安Ⅰ段 | 安Ⅱ段 | 安Ⅰ段 | 安Ⅱ段 | 安Ⅰ段 | | 安Ⅱ段 | |
| | | | | | | 最小应力/MPa | 最大应力/MPa | 最小应力/MPa | 最大应力/MPa |
| 基本组合 | 1 | 8.35 | 4.15 | 5.17 | 3.90 | 0.47 | 0.66 | 0.53 | 0.75 |
| | 2 | 50.59 | 5.74 | 1.73 | 1.77 | 0.20 | 0.43 | 0.14 | 0.71 |
| 特殊组合 | 4 | 42.95 | 5.04 | 1.53 | 1.61 | 0.16 | 0.36 | 0.09 | 0.66 |
| | 5 | | | | | 0.58 | 0.84 | 0.51 | 1.40 |

表 7.2-4　　机组段深层抗滑稳定安全系数计算成果表

| 工况 | 基本组合 | | 特殊组合 | | | | |
|---|---|---|---|---|---|---|---|
| | 1 | 2 | 1a | 1b | 2 | 3 | 4 |
| $K$ | 1.18 | / | 2.16 | / | 1.39 | / | / |

注　表中“/”表示安全系数较大，不为控制工况。

计算分析表明，在各种工况荷载组合下，主厂房及安装场各段抗滑稳定安全系数及抗浮稳定安全系数均满足相关规范要求的数值。

地基面上最小法向应力机组段为 0.08MPa，安装场段为 0.09MPa，均大于 0，最大法向应力机组段为 1.23MPa，安装场段为 1.40MPa，均小于地基允许承载力。因此，厂房的整体稳定是安全的，地基面法向应力均在允许范围内。

对于厂房稳定，按《混凝土重力坝设计规范》(DL 5108—1999) 中的极限状态法进行了复核，计算公式和各种系数取值与大坝稳定计算相同。计算分析了 2 种工况 3 组荷载组合。

持久状况：基本组合1、2分别对应表7.2-1中正常运行工况1、2，偶然状况对应表7.2-1中非常运行工况4。计算结果见表7.2-5和表7.2-6。

**表7.2-5　机组段沿建基面抗滑稳定安全系数计算成果表（极限状态法）**

| 计算工况 | | 效应 $\gamma_0\psi S(\cdot)$ | 抗力 $R(\cdot)/\gamma$ | 抗力/效应 |
|---|---|---|---|---|
| 持久状况 | 基本组合1 | 742.99 | 1294.92 | 1.74 |
| | 基本组合2 | 299.13 | 1178.80 | 3.94 |
| 偶然状况 | | 268.50 | 846.60 | 3.15 |

**表7.2-6　机组段深层抗滑稳定安全系数计算成果表（极限状态法）**

| 计算工况 | 持久状况 | | 偶然状况 |
|---|---|---|---|
| | 基本组合1 | 基本组合2 | |
| 安全系数（抗力/效应） | 1.13 | 3.57 | 4.11 |

计算结果表明，厂房稳定满足要求。

## 7.3 厂房主要结构设计

### 7.3.1 厂房混凝土强度等级

主厂房、副厂房结构一般部位混凝土强度等级为$C_{28}25$，蜗壳侧墙、顶板、下锥体为$C_{28}30$，蜗壳顶板底层2.10m厚度范围采用$CF_{28}30$钢纤维混凝土，流道表面为50cm厚的$C_{28}30$抗冲耐磨混凝土，预制公路梁、轨道梁采用$C_{28}30$混凝土。

### 7.3.2 厂房挡水结构

#### 7.3.2.1 结构概述

厂房挡水结构指上、下游挡水墩墙。

上游挡水结构包括进水口闸墩、胸墙、隔水墙和上游挡水墙。进水口闸墩中墩厚2.80m，边墩厚4.86m，墩长25.00m。胸墙厚1.20m，隔水墙厚3.20m。上游挡水墙高程211.18m以下厚6.00m，以上厚5.00m。下游挡水结构包括尾水闸墩和下游挡水墙。尾水闸墩中墩厚2.60m，边墩厚4.25m，墩长21.50m。下游挡水墙自下而上厚度为4.50～2.00m不等。

#### 7.3.2.2 结构设计

*1. 结构计算方法*

厂房挡水结构计算采用三维有限元法。取一个机组段结构，包括上、下游挡水结构、水轮机层以下结构、桥机墙柱结构、副厂房各层楼板结构及尾水平台结构，同时包括一定范围的基岩，建立三维有限元模型计算分析。图7.3-1为厂房挡水结构有限元计算模型。

对于上、下游挡水墙，同时采用了结构力学法进行分析，具体是在不同高程处切取单宽结构简化为平面框架计算。

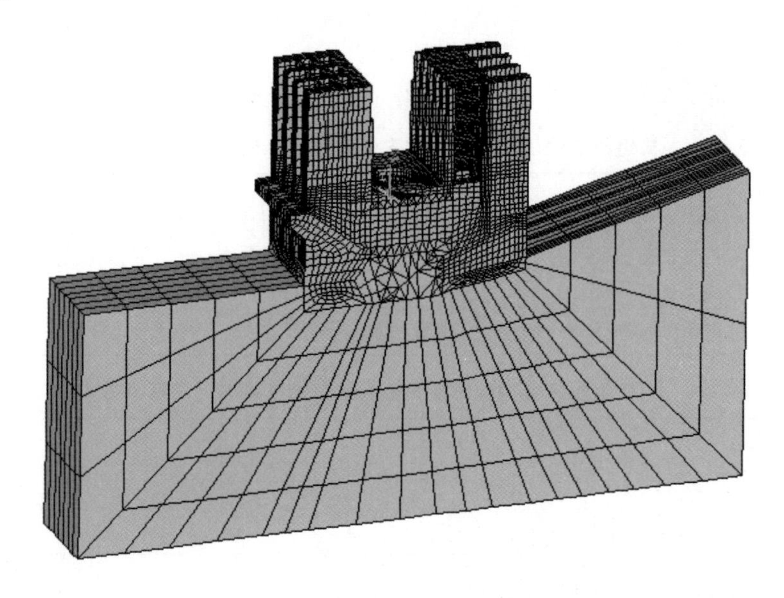

图 7.3-1 厂房挡水结构有限元计算模型

2. 荷载及组合

作用于挡水结构的荷载主要有结构自重，上、下游水压力。

主要计算工况和荷载组合如下。

设计洪水工况：上游水压力（设计洪水位 218.61m）＋下游水压力（相应尾水位 217.00m）＋结构自重

校核洪水工况：上游水压力（校核洪水位 225.47m）＋下游水压力（相应尾水位 223.57m）＋结构自重

3. 计算结果

进水口闸墩、尾水墩竖向应力计算结果见表 7.3-1。

**表 7.3-1　进水口闸墩、尾水墩竖向应力计算结果**

| 部　位 | 工　况 | 最大应力 /MPa | 最小应力 /MPa | 闸墩顶部位移 /mm | 拉应力沿闸墩分布长度 /m |
| --- | --- | --- | --- | --- | --- |
| 进水口中墩 | 设计洪水 | 0.16 | −5.98 | 5.1 | 0.48 |
| | 校核洪水 | 2.28 | −6.78 | 9.0 | 2.83 |
| 进水口边墩 | 设计洪水 | 0.12 | −3.81 | 5.1 | 0.52 |
| | 校核洪水 | 1.96 | −4.97 | 8.9 | 3.10 |
| 尾水中墩 | 设计洪水 | 0.34 | −4.25 | 7.8 | 4.49 |
| | 校核洪水 | 1.44 | −6.19 | 12.8 | 7.96 |
| 尾水边墩 | 设计洪水 | 0.30 | −4.47 | 7.7 | 3.45 |
| | 校核洪水 | 1.31 | −6.63 | 12.7 | 7.41 |

**注**　正值为拉应力，负值为压应力。

上、下游挡水墙沿墙长度方向水平向应力计算结果见表7.3-2。

**表7.3-2　　上、下游挡水墙沿墙长度方向水平向应力计算结果**

| 部　位 | 工　况 | 最大应力/MPa | 最小应力/MPa |
|---|---|---|---|
| 上游挡水墙 | 设计洪水 | 0.32 | -1.20 |
| | 校核洪水 | 0.58 | -1.55 |
| 下游挡水墙 | 设计洪水 | 0.74 | -1.10 |
| | 校核洪水 | 0.97 | -1.49 |

注　正值为拉应力，负值为压应力。

4. 结构配筋

闸墩配筋根据计算所得的竖向拉应力图形，按相关规范中根据应力图形计算配筋的方法，计算闸墩配筋。挡水墙配筋根据切取单宽计算的内力，按相关规范中的公式计算配筋，并用应力图形方法计算配筋对比复核。

墩墙结构均进行裂缝宽度验算，最大裂缝宽度允许值根据相关规范取为0.3mm。当墩墙按承载能力计算的配筋面积不满足最大裂缝宽度要求时，则按限裂计算的钢筋面积配置。

## 7.3.3 预应力钢筋混凝土蜗壳结构

### 7.3.3.1 结构概述

银盘水电站蜗壳为梯形断面混凝土蜗壳，为满足水轮机大流量引水的要求，蜗壳流道尺寸大，进口最大宽度24.98m，侧墙最大高度14.04m，蜗壳包角210°。蜗壳侧墙厚度为4.86m，顶板厚度为6.7m。

蜗壳顶板最大作用水头45.6m，侧墙最大作用水头59.6m（侧墙底部）。作用水头和尺寸在混凝土蜗壳中都属于超大型的。

经技术经济论证（详见7.4节），银盘水电站蜗壳采用预应力钢筋混凝土结构，以满足结构限裂要求。在蜗壳边墙设置了42束2000kN预应力锚索。

### 7.3.3.2 结构设计

1. 结构计算方法

结构分析采用切取单宽断面简化为平面框架法和三维有限单元法。平面框架法是在蜗壳不同位置切去单宽断面，简化为框架结构，按结构力学法计算分析。有限单元法是取一个机组段的整个蜗壳结构，建立三维模型，按线弹性结构计算。图7.3-2为蜗壳结构有限元计算模型。

2. 荷载及组合

作用于蜗壳结构的荷载主要有结构自重、蜗壳内水压力、水击压力、机组缝间水压力、设备重量、温度荷载等。其中，温度荷载根据蜗壳混凝土浇筑完成的月平均气温与电站运行时水温、水轮机层室内温度等确定。

当在冬季浇筑混凝土形成蜗壳整体结构而在夏季运行时，将产生结构均匀温升及温差。其中，蜗壳顶板及下游侧墙的均匀温升是夏季室内气温35℃及夏季水温24.8℃的平

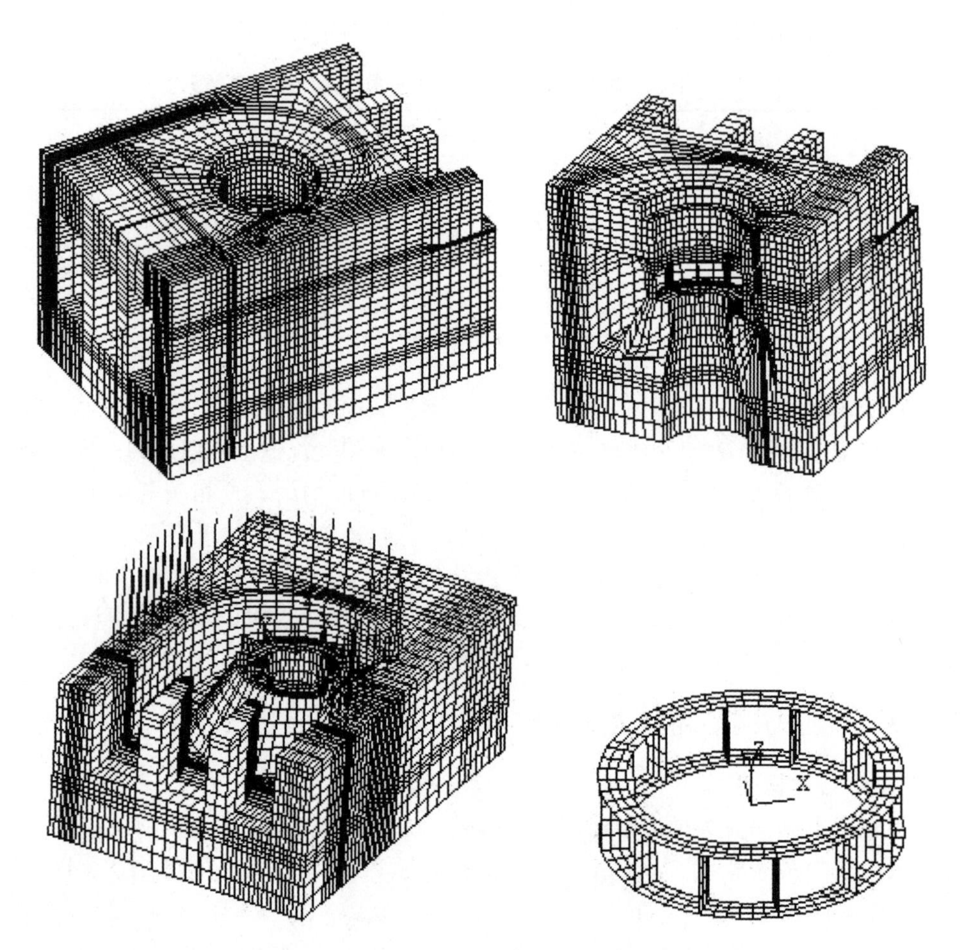


图 7.3-2　蜗壳结构有限元计算模型

均值和冬季混凝土浇筑温度 7.1℃之差，再考虑徐变影响乘以 0.65 求得；温差为室内气温与水温的差值，蜗壳左右侧墙的均匀温升是夏季水温与冬季混凝土浇筑温度之差，乘以 0.65 求得，无温差。

当在夏季浇筑混凝土形成蜗壳整体结构而在冬季运行时，将产生结构均匀温降及温差。其中，蜗壳顶板及下游侧墙的均匀温降是冬季室内气温 10℃及冬季水温 10.8℃的平均值和夏季混凝土浇筑温度 28.4℃之差，再考虑徐变影响乘以 0.65 求得；温差为室内气温与水温的差值，蜗壳左右侧墙的均匀温降是冬季水温与夏季混凝土浇筑温度之差，乘以 0.65 求得，无温差。运行期蜗壳结构温度变化值见表 7.3-3。

**表 7.3-3　　运行期蜗壳结构温度变化值**

| 运行季节 | 部位 | 均匀温升/℃ | 温差/℃ |
| --- | --- | --- | --- |
| 夏季 | 顶板 | 14.82 | 6.63 |
| | 左右侧墙 | 11.51 | 0.00 |
| | 下游侧墙 | 14.82 | 6.63 |

续表

| 运行季节 | 部位 | 均匀温升/℃ | 温差/℃ |
|---|---|---|---|
| 冬季 | 顶板 | −11.7 | −0.52 |
| | 左右侧墙 | −11.44 | 0.00 |
| | 下游侧墙 | −11.7 | −0.52 |

注 1. 均匀温升为正，温降为负。
2. 内外温差以外高内低为正，反之为负。

主要计算工况和荷载组合如下。

正常运行工况：结构自重＋内水压力＋水击压力＋机组缝间水压力＋预应力＋温度荷载（温升、温降）＋设备重量。

机组检修工况：结构自重＋机组缝间水压力（包括高、低尾水位两种情况）＋预应力＋设备重量。

施工期挡水工况：结构自重＋机组缝间水压力＋预应力。

3. 计算结果

平面框架法计算的蜗壳顶板及侧墙内力值见表 7.3－4。控制工况为正常运行工况。

**表 7.3－4　蜗壳结构内力计算结果**

| 结构部位 | 内力位置 | 弯矩/(kN·m) | 轴力/kN | 剪力/kN |
|---|---|---|---|---|
| 蜗壳顶板 | 顶面 | 1960 | −526 | 1837 |
| | 底面 | 11220 | 2893 | |
| 蜗壳侧墙 | 内侧 | 13150 | −2805 | 3706 |
| | 外侧 | 5797 | −2466 | |

注 轴力负值表示压力。

有限元计算结果见图 7.3－3～图 7.3－8。

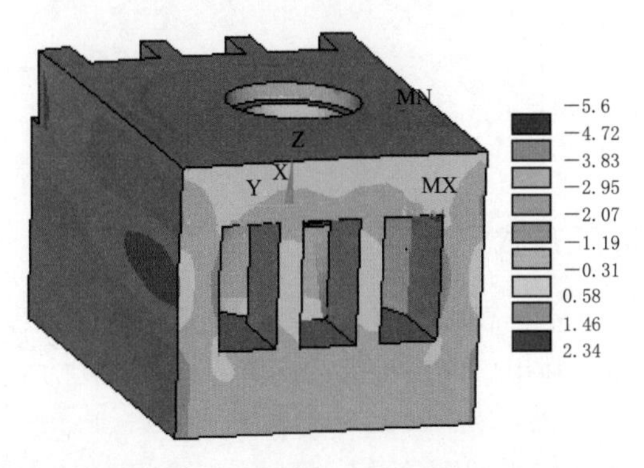


图 7.3－3　正常运行＋温升工况蜗壳竖向应力 $\sigma_z$（单位：MPa）

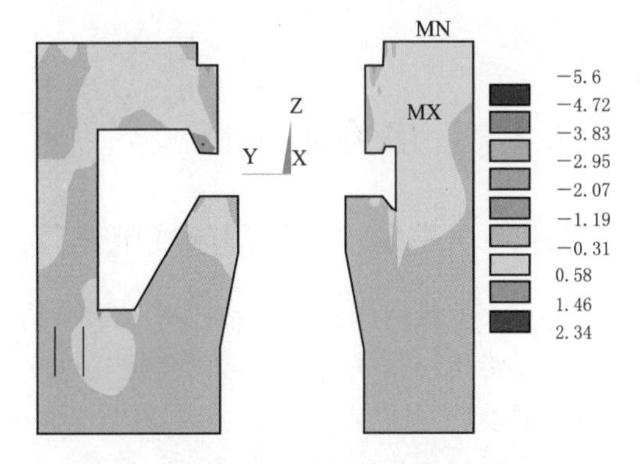


图 7.3－4　正常运行＋温升工况蜗壳0°断面竖向应力 $\sigma_z$（单位：MPa）

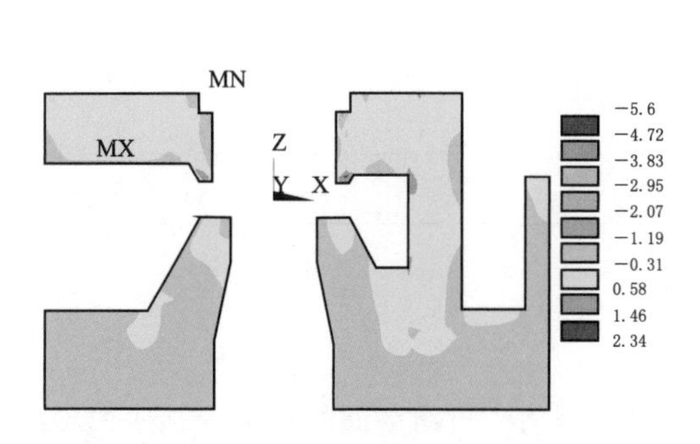


图 7.3-5　正常运行+温升工况蜗壳 90°断面竖向应力 $\sigma_z$（单位：MPa）

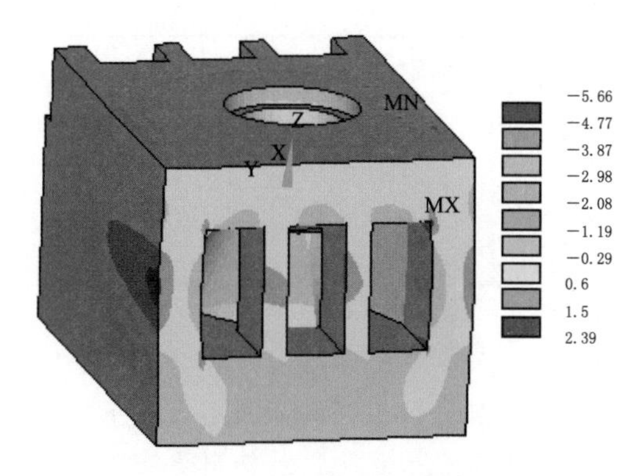


图 7.3-6　正常运行+温降工况蜗壳竖向应力 $\sigma_z$（单位：MPa）

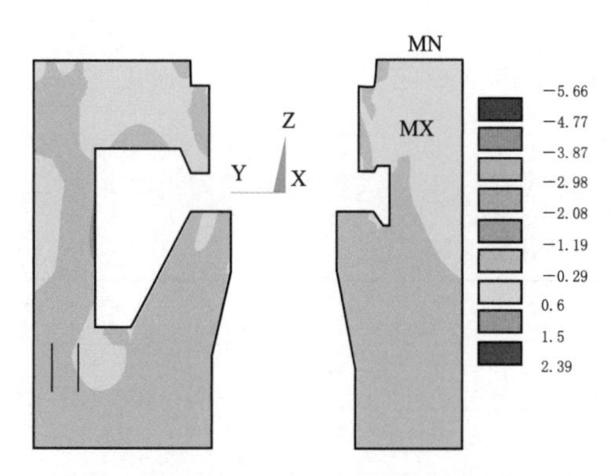


图 7.3-7　正常运行+温降工况蜗壳 0°断面竖向应力 $\sigma_z$（单位：MPa）

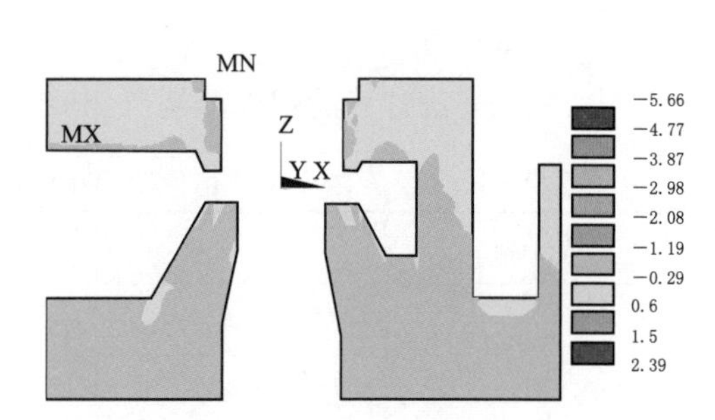


图 7.3-8　正常运行+温降工况蜗壳 90°断面竖向应力 $\sigma_z$（单位：MPa）

4. 结构配筋

蜗壳结构配筋综合了结构力学法和有限元法的计算结果。顶板、侧墙均进行裂缝宽度验算和限裂设计，最大裂缝宽度允许值为 0.25mm。顶板及侧墙钢筋配置面积均由限裂控制。

## 7.4　厂房关键技术

### 7.4.1　高尾水位下河床式电站厂房进厂方式

大多数河床式水电站厂房（如葛洲坝、万安、高坝洲等水电站）安装场地面高程和进厂公路高程相同，车辆可以直接驶进安装场，利用厂内桥机进行卸货。这种进厂方式称为水平进厂方式。

银盘水电站尾水位较高，以 0.2%洪水标准设计的尾水平台和进厂公路高程为 223.00m，若要车辆直接驶进安装场，利用厂内桥机卸货，则需将安Ⅰ段地面高程提高到 223.00m，桥机轨顶高程提高到 239.00m，整个厂房需加高 22.00m，显然是不经济的。

若不增加厂房高度而要车辆直接驶进安装场，厂内桥机卸货，则安Ⅰ段地面和进厂公路高程不能高于202.00m，银盘水电站3年一遇洪水对应的尾水位为203.00m，因此，遇到3年一遇的洪水，进厂公路就被淹没，安Ⅰ段进厂大门也需要用闸门封堵防洪。若提高进厂公路防洪标准，如提高至10年一遇洪水，对应的尾水位为209.10m，安Ⅰ段地面和进厂公路高程确定为210.00m，桥机轨顶高程为226.00m，相应厂房加高9m。由于左岸对外公路高程为227.00m，连接安装场的进厂公路长约210m，布置于尾水渠边坡上，设置该公路需增加尾水渠边坡开挖石方约15万$m^3$。厂房加高9m增加混凝土8200$m^3$，钢筋984t，安Ⅰ段需设置尺寸不小于6m×7m的封堵闸门。增加投资约1900万元。由于银盘水电站主变压器、GIS等电器设备布置在高程223.00m的尾水平台上，通往尾水平台的交通道路也是必需的，不能因设置了进入安装场的进厂公路而缺省。

水电站厂房的大件设备进厂，主要集中在电站施工期机组安装期间，电站完建后，很少有大件设备的进出。考虑到银盘水电站高尾水位的特点，为节约投资，同时避免在高尾水位下封堵门漏水危及电站安全运行，银盘水电站不设置直接进入安装场的进厂公路，对外交通道路只到尾水平台和坝顶，然后通过吊物竖井、电梯、楼梯井等竖向交通通道进厂，这种进厂方式称为垂直进厂方式。

具体是厂房在安Ⅰ段上游侧布置进厂吊物竖井，自高程227.50m通到高程193.00m，大件设备运输到坝顶后，利用电站进水口门机起吊，通过进厂吊物竖井运至高程193.00m，然后利用平台车等设备水平运输到安Ⅰ内，再利用桥机起吊运输。主变压器则直接运输到尾水平台。尺寸较小、重量较轻的设备也可通过尾水平台上的两部电梯运输到副厂房各层及主厂房。施工期尽可能利用施工机械起吊机电设备。

银盘水电站施工过程中及建成运行多年后，证明采用垂直进厂方式是合理的。因此，对于高尾水位河床式水电站厂房，垂直进厂方式往往是经济合理的。

### 7.4.2 大尺寸高内水压力混凝土蜗壳结构设计

河床式水电站水轮机具有发电水头小、引用流量大的特点，为满足大流量要求，常采用矩形断面的混凝土蜗壳。但在蜗壳作用水头大于40m时，混凝土蜗壳的限裂和防渗漏成为蜗壳结构设计的关键技术问题，为达到限裂或防渗漏的要求，结构配筋量大幅增加，而且蜗壳内壁需要增加防渗层。根据国内已建的水电站统计资料显示，最大水头在30m以上的钢筋混凝土蜗壳大都采用了防渗措施，参见表7.4-1。

表7.4-1 国内已建水电站厂房钢筋混凝土蜗壳统计资料

| 电站名称 | 厂房型式 | 单机容量/万kW | 净水头/m | 最大水头(含水锤)/m | 侧墙尺寸/m | | 顶板尺寸/m | | 蜗壳防渗措施 |
|---|---|---|---|---|---|---|---|---|---|
| | | | | | 厚度 | 高度 | 厚度 | 跨度 | |
| 葛洲坝 | 河床式 | 17.5 | 27 | 30 | 4.5 | 15.85 | 4.5 | 31.2 | |
| 高坝洲 | 河床式 | 8.4 | 44.1 | 48.1 | 3.8 | 10 | 5.55 | 16.4 | 预应力结构 |

续表

| 电站名称 | 厂房型式 | 单机容量/万 kW | 净水头/m | 最大水头（含水锤）/m | 侧墙尺寸/m | | 顶板尺寸/m | | 蜗壳防渗措施 |
|---|---|---|---|---|---|---|---|---|---|
| | | | | | 厚度 | 高度 | 厚度 | 跨度 | |
| 回龙山 | 地下式 | 3.5 | 29.5 | 35 | 2.45 | | 1.5 | | 内表面涂环氧沥青树脂 |
| 长潮 | 地下式 | 3.6 | 34.4 | 45.2 | 1.16 | | 1.139 | | 内表面部分衬钢板 |
| 太平哨 | 岸边式 | 4.025 | 38.1 | 51 | 2.58 | | 3.53 | | 顶板和边墙钢板衬砌 |
| 大化 | 河床式 | 10 | 39 | | 4.5 | | 5 | | 顶板和边墙钢板衬砌 |
| 盐锅峡 | 坝后式 | 4.4 | 39.5 | | 2.53 | | 2.7 | | 顶板和边墙钢板衬砌 |
| 双牌 | 坝后式 | 1.35 | 43 | 60 | 2.37 | | 2.2 | | 钢板衬砌 |
| 柘林 | 坝后式 | 4.5 | 45 | 57 | | | | | 内表面涂环氧树脂 |
| 石泉 | 坝后式 | 4.5 | 47.5 | 67.5 | 2.83 | | 3.53 | | 钢板衬砌 |
| 合面狮 | 坝后式 | 1.7 | 36.3 | 66.5 | 1.55 | | 1 | | 钢板衬砌 |

《水电站厂房设计规范》（NB/T 35011—2013）中规定：当水头在 40m 以上时宜采用金属蜗壳，若采用钢筋混凝土蜗壳，应进行技术经济论证。钢筋混凝土蜗壳设计不能满足规定的限裂要求时。蜗壳内壁应增设防渗层（金属或非金属）。《水电站厂房设计规范》（SL 266—2014）中规定：当最大水头大于 40m 时宜采用金属蜗壳，若采用钢筋混凝土蜗壳，则应进行技术经济论证。

银盘水电站蜗壳为梯形断面混凝土蜗壳，蜗壳流道尺寸大，进口最大宽度 24.98m，侧墙最大高度 14.04m，蜗壳包角 210°。蜗壳侧墙厚度为 4.86m，顶板厚度为 6.7m。蜗壳顶板最大作用水头 45.6m，侧墙最大作用水头 59.6m（侧墙底部）。作用水头和尺寸在混凝土蜗壳中都属于超大型的。

经计算分析，银盘水电站蜗壳若采用普通钢筋混凝土结构，为满足限裂要求，侧墙单宽配筋高达 60 根 $\phi$36 钢筋，钢筋配置过密，混凝土浇筑困难，施工质量难以保证。解决配筋过密的方案有两个：一是蜗壳内壁增设钢衬防渗，将混凝土结构允许的最大裂缝宽度由 0.25mm 放宽到 0.3mm，减少结构配筋；二是采用预应力结构，减小裂缝宽度。

若采用钢板衬砌，钢板安装施工需占约 3 个月的直线工期，无法满足银盘工程总工期要求。

采用预应力方案，可在蜗壳侧墙混凝土浇筑时预埋锚索孔道，在浇筑至水轮机层后，穿索张拉，不占用直线工期。故银盘水电站采用预应力混凝土蜗壳。具体是沿蜗壳周边布置了 41 束竖向预应力锚索，锚索为 2000kN 级，见图 7.4－1。蜗壳顶板底层 2.10m 厚度范围采用钢纤维混凝土，提高混凝土抗拉强度。

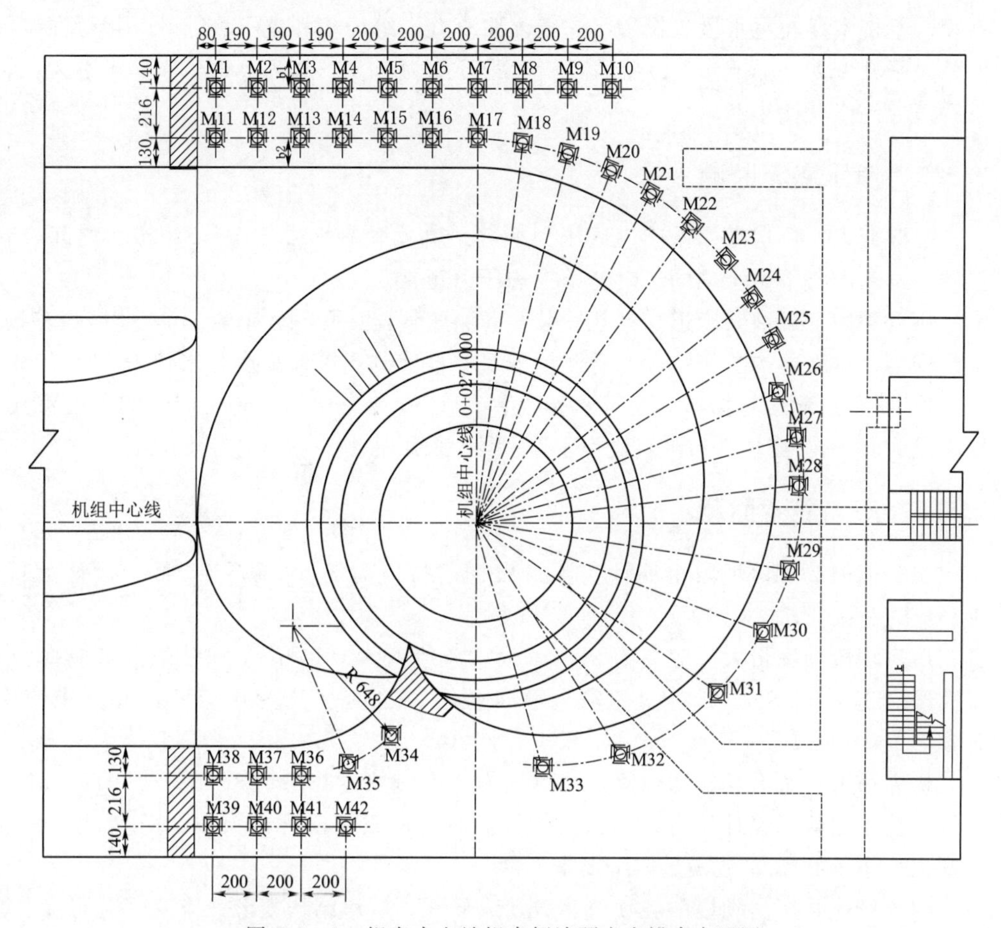


图 7.4-1 银盘水电站蜗壳侧墙预应力锚索布置图

## 7.5 电站运行情况

### 7.5.1 变形监测

自 2014 年 9 月至 2015 年 7 月观测期内，厂房基础廊道最大水平位移在－0.58～0.73mm 之间；厂房坝顶最大水平位移在－2.19～0.90mm 之间。厂房引张线观测时间相对较短，观测值未见异状况。

厂房坝基垂直位移在－1.05～0.34mm 之间，变形很小，且主要为抬升。坝顶垂直位移在－5.92～6.30mm 之间，坝顶垂直位移受气温影响相对变形较大，气温上升，垂直位移表现为抬升，反之则表现为沉降位移。厂房垂直位移变形状况正常。

厂房坝段基岩变形很小，且均为压缩变形，厂房自重荷载是厂房基岩产生压缩变形的主要因素。截至 2015 年 7 月 15 日，基岩最大压缩变形 4 号机组段坝踵为－1.76mm，坝趾为－1.58mm；安Ⅱ坝段坝踵为－0.57mm，坝趾为－0.48mm。厂房坝段基岩变形状况正常。

为加快浇筑进度，在厂房机组段水轮机层以下结构设置 2 条横缝，即进水口段与主机室段、主机室段与尾水段各设置了一条灌浆直缝，缝内均埋置了测缝计，接缝灌浆前，缝面最大张开度为0.98mm，灌浆后，缝面张开度为0.32～0.73mm，且变化不大，说明灌浆后横缝的张开度小。

### 7.5.2　渗压渗流监测

观测期内，厂房坝段基础渗透压力换算最高水位在182.65～194.26m之间，建基面渗透水位基本与下游水位同步。基础渗透压力正常。

厂房坝段基础灌浆廊道内钻孔安装8套测压管，钻孔深入基岩1m，监测坝基扬压力、灌浆帷幕及排水幕的工作情况。观测期内，帷幕前测压管最高换算水位为212.80m（4号机组）；帷幕后测压管扬压力换算水位高程在159.30～187.18m之间。测压管渗压系数：安Ⅰ段为0.05，安Ⅱ段和机组段小于0，设计采用的为0.25，故满足设计要求。

### 7.5.3　应力应变监测

观测期内，厂房坝段钢筋计实测最大钢筋拉应力为43.5MPa，低于设计运行应力；钢筋应力状况正常。

厂房坝段坝踵最大拉应变为56$\mu\varepsilon$，最大压应变为－149$\mu\varepsilon$，坝趾最大拉应变为68$\mu\varepsilon$，最大压应变为－58$\mu\varepsilon$。4号机组段肘管部位混凝土应变均为压应变，混凝土应变状况正常。

蜗壳边墙设置有预应力锚索，观测期内，实测锚索拉力为1835.4～2019.7kN，大部分锚索拉力略低于设计拉力，蜗壳结构计算时，锚索预应力损失按20%考虑，实测预应力损失均小于20%，故满足安全要求。

综上所述，厂房坝段的各项监测数据无异常，厂房结构变形、应变、钢筋应力、锚索预应力数值均在合理范围，无影响安全的不利变化。

# 第8章 通航建筑物

## 8.1 通航建筑物选型及布置

### 8.1.1 通航建筑物型式选择

根据交通运输部、水利部、国家经贸委以交水发〔1998〕659号文联合批复的全国内河Ⅰ～Ⅳ级航道技术等级，乌江银盘水电站河段的航道等级为Ⅳ级航道，最大船型主尺度为55.0m×10.8m×2.4m（总长×型宽×设计吃水），设计载重量为650t。通航建筑物的有效尺寸需满足通过500t级单艘货船过闸要求。根据枢纽布置、电站水头、通航要求，研究比选了船闸和升船机两类方案。

船闸有效尺寸为120.0m×12.0m×（3.0～4.0）m（长×宽×槛上最小水深，下同），一次过闸平均时间为49.06min，日平均过闸次数为26.91次，单向年通过能力为263万t。船闸载货吨位若按最大载货吨位650t计算，其单向年通过能力更大。

垂直升船机最大提升高度36.50m，采用钢丝绳卷扬平衡重式垂直升船机。结构由上闸首、升船机主体段和下闸首组成一整体，总长124.3m，承船厢有效水域尺度为75.0m×11.4m×3.0m（长×宽×水深，下同）。升船机平均过闸时间为26.5min，日平均过闸次数为49.81次，设计水平年单向通过能力为240万t。

银盘通航建筑物设计水平年采用2030年，设计水平年的货运量为309万t，其中上行为122万t，下行为187万t。有效尺寸为120.0m×12.0m×（3.0～4.0）m的船闸和有效尺寸为75.0m×11.3m×3.0m的垂直升船机的通过能力均能满足设计水平年单向货运量的要求。

在不计入机电设备费用的情况下，垂直升船机方案的工程投资比单线单级船闸方案多7543.8万元，因此，推荐采用船闸方案。

### 8.1.2 船闸总体布置

银盘通航建筑物采用500t级单级船闸，布置在右岸，由上游引航道、主体段（上闸首、闸室、下闸首和输水系统）及下游引航道组成，线路总长1401.6m。上闸首作为大坝挡水建筑物的一部分，左侧为10号泄洪孔，右侧为右非1号坝段。

船闸尺度按一闸次通过 2 艘 500t 级船舶进行设计，最大船型主尺度为 55.0m×10.8m×2.4m（总长×型宽×设计吃水），设计载重量 650t，通航净空 8.0m。设计水平年采用 2030 年，设计水平年的货运量为 309 万 t，其中上行为 122 万 t，下行为 187 万 t。

船闸上游最高通航水位为 215.00m，最低通航水位为 211.50m；下游最高通航水位为 192.04m，相应最大通航流量为 $5500m^3/s$；下游最低通航水位为 179.88m，相应最低通航流量为 $345m^3/s$。最大工作水头为 35.12m。

#### 8.1.2.1　上游引航道

上游引航道底高程 176.5m，长 421.9m，采用直线进闸、曲线出闸的方式。沿船闸轴线由下往上依次为 160.6m 的直线段，半径为 165.0m、圆心角为 31.71°的圆弧段，最后接 170.0m 的直线段与主河道衔接。

引航道右侧设导航墙，左侧设辅导航墙。停靠段分两处布设：一处位于引航道右侧距上闸首上游面 123.5m 处；另一处位于引航道右侧距上闸首上游面 308.5m 处。

1. 导航墙和辅导航墙

上闸首右侧上游设置导航墙，作为进闸船只导航和单向运行时下行船只停泊等待过闸之用，导航墙共设 4 跨，迎水面与引航道中心线平行；左侧上游设置长 30m 的辅导墙，辅导墙设 2 跨。导航墙及辅导航墙均采用墩板式结构，墩中心距为 15.0m。

导航墙及辅导航墙墩基础平面尺寸为 10.0m×7.0m（横水流向×顺水流向），厚 3.0m，基础底面高程 173.50m，墩柱断面尺寸为 3.5m×3.0m（横水流向×顺水流向）；墩间板厚 1.0m，板高 6.5m，顶部悬挑 1.5m；墩板顶高程 216.50m。在每个支墩迎水面高程 213.00～216.50m 范围内每隔 1.75m 设一固定式系船柱，每个支墩各设 3 个固定式系船柱。上、下游侧高程 210.00m 处设置牛腿用于支撑墩板，牛腿高 0.7～1.4m，宽 1.0m，长 0.7m。

2. 靠船墩

上闸首上游 123.5m 处向上游方向布置 3 个靠船墩，墩中心距为 15.0m。墩基础为贴坡衬砌式结构，衬砌厚度为 3.5m，顺水流向厚度为 5.0m，墩基础底高程 175.50m，顶高程分别为 202.00m、193.50m、192.50m（顺水流向）。墩柱截面尺寸为 3.0m×3.0m，墩顶高程 216.50m。墩基础范围内边坡高程 177.00～201.00m 布置锚桩，间距 2.0m×1.5m，锚桩伸入墩基础结构内 1m。

上闸首上游面 308.5m 处另布置靠船墩 3 个，墩中心距为 20.0m，采用贴坡衬砌式结构，建基面高程 205.50m，墩顶高程 216.50m。墩柱界面尺寸为 3.0m×3.0m。

靠船墩迎水面在高程 213.20～216.50m 范围内每隔 1.65m 设一固定式系船柱，每个支墩各设 3 个固定式系船柱。

#### 8.1.2.2　船闸主体段

船闸主体段长 181.0m，由上闸首、闸室、下闸首及输水系统组成。闸室有效尺寸为 120.0m×12.0m×4.0m（长×宽×槛上最小水深），最大工作水头为 35.12m。上闸首采用整体式结构，下闸首、闸室均采用分离式结构。

1. 上闸首

上闸首作为大坝挡水建筑物的一部分，总长 36.0m，由一条键槽缝分为上、下游块。上游块长 17.0m，顶高程 227.5m；下游块长 19.0m，顶高程 218.0m。结构基础总宽

49.0m，其中左边墩宽 22.0m，右边墩宽 15.0m。底板顶高程上游为 207.5m，下游为 174.8m，建基面高程 155.9～171.5m。上闸首底板距坝轴线 7.5m 处设有断面尺寸为 3.0m×3.5m（宽×高）门洞型帷幕灌浆排水廊道，与相邻坝段廊道相接。两侧边墩内设有充水廊道及充水阀门的上检修阀门井。

上闸首结构基础宽 49.0m、长 36.0m。根据结构特征和稳定、应力计算成果，选定在距闸面上游面 17.0m 处设置一道垂直流向键槽缝，在底板中间设置顺流向上部宽 1.5m、高 8.0m 的临时施工宽槽，宽槽下部为键槽缝，将上闸首分为 4 块浇筑，待 4 块闸墙浇筑到设计高程且混凝土温度达到设计的稳定温度后，再进行键槽缝灌浆和宽槽回填。

闸首距上游面 11.6m 处设有事故检修门，由桥式启闭机操作，启闭机排架设在闸首顶部和右侧右非 1 号坝段上，共两跨，柱距均为 23.5m，柱断面尺寸为 2.5m×2.5m。

2. 闸室

闸室为分离式结构，结构长 115.0m。左闸墙采用重力式，右闸墙采用半衬砌式。闸室底板顶面高程 174.8m，航槽宽 12.0m。

闸室结构沿长度方向分为 6 块，分别长 15.0m、18.5m、20.0m、18.0m、19.0m、24.5m。垂直水流向分左、右两结构块，左结构块由左闸墙和 11.5m 宽底板组成，右结构块由右闸墙和 0.5m 宽底板组成。

左结构块建基面底宽 33.5m。左闸墙墙顶高程 218.00m，顶宽 8.0m，墙背坡比为 1∶0.55，采用重力式结构。

右结构块建基面底宽 15.1m，闸墙墙顶高程 218.00m，顶宽 8.0m，采用半衬砌式结构，衬砌高度为 23.0m。在高程 175.00m 以下，衬砌坡比为 1∶0.3；高程 175.00～184.50m，衬砌坡比为 1∶0.5。衬砌以上墙背坡比为 1∶0.55。

两侧闸墙内各布置有尺寸为 2.2m×3.3m（宽×高）的输水主廊道，廊道底部高程为 167.40m。底板顶高程 174.80m，厚 13.3m，底板内布置有尺寸为 3.6m×2.9m（宽×高）的输水支廊道，廊道底部高程为 167.40m。两侧边墙共布置 6 对浮式系船柱。在闸室段左右边墙的第 1、2 结构块内，分别设有充水阀门井及其下检修阀门井；第 6 结构块内设有泄水阀门的上检修阀门井。

3. 下闸首

下闸首采用分离式结构型式，左闸墙采用重力式，右闸墙采用半衬砌式。下闸首结构尺寸主要由布置和结构稳定验算确定。下闸首工作门为一字门，根据布置要求，闸首纵向长度定为 30.0m，闸墙顶高程为 218.00m，建基面高程为 155.9m。根据结构稳定计算成果，左闸墙顶宽 22.0m、底宽 28.0m；右闸墙顶宽 22.0m、底宽 21.7m。墙背自建基面起以 1∶0.3 边坡衬砌于岩体上至 190.00 高程。底板顶高程为 174.80～175.80m，底板宽 10.0m，航槽宽 12.0m。

左、右边墩布置有输水系统的泄水反弧门阀门井，工作阀门井的上、下游均布置检修阀门井，阀门由设在闸墙顶的液压启闭机操作。为满足船闸检修和反弧门的检修要求，每个阀门井附近设有水泵井。

#### 8.1.2.3 下游引航道

下游引航道采用曲线进闸、直线出闸，长 798.7m，沿船闸轴线由上往下依次为

370.0m 的直线段，半径 165.0m、圆心角为 48.75°的圆弧段，最后接 285.0m 的直线段与主河道衔接。

引航道左侧设有长度为 256.65m 的导航隔流墙，其上设置 14 列固定式系船柱，末端接引航道口门区。引航道右侧设有 15.5m 长的重力式辅导航墙及 6 个靠船墩。航道底高程在导航隔流墙范围内为 175.50m，导航隔流墙范围外为 176.20m。

1. 导航隔流墙

下游导航隔流墙总长 256.65m，按结构型式分为 3 段：上游段 42.3m 为船闸泄水段，采用重力式结构；下游段 138.4m 为桩台式结构；中间段为墩板式结构。

墩板式结构共 5 跨，中心距 15m，共有 5 个支墩和 5 跨隔水板。支墩基础平面尺寸为 7.0m×14.0m（顺流向×垂直流向），厚 3.0m，建基面高程为 172.50m，墩柱断面尺寸均为 3.0m×3.0m。隔流板厚 1.1m，板底高程为 172.50m，板高 18.5m。墩柱及墩间板顶高程为 194.00m。

桩台式结构共分 9 块，单块顺水向长度为 13.8～18.6m，横水向宽 12m。下部采用钢筋混凝土钻孔灌注桩，桩径 2.5m，桩顶高程 180.00m；上部为连续墙结构，墙厚 1m，墙顶高程 194.00m。下部桩基分两排布置，航道侧单排桩采用长短桩间隔布置，间距 2.3m，长桩作为承力桩，短桩起封闭导航墙两侧水流作用；河道侧单排桩间距 4.6m，与航道侧长桩同为承力桩。

重力式结构下游第 2 块、墩板式结构墩、桩台式结构连续墙间距 15m 共设置 14 排固定式系船柱，每排 8 个固定式系船柱，高程 181.75～194.00m。

2. 辅导航墙

下游辅导航墙布置在下闸首右侧下游，以 1∶3.5 向右拓宽至下游航道右底边线。

下游辅导航墙墙前后无水位差，墙后不填土，承受的荷载仅有船舶撞击力，为重力式结构。辅导航墙长 15.5m，建基面高程为 159.20m，墙顶高程为 194.00m，基础底宽由船闸输水系统布置定为 7.7～12.5m，背坡比为 1∶0.4。经计算，基底应力满足相关规范要求。

3. 靠船墩

下游引航道靠船墩布置在下游辅导航墙以下 135m 处航道右侧，共 6 个墩，每 3 个墩一组，分为两组，分别位于排水箱涵上下游，两组间距 33m，组中墩中心距为 15.0m。

靠船墩高程 180.00m 以下为钢筋混凝土灌注桩结构，桩径 2.5m；高程 180.00m 以上为 2.5m×2.5m 现浇混凝土墩柱，墩顶高程 194.00m。靠船墩迎水面在高程 181.75～194.00m 范围内每隔 1.75m 设一固定式系船柱，每个墩各设 8 个固定式系船柱。

### 8.1.3　通航水流条件

#### 8.1.3.1　试验工况

通过 1∶100 整体物理模型试验，对通航水流条件进行研究。由于枢纽泄洪时，上游航道内通航水流条件主要受大泄量控制，因此对上游航道进行了库水位 211.5m 和 215.0m、枢纽下泄量 5500$m^3/s$、电站 3 台机组过流（过流量 1700$m^3/s$）时，中右区 6 孔控泄、左中区 8 孔控泄和左中右区 10 孔控泄的通航水流条件试验。

对下游引航道口门区，在库水位 215.0m 时，进行了电站 1～4 台机组过流而泄洪孔不泄流，以及在最小通航流量 $345m^3/s$ 至最大通航流量 $5500m^3/s$ 时电站不同机组台数过流与不同泄洪孔开启泄洪组合的通航水流条件试验。还进行了电站机组不过流而由泄洪孔非均匀控泄的特殊工况下的通航水流条件试验。

对下游引航道连接河段，进行了库水位 215.0m、最大通航流量 $5500m^3/s$ 时中右区 6 孔控泄、左中区 8 孔控泄和左中右区 10 孔控泄的通航水流条件试验。

#### 8.1.3.2 观测范围

上游航道通航水流条件在围堰外观测范围为：纵向围堰堰头以外航线方向长 120m、宽 110m 的范围，其中进闸航迹线以右宽 6.0m，以左宽 104.0m。围堰内观测范围为：上游辅导航墙上游端以外航线方向长 250m、宽 60m 的范围。

下游口门区的观测范围为：下游引航道口门区长度为船闸下游导航隔流墙下游端以外引航道中心线方向长 120m、宽 57.9m 的范围。

下游航道连接段观测范围为：下游引航道口门区外圆弧段以后沿航线长 360m、宽 57.9m 的范围。

#### 8.1.3.3 通航水流控制标准

1. 上游航道

根据《船闸总体设计规范》(JTJ 305—2001) 中口门区水面最大流速限值、制动段和停泊段水面最大流速限值，以及《船闸输水系统设计规范》(JTJ 306—2001) 中上游引航道的流速限值，结合银盘船闸上游航道的等级和布置条件，确定上游航道通航水流条件控制标准，见表 8.1-1。

表 8.1-1 上游航道通航水流条件控制标准

| 部位 | 平行航线的纵向流速/(m/s) | 垂直航线的横向流速/(m/s) | 回流流速/(m/s) |
|---|---|---|---|
| 围堰外 | ≤2.0 | ≤0.3 | ≤0.4 |
| 堰压段 | ≤1.0 | ≤0.3 | |
| 围堰内 | ≤0.5 | ≤0.15 | |

2. 下游引航道口门区

根据《船闸总体设计规范》(JTJ 305—2001)，引航道口门区平行航线的纵向流速小于等于 2.0m/s，垂直航线的横向流速小于等于 0.3m/s，回流流速小于等于 0.4m/s。

#### 8.1.3.4 通航水流条件试验成果

1. 上游航道

在上游通航水位 215m 条件下，试验各工况的水流条件都能满足通航要求。

银盘水电站死水位 211.5m，也是上游最低通航水位，电站运行时出现死水位 211.5m 为极端条件，出现概率较低，该水位条件下的较不利工况为“中、右区 6 孔控泄，电站 3 台机组过流 $1700m^3/s$，总泄量 $5500m^3/s$”，也基本能满足通航要求。上游通航水位 215m 条件下，试验其他各工况的水流条件都能满足通航要求。

2. 下游引航道口门区

由于口门区下游紧接圆弧段，枢纽下泄水流在此形成回流，使口门区处于回流区，并随着枢纽下泄量增加，回流强度也随之增强。总体上口门区右区回流强度强于左区（以船闸轴线的下延线为界，下同）。最大通航流量以内各流量级下机组发电时试验分析结论见表 8.1-2。最大通航流量以内各流量级下机组不发电的特殊工况时试验分析结论见表 8.1-3。

表 8.1-2 正常蓄水位 215m 水库调度下游引航道口门区通航条件分析结论表

| 下泄流量 Q/（$m^3/s$） | 水位/m | | 泄水闸开启孔数/孔 | | | 下泄量 /（$m^3/s$） | 电站运行条件 | | 分析结论 | 备注 |
|---|---|---|---|---|---|---|---|---|---|---|
| | 上游 | 下游 | 左区 | 中区 | 右区 | | 机组台数 /台 | 发电流量 /（$m^3/s$） | | |
| 550 | 215.00 | 180.1 | 0 | 0 | 0 | 0 | 1 | 550 | 满足规范要求 | |
| 1100 | 215.00 | 181.27 | 0 | 0 | 0 | 0 | 2 | 1100 | 满足规范要求 | |
| 1700 | 215.00 | 182.27 | 0 | 0 | 0 | 0 | 3 | 1700 | 满足规范要求 | |
| 2200 | 215.00 | 183.59 | 0 | 0 | 0 | 0 | 4 | 2200 | 满足规范要求 | |
| 345 | 215.00 | 179.81 | 0 | 0 | 2 | 345 | 0 | 0 | 不满足规范要求 | 左区满足 |
| 345 | 215.00 | 179.81 | 0 | 2 | 0 | 345 | 0 | 0 | 满足规范要求 | |
| 500 | 215.00 | 179.99 | 0 | 0 | 2 | 500 | 0 | 0 | 不满足规范要求 | |
| 500 | 215.00 | 179.99 | 0 | 2 | 0 | 500 | 0 | 0 | 基本满足规范要求 | 仅口门处左区中部1个点 $V_{横}=0.41m/s$ |
| 500 | 215.00 | 179.99 | 0 | 4 | 0 | 500 | 0 | 0 | 满足规范要求 | |
| 1000 | 215.00 | 181.06 | 0 | 2 | 0 | 1000 | 0 | 0 | 基本满足规范要求 | 左区满足 |
| 1000 | 215.00 | 181.06 | 0 | 4 | 0 | 1000 | 0 | 0 | 基本满足规范要求 | 左区满足 |
| 1000 | 215.00 | 181.06 | 0 | 4 | 2 | 1000 | 0 | 0 | 基本满足规范要求 | 左区满足 |
| 1000 | 215.00 | 181.06 | 0 | 0 | 2 | 450 | 1 | 550 | 不满足规范要求 | 左区满足 |
| 1000 | 215.00 | 181.06 | 0 | 4 | 0 | 450 | 1 | 550 | 基本满足规范要求 | 左区满足 |
| 2000 | 215.00 | 183.17 | 0 | 4 | 0 | 2000 | 0 | 0 | 不满足规范要求 | |
| 2000 | 215.00 | 183.17 | 0 | 4 | 2 | 2000 | 0 | 0 | 不满足规范要求 | |
| 2000 | 215.00 | 183.17 | 4 | 4 | 0 | 2000 | 0 | 0 | 基本满足规范要求 | 仅口门处左区中部1个点 $V_{横}=-0.42m/s$ |
| 2000 | 215.00 | 183.17 | 0 | 4 | 0 | 1450 | 1 | 550 | 不满足规范要求 | |

续表

| 下泄流量 $Q$/（m$^3$/s） | 水位/m | | 泄水闸开启孔数/孔 | | | 下泄量 /（m$^3$/s） | 电站运行条件 | | 分析结论 | 备　注 |
|---|---|---|---|---|---|---|---|---|---|---|
| | 上游 | 下游 | 左区 | 中区 | 右区 | | 机组台数/台 | 发电流量 /（m$^3$/s） | | |
| 2000 | 215.00 | 183.17 | 0 | 4 | 2 | 1450 | 1 | 550 | 不满足规范要求 | 口门区左边 $V_{横}$=0.48m/s，左区勉强满足 |
| 2000 | 215.00 | 183.17 | 0 | 0 | 2 | 300 | 3 | 1700 | 满足规范要求 | |
| 2000 | 215.00 | 183.17 | 0 | 2 | 0 | 300 | 3 | 1700 | 满足规范要求 | |
| 2500 | 215.00 | 184.21 | 0 | 0 | 2 | 800 | 3 | 1700 | 不满足规范要求 | 左区满足 |
| 3000 | 215.00 | 185.12 | 0 | 4 | 0 | 3000 | 0 | 0 | 不满足规范要求 | |
| 3000 | 215.00 | 185.12 | 0 | 4 | 2 | 3000 | 0 | 0 | 不满足规范要求 | |
| 3000 | 215.00 | 185.12 | 4 | 4 | 0 | 3000 | 0 | 0 | 不满足规范要求 | |
| 3000 | 215.00 | 185.12 | 4 | 4 | 2 | 3000 | 0 | 0 | 基本满足规范要求 | 左区满足，右区基本满足 |
| 3000 | 215.00 | 185.12 | 0 | 4 | 0 | 2450 | 1 | 550 | 不满足规范要求 | |
| 3000 | 215.00 | 185.12 | 0 | 4 | 2 | 2450 | 1 | 550 | 不满足规范要求 | 左区满足 |
| 3000 | 215.00 | 185.12 | 4 | 4 | 0 | 2450 | 1 | 550 | 基本满足规范要求 | 仅口门处左边 $V_{横}$=0.41m/s |
| 3000 | 215.00 | 185.12 | 0 | 0 | 2 | 1300 | 3 | 1700 | 不满足规范要求 | |
| 3000 | 215.00 | 185.12 | 0 | 2 | 0 | 1300 | 3 | 1700 | 基本满足规范要求 | 左区满足 |
| 3000 | 215.00 | 185.12 | 0 | 4 | 0 | 1300 | 3 | 1700 | 不满足规范要求 | |
| 3000 | 215.00 | 185.12 | 2 | 2 | 0 | 1300 | 3 | 1700 | 满足规范要求 | |
| 4000 | 215.00 | 187.24 | 4 | 4 | 0 | 4000 | 0 | 0 | 不满足规范要求 | |
| 4000 | 215.00 | 187.24 | 4 | 4 | 2 | 4000 | 0 | 0 | 不满足规范要求 | 口门处左边 $V_{横}$=0.47m/s，左区勉强满足 |
| 4000 | 215.00 | 187.24 | 0 | 4 | 2 | 3450 | 1 | 550 | 不满足规范要求 | |

续表

| 下泄流量 $Q/(m^3/s)$ | 水位/m | | 泄水闸开启孔数/孔 | | | 下泄量 $/(m^3/s)$ | 电站运行条件 | | 分析结论 | 备注 |
|---|---|---|---|---|---|---|---|---|---|---|
| | 上游 | 下游 | 左区 | 中区 | 右区 | | 机组台数/台 | 发电流量 $/(m^3/s)$ | | |
| 4000 | 215.00 | 187.24 | 4 | 4 | 0 | 3450 | 1 | 550 | 不满足规范要求 | 口门处左边 $V_{横}=0.51m/s$，左区勉强满足 |
| 4000 | 215.00 | 187.24 | 0 | 2 | 0 | 2300 | 3 | 1700 | 不满足规范要求 | |
| 4000 | 215.00 | 187.24 | 0 | 4 | 0 | 2300 | 3 | 1700 | 不满足规范要求 | |
| 4000 | 215.00 | 187.24 | 0 | 4 | 2 | 2300 | 3 | 1700 | 基本满足规范要求 | 左区满足 |
| 4000 | 215.00 | 187.24 | 2 | 4 | 0 | 2300 | 3 | 1700 | 基本满足规范要求 | 仅口门外40m右边 $V_{纵}=-0.43m/s$ |
| 5000 | 215.00 | 189.15 | 4 | 4 | 0 | 4450 | 1 | 550 | 不满足规范要求 | |
| 5000 | 215.00 | 189.15 | 4 | 4 | 2 | 4450 | 1 | 550 | 基本满足规范要求 | 左区满足 |
| 5000 | 215.00 | 189.15 | 0 | 4 | 0 | 3300 | 3 | 1700 | 不满足规范要求 | |
| 5000 | 215.00 | 189.15 | 0 | 4 | 2 | 3300 | 3 | 1700 | 不满足规范要求 | 左区满足 |
| 5500 | 215.00 | 190.15 | 4 | 4 | 0 | 4950 | 1 | 550 | 不满足规范要求 | |
| 5500 | 215.00 | 190.15 | 4 | 4 | 2 | 4950 | 1 | 550 | 基本满足规范要求 | 左区满足 |
| 5500 | 215.00 | 190.15 | 0 | 4 | 2 | 3800 | 3 | 1700 | 不满足规范要求 | 左区满足 |
| 5500 | 215.00 | 190.15 | 4 | 4 | 0 | 3800 | 3 | 1700 | 基本满足规范要求 | 仅口门外80m右边 $V_{纵}=-0.42m/s$ |
| 5500 | 215.00 | 190.15 | 4 | 4 | 2 | 3800 | 3 | 1700 | 基本满足规范要求 | 仅口门外40m右边 $V_{纵}=-0.42m/s$ |

表 8.1-3 正常蓄水位 215m 水库调度机组不发电下游引航道口门区通航条件分析结论表

| 运行状态 | 试验工况 | 总流量/(m³/s) | 上游水位/m | 下游水位/m | 表孔开启方式 | 结果评价 |
|---|---|---|---|---|---|---|
| 机组不发电 | 左区、中区、右区 10 孔泄洪孔非均匀控泄 | 3000 | 215 | 185.23 | 左区开高 1.85m、中区开高 1.7m、右区开高 1.5m | 基本满足规范要求 |
| | | 4000 | 215 | 187.24 | 左区开高 2.6m、中区开高 2.1m、右区开高 1.9m | 满足规范要求 |
| | | 5000 | 215 | 189.20 | 左区开高 3.1m、中区开高 2.95m、右区开高 1.7m | 满足规范要求 |
| | | 5500 | 215 | 190.15 | 左区开高 3.5m、中区开高 3.2m、右区开高 1.7m | 基本满足规范要求 |

从试验成果可知，下游口门区为回流区或船闸中心线的下延线以右区域为回流区，总体上，下延线以右区域回流强度强于以左区域。上行船舶在通行下游连接河段后即开始向导航墙侧调整航向，从口门区的左区（靠导航墙侧）进入下游引航道，停靠于导航墙段，下行船舶曲线出闸，经口门区右区进入连接河段。

3. 下游航道连接段通航水流条件试验成果

试验各工况在连接河段测量范围内的流速相当，最大流速不超过 2.4m/s，且总体上航线以左流速略大于航线以右流速，同一工况不同断面上距航线相同距离的测点流速顺流向依次增大。虽然上述各工况中均有 1 号或 2 号断面上的个别点的流向夹角大于 25°的《船闸总体设计规范》(JTJ 305—2001) 允许值，且夹角都偏向右岸，但没有形成斜流带，而与之相应部位的流速均小于 1.0m/s；只有“中、左区 8 孔控泄，电站 3 台机组过流 1700m³/s，总泄量 5500m³/s”工况的 1 号～2 号断面间有指向右岸的弱斜流带，结合流速、流向分析，该弱斜流带不会对航行于此区域的船舶造成较大的不利影响。根据模型试验成果，在电站总下泄量 5500m³/s 时，下游连接河段区域水面比降不超过 1‰，参照现行船舶通过本河段的安全航行控制标准，连接河段的流速远小于该标准，因此船舶可安全通行下游连接河段。

4. 小结

枢纽泄洪时，上游航道内通航水流条件主要受大泄量控制。在库水位 211.5m 和 215.0m、枢纽下泄量 5500m³/s、电站 3 台机组过流（过流量 1700m³/s）条件下，上游航道的通航水流条件满足设计要求。

下游引航道口门区，在库水位 215.0m、最小通航流量 345m³/s 至最大通航流量 5500m³/s 时电站不同机组台数过流与不同泄洪孔开启均匀控泄组合条件下，口门区的通航水流条件满足或基本满足《船闸总体设计规范》(JTJ 305—2001) 要求。

在库水位 215.0m、电站机组不过流的特殊工况下，下泄流量不超过 3000m³/s 时采用泄洪孔均匀控泄，下泄流量在 3000～5500m³/s 时采用 10 孔泄洪孔非均匀控泄的开启方式，口门区的通航水流条件满足或基本满足规范要求。

下游引航道连接河段，其通航水流条件主要受大泄量控制。在库水位 215.0m、最大通航流量 5500$m^3$/s 条件下，最大流速不超过 2.4m/s。船舶可安全通行下游连接河段。

实际运行中，应加强口门区及连接河段的通航水流条件的观测，通过实船试验，确定合适的船舶进、出闸航线，以确保船舶航行安全。

### 8.1.4　通过能力及耗水量

船闸进出闸方式为：上游引航道采用直线进闸、曲线出闸，下游引航道采用曲线进闸、直线出闸的运行方式。

#### 8.1.4.1　通过能力

1. 计算参数

1）设计代表船型：500t 级货船。

2）船闸日工作小时：22h。

3）运量不均衡系数：1.3。

4）船舶装载系数：0.8。

5）日非运货船过闸次数：1 次。

6）充泄水时间：12min。

7）开（关）门时间：上闸首人字门 3min，下闸首一字门 5min。

8）进出闸速度：进闸平均速度，单向 0.8m/s，双向 1.0m/s；出闸平均速度，单向 1.0m/s，双向 1.4m/s。

9）年通航天数：330d。

2. 平均过闸吨位

500t 级货船的船舶载货吨位每艘按 500t 计，每闸次过两艘单船，一闸次过闸吨位为 1000t。

经计算，一次过闸平均时间为 49.06min，日平均过闸次数为 26.91 次，单向年通过能力为 263 万 t。船闸载货吨位若按最大载货吨位 650t 计算，其单向年通过能力更大。

#### 8.1.4.2　耗水量

船闸耗水量系按上游来水量小于电站发电流量、分流量级计算，其耗水量为 18$m^3$/s。

## 8.2　高水头船闸水力学

银盘船闸上游最高通航水位为水电站的正常蓄水位 215.00m，最低通航水位为死水位 211.50m；下游最高通航水位为 192.04m，相应最大通航流量为 5500$m^3$/s；下游最低通航水位为 179.88m，相应最小通航流量为 345$m^3$/s。船闸有效尺度为 120m×12m×3m（长×宽×最小槛上水深），具有单级船闸最大水头达 35.12m、下游通航水位变幅达 12.16m（未考虑下游白马枢纽回水顶托）、输水时间小于 12min、闸室水面平均上升速度达 2.93m/min 等独特的水位条件和较高的水力指标，为国内已建水头最高的单级船闸，给保证船闸输水时闸室内船舶的安全停泊和输水阀门及土建结构的安全运行带来了巨大挑战。

### 8.2.1 输水系统型式选择

船闸输水系统型式由《船闸输水系统设计规范》(JTJ 306—2001)(以下简称《船闸设计规范》)的输水系统类型选择公式计算确定。其计算公式为

$$m=\frac{T}{\sqrt{H}}$$

式中:$T$ 为输水时间,min;$H$ 为水头,m。

船闸设计最大水头为35.12m;设计输水时间为10~12min。船闸输水系统类型判别系数 $m=1.69\sim2.02$。根据《船闸设计规范》,当 $m<2.5$ 时,采用分散式输水系统,按类型判别系数 $m$ 最小值小于1.8,采用第三类全动力平衡式分散输水系统。

船闸输水系统采用闸墙长廊道经闸室中心进口立体分流、闸底纵支廊道、二区段出水、顶部出水孔盖板消能的分散输水系统布置。

### 8.2.2 输水系统布置

输水系统采用闸墙长廊道经闸室中心进口立体分流、闸底支廊道二区段出水的分散输水型式。

进水口设置在上闸首左、右边墙内,每侧进水口由2个尺寸为4.0m×3.3m(宽×高)的孔口组成,进口设拦污栅。

充泄水阀门均采用反弧门,阀门处廊道断面尺寸为2.2m×2.6m(宽×高)。主廊道断面尺寸为2.2m×3.3m(宽×高)。在闸室中部设上、下两层分流孔向闸室上、下游分流,每个分流孔尺寸为3.6m×1.4m(宽×高)。闸室底板上、下游各设1支输水支廊道,断面尺寸为3.6m×2.9m(宽×高)。每支廊道顶部设11个出水孔,孔口尺寸为3.6m×0.2m(长×宽)。出水孔顶部设消能盖板。

右支泄水廊道离开下闸首后左转形成横跨下游引航道的出水廊道段,直接泄水至下游引航道。出水廊道上、下游侧分别设6个和5个侧向出水孔,单孔尺寸为0.5m×1.0m(宽×高),孔周边修圆,采用明沟消能。左支泄水廊道直接泄水入天然河道,出水孔孔口尺寸为(0.7~1.3m)×1.0m(宽×高),共7孔。

船闸输水系统各部分特征尺寸见表8.2-1。

表8.2-1　船闸输水系统各部分特征尺寸汇总

| 序号 | 部　位 | 描　述 | 面积(宽×高)/$m^2$ | 与输水阀门面积比 |
|---|---|---|---|---|
| 1 | 上闸首进水口 | 上闸首边墩上游端采用2个支孔进水口,其顶高程190.80m,底高程187.50m,在水平段末端设置检修门槽,其后由垂向鹅颈管与阀门段廊道连接 | 2×4.0×3.3=26.4 | 4.62 |
| 2 | 充水阀门段廊道 | 阀门处廊道底高程160.90m,最小淹没水深16.38m,阀门后采用突扩廊道体型,突扩腔体尺寸:19.1m×6.38m(长×高),底高程158.9m | 2.2×2.6=5.72 | 1.00 |

续表

| 序号 | 部　　位 | 描　　述 | 面积（宽×高）/m² | 与输水阀门面积比 |
| --- | --- | --- | --- | --- |
| 3 | 充水阀门后主廊道 | 充水突扩腔体后设有检修门槽，主廊道高度为3.3m | 2.2×3.3=7.26 | 1.27 |
| 4 | 分流口 | 主廊道经T形管进行垂直分流，分流口进、出水口断面尺寸相同，分流隔板厚0.5m | 2×3.6×1.4=10.08 | 1.76 |
| 5 | 闸室出水支廊道 | 顶高程170.30m，底高程167.40m，长46.13m，顶部设有出水支孔 | 3.6×2.9=10.44 | 1.83 |
| 6 | 出水支孔 | 两区段、每区段布置11个支孔，每孔3.6m×0.2m、间距4.0m。出水区段长度约为闸室水域长度的56% | 11×3.6×0.2=7.92（长×宽） | 1.38 |
| 7 | 泄水主廊道 | 与充水阀门后主廊道相同 | 2.2×3.3=7.26 | 1.27 |
| 8 | 泄水阀门段廊道 | 尺寸及高程与充水阀门段相同 | 2.2×2.6=5.72 | 1.00 |
| 9 | 泄水阀门后廊道 | 尺寸与充水阀门段相同 | 2.2×3.3=7.26 | 1.27 |
| 10 | 左支泄水廊道 | 左支泄水廊道直接泄水入天然河道，出水孔孔口高度为1.0m，宽度顺流向变化，依次为1.3m孔2个、1.0m孔3个、0.7m孔2个，共7孔 | （1.3×2+1.0×3+0.7×2）×1=7 | 1.224 |
| 11 | 右支泄水廊道 | 右支泄水廊道直接泄水入引航道，出水廊道上、下游侧分别设6个和5个侧向出水孔，孔口尺寸为0.5m×1.0m（宽×高），共11孔。采用明沟消能 | 0.5×1.0×11=5.5 | 0.962 |

### 8.2.3　闸室停泊条件

通过1∶25和1∶20整体物理模型试验，测定输水系统各项水力指标以及过闸船舶在闸室内的停泊条件，最终确定输水系统的布置和阀门开启方式。

1. 船闸进水口及出水口水流条件

船闸进水口水流条件良好，出水口基本保证水流在引航道内的均匀分布，水流条件满足要求。

2. 闸室充泄水水力特征值

充泄水阀门双边开启时间 $t_v$ 为1min时，闸室的充泄水时间均在设计要求的12min以内；$t_v$ 为6min时，闸室充泄水时间均超过12min，考虑到船闸输水系统水力学模型的缩尺影响，原型输水时间可控制在12min内。充、泄水时的惯性超高、超降均超过0.25m，但根据已建工程运行经验，在输水末期通过采取提前关闭输水阀门措施，可将惯性超高、超降值控制在0.25m的设计允许值以内。设计水头闸室输水水力特征值见表8.2-2。

表 8.2-2　设计水头闸室输水水力特征值

| 输水方式 | $t_v$/min | $T$/min | $Q_{max}$/($m^3$/s) | $\bar{v}_{主max}$/(m/s) | $\bar{v}_{分max}$/(m/s) | $d$/m |
|---|---|---|---|---|---|---|
| 充水 | 1 | 10.75 | 204 | 14.05 | 10.12 | 0.42 |
| | 6 | 13.22 | 151 | 10.40 | 7.49 | 0.42 |
| 泄水 | 1 | 12.97 | 159 | 10.95 | 7.89 | 0.26 |
| | 6 | 15.23 | 129 | 8.88 | 6.40 | 0.26 |

注　$t_v$ 为阀门开启时间；$T$ 为闸室输水时间；$Q_{max}$ 为最大流量；$\bar{v}_{主max}$ 为主廊道最大平均流速；$\bar{v}_{分max}$ 为分流口最大平均流速；$d$ 为惯性超高。

最大设计水头时，充水阀门双边开启时间 $t_v$ 分别为 1min 和 6min 时，上游引航道起点处流速分别为 0.82m/s 和 0.61m/s；泄水阀门双边开启时间 $t_v$ 分别为 1min 和 6min 时，下游消能段末端处流速分别为 0.73m/s 和 0.59m/s，均满足规范要求。

双边开启充、泄水流量系数分别为 0.758 和 0.599。单边开启充水流量系数为 0.901，泄水流量系数分别为 0.671（左单边）和 0.677（右单边）。

3. 闸室内停泊条件

船闸充、泄水时，闸室内水流紊动较小，水面平稳升降。双阀运行 $t_v$＝1min、6min 充水，船舶纵向系缆力分别为 21.4kN 和 15.3kN，均小于 25kN 设计值，$t_v$＝1min 时横向系缆力达 20kN，超过 13kN 设计值，但 $t_v$＝6min 时横向系缆力为 9kN，满足设计要求。单阀运行，船舶纵、横向系缆力均满足要求。

## 8.2.4 阀门防空化技术

1. 阀门段廊道体型

根据已建船闸阀门段廊道采用突扩廊道体型的设计运行经验，结合银盘船闸 35.12m 设计水头、过大的下游水位变幅（达 10.7m）和受船闸两侧相邻建筑物衔接限制的特点，阀门段廊道采用“廊道底突扩＋顶渐突扩＋升坎”廊道体型，配合门楣通气、门后廊道顶自然通气以及预留跌坎强迫通气管等措施，解决高水头船闸阀门及阀门段廊道空化问题。

2. 阀门段空化数

在阀门设计最大水头 35.12m、廊道顶初始淹没水深 16.38m 的设计条件下（未采用通气措施），输水阀门后采用“廊道底突扩＋顶渐突扩＋台阶升坎”的廊道体型，当采用双边泄水阀门 6min 开启时，阀门底缘、升坎、跌坎的相对空化数见表 8.2-3。

表 8.2-3　泄水阀门底缘、升坎、跌坎相对空化数（$t_{v双边}$＝6min）

| 阀门开度 $n$ | | 0.2 | 0.3 | 0.4 | 0.5 | 0.6 |
|---|---|---|---|---|---|---|
| 台阶升坎 | 底缘相对空化数 | 0.78 | 0.72 | 0.99 | ＞1.00 | ＞1.00 |
| | 升坎相对空化数 | 0.84 | 0.84 | 1 | ＞1.00 | ＞1.00 |
| | 跌坎相对空化数 | ＞1.00 | ＞1.00 | ＞1.00 | ＞1.00 | ＞1.00 |

由表 8.2-3 可知，所采用的廊道体型在阀门开度大于 0.2 时，阀门底缘最小相对空化数约为 0.72，升坎最小相对空化数约为 0.84，空化均较弱，跌坎相对空化数大于 1.0，

跌坎不发生空化。

在所采用的扩散型门楣通气型式下，当双边泄水阀门 6min 开启时，$n=0.1\sim0.5$ 开度范围内，门楣都能自然通气。门楣通气后，底缘空化基本消除。

当 6min 双边开启泄水阀门时，在阀门开度小于 0.2 时，跌坎偶见空化。借鉴三峡船闸模型试验成果，采用跌坎强迫通气措施，解决银盘船闸突扩段跌坎可能出现的空化问题。减压试验表明，跌坎强迫通气可以充分抑制跌坎空化（即使跌坎通气量极少也可以取得较满意的效果），同时跌坎强迫通气能有效抑制突扩廊道升坎的分离型空化。

减压试验表明，通过采用“廊道底突扩＋顶渐突扩＋台阶升坎”廊道体型、门楣自然通气、廊道顶自然通气（备用）、跌坎强迫通气（备用）等工程措施，可以有效解决水头达 35.12m 的银盘船闸阀门空化难题。门楣自然通气后形成的掺气水流，不仅消除了阀门底缘空化，同时也较好地保护了阀门后廊道上边界，跌坎强迫通气形成的掺气水流对廊道底板起到了很好的保护作用。

鉴于银盘船闸阀门段廊道体型优化后，水流压力及其脉动在正常范围内，而且空化被充分抑制，廊道段无需钢板衬砌，采用高强混凝土防护即可。

## 8.3 半衬砌半整体式船闸结构

船闸主体段由上、下闸首和闸室组成，闸基岩体为 $O_{2+3}$、$O_2w$ 和 $S_1ln$ 层页岩、灰岩，工作水头为 35.12m。

### 8.3.1 上闸首

上闸首作为大坝挡水建筑物的一部分，根据布置要求，上闸首纵向长度为 36.0m，挡水前缘闸顶高程为 227.50m，建基面高程为 176.50m，航槽顶高程为 207.50m，航槽宽 12.0m。考虑到银盘枢纽总体布置的要求，应尽量减小枢纽挡水前缘长度，以减小两侧山体开挖高度及开挖工程量，减少混凝土工程量、支护工程量等。上闸首采用整体式结构，挡水前缘宽 45.0m，比分离式结构挡水前缘窄宽 10.8m。

### 8.3.2 闸室

#### 8.3.2.1 整体式结构

闸室采用整体 U 形槽结构，根据布置要求，闸室长 115.0m，分为 7 个结构段；闸室建基面高程为 161.50m，闸墙顶高程按设计洪水位 217.00m 加安全超高，定为 218.00m；底板顶高程为 174.50m，底板厚 13.0m、宽 12.0m，底板内布置有尺寸为 3.6m×2.9m（宽×高）的输水廊道，廊道底面高程为 166.10m；右闸墙底宽 13.0m，墙背坡比为 1∶0.26，墙后石渣料回填至高程 208.00m，左闸墙底宽 18.0m，墙背坡比为 1∶0.42，墙顶宽 8.0m。

#### 8.3.2.2 半衬砌半整体式闸室结构

1. 结构型式

根据地形地质条件，右闸墙采用半衬砌式，并在右闸墙后回填石渣料，左闸墙采用重力式。在航槽内高水位条件下，两侧闸墙需各自依靠自身结构重量维持稳定。

闸室结构长 115.0m，沿长度方向分为 6 块，分别长 15.0m、18.5m、20.0m、18.0m、19.0m、24.5m。垂直水流向分左、右两个结构块，左结构块由左闸墙和 11.5m 宽底板组成，右结构块由右闸墙和 0.5m 宽底板组成。

左结构块建基面底宽 33.5m。左闸墙墙顶高程为 218.00m，顶宽 8.0m，墙背坡比为 1∶0.55，采用重力式结构。

右结构块建基面底宽 15.1m，闸墙墙顶高程为 218.00m，顶宽 8.0m，采用半衬砌式结构，衬砌高度为 23.0m。在高程 175.00m 以下，衬砌坡比为 1∶0.3；高程 175.00～184.50m，衬砌坡比为 1∶0.5；衬砌以上墙背坡比为 1∶0.55。

两侧闸墙内各布置有尺寸为 2.2m×3.3m（宽×高）的输水主廊道，廊道底部高程为 167.40m。底板顶高程为 174.80m，厚 13.3m，底板内布置有尺寸为 3.6m×2.9m（宽×高）的输水支廊道，廊道底部高程为 167.40m。两侧边墙共布置 6 对浮式系船柱。在闸室段左右边墙的第 1、2 结构块内，分别设有充水阀门井及其下检修阀门井；第 6 结构块内设有泄水阀门的上检修阀门井。

2. 结构计算

（1）计算工况及荷载组合。

1）完建：上、下游无水。

2）运用：上游水位为最高通航水位 215.00m，下游水位为最低通航水位 179.88m，上闸首人字门开启，下闸首一字门关闭。

3）检修：上游水位为 215.00m，下游水位为 187.28m，闸室无水，上游人字门及下游一字门关闭，上下闸首检修门挡水。

各计算工况荷载组合见表 8.3-1。

**表 8.3-1　各计算工况荷载组合**

| 荷载组合 | 计算工况 | 自重 | 闸室内水压力 | 闸室外水压力 | 扬压力 |
|---|---|---|---|---|---|
| 基本组合 | 完建 | √ | | | |
| | 运用 | √ | √ | √ | √ |
| | 检修 | √ | | √ | √ |

（2）计算方法。闸室结构简化为平面问题计算，抗滑稳定采用安全系数法，建基面应力采用材料力学方法，并进行了有限元计算分析。

（3）稳定及基底应力计算。分离式闸室结构典型断面见图 8.3-1。分别选取左、右结构块为计算对象，计算结果见表 8.3-2。右侧坡角为 64.23°，岩层为 $O_3w$ 炭质页岩，$f$=0.6，极限角为 59.03°，小于 64.23°，右闸墙运用工况不存在抗滑稳定问题。

**表 8.3-2　闸室左、右结构块稳定及地基应力计算成果表**

| 计算工况 | 抗滑 $K_c$ | | 抗倾 $K_0$ | | 地基应力/MPa | | | |
|---|---|---|---|---|---|---|---|---|
| | 左块 | 右块 | 左块 | 右块 | 左块外侧 | 左块内侧 | 右块外侧 | 右块内侧 |
| 完建 | | | | | 0.64 | 0.69 | 0.69 | 0.70 |
| 运用 | 1.62 | | 2.54 | 3.05 | 1.06 | −0.07 | 0.72 | 0.31 |

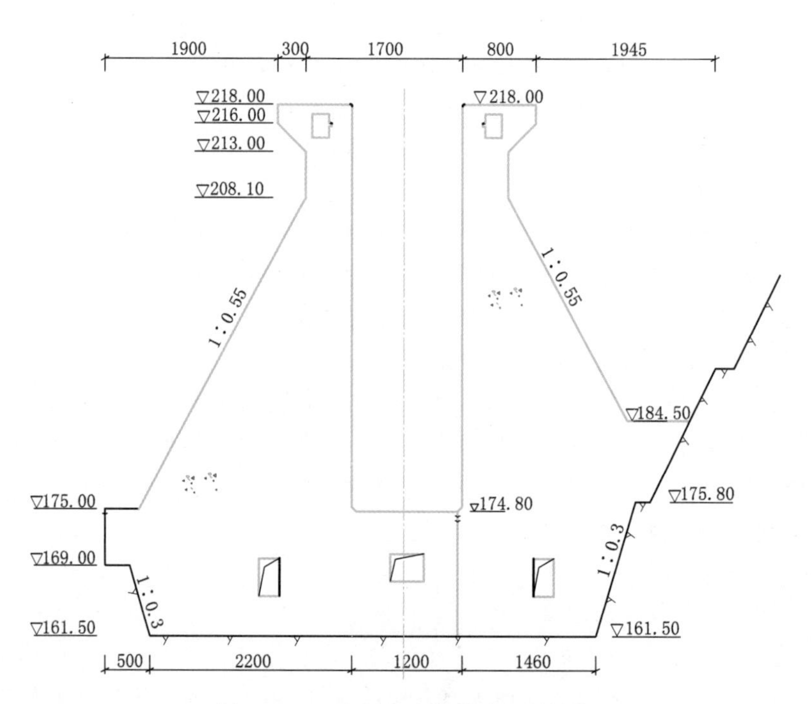


图 8.3-1　半衬砌半整体式闸室结构

计算结果表明，左结构块在正常运用时，靠航槽侧出现局部较小的拉应力。由于材料力学法计算中未考虑左结构块闸墙侧的岩石抗力及结构变形，经有限元计算验证，基底应力满足相关规范要求。

（4）有限元计算分析。有限元计算分析了运行工况和检修工况。

1）计算模型及边界条件。根据闸室的受力特点，沿顺河向取单米宽进行平面计算。计算软件为 ANSYS。混凝土和基岩采用 PLANE42 单元离散。模型中基岩取至 54m 高程，为建基面下 107.5m，横河向基岩取 247.0m 宽。模型节点共计 1363 个，单元共计 1209 个，其中混凝土结构单元计 376 个，混凝土结构节点 484 个。单元网格划分如图 8.3-2 所示。基岩周边及底部取法向约束。坐标轴如图 8.2-2 所示，即横河向垂直面为 $xy$ 平面，$x$ 轴指向右岸；$y$ 轴指向上，原点在底板建基面左侧角点。

2）物理力学参数。有限元模型物理力学参数为：混凝土弹性模量 28GPa，容重 24.5kN/m$^3$，泊松比 0.167，基岩弹性模量 7GPa，泊松比 0.35。

3）计算成果及分析。

a. 变形计算成果。

在检修期工况，闸顶变形为左闸墙向右侧位移 7mm，右闸墙向左侧位移 8mm。建基面分缝处竖向变形最大，缝左向下 7.2mm，缝右向下 7.7mm。变形量较小。

在运行期工况，闸顶变形为左闸墙向左侧位移 8mm，右闸墙向右侧位移 4mm。建基面上左闸墙外侧角点竖向变形最大，向下 7mm。变形量较小。

b. 应力计算成果。

基底反力 $\sigma_y$：无论是运行工况还是检修工况，建基面反力未出现拉应力，最大压应

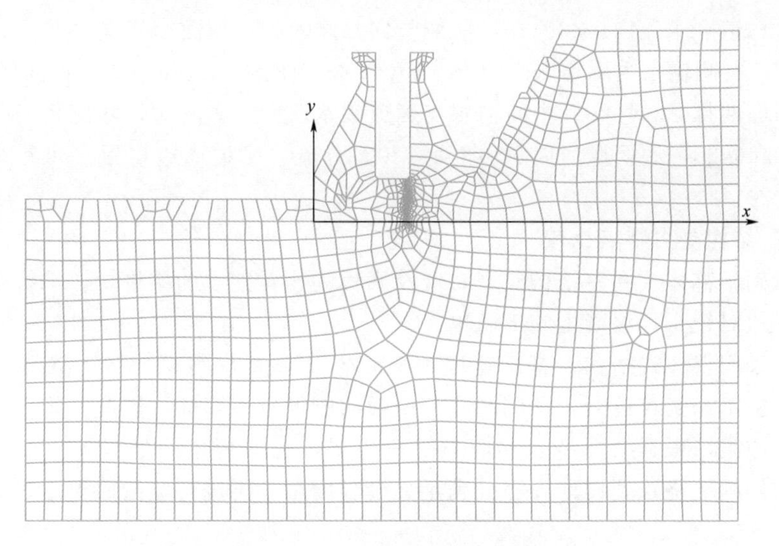


图 8.3-2 闸室结构计算模型

力为 0.77MPa，出现在运行工况左侧角点处。地基应力满足设计要求。

底板 $\sigma_x$：底板顶部最大拉应力为 0.51MPa，出现在运行期工况左侧闸墙内侧倒角处。底板底部最大拉应力为 0.8MPa，出现在运行期工况底板分缝处。

闸墙 $\sigma_y$：闸墙最大拉应力为 0.18MPa，出现在运行期工况左侧闸墙内侧倒角处。

底板 $\tau_{xy}$：底板最大剪应力为－0.46MPa，出现在运行期工况左侧闸墙下部。

闸室结构应力计算成果表见表 8.3-3。

**表 8.3-3　　闸室结构应力计算成果表　单位：MPa**

| 部位 \ 应力 | | $\sigma_x$ | | $\sigma_y$ | |
|---|---|---|---|---|---|
| | | max | min | max | min |
| 底板 | 底部 | －0.8 | 2.1 | | |
| | 顶部 | －0.51 | 0.25 | | |
| 边墩 | 内部 | | | －0.18 | 0.04 |
| | 外部 | | | 0.16 | 2.12 |

注　“$x$”为顺河向，“$y$”为垂直河向，“$z$”为竖向；“＋”为拉，“－”为压。

通过钢筋混凝土有限元计算，在内水水位为 215.0m 的不利工况时，只在底板左边与贴角交界处、主廊道左下角、右廊道左上角与右下角出现裂缝，且裂缝宽度很小。最大裂缝宽度只有 0.06mm，最大裂缝长度只有 0.6m。裂缝控制满足要求。根据应力配置普通钢筋，可以满足规范要求。

3. 结构主要配筋

根据计算，闸室结构主要配筋结果为：侧墙外侧水流向⌀16@20，竖向⌀25@20；内侧左墙高程 181.00m 以上水流向钢筋布置⌀20@20，竖向钢筋布置⌀25@20，181.00m 以下顺水流向⌀25＋⌀，竖向⌀36＋⌀；内侧右墙顺水流向⌀20@20，竖向⌀25@20。底板顶面横河向⌀36@20，顺水流向⌀25@20；底面横河向⌀28@20，顺水流向⌀25@20。左侧输水主廊道顺水流向Φ 20@20，两侧竖向Φ 25@20，顶面横河向Φ 25@20，底面横河向Φ 28@20；右侧输水主廊道顺水流向Φ 20@20，两侧竖向Φ 36@20，顶面横河向Φ 28@20，底面横河向两排Φ 32@20。中间输水支廊道顺水流向Φ 20@20，两侧竖向Φ 28@20，顶面横河向Φ 36@20，底面横河向Φ 36＋Φ@20。分流口廊道周边均配Φ 36@20，沿廊道方向配Φ 36@20。

#### 8.3.2.3 结构受力特点比较

半衬砌半整体式闸室结构左、右墙及底板为相对独立的结构块，结构受力明确，结构分块尺寸相对较小，混凝土施工简单。

闸室采用整体式结构，基础宽度为 43.0～45.0m，混凝土整体浇筑的尺寸大，不利于混凝土施工和温控抗裂，两侧闸墙与底板的刚度也不相同，因此，施工期需设置临时施工缝分块施工。根据结构特点和应力分析成果，在底板中间处设置 1.2m 宽临时施工宽缝，待两侧闸墙浇筑到设计高程且满足并缝温度后，再进行宽槽回填。以满足结构整体受力要求。

经综合比较，闸室结构型式推荐采用半衬砌半整体式结构。

### 8.3.3 下闸首

下闸首采用分离式结构型式，左闸墙采用重力式，右闸墙采用半衬砌式。下闸首结构尺寸主要由布置和结构稳定验算确定。下闸首工作门为一字门，根据布置要求，闸首纵向长度定为 30.0m，闸墙顶高程为 218.00m，建基面高程为 155.9m。根据结构稳定计算成果，左闸墙顶宽 22.0m、底宽 28.0m；右闸墙顶宽 22.0m、底宽 21.7m，墙背自建基面起以 1∶0.3 边坡衬砌于岩体上至 190.00m 高程。底板顶高程为 174.80～175.80m，底板宽 10.0m。

## 8.4 导航隔流墙施工关键技术

下游导航隔流墙总长 256.65m，按结构型式分为上游段、中间段和下游段三段。上游段 42.3m 为船闸泄水段，采用重力式结构；中间段 75.95m 为墩板式结构；下游段 138.4m 为桩台式结构。上游段和中间段在围堰内，采用干地施工；下游段位于围堰占压段和围堰外，围堰外为水下施工。

桩台式结构桩顶高程为 180.00m，位于枯水位以上。施工时利用左岸边坡开挖弃渣，在桩基施工部位填筑土石施工平台，采用钻孔灌注桩进行施工。桩台式结构完成后，再清除弃渣。钢筋混凝土灌注桩桩径为 2.5m。临引航道侧需具备防渗功能，因此采用长短桩嵌套的型式，搭接长度为 20cm。施工顺序为先进行短桩施工，再进行长桩施工。短桩底端嵌入新鲜基岩不应小于 2m，长桩底端嵌入新鲜基岩不应小于 12.5m。

## 8.5 船闸运行情况

银盘船闸 2015 年 9 月进行通航验收，2015 年 9 月至 2016 年 9 月试通航。为保证船闸的运行安全及船舶安全快速过闸，在船闸试运行前和试运行期间进行了变形监测、应力应变及温度监测、渗流渗压监测以及水力学专项监测；2015 年 8 月至 2016 年 7 月，进行了不同流量级下的实船适航试验。

### 8.5.1 安全监测

监测成果表明：闸室三测缝随船闸充水接缝有明显张开变形，缝面最大张开变形量为 1.78mm；建基面渗压计主要受下游水位和船槽水位影响，水位上升，渗透压力随之上升。船闸坝顶电缆廊道引张线船闸充水时引张线向两岸方向变形，最大变形量为闸室三右侧电缆廊道测点 5.05mm，目前累计变形在－2.83～0.62mm 之间。基岩变形计均表现为压缩变形，累计变形在－1.74～－0.09mm 之间。充泄水过程中，闸门开启和关闭平顺，未发现异常现象。充泄水时间满足设计充泄水时间要求，最大流量约为 $209m^3/s$。充泄水过程中输水系统冲泄水廊道压力正常。

### 8.5.2 实船适航试验

1. 小流量下的实船适航试验

试验条件：泄洪闸全部关闭，两台机组（未满发），上游水位 211.88～212.33m，下游水位 182.21～181.79m，下游出库流量为 $1881\sim761m^3/s$。试验代表船舶为泰安 618 号，船舶尺度为 55.0m×9.2m×2.55m（总长×型宽×满载吃水），最大船舶载重吨位大于 500t。

（1）上游引航道水域宽阔、水面平静，水流流速均小于 0.5m/s，通航条件良好。

（2）下游引航道口门区存在较大范围的水面波动，但回流及范围不明显。实测水面波动的最大值为 0.076m，对船舶进出口门区的航行安全基本不构成影响。

（3）下游引航道口门区水流基本平稳，实测纵、横向局部最大流速分别为 0.95m/s 和 0.11m/s，分别距导航隔流墙头部 147m 和 90m 处，测点都位于测区动静水交界水域。其余大部分区域，口门区纵、横向流速分别小于 0.5m/s 和 0.07m/s，均小于船闸规范 2.0m/s 和 0.3m/s 的允许值。

（4）两艘试验船舶主机功率储备足够，主机工况稳定，倒车制动能力足够，适航过程中操作正常，船舶行驶安全。

（5）在上述试验条件下，实测记录的试验船舶上下行航迹线与设计规划航线基本吻合，表明银盘通航建筑物设施基本具备中小流量条件下的试通航条件。

考虑到下游引航道布置受河势条件影响，口门区航道弯曲，在电站尾水和泄洪水流冲击下，横流及水面波动均较大。在枯水试验总结会上，专家建议重点进行 $5000m^3/s$ 以上的大流量实船试验，以发现和验证电站运行对通航条件及航行安全的影响。

2. 大流量下的实船适航试验

试验条件：四台机组满发，左、中两区泄洪闸渐开出流，上游水位为 214.75～212.37m，下游水位为 185.73～188.97m，下游出库流量为 $3952\sim6050m^3/s$；试验代表船舶为泰安 618 号。

（1）上游水库及引航道范围内，水域宽阔，水面平静，水流流速均在 0.3m/s 以下。

（2）船闸最大工作水头为23.7～25.8m时，冲泄水时间满足设计充泄水时间10～12min的要求，船舶上、下行平均过闸时间较为接近设计的船舶单向过坝时间49.06min。

（3）在出库流量3952～6050$m^3/s$范围内，下游引航道口门区最大波动为0.2～0.5m，水面波动较为强烈。

（4）受瞬间泄流（相当于涨水）及电站尾水影响，下游引航道口门区在出库流量5500$m^3/s$左右时，纵向流速满足规范要求，横向流速为0.21～0.72m/s，回流流速为0.40～0.55m/s，最大横向流速和回流流速超过规范允许值。对比同流量级物模试验结果，口门区域流速分布、流态及回流等趋势基本一致，但原型数值偏大。

（5）根据对试验过程的观测，银盘船闸的电气和机械等运行控制系统运转正常，船舶航行的调度、运行管理良好，能满足和保证洪水期船舶安全过坝要求。

# 第9章 基础处理

## 9.1 渗控设计研究

乌江银盘水电站坝基岩体软硬相间，软弱夹层发育，有岩溶透水层，在高水头作用下，大坝坝基及两岸山体存在发生水库渗漏的地质条件，使基础防渗成为工程建设的关键性技术难题之一。经过各设计阶段的研究，最终采用垂直灌浆帷幕与排水相结合的综合防渗方案。

### 9.1.1 渗控工程的特点及难点

水工建筑物的修建改变了原来的水流状态，导致上游河水位有所抬高，上、下游地下水流的条件均有所改变。上游部分由岸坡向河床补水改变为由岸坡向水库供水，下游河段则受绕坝渗流的影响。原来的天然地下水位线将发生变化，原本位于地下水位线以上的部分将被浸没。由于上游水位抬高和发生坝下及绕坝渗流，坝基内各点都产生渗流流速和渗透压力。为了限制建坝坝后渗透压力和流速的增高，常需在地基内进行帷幕灌浆和设置排水系统。

银盘坝址两岸为不对称的U形谷。坝基岩体主要由页岩、砂岩和灰岩相间组成，为单斜地层，岩层倾向右岸偏下游。据统计，坝基岩体中发育有Ⅰ类泥化剪切带11条，$Ⅱ_1$类破碎夹泥剪切带25条，$Ⅱ_2$类破碎剪切带30条。坝址区18个钻孔共揭示51处破碎带，岩体风化破碎，局部泥化。

坝基存在$O_1h$、$O_1d^{1-2}$、$O_1d^2$、$O_{2+3}$等岩溶透水层，溶洞及溶蚀裂隙发育，溶蚀部位多充泥，是产生坝基渗漏的主要层位。基岩透水率$q>5$Lu的试段多分布在上述岩溶透水地层中。

综上所述，坝基防渗帷幕灌浆的特点及难点主要表现如下：

(1) 众多基岩夹层的存在，不仅构成坝基岩体不均匀变形、坝基与坝肩岩体深层抗滑稳定等问题，也是坝基集中渗漏处理的重点部位。

(2) 岩溶透水层的存在，特别是顺岩层溶蚀问题构成上、下游坝基渗漏主通道，是坝基防渗处理的重点部位。

针对由岩溶透水层和软弱夹层构成的基岩渗漏与渗透变形问题，必须采用坝基帷幕灌浆处理。对裂隙性与溶蚀性基岩进行帷幕灌浆，一般成幕效果良好，但对软弱夹泥层、岩溶充泥层的灌浆效果则较差，提高灌浆压力可增强软弱夹泥层、岩溶充泥层的可灌性，但过高的灌浆压力容易造成击穿和外漏，同时影响灌浆效果。因此，如何选取合适的灌浆压力、孔排距等钻灌参数以及灌浆控制措施等，确保软弱夹泥层与岩溶充泥层的灌浆质量是基岩防渗帷幕灌浆处理的难点和重点。

### 9.1.2　渗控工程方案设计

1. 防渗目的与思路

（1）控制坝基及两岸渗流，减少渗漏量，特别是控制坝基不发生岩溶集中渗漏。

（2）增强软弱夹层、岩溶洞穴内软弱充填物的密实性，提高软弱充填物抗渗能力，保证工程长期运行安全。

根据工程地质条件、防渗目的和要求，在参考、总结已建工程防渗处理经验的基础上，确定工程防渗处理的基本思路，拟重点从提高灌浆压力入手，利用高压灌浆技术对剪切带软弱夹泥层与岩溶充泥进行高压劈裂，探索高压灌浆对夹泥层或岩溶充泥性能的改善程度，增加夹泥层或岩溶充泥层帷幕灌浆的可灌性。

2. 防渗标准

防渗标准主要综合考虑以下因素确定：

（1）设计规范。《混凝土重力坝设计规范》规定：坝高在 50～100m 之间，$q$ 为 3～5Lu。

（2）工程规模。银盘水电站工程为二等大（2）型水电工程，最大坝高为 78.5m。

按照各部位建筑物防渗要求及防渗重要性的不同，防渗标准确定为：坝基帷幕设计防渗标准为灌后基岩透水率 $q\leqslant$3Lu，两岸山体防渗帷幕透水率 $q\leqslant$5Lu。

3. 防渗帷幕线路设计

（1）防渗线路工程地质条件。坝区乌江流向为 SW213°，河流与岩层走向交角约 25°，为不对称的 U 形谷。坝基岩体主要由页岩、砂岩和灰岩相间组成，岩层走向 355°～15°，倾向 265°～285°（倾向右岸偏下游），倾角 35°～50°，为单斜地层。挡水建筑物基岩从左至右，主要出露有奥陶系分乡组（$O_1f$）、红花园组（$O_1h$）、大湾组（$O_1d$）、十字铺组（$O_2s$）、宝塔组（$O_2b$）、临湘组（$O_3l$）和五峰组（$O_3w$）及志留系龙马溪组（$S_1ln$）地层。

坝基范围内无大的顺河向断层，平洞中见 35 条裂隙性断层，其规模较小，无明显断距。左岸坝肩岩体较破碎，发育 $f_4$、$f_{11}$ 等近顺层发育的断层，右岸坝肩发育 $f_1$ 断层。坝基岩体中发育Ⅰ类泥化剪切带 11 条；$Ⅱ_1$ 类破碎剪切带 25 条，性状较差；$Ⅱ_2$ 类破碎剪切带 30 条，性状相对较好。剪切带较发育的层位是 $O_1d^{1-1}$、$O_1d^2$、$O_1d^{3-3}$、$O_3w$ 层，平均线密度为 1 条/（1.8～3.3）m，其余层位剪切带不太发育。

坝基岩体发育 NWW、NNE、NWW、NEE 4 组裂隙，左岸以 NWW、NEE 组裂隙为主，多为高倾角，裂隙间距 0.2～1.2m，延伸长大于 1m，裂面平直，91.4%附方解石膜或充填方解石脉；右岸则以 NNE、NWW 组为主，NNE 组多为中倾角，NWW 组为高倾角，裂隙长度为 2～5m，宽 1～5mm，切割深度大于 0.20m，裂面平直，裂隙间距 0.2～1.5m，大部分裂隙闭合，附方解石膜。缓倾角裂隙不甚发育，平洞揭露小于 30°的缓倾角裂隙 144 条，占总数的 11%。

坝基岩层中页岩为隔水层，砂岩为弱透水层，灰岩为岩溶透水层。主要隔水层有 $O_1f^2$、$O_1d^{1-1}$、$O_1d^{1-3}$、$O_1d^3$、$O_3w$ 及 $S_1ln$ 砂页岩，其透水性微弱，并且未见断层切割，具有良好的隔水性能。主要的透水层有 $O_1f^3$、$O_1h$、$O_1d^{1-2}$、$O_1d^2$、$O_{2+3}$，其间溶洞及溶蚀裂隙发育，坝区共 19 个钻孔，揭示溶洞 65 个，单个铅直高度为 0.2～4.98m，右岸 $PD_2$ 平洞、$PD_4$ 平洞在 $O_{2+3}$ 层中揭示岩溶发育，且规模较大，溶洞直径为 2～4m，高达 10m 以上，是产生坝基渗漏的主要层位。坝线左岸为大湾组一段（$O_1d^{1-1}$）页岩，厚约 10m；右岸为志留系下统龙马溪组（$S_1ln$）砂页岩，厚度大于 150m，是较好或可靠的隔水层，可作防渗帷幕终点的依托。

根据坝基岩体 44 个钻孔共 727 段吕荣试验资料统计，基岩透水率 $q<1$Lu 的试段共 430 段，占 59.1%；1～3Lu 的试段共 188 段，占 25.9%；3～5Lu 的试段共 27 段，占 3.7%；5～10Lu 的试段共 18 段，占 2.5%。从吕容试验分布的层位看，透水率 $q>5$Lu 的试段多分布在 $O_1d^{1-2}$、$O_1d^2$、$O_{2+3}$ 地层中，是坝基防渗的主要层位。

坝基岩体主要为砂页岩，主要岩溶层为 $O_1h$、$O_1d^{1-2}$、$O_1d^2$、$O_{2+3}$ 灰岩层，岩溶最发育的层位是 $O_{2+3}$，比较发育的层位是 $O_1d^{1-2}$、$O_1d^2$ 层，其余层位岩溶不发育。从钻孔揭示溶洞分布看，右岸 $O_{2+3}$ 层岩溶于近地表十分发育，随高程降低，岩溶发育逐渐减弱，该层在坝基岩体范围内高程 180m 以下揭露溶洞 11 个，高程 175m 以下揭露溶洞 8 个，高度一般为 0.20～0.75m，溶洞发育最低高程为 154.82m。坝址最大规模的岩溶系统为右岸 $KW_{64}$ 岩溶系统，其次为左岸 $W_9$ 岩溶系统。$KW_{64}$ 岩溶系统由地表 $K_{20}$、$K_{21}$ 溶洞，$PD_4$、$PD_2$ 平洞内溶洞，钻孔揭露溶洞构成，总体上呈顺层分布，沿大田沟一带尤为发育，出口为 $KW_{64}$ 岩溶泉，高程为 182.8m，平枯流量为 500～600L/min，流量受降雨影响明显，暴雨后流量激增。系统具有规模大、顺层延伸远的特点。左岸 $W_9$ 岩溶系统，发育于 $O_1d^{1-2}$、$O_1d^2$ 层中，总体呈顺层发育，溶洞发育最低高程为 200.39m，其中 $ZK_{46}$ 钻孔在 $O_1d^{1-2}$ 层中高程 225.28～232.67m 揭露 6 个溶洞，高度为 0.10～0.87m。连通试验表明，溶洞与左岸 $W_9$ 泉连通，构成 $W_9$ 岩溶系统。

上述透水地层，特别是强岩溶发育地层，对工程建设构成了不利影响，需进行必要的处理。

（2）防渗帷幕线路布置。为截断断层、层间挤压破碎带及强透水岩溶渗漏通道，有效控制渗漏量，保证水库正常蓄水，降低坝基扬压力，提高坝基稳定安全度，确保工程的安全运行及降低基岩渗透水力坡降，将断层的渗透比降控制在允许范围内，确保不致产生渗透破坏，挡水建筑物坝基及两岸坝肩均需进行渗控处理，其中，对断裂构造及沿其交汇带发育的岩溶洞穴及渗漏通道的封堵是渗控处理的关键。

坝基岩体主要隔水层有 $O_1f^2$、$O_1d^{1-1}$、$O_1d^{1-3}$、$O_1d^3$、$O_3w$ 及 $S_1ln$ 砂页岩，根据大坝结构布置特点及地层渗透特性，经研究后，确定在挡水建筑物前缘采取设置坝基竖直灌浆帷幕的防渗方案。具体布置为：在河床坝基部位，防渗线路沿大坝基础廊道布置，两岸向山体延伸一定长度。左岸帷幕通过弧形坝体后线路沿坝轴线方向延伸 50m，接大湾组一段（$O_1d^{1-1}$）页岩隔水层；右岸防渗线路出坝体后，接志留系下统龙马溪组（$S_1ln$）砂页岩隔水层。防渗主帷幕轴线全长约为 705m。

（3）防渗帷幕底线。防渗帷幕底线原则确定如下：

1）满足 $H \geqslant 1/3h + c$。其中 $H$ 为帷幕深度；$h$ 为上游水深；$c$ 为常数，取 8m。

2）$O_{2+3}$ 强岩溶地层及透水深槽部位适当加深。

3）双排帷幕区，第二排帷幕孔深为主排深度的 1/2～2/3。

对选定的防渗线路工程地质、水文地质条件及岩溶发育情况进行分析后，河床及两岸的防渗帷幕底线布置如下（图 9.1-1）：

1）河床坝段：帷幕底线高程为 121m。

2）左岸：从河床 121m 高程逐渐降至 95.4m 高程，接至 $O_1 d^{1-1}$ 页岩。

3）右岸：从河床 121m 高程逐渐抬升至 144m 高程，帷幕遇 $O_{2+3}$ 灰岩加深，帷幕底线为 125m 高程，接至 $S_1 ln$ 微新页岩隔水层，并延伸一定长度。

（4）防渗帷幕结构设计。根据规范要求，防渗帷幕灌浆孔的排数及孔排距、孔向一般根据大坝的稳定要求、工程地质条件及类似工程经验成果初步确定。经对银盘坝址工程地质和水文工程地质条件的综合分析，拟定灌浆孔布置，具体布置如下：

1）一般坝基部位，主帷幕按单排孔布置；较大断层带、溶蚀带、岩溶发育区、岩溶通道、浅层相对较大透水区等地质条件较差部位，主帷幕采用双排孔布置；帷幕排距为 0.8m，孔距为 2.0m。

2）为增强坝基浅层岩体的防渗性能，结合固结灌浆，在上游主帷幕前布置一排深 12m 的兼辅助帷幕的固结灌浆孔，孔距为 2.0m。

（5）灌浆平洞。根据设计选定的防渗底线，在左、右两岸布置了灌浆平洞。灌浆平洞为城门洞形，断面尺寸为 2.5m×3.0m，钢筋混凝土衬砌，衬砌厚度为 0.4～0.5m。平洞底板中部设一排 $\phi 28$ 螺纹锚筋，锚筋深入基岩 3.0m，孔距为 1.0m。混凝土衬砌段洞顶均进行顶拱回填灌浆。所有平洞均进行地质素描，对平洞开挖过程中揭露的岩溶洞穴、较发育的断层及渗漏通道进行清理、回填，设置阻浆塞，以限制浆液的扩散和损失。

（6）基础排水设计。

1）基础排水孔线路及参数设计。为排除坝基渗水，降低坝基扬压力，在坝基防渗帷幕后设置排水幕。坝基排水幕与主帷幕平行布置，位于主帷幕下游 1.6m，线路左起左非 1 号坝段基础廊道端点，向右沿基础廊道止于右非 3 号坝段基础廊道端头，全长约 575m。

基础排水孔为单排孔，孔深为相应部位防渗帷幕孔深的 0.4～0.6 倍，孔径为 110mm，孔距按 2m 设计，幕后排水孔为斜孔，倾向下游，倾角 75°。

所有基础排水孔渗水经廊道排水沟疏排汇集于泄 1 号坝段的集水井，左非 3 号及右非 1 号坝段埋排水管将渗水从高部位基础灌浆廊道内排至低高程基础灌浆廊道内，全部渗水经集水井抽排至下游。

2）孔内保护及孔口装置。为防止软岩、夹层及Ⅰ类泥化剪切带、$\text{Ⅱ}_1$ 类破碎剪切带等地质缺陷部位孔段的渗透破坏，排水孔中安设孔内保护装置。孔内保护装置为塑料盲沟外裹一层工业过滤布及一层 PVC 无纺布。

排水孔口安设 PDF 型孔口管，将孔内渗水导排至廊道排水沟，并根据需要临时在孔口管上接装压力表测量渗压。

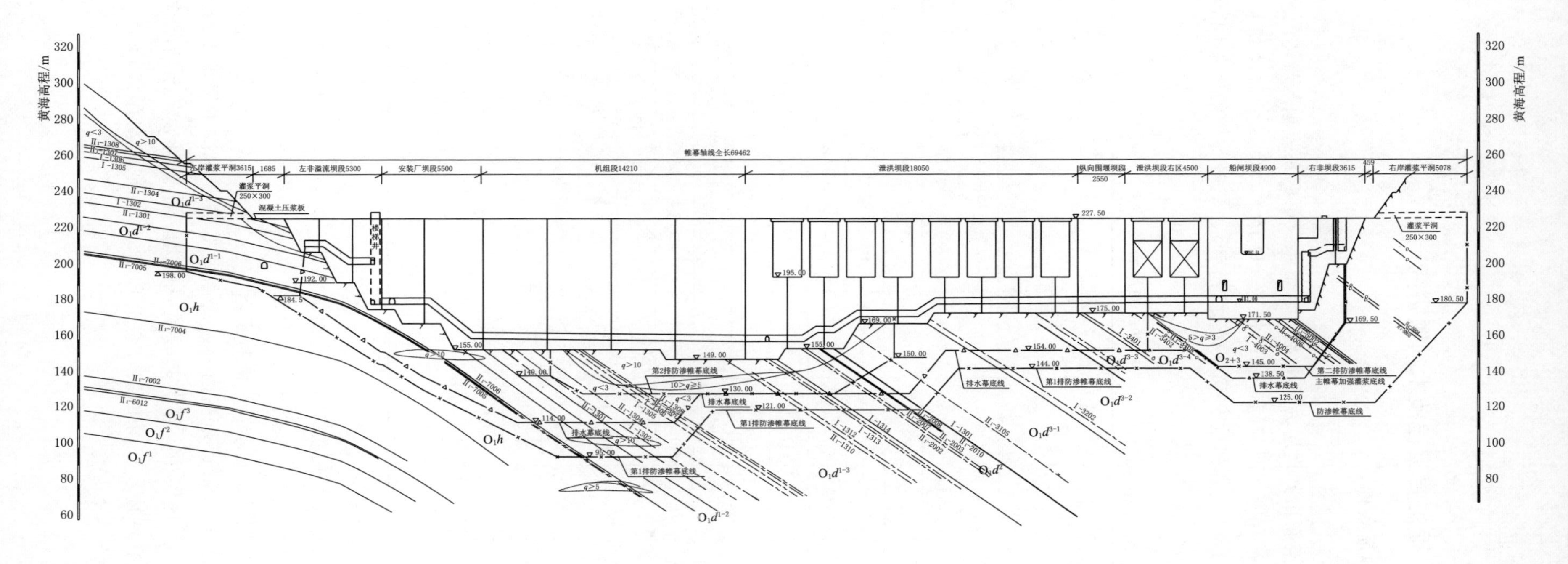


图 9.1-1　防渗及排水剖面展示图

## 9.1.3　渗控工程主要工程技术问题研究

### 9.1.3.1　工程地质条件

1. 地层岩性

坝址区从老至新出露地层为奥陶系、志留系及第四系。坝基岩体由页岩、砂岩、泥灰岩、灰岩等组成，岩体软硬相间，其中软岩（$O_1d^{1-1}$、$O_1d^{1-3}$、$O_1d^{3-1}$、$O_3w$ 及 $S_1Ln$）约占大坝长度的 63%，其强度和变形模量均较低，基岩不均匀变形问题突出。坝址区地层岩性见表 9.1-1。

表 9.1-1　　坝址区地层岩性简表

| 界 | 系 | 统 | 组 | 地层代号 | 地层厚度/m | 岩性简述 |
|---|---|---|---|---|---|---|
| 新生界 | 第四系 | | | Q | | 砂卵石，粉质黏土及碎石 |
| 下古生界 | 志留系 | 下统 | 龙马溪组 | $S_1ln$ | 473.1 | 页岩夹粉砂岩 |
| | 奥陶系 | 上统 | 五峰组 | $O_3w$ | 6.66 | 黑色板状炭质页岩 |
| | | | 临湘组 | $O_3l$ | 41.44 | 含泥质瘤状灰岩 |
| | | 中统 | 宝塔组 | $O_2b$ | | 龟裂纹灰岩 |
| | | | 十字铺组 | $O_2s$ | | 含泥质瘤状灰岩 |
| | | 下统 | 大湾组 | $O_1d^{3-4}$ | 20.20 | 粉砂岩与页岩互层夹长石石英砂岩及少量含泥质灰岩 |
| | | | | $O_1d^{3-3}$ | 14.05 | 长石石英砂岩、粉砂岩 |
| | | | | $O_1d^{3-2}$ | 33.81 | 长石石英砂岩、粉砂岩、页岩不等厚互层 |
| | | | | $O_1d^{3-1}$ | 39.5 | 灰绿色页岩夹粉砂岩及少量灰岩 |
| | | | | $O_1d^2$ | 21.61 | 中厚层含泥质生物灰岩 |
| | | | | $O_1d^{1-3}$ | 87.43 | 页岩夹薄层含泥质灰岩及少量粉砂岩 |
| | | | | $O_1d^{1-2}$ | 6.78 | 含泥质生物灰岩 |
| | | | | $O_1d^{1-1}$ | 9.45 | 页岩夹薄层灰岩 |
| | | | 红花园组 | $O_1h$ | 59.73 | 厚～中厚层生物碎屑灰岩，近底部夹页岩及燧石层 |
| | | | 分乡组 | $O_1f$ | 42.66 | 上、下部为薄～中厚层结晶灰岩夹页岩及燧石层，中部为页岩夹少量结晶灰岩，底部 0.35m 为长石石英砂岩 |

2. 主要地质构造及发育特点

（1）断层。由于坝址区奥陶系大湾组（$O_1d$）及志留系龙马溪组（$S_1ln$）页岩大面积出露，页岩表层风化强烈，断层出露不明显。勘探结果表明，坝址区平洞及地表断层具有倾角陡、规模小、左岸比右岸发育的特点。

在坝址区地表 1.05km$^2$ 范围内共发现断层 5 条，均位于坝址上游的分乡组（$O_1f$）及红花园组（$O_1h$）地层中。除 $f_5$ 断层在两岸均有出露外，其余断层均发育在左岸。在坝址区 8 个平洞中共揭露 35 条断层，左岸 $PD_1$、$PD_3$ 平洞发育 27 条，右岸 $PD_2$、$PD_8$ 平洞发育8条，其余平洞内未发现有断层发育。断层多发育在软岩中，断层走向以NW315°～NNW355°为主，其次为NNE0°～20°，其中29条为中高倾角断层，小于30°的缓倾角断层5条。断层具有规模较小、没有明显的断距等特点，多为裂隙性断层，左岸断层比右岸发育。

（2）岩溶发育特点。坝址区岩溶发育有以下主要特征：

1）坝址区岩溶层与隔水层、相对隔水层相间分布，主要岩溶层有$O_{2+3}$、$O_1d^2$、$O_1d^{1-2}$、$O_1h$层，其中$O_{2+3}$层岩溶最发育。各层发育有较独立的岩溶系统。主要隔水层有$O_1f^2$、$O_1d^{1-1}$、$O_1d^{1-3}$、$O_1d^3$、$O_3w$、$S_1ln^{1-1}$等层，岩溶不发育或发育微弱。

2）坝址区岩溶以顺层发育为主，其次为顺裂隙发育。

3）右岸岩溶比左岸发育，右岸$O_{2+3}$层溶洞最发育，且数量多、规模大，尤其以$PD_2$平洞向下游方向至江边岩溶最为发育；其他地层溶洞规模小、数量少，主要以溶蚀裂隙为主。

（3）岩体透水特性。岩体透水性与地层岩性、岩体完整性、岩体风化状态及岩体埋深关系密切，对坝址区77个钻孔共1117段压水试验吕荣值进行统计分析（表9.1-2）发现，坝址区岩体总体透水性较弱。吕荣值$q<1$Lu占试验段的57%，$q=1\sim3$Lu占26.7%，二者约占试验段的84%；$q>3$Lu约占试验段的16%。透水性相对较大的岩体主要集中在右岸的$O_{2+3}$层和左岸的$O_1d^2$层等岩溶层。

**表9.1-2　　坝址钻孔压水试验分层统计表**

| 试段层位 | <1Lu | 1～3Lu | 3～5Lu | 5～10Lu | >10Lu | 不起压 | 合计 |
|---|---|---|---|---|---|---|---|
| $S_1ln$ | 85 | 46 | 8 | 3 | 3 | 6 | 151 |
| $O_3w$ | 8 | 5 | 1 | 2 |  | 4 | 20 |
| $O_{2+3}$ | 57 | 32 | 4 | 4 | 5 | 20 | 122 |
| $O_1d^{3-4}$ | 27 | 22 | 2 | 2 | 1 |  | 54 |
| $O_1d^{3-3}$ | 27 | 25 | 2 | 3 | 1 | 1 | 59 |
| $O_1d^{3-2}$ | 51 | 26 | 4 | 2 | 1 | 3 | 87 |
| $O_1d^{3-1}$ | 62 | 17 | 3 | 1 | 2 | 3 | 88 |
| $O_1d^2$ | 21 | 23 | 6 | 2 | 5 | 11 | 68 |
| $O_1d^{1-3}$ | 174 | 91 | 11 | 13 | 13 | 15 | 317 |
| $O_1d^{1-2}$ | 13 | 5 |  | 2 | 1 | 4 | 25 |
| $O_1d^{1-1}$ | 24 | 3 |  |  |  | 1 | 28 |
| $O_1h$ | 74 | 3 | 3 | 1 | 1 | 2 | 84 |
| $O_1f^3$ | 10 |  |  |  |  |  | 10 |
| $O_1f^2$ | 4 |  |  |  |  |  | 4 |
| 合计 | 637 | 298 | 44 | 35 | 33 | 70 | 1117 |

（4）渗漏模式。坝基及两岸山体渗漏主要为以下三种模式：

1）沿岩溶系统、溶洞、岩溶发育区等产生岩溶管道性集中渗漏。

2）沿裂隙密集发育带、岸剪裂隙发育形成的高渗带产生裂隙性渗漏。

3）沿层间剪切带、岩层层面的软弱充填物发生击穿破坏产生层面渗漏。

### 9.1.3.2 影响工程的主要地质问题

1. 软弱夹层问题

在坝址区 $S_1ln$～$O_1h$ 总厚为574.26m的地层中，通过实测地层剖面及平洞揭露，共发现各类层间剪切带70条。根据剪切带的成因类型、物质组成及性状将其分为两个基本类型：Ⅰ类泥化剪切带、Ⅱ类破碎剪切带。据统计，坝基岩体中发育有Ⅰ类泥化剪切带11条，$Ⅱ_1$类破碎夹泥剪切带25条，$Ⅱ_2$类破碎剪切带30条。

（1）Ⅰ类层间泥化剪切带：为剪切作用充分、发育完善的层间泥化剪切带。岩层接触界面的页岩夹极薄层灰岩及砂岩透镜体，在构造影响和地下水作用下，页岩全风化成泥或泥夹碎屑，剪切带一般厚1～4cm，局部厚7.0～20cm，泥化层厚度一般为1～3.0cm，最厚为7.0cm，夹少量的方解石细脉，泥面光滑而平整，具镜面。这类剪切带有11条，分别为 $S_1ln$ 层中的5007，$O_{2+3}$ 层中的4003，$O_1d^{3-4}$ 层中的3401，$O_1d^{3-2}$ 层中的3202，$O_1d^{3-1}$ 层中的3101，$O_1d^{1-3}$ 层中的1302、1305、1306、1311、1312、1313。

（2）Ⅱ类层间破碎剪切带：为剪切作用不充分、发育不完善的层间破碎夹泥、破碎剪切带。剪切带主要为页岩夹方解石脉、砂岩及灰岩透镜体，在构造作用下产生层间剪切错动，页岩强风化，挤压破碎，一般为碎屑夹泥，泥化层多为不连续分布。根据剪切带泥化的厚度、连续性，破碎剪切带可分为两个亚类：

1）$Ⅱ_1$类层间破碎夹泥剪切带。页岩夹方解石脉、砂岩及灰岩透镜体，经层间错动，页岩呈片状～鳞片状，强风化，挤压破碎，为碎屑夹泥，泥化层多为不连续分布，剪切带厚度一般为2～5cm，最厚22cm。这类剪切带有27条，分别为 $S_1ln$ 层中的5003、5004、5005、5006，$O_3w$ 层中的5001、5002，$O_{2+3}$ 层中的4004、4006，$O_1d^{3-4}$ 层中的3403、3402，$O_1d^{3-3}$ 层中的3303、3305，$O_1d^{3-1}$ 层中的3105，$O_1d^2$ 层中的2002、2003、2007、2008、2010，$O_1d^{1-3}$ 层中的1301、1304、1307、1308、1310，$O_1h$ 层中的7002、7004、7005、7006。

2）$Ⅱ_2$类破碎剪切带。页岩夹方解石脉、砂岩及灰岩透镜体，剪切带中坚硬岩石的团块或角砾较多，页岩呈片状，方解石脉发育，层间剪切破坏面不连续，不平直，面粗糙，断续附泥膜，起伏差较大。剪切带厚度一般为0.5～2cm，少量厚10～20cm。该类剪切带有32条，分别为 $O_{2+3}$ 层中的4001、4002、4005，$O_1d^{3-3}$ 层中的3301、3302、3304、3306，$O_1d^{3-2}$ 层中的3201、3203、3204、3205，$O_1d^{3-1}$ 层中的3102、3103、3104，$O_1d^2$ 层中的2001、2004、2005、2006、2009、2011、2012，$O_1d^{1-3}$ 层中的1303、1309、1314、1315、1316，$O_1d^{1-2}$ 层中的1201，$O_1d^{1-1}$ 层中的1101、1102、1103，$O_1h$ 层中的7001、7003。

剪切带的分布与岩性、构造及地下水活动等因素有关系，其中以剪切带所在地层的岩性关系最为密切。剪切带较发育的层位是 $O_1d^{1-1}$、$O_1d^2$、$O_1d^{3-3}$、$O_3w$ 层，平均线密度为1条/(1.8～3.3) m，尤其是 $O_1d^2$ 层上部夹较多页岩，地下水作用相对强烈，剪切带尤为发育。其余层位剪切带不太发育。

钻孔电视观测结果显示，坝址区有18个钻孔，共观测到51处破碎带。破碎带的表现形式主要有挤压破碎带、层间错动带、裂隙密集带等几种，厚度为数厘米到数十厘米不等，岩体风化破碎，局部见泥化现象，部分方解石胶结。

在右岸 $O_3w$ 层页岩中，中上部发育一厚2～5.0m的层间挤压破碎带，地表表现为揉皱强烈，岩层较破碎。破碎带在钻孔表现为密集发育中～高倾角裂隙，方解石脉呈网纹状分布，岩心采取率低，平均纵波速为2770～3340m/s，完整性系数为0.71～0.85。

岩层层面以及层间剪切带内多有软弱充填物，其充填物自身具有一定的防渗性能，但岩层层面以及层间剪切带充填物性状软弱，结构松散，耐压性能较差，在高水头、高灌浆压力作用下易发生劈裂，其破坏形式为冲刷。剪切带渗透变形试验成果见表9.1-3。

众多基岩夹层的存在，不仅构成坝基岩体不均匀变形、坝基与坝肩岩体深层抗滑稳定等问题，软弱夹层的抗渗透变形更是坝基渗控处理的重点问题。

**表9.1-3　坝址层间剪切带渗透变形试验成果表**

| 剪切带编号 | 试验形式 | 临界比降 | | 破坏比降 | | 渗透系数 | 破坏形式 | 现象描述 |
|---|---|---|---|---|---|---|---|---|
| | | $J_k$ | $K_{20}$/(cm/s) | $J_f$ | $K_{20}$/(cm/s) | $K_{20}$/(cm/s) | | |
| Ⅰ-1302 | 水平 | 11.13 | $6.51\times10^{-4}$ | 33.47 | $7.09\times10^{-4}$ | $6.70\times10^{-4}$ | 冲刷 | $J=33.47$ 时试样上盘破碎带被冲开，冒烟，流量大 |
| Ⅰ-1306 | 水平 | 11.00 | $2.30\times10^{-4}$ | 50 | $1.71\times10^{-4}$ | $5.21\times10^{-4}$ | 冲刷 | $J=50$ 时冒烟冲刷 |
| Ⅰ-3101 | 水平 | 11.47 | $5.95\times10^{-3}$ | 14.73 | $1.81\times10^{-2}$ | $5.86\times10^{-3}$ | 冲刷 | $J=14.73$ 时中部冲刷，流量大 |
| Ⅰ-3202 | 水平 | 5.40 | $2.75\times10^{-3}$ | 8.33 | | $2.03\times10^{-3}$ | 冲刷 | $J=5.4$ 冒气泡，有浑水但流量稳定；$J=8.33$ 时石块破碎被冲出 |
| $Ⅱ_1$-1307 | 水平 | 10.07 | $2.79\times10^{-3}$ | 14.6 | $8.77\times10^{-3}$ | $2.63\times10^{-3}$ | 冲刷 | 上盘被冲开，夹带泥 |
| $Ⅱ_1$-2002 | 水平 | 8.07 | $1.15\times10^{-3}$ | 33.40 | $2.78\times10^{-4}$ | $1.67\times10^{-3}$ | 冲刷 | 试验开始时剪切带中有集中渗流。$J=33.4$ 时中部被冲开 |
| $Ⅱ_2$-1103 | 水平 | 9.55 | $6.44\times10^{-3}$ | 16.45 | $7.98\times10^{-3}$ | $6.99\times10^{-3}$ | 冲刷 | $J=16.45$ 时上盘碎石冲击，流量增大，形成集中渗流 |
| $Ⅱ_2$-2005 | 水平 | 11.1 | $5.59\times10^{-3}$ | 25.1 | $7.29\times10^{-3}$ | $6.90\times10^{-3}$ | 冲刷 | $J=25.1$ 时冒气泡，上盘破碎带明显冲开，但流量稳定；$J=50.1$ 时上盘破碎破坏，石块脱落，流量大。 |
| $Ⅱ_2$-3201 | 水平 | 15.33 | $9.13\times10^{-4}$ | 20.08 | $1.18\times10^{-3}$ | $9.56\times10^{-4}$ | 冲刷 | $J=20.08$ 时剪切带与上盘接触处有集中渗流 |
| $Ⅱ_2$-3203 | 水平 | 14.25 | $1.15\times10^{-2}$ | | | $3.12\times10^{-2}$ | | 试验过程中试样未见明显破坏 |

2. 岩溶透水层问题

坝基存在 $O_1h$、$O_1d^{1-2}$、$O_1d^2$、$O_{2+3}$ 等岩溶透水层，溶洞及溶蚀裂隙发育，溶蚀部位多充泥。其中，$O_1h$、$O_{2+3}$ 为强岩溶层，透水性强；$O_1d^{1-2}$、$O_1d^2$ 为中等岩溶层。$O_1h$、$O_1d^{1-2}$ 分布在左岸及河床，$O_1d^2$ 分布于河床，$O_{2+3}$ 分布于右岸。特别是 $O_{2+3}$ 层中揭示岩溶发育，且规模较大，溶洞直径为 2～4m，高达 10m 以上，是产生坝基渗漏的主要层位。基岩透水率 $q>5$Lu 的试段多分布在上述岩溶透水地层中。

上述岩溶透水层的存在，特别是顺岩层溶蚀问题构成上、下游坝基渗漏主通道，是坝基防渗处理的重点部位。

#### 9.1.3.3 研究思路

（1）利用物探、抬动变形自动观测、灌浆自动记录、常规压水、疲劳压水和抗击出性压水、孔内电视录像等测试和检验手段，研究夹泥类地质缺陷部位单排或双排灌浆孔配合不同孔距布置方案及相应的工艺措施，取得试验数据资料。根据试验成果确定单、双排帷幕的布置范围、孔排距等设计参数。

（2）通过疲劳压水试验、破坏性压水试验，研究软弱夹泥层的渗透比例极限压力与破坏水力比降，取得软弱夹泥层在帷幕灌浆时的可灌性、幕体的耐久性及抗击出性等设计参数。

（3）探索适合软弱夹泥层特点的浆材配比等施工技术参数。

#### 9.1.3.4 研究方法

针对由岩溶透水层和软弱夹层构成的基岩渗漏与渗透变形问题，在工程前期开展了现场帷幕灌浆试验研究。在进行现场灌浆试验之前，为研究、选定适合银盘水电站工程地质条件的灌浆材料，进行了室内浆材性能试验研究。

#### 9.1.3.5 水泥浆材试验研究

浆材研究主要是针对华新保堡牌 42.5 级普通硅酸盐水泥，结合银盘水电站坝基地质条件，通过水泥浆材试验结果提出适宜的浆材配比，检验浆材结石的相关性能指标，并研究与之相适应的制浆工艺。

浆材试验的目的主要是：进行普通水泥灌浆浆材的性能试验，并对地质缺陷部位基础处理所采用的浆材及制浆工艺进行试验研究。

在大坝基础灌浆施工中，影响灌浆效果的主要因素包括：水泥灌浆材料的浆材流变特性、水泥结石的强度性能和制浆工艺等。要取得良好的灌浆效果，使水泥浆液适用于岩石灌浆，浆液必须具备以下几种特性：①制浆容易，浆液具有足够的稳定性，便于充填裂隙的最优黏度；②水泥结石有足够的强度（抗压、抗渗、抗剪等），收缩量小，以及良好的抗水冲蚀性能、化学稳定性等。浆材试验不单要了解灌浆材料特性，还要掌握发挥材料特性的与之相适应的制浆工艺。通过选择不同水灰比、外加剂、制浆工艺、拌和时间等参数，系统了解这些因素对浆材流变特性和结石强度性能的影响。

1. 水泥浆材配合比的选择

流变学上，常常将稳定的水泥悬浮液视作宾汉姆流体。水泥悬浮液应具有足够的稳定性以防止水泥颗粒在凝结前沉淀、积聚在岩石裂隙的顶部。而这种悬浮液的稳定性与浆液的水灰比、外加剂、水泥颗粒细度等有密切的关系。因此，试验首先依据水泥细度，在已有研究成果的基础上选择恰当的浆液水灰比。

(1) 水灰比是影响水泥浆材性能的一个重要指标。对于水泥灌浆质量和耐久性，要想获得理想的效果，很大程度取决于水泥浆液的水灰比。灌浆用的水泥浆材应具有低黏度和高流变特性。在现代灌浆技术中，尽量采用稳定性浆液灌浆已成为一种共识。灌浆稳定性浆材要求水泥浆液的 Marsh 漏斗黏度在 20～40s 之间，2h 稳定析水率小于 5%。因此，在进行浆液水灰比的选择时，能否保持浆液的稳定是选择的一个重要依据。

通常情况下，普通水泥浆液在水灰比小于 1∶1时，浆液的表观黏度随水灰比的减小而显著增大；当水灰比大于 3∶1时，水灰比的增加对浆液黏度的降低作用非常小。实践表明，过大的水灰比会导致浆液稳定性变差。通常全水化反应的水灰比为 0.437。当水灰比大于该值时，水会从浆体中析出或存留在孔隙中形成毛细水和毛细孔，破坏裂隙中灌注水泥结石的连续性，形成空洞、气孔等渗透通道。水灰比越高，所形成的毛细水和毛细孔越多，导致结石强度和抗渗性下降，影响灌浆质量。另外，灌浆过程中水化反应多余的水携带水泥颗粒沿裂隙扩散，水泥颗粒越细，被携带越远，裂隙被充填的时间也越长。而较粗的颗粒会在裂隙的通道上沉淀淤积，逐渐堵塞通道，使得细颗粒也难以通过，导致析水回浓。因此，采用较小水灰比、稳定性好的浆液灌浆，其灌浆效果优于大水灰比浆液。这也是近年来世界许多工程的发展趋势。

对浆液稳定性的评价通常采用稳定析水率表示，即水泥浆液在一定时间内达到相对稳定的析水体积比。总结已有大量水泥浆材试验成果，通常水泥材料在水灰比较小（$W/C<0.6:1$）的情况下，浆液的稳定性较好，可视为稳定性浆液进行灌浆。而对于高水灰比（$W/C>1:1$）浆液，由于稳定析水率高（>5%），不能作为稳定性浆液。

综合考虑以上各种影响因素，普通水泥浆材试验选择 0.5∶1、0.8∶1、1∶1、2∶1、3∶1等 5 个水灰比进行灌浆水泥浆材试验。

(2) 外加剂的选择。灌浆水泥浆材在制浆过程中必须掺加高效减水剂，以降低浆液黏度，改善浆材的流动性能。研究表明，在水泥悬浮液中，粉末状的细小水泥颗粒会凝聚成带电荷的“团块”，导致浆液中真正的水泥颗粒粒径与干水泥粉末状态下的颗粒粒径分布不完全相同，进而直接影响浆液的流变特性和对岩石微细裂隙的灌浆效果。使用一定量的高效减水剂可以在浆液中对电荷起中和作用，将“团块”分散成单一的水泥颗粒状态，降低浆液的凝聚力，使浆液在保持相对稳定的同时具有良好的流动性，以满足灌浆施工的需要。此外，特定的高效减水剂还具有提高结石后期强度和延长浆液凝结时间等作用。

浆液凝聚力是液体内部的一种力，是由一定浓度的黏性细颗粒形成絮网状结构后产生的，以塑性屈服强度 $\tau_0$ 表示。它决定浆液的扩散半径，影响最终注入量。黏度是浆材试验中常用的试验参数，也是减水剂选择试验的主要指标之一，通常以塑性黏度和表观黏度表示。为与施工现场条件尽量保持一致，试验采用 Marsh 漏斗黏度作为试验参数。

外加剂的筛选工作非常复杂。对于外加剂的选择，以能使浆液保持良好流动性为主要依据，同时又使浆液保持一定的相对稳定性。根据已进行的相关浆材外加剂选择试验，在使用低水灰比（$W/C<1:1$）情况下，浆材的流动性降低。因此，为改善浆液的流变特性，试验依据在三峡、水布垭等工程中广泛使用的萘磺酸钠－甲醛（UNF－5S）高效减水剂已进行的掺量试验，减水剂掺量选择 1.0%。

(3) 制浆工艺。普通水泥的制浆采用一般工艺即可。依据设计文件进行浆液在模拟5MPa高压状态下的性能检测试验。试验内容包括外加剂的掺加方法和结石的强度性能等。因为含外加剂的水泥浆的流变特性与加入外加剂的不同时间有关，通常分为后掺法和前掺法。对于较稠的浆液［0.6∶1 ($W/C<1:1$)］，可采用后掺法，即首先将外加剂(按1∶10重量比）加入拌和用水中，充分搅拌溶解后，加入先拌和的水泥浆中再拌制3min，然后将水泥浆改用低速搅拌。研究表明，后掺法制得的浆材相比前掺法，其浆液凝聚力减小了50%～100%。而对于较稀的浆液($W/C=1:1$)，由于浆液本身凝聚值较小，为使浆液具有更高的稳定性，可将外加剂直接加入水和水泥一起拌和。最后将制得的浆液排入低速搅拌机进行搅拌，并进行取样测试。后掺法的具体步骤如下：

水＋水泥→高速搅拌机→高速搅拌3min→低速搅拌 $t$→取样测试

水＋减水剂

2. 浆材配合比与性能检测

通过对以上影响水泥浆材性能的主要参数的选择，对P.O_1水泥进行了浆材性能试验。确定普通水泥浆材试验配合比，见表9.1-4；其浆材性能试验结果见表9.1-5、表9.1-6。

**表9.1-4　　P.O_1水泥浆材试验配比表**

| 试验编号 | 水灰比 ($W/C$) | 外加剂UNF-5S | 比重 | 漏斗黏度/s | 稳定析水率/% |
|---|---|---|---|---|---|
| 1 | 0.5∶1 | 1% | 1.81 | 23.3 | 6.2 |
| 2 | 0.8∶1 | 1% | 1.65 | 21.1 | 13.1 |
| 3 | 1∶1 | | 1.57 | 19.4 | 28.6 |
| 4 | 2∶1 | | 1.32 | 16.8 | 42.2 |
| 5 | 3∶1 | | 1.23 | 15.0 | 53.2 |

**表9.1-5　　常压条件下P.O_1水泥浆材性能试验结果**

| 试验编号 | 凝结时间/h：min | | 抗压强度/MPa | 抗压强度/MPa | 抗渗强度/MPa |
|---|---|---|---|---|---|
| | 初凝 | 终凝 | 7d | 28d | 28d |
| 1 | 4：53 | 6：57 | 18.5 | 32.1 | 2.1 |
| 2 | 5：41 | 7：36 | 14.8 | 21.7 | 1.0 |
| 3 | 6：48 | 8：43 | 13.8 | 19.1 | 0.6 |
| 4 | 7：27 | 10：18 | 8.0 | 14.2 | 0.3 |
| 5 | 16：15 | 25：35 | 6.61 | 9.1 | 0.4 |

**表9.1-6　　高压条件下P.O_1水泥浆材性能试验结果**

| 试验编号 | 凝结时间/h：min | | 抗压强度/MPa | 抗压强度/MPa | 抗渗强度/MPa |
|---|---|---|---|---|---|
| | 初凝 | 终凝 | 7d | 28d | 28d |
| 1 | <1h | <1h | 61.6 | 71.8 | >3.0 |
| 2 | <1h | <1h | 68.0 | 75.2 | >3.0 |

续表

| 试验编号 | 凝结时间/h：min | | 抗压强度/MPa | 抗压强度/MPa | 抗渗强度/MPa |
|---|---|---|---|---|---|
| | 初凝 | 终凝 | 7d | 28d | 28d |
| 3 | ＜1h | ＜1h | 72.7 | 94.1 | ＞3.0 |
| 4 | ＜1h | ＜1h | 71.0 | 91.9 | ＞3.0 |
| 5 | ＜1h | ＜1h | 67.3 | 89.0 | ＞3.0 |

试验结果表明，P.O_1普通水泥在高压条件下浆液的凝结时间均小于1h，由于高压脱水的原因，水泥结石的强度为常压条件下的3倍左右，强度与浆液水灰比的关系不明显，7d强度能达到28d强度的85%以上。

**9.1.3.6 现场帷幕灌浆试验研究**

1. 试验场地地质条件

（1）地层岩性。场地出露地层为奥陶系下统大湾组第一段上部（$O_1d^{1-3}$）地层，岩性为灰～灰绿色页岩夹少量薄层～中厚层状含泥质灰岩。岩层产状为走向356°，倾向266°，倾角44°。

（2）地质构造。场区位于江口背斜北西翼，为单斜地层，场地内无断层通过。受坝址区构造的影响，场区主要发育一组共轭X节理：走向275°～291°，倾向185°～201°或5°～21°，倾角60°～90°，裂隙间距0.1～2.0m，延伸长大于1m，裂面平直，局部呈铁锈色，裂隙多闭合。试验钻孔取芯亦揭露，岩体中主要发育中～高倾角裂隙，部分裂隙近直立，多数裂面平直，被浸染成铁锈色。

（3）岩溶。帷幕灌浆试验场地岩体主要为页岩，夹少量薄～中厚层状含泥质灰岩。通过基岩顶板地质编录及钻孔岩芯揭露，未见溶洞，仅发育少量溶蚀裂隙。

（4）软弱层间剪切带。场地地表未见层间剪切带，在钻孔深度范围内主要发育Ⅰ-1305、Ⅰ-1306、Ⅱ$_1$-1307、Ⅱ$_1$-1308等层间泥化剪切带。根据剪切带的成因类型、物质组成及性状，层间剪切带分为两类：Ⅰ类泥化剪切带、Ⅱ$_1$类层间破碎夹泥剪切带。

2. 试验方案

（1）灌浆孔布置。帷幕试验区共布置帷幕灌浆孔18个，分B1、B2、B3 3个试区。B1区布置8孔，孔距2.5m；B2区布置5孔，孔距3.0m；B3区布置7孔，孔距2.0m。其中B1-1-Ⅰ-4孔与B2-1-Ⅰ-1孔为同一孔，B2-1-Ⅱ-3与B3-1-Ⅱ-1孔为同一孔。3个试区均按双排布孔，排距1.0m，基岩孔深均为35m。共布置抬动变形观测孔2个、物探测试孔4个、质量检查孔8个。孔位布置见图9.1-2。

主要针对受夹层切割奥陶系大湾组一段（$O_1d^{1-3}$）页岩夹少量薄层砂岩、灰岩地层开展合适的灌浆孔、排距研究；对基岩中发育的Ⅰ-1305、Ⅰ-1306、Ⅱ$_1$-1307、Ⅱ$_1$-1308等泥化夹层开展高压压水击穿试验。

（2）观测和检查孔布置。

B1、B2两区中间布置2个抬动观测孔，孔深均为22m。

B1、B3区两排孔中间各布置2个物探孔，孔深均为35m。

B1、B2、B3三区分别布置3个、2个、3个压水检查孔，孔深均为35m。其中，下

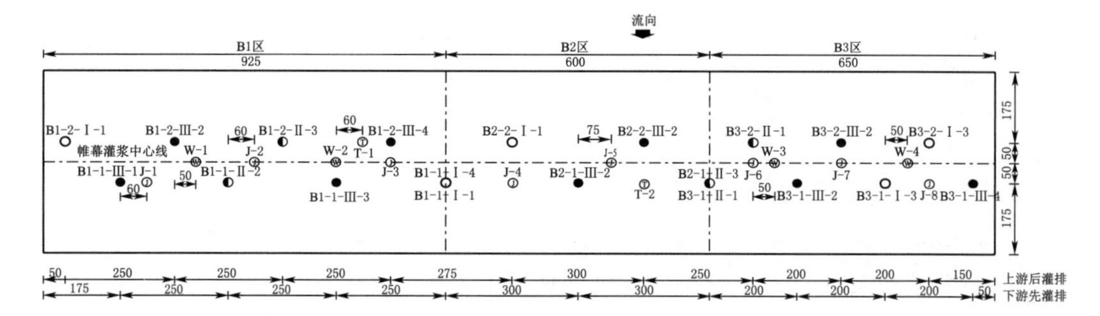

图 9.1-2　帷幕灌浆试验孔位布置图

游排各区布置 1 个单排帷幕灌浆效果压水检查孔；帷幕灌浆中心线上各区分别布置 2 个、1 个、2 个双排帷幕灌浆效果压水检查孔。耐久性压水、抗击出性压水、孔内电视录像都利用这些压水检查孔进行。

（3）灌浆方法和压力控制。

1）帷幕灌浆第 1 段 2m（孔口段）按常规孔内循环法灌浆，灌后镶嵌孔口管，第 2 段及以下各段采用孔口封闭高压灌浆法灌浆。

2）灌浆施工采用三参数灌浆自动记录仪，对灌浆压力、压水压力、灌入量和水灰比进行全过程监控，并配合手工记录，以便相互验证，同时采用相配套的灌浆成果整理软件及时对成果进行分析。

3）利用高压灌浆技术对剪切带软弱夹泥层与岩溶充泥层进行高压劈裂，将产生劈裂穿插和包裹挤密的作用，形成密实的幕体，是解决夹泥层和充泥层灌浆成幕问题的相对有效方法。根据混凝土重力坝设计规范要求，坝基帷幕灌浆接触段灌浆压力取 1～1.5 倍坝前静水头，终孔段压力取 2～3 倍坝前静水头。按银盘水电站大坝的水头要求，坝基接触段灌浆压力需达 0.7～1.0MPa，终孔段压力达 1.6～2.4MPa。为了增强帷幕厚度及密实度，帷幕灌浆试验采用较高的灌浆压力，即坝基接触段灌浆压力为 0.7～1.0MPa，终孔段压力为 3.0MPa。灌浆压力见表 9.1-7。为防止高压灌浆对建筑结构造成不利影响，帷幕灌浆试验中灌浆压力应与注入率相适应，尤其是浅层孔段。对接触段灌浆压力和压力控制措施进行试验验证，并对其他段的不同压力的灌浆效果进行分析，以研究确定银盘水电站工程宜采用的合适灌浆压力，控制抬动变形。当确认抬动值在允许范围内时，则尽快将灌浆压力提升至设计值。灌浆压力与注入率的对应关系见表 9.1-8。

**表 9.1-7　　灌浆段长及相应的灌浆压力值表**

| 分　段 | 第 1 段 | 第 2 段 | 第 3 段 | 第 4 段 | 第 5 段及以下各段 |
|---|---|---|---|---|---|
| 段长/m | 2 | 3 | 5 | 5 | 5 |
| 灌浆压力/MPa | 0.7～1.0 | 1.2～1.5 | 1.5～2.0 | 2.5 | 3.0 |

**表 9.1-8　　灌浆压力与注入率的相应关系**

| 注入率/（L/min） | >50 | 50～30 | 30～20 | 20～10 | <10 |
|---|---|---|---|---|---|
| 最大灌浆压力/MPa | 0.3 | 0.3～0.7 | 0.7～1.2 | 1.2～2.0 | >2.0 |

3. 试验效果检测方法

帷幕灌浆质量和效果检查，根据压水试验基岩透水率、钻孔取芯、孔内电视录像，结合灌浆前、后岩体波速等资料进行综合评定。主要检测方法如下。

（1）常规压水试验。检查采用三级压力五个阶段的五点法或单点法，自上而下分段卡塞进行。压水分段长度与灌浆分段一致，压水压力可为相应孔段灌浆压力的80%，不大于1.0MPa，压水检查合格标准为$q \leqslant 3$Lu。

（2）弹性波测试采用钻孔声波剖面穿透法和单孔测点法。通过灌前、灌后波速对比，分析灌浆对基岩力学性能改善的程度。

（3）软弱夹层的耐久性与抗击出性试验。在灌前、单排灌后及双排灌后分别选取有代表性的常规灌浆孔和压水检查孔，进行耐久性压水试验（疲劳压水试验）。

（4）孔内电视录像。孔内电视录像能清楚地反映出孔内四壁的情况，在夹层、溶蚀裂隙发育部位，选取2个常规压水检查孔进行孔内电视录像，更加直观地了解帷幕灌浆后水泥结石充填及胶结情况。

（5）芯样理化性能测试。选取灌后压水检查孔中所取水泥结石芯样，进行室内力学性能（如抗剪强度、抗渗强度对比）检测；并对水泥结石岩芯试样进行X-ray能谱、电镜扫描、X-ray衍射等物化测试，分析结石的水化程度和微观结构，以评价帷幕灌浆效果。

4. 灌浆试验成果分析

先灌排及后灌排的灌浆单位注入量见表9.1-9，单孔、跨孔声波波速成果见表9.1-10，累计频率见图9.1-3、图9.1-4。由表9.1-9、表9.1-10及图9.1-3、图9.1-4图可以看出：

（1）整个帷幕区后灌排比先灌排在耗灰量及单位注入量、透水率上降低规律明显，总体上看，帷幕灌浆分排效果明显。

（2）由分序统计及累计频率曲线成果可以看出，先灌排灌前透水率及单位注入量递减趋势明显，后灌排递减趋势稍弱，但总体上仍呈现出逐渐降低的变化趋势，说明帷幕分序灌浆效果较好。

（3）帷幕试验区单孔、跨孔声波波速成果揭示，灌前灌后单孔及跨孔平均波速提高程度不大（1.47%～3.91%），但波速区间分布变化较为明显，灌后单孔、跨孔中4000～4500m/s范围的测点数所占的百分比分别提高了8.51%、13.62%，提高幅度较大；灌前单孔及跨孔测试中无法获得声波测值的测点，经过灌浆后均能正常测得波速值，同时消除了跨孔声波测试中3000～3500m/s的低波速区。

**表9.1-9　帷幕灌浆单位注入量**　单位：kg/m

| 试　区 | 排　序 | Ⅰ序孔 | Ⅱ序孔 | Ⅲ序孔 | 平均值 |
|---|---|---|---|---|---|
| B1区 | 先灌排 | 103.43 | 13.53 | 24.31 | 53.02 |
| | 后灌排 | | 9.29 | 5.66 | 6.86 |
| B2区 | 先灌排 | 154.22 | 29.49 | 9.88 | 64.43 |
| | 后灌排 | 4.44 | | 3.55 | 3.99 |

续表

| 试　　区 | 排　　序 | Ⅰ序孔 | Ⅱ序孔 | Ⅲ序孔 | 平均值 |
|---|---|---|---|---|---|
| B3 区 | 先灌排 | 118.04 | 29.49 | 35.67 | 54.94 |
| | 后灌排 | 24.93 | 8.98 | 4.35 | 12.76 |
| 综合 | 先灌排 | 108.36 | 21.5 | 25.37 | 49.53 |
| | 后灌排 | 14.71 | 9.14 | 4.87 | 8.39 |

**表 9.1－10　　帷幕区声波波速成果**

| 孔号 | 最小值/(m/s) | | 最大值/(m/s) | | 平均值/(m/s) | | 平均提高 |
|---|---|---|---|---|---|---|---|
| | 灌前 | 灌后 | 灌前 | 灌后 | 灌前 | 灌后 | |
| W－1 | | 2857 | 5263 | 5556 | 3796 | 3944 | 3.91% |
| W－2 | | 2564 | 5881 | 6061 | 3875 | 3997 | 3.16% |
| W－3 | | 2857 | 5714 | 5405 | 3848 | 3947 | 2.55% |
| W－4 | | 2410 | 5405 | 5882 | 3851 | 3962 | 2.87% |
| 4 个单孔 | | 2410 | 5881 | 6061 | 3843 | 3963 | 3.12% |
| W－1～W－2 | 3514 | 3543 | 4052 | 4684 | 3832 | 3911 | 2.07% |
| W－3～W－4 | 3277 | 3534 | 4775 | 4992 | 4089 | 4149 | 1.47% |
| 2 对跨孔 | | 3534 | 4775 | 4992 | 3960 | 4030 | 1.76% |

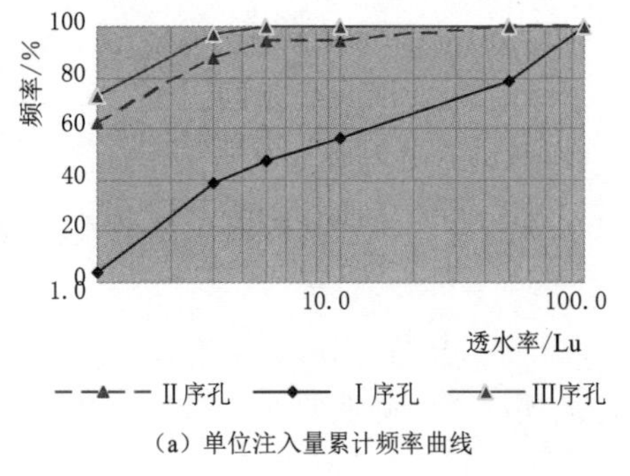


(a) 单位注入量累计频率曲线

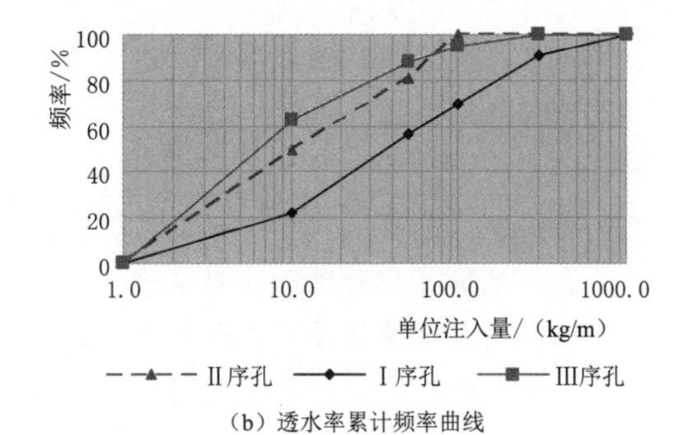


(b) 透水率累计频率曲线

图 9.1－3　帷幕区先灌排单位注入量及透水率累计频率曲线

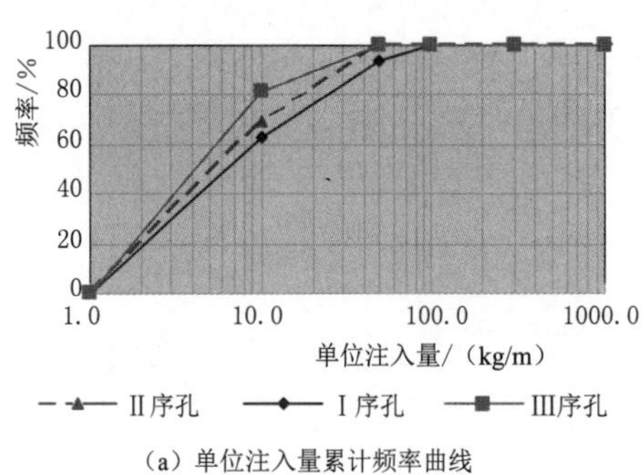


(a) 单位注入量累计频率曲线

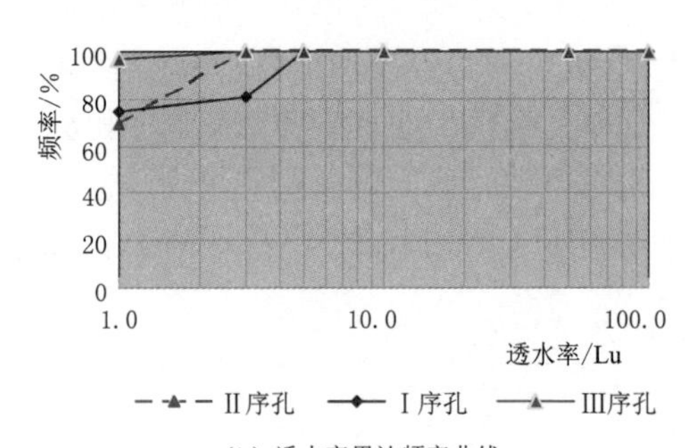


(b) 透水率累计频率曲线

图 9.1－4　帷幕区后灌排单位注入量及透水率累计频率曲线

根据帷幕分排和分序、灌前灌后声波测试成果及压水检查成果综合分析认为，帷幕整体灌浆效果良好，试验采用的布孔方式、灌浆压力以及施工工艺是可以满足工程要求的。

5. 软弱夹层的耐久性与抗击出性试验

(1) 试验方案。软弱夹泥层、岩溶充泥层岩体经过高压灌浆后，帷幕幕体成幕质量及耐压性能成为工程关心的重点问题之一。在帷幕灌前、单排灌后及双排灌后分别选取有代表性的常规灌浆孔和压水检查孔，进行耐久性压水试验（疲劳压水试验）。试验段主要针对钻孔取芯及孔内电视录像揭示的软弱夹层进行。段长 5～10m，初始压力为 0.5MPa，目标压力为 1.0MPa，升压步长为 0.1MPa，每级压力持续 1h，待升压至 1.0MPa 后，持续压水 67h，纯压式压水总时间 72h，获取帷幕耐久性参数。

抗击出性压水试验（破坏性压水试验）是在疲劳压水试验的基础上，继续逐级提高压力，每级增加 0.05MPa，每级压力稳定时间不小于 5min，直至岩体中的剪切带软弱夹泥层有破坏迹象时，再逐级降低压力至起始值 1MPa 结束，推求帷幕幕体破坏性参数。

(2) 试验结果。帷幕灌浆试验区灌前 B1-2-Ⅰ-1 号孔、单排灌后 J-1、J-8 号孔及双排灌后 J-2、J-5、J-7 号检查孔共 6 个典型孔段的耐久性压水试验流量-时间曲线成果见图 9.1-5。

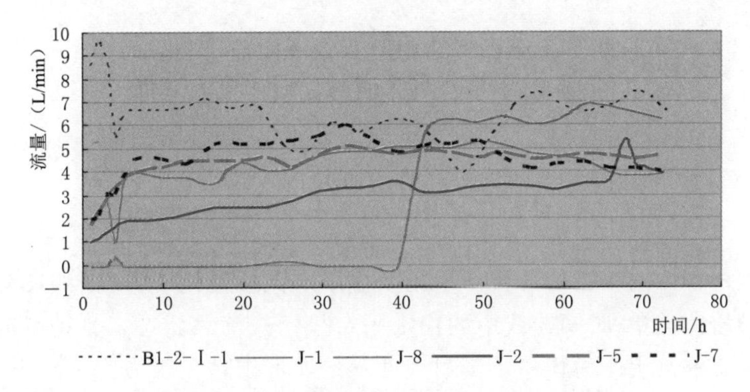


图 9.1-5 耐久性压水试验流量-历时曲线

抗击出性压水试验分别在上述各孔耐久性压水试验完成后紧接着进行。破坏性压水压力-流量曲线分别见图 9.1-6、图 9.1-7、图 9.1-8。

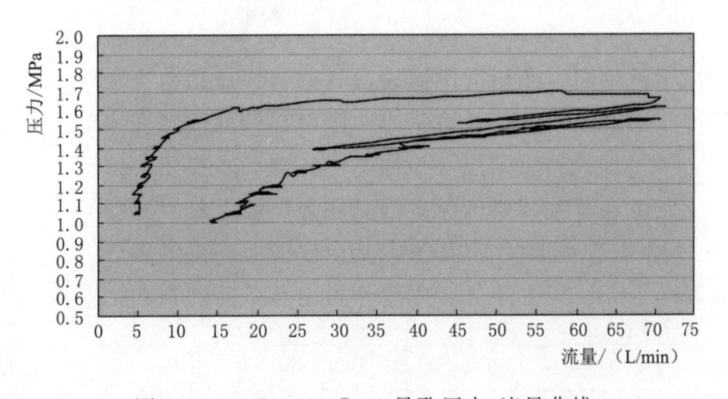


图 9.1-6 B1-2-Ⅰ-1 号孔压力-流量曲线

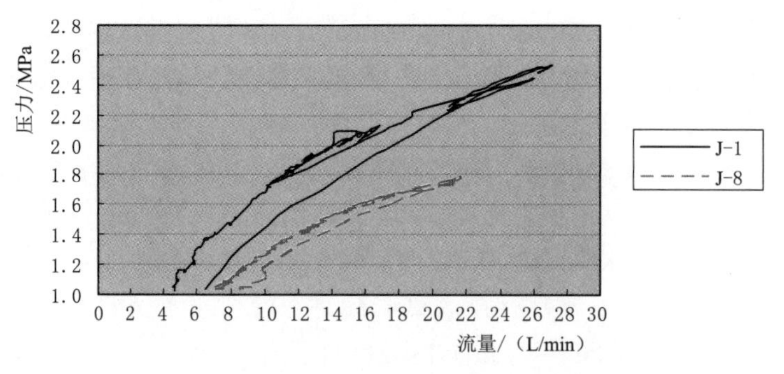


图9.1-7 J-1、J-8号孔压力-流量曲线

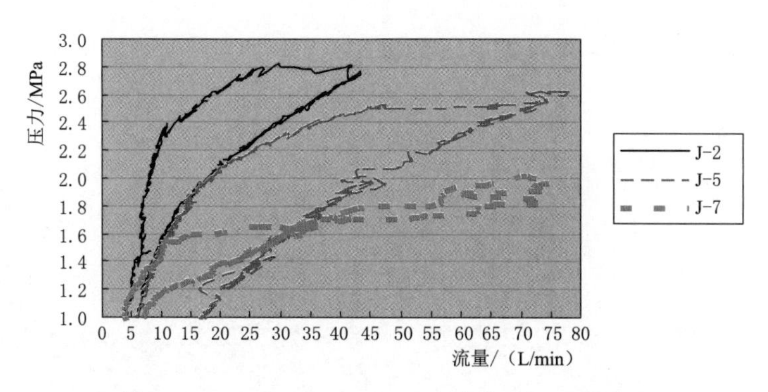


图9.1-8 J-2、J-5及J-7号孔压力-流量曲线

（3）帷幕幕体耐压指标分析。由耐久性压水试验流量-历时曲线图对比可看出，灌前剪切夹泥带岩体流量-时间曲线中的稳定平台呈“振荡”状态，且持续时间相对较短，说明天然情况有外水头压力作用下其耐久性不足，不排除在压力为1.0MPa、时间更长的压力水头作用下被击穿破坏的可能性。单、双排灌浆后流量-时间曲线在疲劳压水结束阶段趋于收敛稳定状态，透水率均稳定在3.0Lu（防渗标准）以内，耐久性明显增强，可以满足设计要求，单排灌浆后帷幕的耐久性比双排灌浆后略差。

根据上述耐久性压水试验流量-时间曲线成果可以得出来夹泥层孔段防渗帷幕幕体耐压指标见表9.1-11。

**表9.1-11　　防渗帷幕幕体耐压指标**

| 阶段 | 帷幕分区 | 孔号 | 比例极限/MPa | 破坏压力/MPa | 半幕体厚度/m | 渗透破坏水力比降 | 实际渗透比降 |
|---|---|---|---|---|---|---|---|
| 灌前 | B1 | B1-2-Ⅰ-1 | 1.4 | 1.65 | | | |
| 单排灌后 | B1 | J-1 | 2.0 | 2.5 | 1.00 | 250 | 48.5 |
| | B3 | J-8 | 1.5 | 1.79 | 1.25 | 143 | 32.8 |
| 双排灌后 | B1 | J-2 | 2.2 | 2.8 | 1.375 | 203 | 34.5 |
| | B2 | J-5 | 2.0 | 2.5 | 1.15 | 217 | 37.8 |
| | B3 | J-7 | 1.58 | 2.0 | 1.72 | 116 | 24.1 |

分析认为，单排灌后帷幕幕体的破坏压力最小为1.79MPa，双排灌后有所提高，帷幕幕体的破坏压力最小为2.0MPa；在坝前最大水头作用下，单、双排灌后夹泥层幕体的渗透破坏水力比降较实际渗透比降有一定的安全裕度。

### 9.1.4 渗控工程设计实践与动态优化

#### 9.1.4.1 帷幕灌浆施工控制技术

1. 钻孔和冲洗压水

钻孔开孔孔位偏差不大于10cm。在钻孔中主要的问题是控制孔斜，孔斜值应控制在允许范围内。垂直孔或顶角小于5°的钻孔，其孔底偏差值不大于表9.1-12的规定。

**表9.1-12　　钻孔孔底最大允许偏差值**

| 孔深/m | 20 | 30 | 40 | 50 | ≥60 |
|---|---|---|---|---|---|
| 允许偏差值/m | 0.25 | 0.45 | 0.7 | 1.0 | 1.3 |

在钻完一个孔段后，应进行冲洗，冲洗的目的：①将孔内岩屑等冲净；②将孔壁上的附着物冲洗干净；③将裂隙内的充填物冲洗出来。这道工序对灌浆质量的影响较大，但要将细小裂隙中的充填物，特别是夹泥裂隙的充填物冲出来，难度是很大的。银盘水电站工程通过采用不同的冲洗工艺（单孔风水联合冲洗、单孔高压喷射冲洗、串通孔冲洗等），利用高压灌浆技术对剪切带软弱夹泥层与岩溶充泥层进行高压劈裂，将产生劈裂穿插和包裹挤密的作用，形成密实的幕体，是解决夹泥层和充泥层灌浆成幕问题的相对有效方法。因此，为了增强帷幕厚度及密实度，帷幕灌浆采用较高的灌浆压力。

冲洗后进行压水试验，通过压水试验，分析是否需调整灌浆设计参数，检查帷幕灌浆效果。帷幕灌浆先导孔及质量检查孔的压水试验一般采用单点法，特殊部位采用五点法；一般灌浆孔的压水试验采用简易压水法。压水试验压力（压力表控制压力）按表9.1-13控制。

**表9.1-13　　压水试验压力**　　单位：MPa

| 段　次 | 单排孔或双排孔第1排（先灌排）帷幕灌浆孔 | 双排孔第2排（后灌排）帷幕灌浆孔 | 单排帷幕区检查孔 | 双排帷幕区检查孔 |
|---|---|---|---|---|
| 第1段 | 0.5～0.6 | 0.8 | 0.7 | 1.0 |
| 第2段 | 0.8 | 1.0 | 1.0 | 1.0 |
| 第3段 | 1.0 | 1.0 | 1.0 | 1.0 |
| 第4段 | 1.0 | 1.0 | 1.0 | 1.0 |
| 第5段及以下 | 1.0 | 1.0 | 1.0 | 1.0 |

2. 灌浆方法

帷幕灌浆孔的第1段（接触段）采用孔内阻塞灌浆法进行灌浆，阻浆塞阻塞在基岩面以上20cm混凝土内；第2段及以下各段采用“小口径钻孔、孔口封闭、自上而下分段、孔内循环法”灌注。分Ⅲ序施工，灌浆过程采用三参数自动记录仪控制。帷幕钻孔一般采用XY-2型地质钻机钻进，钻孔孔径一般为孔口段$\phi$76mm，以下各段$\phi$56mm。

3. 帷幕灌浆施工次序

帷幕灌浆钻孔按排序加密、自上而下分段的原则进行。各类钻孔施工顺序为：抬动观测孔→物探测试孔→帷幕灌浆先导孔→第2排（下游排）帷幕灌浆Ⅰ序孔、Ⅱ序孔、Ⅲ序孔分序施工→第1排（上游排）帷幕灌浆Ⅰ序孔、Ⅱ序孔、Ⅲ序孔分序施工→质量检查孔。

4. 灌浆浆液和段长

灌浆浆液以普通纯水泥浆液为主，浆液水灰比（重量比）采用3∶1、2∶1、1∶1、0.8∶1、0.5∶1等5个比级，开灌水灰比一般采用3∶1，但对于灌前钻孔失水、不起压等孔段可采用2∶1浆液开灌。

第1段（接触段）为2m，局部根据孔口管嵌入基岩深度要求可适当加长至3.0m，第2段为3m，第3段及以下各段一般为5m，地质缺陷部位应适当缩短段长；终孔段根据实际情况，可适当加长段长，但最大段长不得大于10m。

5. 灌浆压力及控制

灌浆压力是提高帷幕灌浆质量和保证帷幕灌浆质量的重要因素之一。根据《混凝土重力坝设计规范》要求，坝基帷幕灌浆接触段灌浆压力取1～1.5倍坝前静水头，终孔段压力取2～3倍坝前静水头。按银盘水电站大坝的水头要求，坝基接触段灌浆压力需达0.8～1.0MPa。各灌浆孔段的灌浆压力一般按表9.1-14控制。一般来讲，压力越大，可使水泥浆扩散得更远、充填得更密实，与岩石黏结力越高，灌浆效果越好。但过高的压力容易抬动岩层，发生事故。为防止高压灌浆对建筑结构造成不利影响，帷幕灌浆中灌浆压力应与注入率相适应，尤其是浅层孔段，以控制抬动变形。灌浆时先采用较低的起始灌浆压力开灌，通过分级升压方式逐步达到设计目标灌浆压力。升压灌浆过程中，如变形值上升较快或接近允许值时，应立即恢复到升压前的压力灌注。灌浆压力与注入率的对应关系见表9.1-15。灌浆开灌水灰比为3∶1，当确认抬动值在允许范围内时，则尽快将灌浆压力提升至设计值。

**表9.1-14　灌浆压力及压水试验压力表**

<table>
<tr><th rowspan="3">帷幕类别</th><th colspan="4">灌浆压力/MPa</th><th colspan="4">压水试验压力/MPa</th></tr>
<tr><th rowspan="2">第1段（接触段）</th><th rowspan="2">第2段</th><th rowspan="2">第3段</th><th rowspan="2">第4段及以下各段</th><th colspan="2">灌前压水试验</th><th colspan="2">灌后压水试验</th></tr>
<tr><th>第1段</th><th>第2段及以下各段</th><th>第1段</th><th>第2段及以下各段</th></tr>
<tr><td>左非2号坝段至右非3号坝段帷幕孔</td><td>0.8～1.0</td><td>1.5</td><td>2.0</td><td>3.0</td><td rowspan="2">0.5</td><td rowspan="2">0.8</td><td>1.0</td><td>1.0</td></tr>
<tr><td>左非2号坝段以左、右非3号坝段以右帷幕孔</td><td>0.8</td><td>1.2</td><td>2.0</td><td>3.0</td><td>0.8</td><td>1.0</td></tr>
</table>

表 9.1-15　　注入率与最大灌浆压力关系表

| 注入率/(L/min) | >50 | 50～30 | 30～10 | <10 |
| --- | --- | --- | --- | --- |
| 最大灌浆压力/MPa | 0.3 | 0.3～0.7 | 0.7～1.5 | >1.5 |

6. 灌浆结束标准

灌浆段在最大设计压力下，注入率不大于 1.0L/min 后，继续灌注 60min，可结束灌浆。

7. 帷幕灌浆质量的检查

帷幕灌浆质量评定以质量检查孔压水试验成果、钻孔、压水试验、灌浆、钻孔测斜、灌浆前后物探测试、抬动变形观测、孔内摄像等成果以及必要的大口径钻孔检测等资料综合评定。

帷幕灌浆质量检查合格标准为：第 1 段（接触段，包括各层灌浆平洞的第 1 段）及其下一段的合格率应为 100%；以下各段合格率应不小于 90%，不合格的孔段透水率 $q$ 分别应不超过 4.5Lu（两岸灌浆平洞下帷幕 $q \leqslant 7.5$Lu），且不合格试段的分布不集中，灌浆质量评为合格。

#### 9.1.4.2 岩溶渗漏处理与动态设计

1. 三期基坑地质条件

三期基坑出露地层以碎屑岩地层为主，碳酸盐岩分布较少。坝基分布的灰岩层有 $O_{2+3}$ 层，$O_{2+3}$ 层主要分布在 10 号～12 号坝段、上闸首及邻近上闸首的闸室段。泄 10 号～12 号坝段岩体中主要发育 $K_{77}$、$K_{78}$ 及 $K_{79}$ 等溶洞群与 NWW、NEE 两组高倾角溶蚀裂隙。船闸坝段岩体中主要发育 $K_{79}$ 溶洞与 NWW、NEE 两组高倾角溶蚀裂隙，均形成大面积的岩溶强烈发育区。溶洞全充填黄泥夹碎石，少量砂砾石，黄泥可塑～软塑状，溶蚀裂隙裂隙面较平整，在灰岩中裂隙多沿裂面溶蚀，裂面呈铁锈色、充填方解石。

在基础开挖过程中，船闸坝段上闸首基岩 $O_{2+3}$ 灰岩主要出露两处出水点 $KW_{84}$、$KW_{88}$。其中 $KW_{84}$ 出水点出露在上闸首左侧部位，距坝轴线上游约 4.8m 处，出口处为一宽约 1.2m、高约 0.3m 的狭缝状溶洞，高程为 167.689m。出口处水流呈涌出状，流速较快，目估流量约 1500～2000L/min。$KW_{88}$ 出水点出露在上闸首齿槽上游壁，出口处开挖前为裂缝，开挖后为一宽约 1.2m、高约 0.5m 的三角形溶洞，高程为 165.75m。出口处水流流量约 200L/min。在闸室底板开挖过程中又出露一处出水点 $KW_{89}$，该出水点呈泉涌状，目估流量约 3000～3500L/min。该出水点揭露后，前 $KW_{84}$、$KW_{88}$ 两处出水点的涌水量有所减少，经分析，该出水点与 $KW_{84}$、$KW_{88}$ 两处出水点为一个岩溶系统。

(1) $KW_{89}$ 岩溶集中渗漏。2011 年 7 月，三期基坑船闸开挖至高程 159m 左右时，闸室 1 左块集水井附近的 $KW_{89}$ 岩溶出现了涌泉状漏水，流量约 180～210$m^3$/h。随后进行集水井开挖时，漏水量剧增，达 4000$m^3$/h 左右。渗漏处理期间，上闸首Ⅱ区左块又发生了岩溶击穿渗漏，最终发展成 2 处大漏量集中渗漏，总渗漏水量达 6000$m^3$/h 左右，渗水水头约 22m，渗漏点位置见图 9.1-9，渗漏量见图 9.1-10 和图 9.1-11。

集中渗漏水来源于左侧二期工程下游江水，江水沿 $KW_{89}$ 岩溶系统入渗绕过纵向围堰发生渗漏，前期采取过帷幕灌浆、卵石回填、黏土灌浆等方案处理，均告失败。

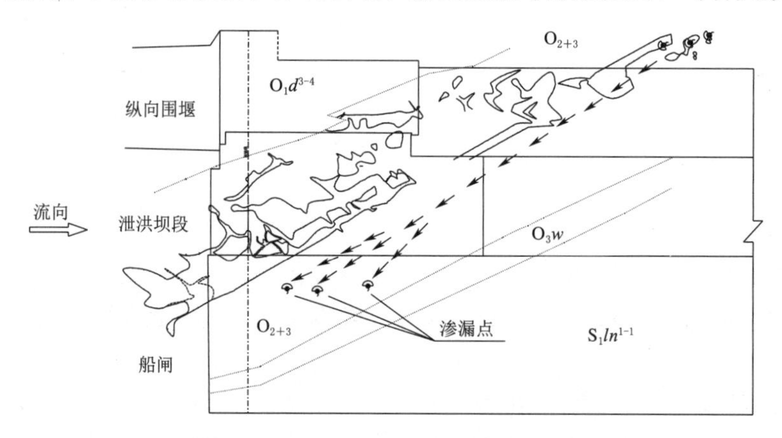


图 9.1-9　三期基坑岩溶渗漏示意图

图 9.1-10　三期基坑 $KW_{89}$ 岩溶渗漏图

图 9.1-11　三期基坑 $KW_{89}$ 岩溶渗漏淹没图

（2）$KW_{84}$ 岩溶集中渗漏。船闸上闸首基础开挖过程中，$O_{2+3}$ 灰岩中出露的 $KW_{84}$ 出现了集中渗漏，漏水点位于上闸首左侧、坝轴线上游 4.8m 处，为一宽约 1.2m、高约 0.3m 的狭缝状溶洞，高程为 167.7m。渗漏水流呈涌出状，流速较快，流量约 90～120$m^3$/h，见图 9.1-12。渗漏水来源于上游围堰前的库水。

（3）$KW_{85}$ 岩溶集中渗漏。船闸上闸首基础开挖过程中，$O_{2+3}$ 灰岩中出露的 $KW_{85}$ 岩溶出现了集中渗漏。漏水点位于上闸首齿槽上游壁，渗漏量约 12$m^3$/h，见图 9.1-13。渗漏水来源于上游围堰前的库水。

2. 三期基坑岩溶渗漏处理

（1）$KW_{84}$、$KW_{88}$ 渗漏处理。针对船闸坝段上闸首基岩 $O_{2+3}$ 灰岩中出露的 $KW_{84}$、$KW_{88}$ 两处出水点，经采取引排、反灌处理后已无涌水现象出现。

（2）三期基坑 KW89 岩溶渗漏处理。三期基坑渗漏处理先后采取了入渗口封堵、帷幕灌浆等防渗堵漏措施，但效果不佳，最终采用高压力大流量集中涌水快速封堵新技术——反向灌浆法处理，其施工程序、施工方法及处理效果简述如下：

1）止水灌浆盒制作。三期基坑 $KW_{89}$ 岩溶渗漏最初为一个单一的渗漏出水口，渗漏流量大，加之渗漏时间长，出水口周边岩体破碎、溶蚀强烈，为此，采用尺寸为 4m×5m×1.5m（长×宽×高）的大型止水灌浆盒，止水灌浆盒侧壁连接 4 根 $\phi$630mm 的排水管。该止水灌浆盒安装、埋设完成后，在进行基岩清基、浇筑混凝土加固期间，其上游侧岩溶又发生了击穿破坏，并迅速发展成大流量集中渗漏，因此又在此处埋设了一个 2m×3m×1.5m（长×宽×高）止水灌浆盒，见图 9.1-14，同样也在其侧壁连接了 4 根 $\phi$630mm 的排水管，排放渗漏水。

图 9.1-12　三期基坑 $KW_{84}$ 岩溶渗漏图

图 9.1-13　三期基坑 $KW_{85}$ 岩溶渗漏图

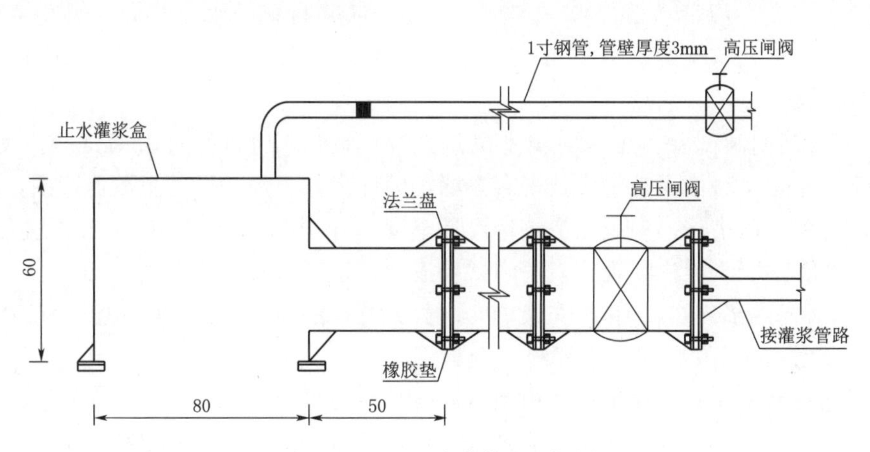


图 9.1-14　止水灌浆盒立视图

2）止水灌浆盒安装、埋设。由于两个止水灌浆盒尺寸都很大，均采用机械就位。止水灌浆盒就位后，因基岩凹凸不平，止水灌浆盒与岩石间的缝隙大，因此采用保温被等填塞止水，再浇筑压重混凝土止水、固定，压重混凝土采用错缝方式浇筑。止水灌浆盒安装、埋设见图 9.1-15、图 9.1-16。

3）压重混凝土浇筑。由于渗漏区岩溶发育，在渗漏水的冲刷作用下，渗漏通道及其连同的岩溶内的充填物不断冲出或软化，渗漏区已发展成网络状的渗漏带，为避免反灌期间岩体再次击穿，对上闸首Ⅱ区至闸室 2 左块间裸露灰岩均进行混凝土覆盖，压重混凝土厚度根据岩溶发育强度而不同，具体为：上闸首Ⅱ区至闸室 2 左块左侧等漏水点部位为6.8～9m；右侧地质条件较好，混凝土厚度较薄，为1m。混凝土标号为C150三级配。

图9.1-15 岩溶渗漏处理止水灌浆盒安装、埋设图（俯视）

图9.1-16 岩溶渗漏处理止水灌浆盒安装、埋设图（排水管处俯视）

4）接触面灌浆。由于底层基础混凝土大多在水中浇筑，混凝土胶结差，且浇筑过程中未清基，混凝土与岩面间夹有淤泥、浮渣等。为避免反灌过程中，沿混凝土与基岩接触面发生击穿渗漏，混凝土浇筑完成后，对基岩接触面进行了接触灌浆处理。接触灌浆孔按2.5m×2.5m（孔排距）布置，孔深入岩1m。灌浆材料为水泥浆液，灌浆采用限量灌浆法施工，即单孔灌浆量达1t后吸浆量无明显减少时，加入速凝剂灌注，单孔灌浆量达2t后结束灌浆。

5）关闭闸阀试验。压重混凝土浇筑至3m厚时，曾进行过关闸试验。关闸过程中，混凝土与基岩接触面出现了多处击穿渗漏，因此采取了加大混凝土覆盖范围，继续增加混凝土厚度的加固措施。混凝土浇筑达设计厚度后，于2012年9月11日再进行关闸试验，周边岩体、混凝土无渗漏现象，关闸试验成功，达到了实施反向灌浆要求。

6）反向灌浆。2012年9月12日13时左右开始反向灌浆作业，至9月14日结束灌浆作业，历时约40h，共灌入水泥约435t。

反向灌浆采用3台灌浆泵利用预留的3个钻孔采用一机一孔方式同时灌注，单机注入率初期按30～50L/min控制，一般按50～60L/min控制，最大达到近80L/min。为尽可能充分地充填岩溶渗漏通道，灌浆浆液采用0.5：1浓水泥浆，不掺加速凝剂。

从现场施工情况看，灌浆初期3个灌浆孔均不起压，至24h后开始起压，灌浆压力达0.3MPa后维持此压力继续灌注至9月14日结束。灌浆施工至次日8时左右，位于渗漏点下游左侧的集水井底部出现了漏浆现象。由于漏浆点位置特殊，无法进行紧急处理，因此，采取加大吸浆量方式继续灌注，即保持灌浆吸浆量大于漏浆点外漏量，至下午外漏浆液基本初凝、再无外漏后继续灌注至9月14日结束灌浆作业。

7）固结灌浆。考虑到岩溶渗漏通道规模大，为进一步加强对渗漏通道及渗漏区岩溶的充填、加固处理，避免后续基础开挖时再发生岩溶击穿渗漏，封堵灌浆完成后又对渗漏区进行了全面固结灌浆处理，固结灌浆孔深按岩溶发育下限高程135m控制，孔排距

2.5m×2.5m，共222孔，灌浆进尺约5500m，共灌入水泥935t，单耗168kg/m。

固结灌浆施工表明，Ⅰ序孔钻孔过程中共有10孔出现了小量涌水现象，所有Ⅱ序孔钻孔均无涌水现象，说明经反向灌浆和固结灌浆后，岩溶渗漏通道已封堵密实，三期基坑岩溶堵漏处理取得了圆满成功。

8）混凝土挖除。由于渗漏区基岩开挖尚未达设计高程，且压重混凝土多系水中浇筑，未清基，因此，固结灌浆完成后，对压重混凝土采取了部分挖除处理。

（3）反向灌浆封堵技术应用效果分析。银盘水电站三期基坑$KW_{89}$岩溶集中渗漏处理施工实践表明，高压力大流量集中渗漏快速封堵技术在处理管道集中渗漏方面具有以下显著优点：

1）处理质量可靠。上述两工程集中渗漏采用本方法均一次封堵处理成功。灌后检查，防渗封堵质量良好，到达预期目的和效果。

2）封堵处理时间短。三期基坑集中渗漏处理项目前后占用的施工工期约14个月，处理中采用了多种方法，花费了近一年时间，但未获成功，最终采用反向封堵灌浆处理。反向封堵灌浆占用的施工工期为：止水灌浆盒埋设及盖重混凝土浇筑约1.5个月，接触灌浆约5d，灌浆约2d，固结灌浆10d，部分盖重混凝土挖除约15d，反向封堵灌浆处理占用的施工工期约2.5个月，远远小于前期无效处理所浪费的施工工期。

3）处理投资小。三期基坑集中渗漏处理工程总投资达3500万元，其中反向封堵灌浆处理（包括止水灌浆盒埋设与安装、混凝土浇筑与挖除、接触灌浆、反向灌浆、固结灌浆以及施工抽水等）投资约400万元，占处理工程总投资的11%左右。

## 9.2 基岩固结灌浆设计研究

### 9.2.1 基岩固结灌浆工程的特点及难点

坝基开挖将基岩表层最不利的部位挖除，但岩体中不可避免存在着许多裂隙、断层或其他缺陷，这种缺陷通过固结灌浆得到弥补加固。

固结灌浆的目的在于通过钻孔、冲洗、压浆等工序将水泥浆充填入裂隙中，经凝固硬化形成结石，和岩体组成一体，减少不均匀变形，补强在开挖过程中造成的损伤，并可降低岩体的渗透性，防止管涌。

银盘水电站坝基岩体主要由页岩、砂岩和灰岩相间组成，为单斜地层，岩层倾向右岸偏下游。坝基范围内无大的顺河向断层切割，坝基存在基岩软硬相间、软弱夹层等，构成了坝基不均匀变形等复杂关键技术问题，坝基需进行灌浆加固处理。

针对软硬相间、软弱夹层分割而构成的基岩不均匀性问题，必须通过灌浆手段重点提高软岩及软弱夹层的物理力学指标，即提高基岩的均匀性与变形模量（或波速）。由于受夹层分割岩体和软弱夹层的可灌性差，使得常规固结灌浆手段对改善软岩及软弱夹层物理力学性能的作用有限，如采用现行的高强化灌方法处理，对坝基大面积使用而言，不仅费时，更重要的是要花费大量投资，基本不可行，因此，如何选取合适的灌浆工艺以及孔排距、灌浆压力等钻灌参数，使岩体得以有效灌注，岩体性能得以改善，是基岩固结灌浆处理的难点。

### 9.2.2　基岩固结灌浆方案设计

坝基岩体由于一方面存在性状差的剪切带、层间挤压破碎带和岩溶强烈发育等地质问题，另一方面受开挖爆破影响，基础表层一定深度范围内的岩体受到不同程度的损伤，产生新的裂隙，形成松动岩层，从而影响基岩的整体性，降低岩体强度。为提高坝基岩体整体性，减少其不均匀变形，并增强表层基岩的防渗能力，确定对大坝基础岩体进行一定范围的固结灌浆处理。

坝基固结灌浆的范围，原则上是根据坝基不同部位的应力情况及相应的工程地质条件确定。对岩体性状较好的Ⅱ、Ⅲ类岩，只需进行常规固结灌浆处理即可满足大坝要求，即在坝基上、下游各 1/4 应力较为集中的区域进行固结灌浆即可。Ⅳ类页岩岩体强度虽能满足建坝要求，但变形模量较低，需加强、加深固结灌浆，以避免产生不均匀变形问题。坝基开挖形成后，层间错动带、断层及其交汇区等地质缺陷部位应适当加深固结灌浆孔。

左、右岸非溢流坝段建基面开挖高程较高，且坝基呈台阶式陡坡，受卸荷影响强烈，坝基采用全面固结灌浆处理。

各坝段的固结灌浆范围为：坝基上、下游各 1/4 应力较为集中的区域；其中厂房坝段与溢流坝段间导墙建基面、泄洪坝段左区与中区间导墙建基面进行全面固结灌浆。

固结灌浆孔采用梅花形布置，孔、排距为 2m，孔深一般为 6m，为加强帷幕的防渗效果，防渗帷幕前布置一排深固结灌浆孔，孔深 12m。局部地质缺陷部位应适当加密或加深灌浆孔。

固结灌浆要求在一定盖重下进行，施工方法采取分序加密、孔内循环法，并要求自上而下分段进行灌注。灌注浆材采用强度等级不低于 42.5 级的普通硅酸盐水泥或硅酸盐大坝水泥。

固结灌浆质量检查以灌后压水检查、灌前、灌后弹性波检测资料等综合评定，压水检查合格标准为压水透水率小于 5Lu。

### 9.2.3　基岩固结灌浆主要工程技术问题研究

#### 9.2.3.1　影响工程的主要地质问题

（1）岩体软硬相间问题：坝基岩体由页岩、砂岩、泥灰岩、灰岩等组成，岩体软硬相间，其中软岩（$O_1d^{1-1}$、$O_1d^{1-3}$、$O_1d^{3-1}$、$O_3w$ 及 $S_1ln$）约占大坝长度的 63%，其强度和变形模量均较低，基岩不均匀变形问题突出。受夹层分割的基岩的可灌性问题也是值得引起关注的，它直接决定着基岩灌浆工程量的大小。

（2）软弱夹层问题：坝基岩体中发育有Ⅰ类泥化剪切带 11 条，$Ⅱ_1$ 类破碎夹泥剪切带 25 条，$Ⅱ_2$ 类破碎剪切带 30 条。坝址区 18 个钻孔共揭示 51 处破碎带，主要表现为挤压破碎、层间错动、裂隙密集等几种，厚度为数厘米到数十厘米不等，岩体风化破碎，局部泥化。众多基岩夹层的存在，构成坝基岩体不均匀变形等问题，是坝基固结灌浆处理的重点问题。坝基软弱夹层见图 9.2-1、图 9.2-2。

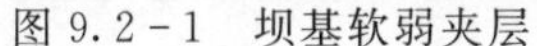
图 9.2-1 坝基软弱夹层

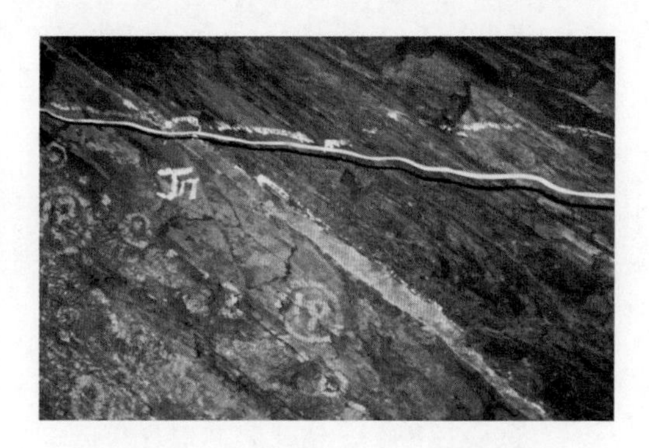
图 9.2-2 坝基Ⅰ-3101 软弱夹层

#### 9.2.3.2 研究总体思路

（1）针对软弱夹泥层与夹层分割岩体的固结灌浆，研究不同的冲洗工艺（单孔风水联合冲洗、单孔高压喷射冲洗、串通孔冲洗等）、不同的冲洗时间下的灌浆效果对比，探索适合工程特点、有效提高灌浆效果的灌浆工艺及控制措施。

（2）研究含夹层岩体在不同孔、排距灌浆条件下，灌前、灌后岩体物理力学性能［变（弹）模、声波］的提高和改善程度。

（3）利用物探、抬动变形自动观测、灌浆自动记录、常规压水、冲洗试验、孔内电视录像等测试和检验手段，取得试验数据资料，研究分析适合工程特点、满足坝基固结灌浆要求的灌浆工艺、灌浆参数及控制措施。

#### 9.2.3.3 研究方法

针对坝基存在基岩软硬相间、软弱夹层等主要工程地质问题，在工程前期开展进行了现场固结灌浆试验。

#### 9.2.3.4 现场固结灌浆试验研究

1. 试验场地地质条件

（1）地层岩性。试验场地为奥陶系下统大湾组第一段上部（$O_1d^{1-3}$）地层，岩性为灰～灰绿色页岩夹少量薄～中厚层状含泥质灰岩。岩层产状：走向 356°，倾向 266°，倾角 44°。

（2）地质构造。场区位于江口背斜北西翼，为单斜地层，场地内无断层通过。受坝址区构造的影响，场地地表主要发育有 NWW 一组裂隙：走向 296°～298°，倾向 26°～28°，倾角 51°～78°，裂隙微张，长 3～7m，间距 0.8～2m，面平直，浸染呈铁锈色。其中靠下游壁沿裂隙发育较多小裂隙，岩体破碎。

钻孔岩芯揭露，岩体主要发育中、高倾角裂隙，部分裂隙近直立，大部分裂面浸染呈铁锈色。

（3）软弱层带。根据剪切带的成因类型、物质组成及性状，场地出露层间剪切带分为两个基本类型：Ⅰ类泥化剪切带、$Ⅱ_1$ 类层间破碎夹泥剪切带。

试验场地主要发育Ⅰ-1305、Ⅰ-1306、$Ⅱ_1$-1307 及 $Ⅱ_1$-1308 层间剪切带。可行性研究阶段揭露的上述层间剪切带物质组成及性状见表 9.2-1。

表 9.2-1　　地勘揭露的试验区层间剪切带性状

| 剪切带类型及编号 | 剪切带厚度/cm | 泥化厚度/cm | 夹层性状 |
|---|---|---|---|
| Ⅰ-1305 | 1～3 | 1～2.5 | 页岩夹方解石脉，页岩泥化成灰白色泥，性状极差 |
| Ⅰ-1306 | 20 | 3～4 | 鳞片状页岩，强风化，中上部泥化厚 3～4cm，性状极差 |
| $Ⅱ_1$-1307 | 5 | 0.5～1 | 灰黄色页岩，强风化，局部泥化 |
| $Ⅱ_1$-1308 | 3 | 1 | 页岩夹极薄层灰岩，页岩强风化，局部成泥 |

试验过程中，钻孔岩芯取样较差，岩芯采取率低，岩芯素描及孔内电视录像揭示软弱层间剪切带不明显。试验场地Ⅰ-1305、Ⅰ-1306、$Ⅱ_1$-1307 及$Ⅱ_1$-1308 层间剪切带物质组成及性状见表 9.2-2。

表 9.2-2　　现场揭示的试验区层间剪切带性状

| 剪切带类型及编号 | 剪切带厚度/cm | 泥化厚度/cm | 夹层性状描述 |
|---|---|---|---|
| Ⅰ-1305 | 1～3 | 0.3～1.6 | 为页岩夹方解石脉，页岩已泥化呈灰白色泥，厚 3～16mm，向下游方向变薄，性状极差 |
| Ⅰ-1306 | 4 | 0.1 | 为鳞片状页岩，岩体破碎，厚 4cm，底界为一泥膜，厚约 1mm，面平直，性状较差 |
| $Ⅱ_1$-1307 | 1～5 | | 为灰黄色页岩，微～弱风化，厚 1～5cm，相变大，性状较好 |
| $Ⅱ_1$-1308 | 2～4 | | 为灰～灰黄色页岩，厚 2～4cm，中部较破碎，上、下游侧较完整，性状较好。该剪切带顶、底部为灰色含泥质灰岩 |

2. 孔位布置

模拟坝基实际灌浆施工的布孔形式，采用梅花形布孔，共布置 20 孔，分 A1、A2、A3 三区，分别模拟 2.0m、2.5m 和 3.0m 三种孔排距。A1、A2 区各布置 9 孔，A3 区 4 孔，其中 A1-Ⅰ-5 孔与 A2-Ⅰ-3 孔为同一孔，A2-Ⅰ-5 与 A3-Ⅰ-2 孔为同一孔。灌浆孔深一般为 7m，基岩段长一般为 6m。试验中为了使钻孔揭示相关夹层，视情况可适当加深钻孔。

固结灌浆试块共布置 2 个抬动观测孔，孔深均为 9m；A1、A2、A3 三区各布置 2 个物探测试孔（兼作静弹模测试孔用），孔深均为 7m；A1、A2 区各布置 3 个，A3 区布置 2 个灌后压水检查孔，孔深均为 7m。

灌浆孔、物探孔、抬动观测孔及检查孔孔位布置见图 9.2-3。

3. 主要技术参数

(1) 固结灌浆施工方法一般采用全孔一次灌浆法，阻塞器阻塞在混凝土与基岩接触面处，以提高灌浆压力。

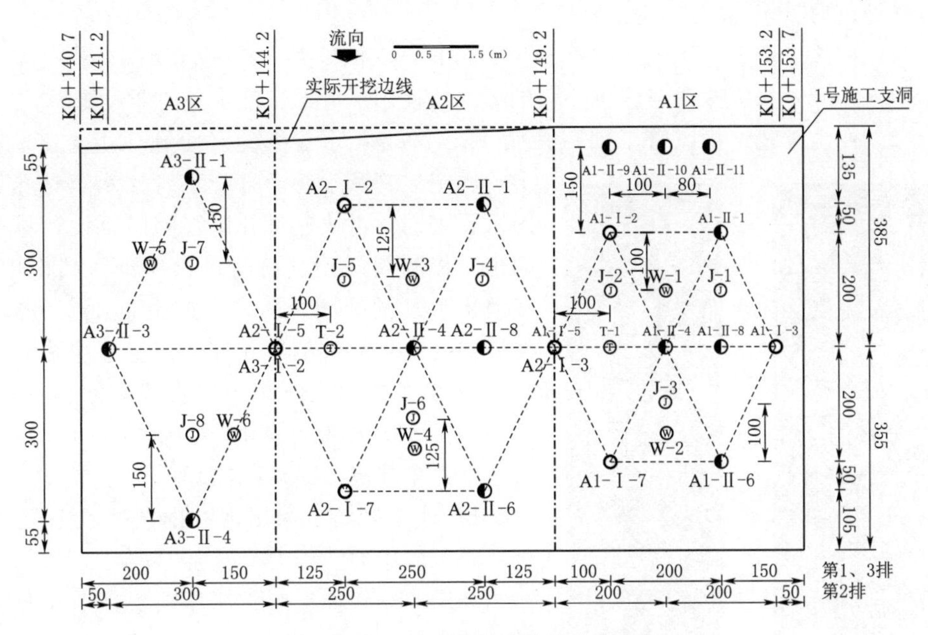

图 9.2-3 固结灌浆试验孔位布置图

(2) 固结灌浆采用三参数灌浆自动记录仪，对灌浆压力、压水压力、灌入量和水灰比进行全过程监控。灌浆成果采用配套的软件及时进行分析，同时配合手工记录，以便相互验证。

(3) 提高灌浆压力可以有效地提高基岩注入率。针对坝基软弱层带，尽可能使用较高的压力。初步拟定灌浆压力Ⅰ序孔采用0.3～0.4MPa，Ⅱ序孔采用0.5～0.7MPa。

4. 软弱夹层冲洗试验

夹层冲洗包括钻孔单孔冲洗和串通孔冲洗。单孔冲洗采用风水联合冲洗和高压喷射冲洗两种方式，串通孔冲洗采用高压喷射＋轮换压水冲洗方式。固结灌浆孔冲洗方式见表9.2-3。

**表 9.2-3　固结灌浆孔冲洗方式**

| 分　区 | 风水联合冲洗 | 高压喷射冲洗 | 串通孔高压喷射＋轮换压水冲洗 |
|---|---|---|---|
| A1 | A1-Ⅱ-1 | A1-Ⅰ-2 | A1-Ⅱ-9 |
| | A1-Ⅰ-5 | | A1-Ⅱ-10 |
| | A1-Ⅱ-6 | A1-Ⅰ-7 | A1-Ⅱ-11 |
| A2 | A2-Ⅰ-2 | A2-Ⅱ-1 | |
| | A2-Ⅰ-7 | A2-Ⅱ-6 | |
| A3 | A3-Ⅱ-1 | | |
| | A3-Ⅱ-4 | A3-Ⅱ-3 | |

（1）单孔风水联合冲洗。

1）冲洗设备。空压机：风量 3.5$m^3$/min，工作压力 0.5～0.6MPa，排气量要求不小于 800L/min，采取两台空压机并联的形式。使用风应通过油水分离器过滤。

2）冲洗工艺。将风管下到距孔底 10～20cm，水管绑扎在距孔口上方 20cm 的风管上，固定风管及水管，打开水管注水至钻孔孔口，关闭水管阀门，再快速打开风管阀门至设计排气量将水扬出，控制阀门反复启闭进行冲洗。其作用原理是：在喷出水气的瞬间，孔中形成由正压变负压的过程，泥质顺反向水流被带出孔外。初定总冲洗时间不小于 1h 后结束。抬动观测记录仪设置时间为 5min。风水联合冲洗孔内电视录像对比见图 9.2-4。

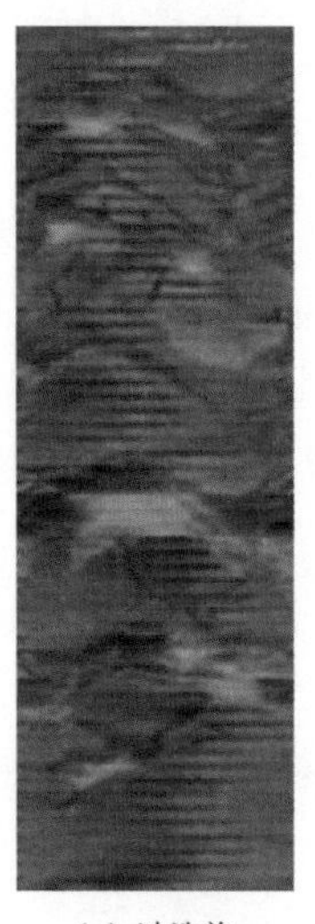
（a）冲洗前

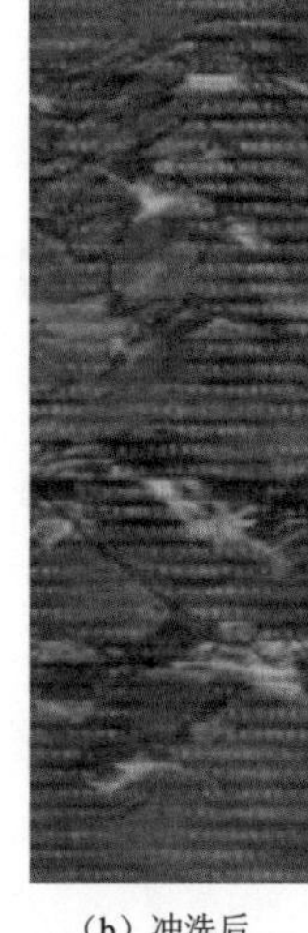
（b）冲洗后

图 9.2-4 风水联合冲洗孔内电视录像对比

（2）单孔高压喷射冲洗。

1）冲洗设备。利用现有的灌浆设备及高压水管进行，试验中冲洗压力按不大于 6MPa 控制。

利用 4 分管加工制成高压喷头，端头开设 3 个带丝牙的小孔，高差 2.5cm，夹角 120°，小孔上安装高压喷射专用喷头，喷嘴直径为 2.6mm。为防止高压喷射旋转和提升过程中损伤喷头，在 4 分管端部焊接保护套筒。高压喷射冲洗装置见图 9.2-5。

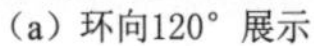
（a）环向120° 展示

（b）孔外喷射效果展示

图 9.2-5 高压喷射冲洗装置

2）冲洗工艺。根据物探孔取芯和孔内电视摄像定位软弱夹层（重点是Ⅰ类夹层）发育位置，将喷具的喷头下到夹层以下 10～30cm，开始高压喷射冲洗。喷射冲洗的同时提升并旋转冲洗器具，旋转速度为 5～6 圈/min，提升速度一般为 2cm/min，根据回水颜色及岩粉（岩渣）等特征调整提升速度，同时判定是否为夹层。如是，则在夹层高度位置及上、下 10cm 范围内反复旋转升降冲洗，初定单个夹层总冲洗时间不小于 1h 后结束。抬动观测记录仪设置时间为 5min。单孔高压喷射冲洗情况见表 9.2-4。

表 9.2-4 单孔高压喷射冲洗情况

| 孔 号 | 冲 洗 时 间 | | 冲洗深度/m | 夹层深度 | 冲洗效果 |
|---|---|---|---|---|---|
| | 开始 | 终止 | | | |
| A1-Ⅰ-2 | 20：23 | 21：18 | 3.5～3.7 | 3.5～3.7 | 好 |
| A1-Ⅰ-7 | 1：43 | 2：48 | 5.3～5.5 | 5.3～5.5 | 不明显 |
| | 3：07 | 4：21 | 4.6～4.8 | 4.6～4.8 | 一般 |
| | 4：30 | 5：35 | 1.5～1.7 | 1.5～1.7 | 好 |
| A2-Ⅱ-6 | 19：56 | 20：36 | 3.5～4.0 | 3.6～3.8 | 好 |
| | 20：55 | 21：40 | 1.8～2.3 | 1.9～2.1 | 一般 |
| A2-Ⅱ-1 | 15：33 | 16：33 | 5.0～5.5 | 5.2～5.4 | 不明显 |
| | 17：20 | 18：24 | 1.3～1.8 | 1.4～1.6 | 好 |
| A3-Ⅱ-3 | 14：31 | 15：26 | 3.2～3.7 | 3.4～3.6 | 不明显 |
| | 12：52 | 13：42 | 4.2～4.9 | 4.3～4.5 | 一般 |

（3）串通孔高压喷射＋轮换压水冲洗。针对 A1-Ⅱ-9、A1-Ⅱ-10、A1-Ⅱ-11 孔进行串通孔高压喷射＋轮换压水冲洗。

1）高压喷射冲洗。工艺与单孔高压喷射冲洗相同，轮换压水冲洗前先完成串通孔的高压喷射冲洗。高压喷射冲洗孔内电视录像对比见图 9.2-6。

2）轮换压水冲洗。采用孔内阻塞方式，阻塞在夹层（Ⅰ类）以上 50cm 且岩石性状较好处（如绕塞则适当上提阻塞）。压水压力按不大于 1.5MPa 控制，试验过程中根据自动报警抬动观测仪确定可承受的最大压水压力，并以此作为该孔的实际冲洗压水压力（称目标压力），抬动变形允许值为 200μm。两孔第一次压力提升均应逐级升压，压力提升过程中观察临近孔出水情况及抬动情况。

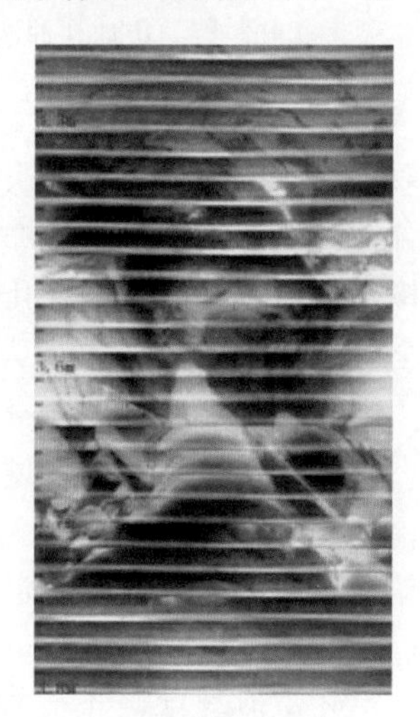

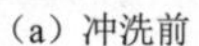

(a) 冲洗前

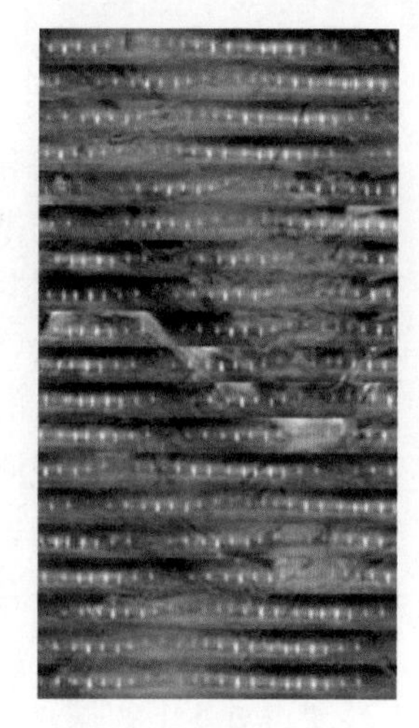

(b) 冲洗后

图 9.2-6 高压喷射冲洗孔内电视录像对比

在目标压力作用下，稳压时间 5min，若临近孔未见出水，则轮换临近孔进行压力水反向冲洗，直至夹层击穿，临近孔有出水情况，再加大流量（不小于 50L/min）冲洗，两孔每 4～5min 进行轮换，初定总冲洗时间不小于 1h 后结束。若在目标压力下轮换冲洗仍不能击穿夹层，冲洗 1h 后结束冲洗，采用加密孔进行串通孔轮换高压压水冲洗，直至冲通为止。

冲洗时，严格进行抬动监测，派专人看守。抬动观测记录仪设置时间为 1min。

现场灌浆试验表明，高压喷射冲洗效果显著，较规范推荐的钻孔冲洗方式及风水联合冲洗方式的冲洗效果好。对于夹层发育的孔段，经过高压喷射冲洗后，夹泥层张口明显变大，夹层附近孔壁上孔洞的数量和面积明显加大，孔洞深度亦显著增加。采用高压喷射冲洗的灌浆孔的灌浆单耗远大于采用风水联冲洗的灌浆孔的灌浆单耗，前者灌浆单耗平均值为72.32kg/m，后者为37.72kg/m。串通孔冲洗孔内电视录像见图9.2-7。

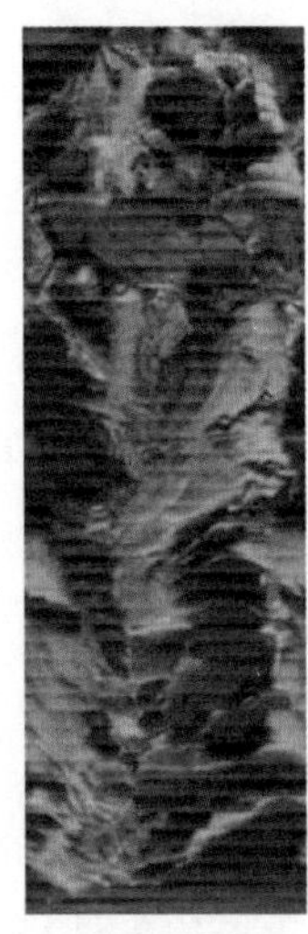

(a) 冲洗典型效果1

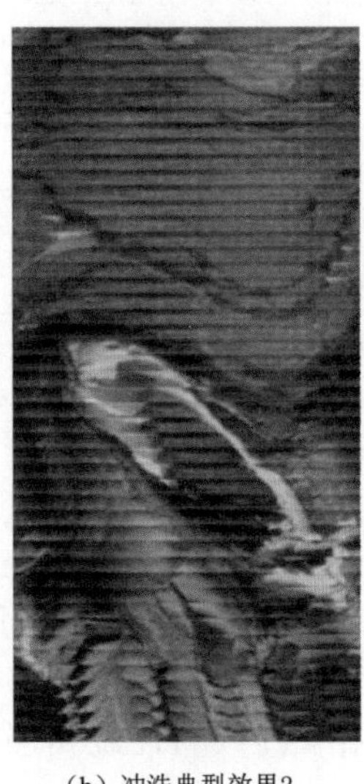

(b) 冲洗典型效果2

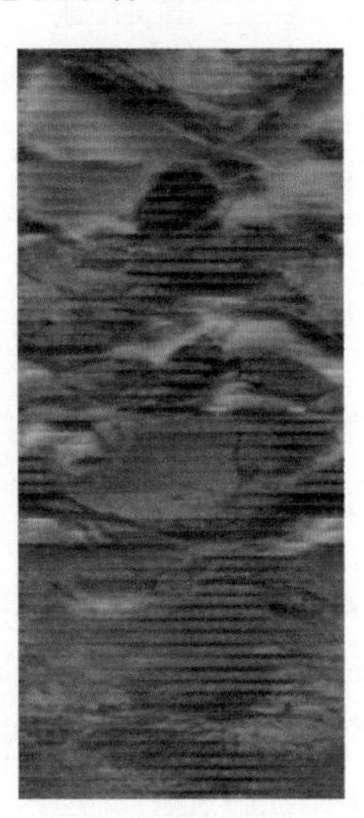

(c) 冲洗典型效果3

图9.2-7　串通孔冲洗孔内电视录像

5. 灌浆效果检查及测试

固结灌浆的质量和效果检查，根据压水试验基岩透水率、灌浆前、后岩体波速和静弹模成果、电视录像，结合钻孔取芯等资料进行综合评定。

(1) 常规压水试验检查。通过对灌后检查孔的压水试验（检查）评价灌浆效果。常规压水试验采用单点法，全孔分段压水。压水压力可为相应孔段灌浆压力的80%，压水检查合格标准为$q\leqslant 5$Lu。

(2) 抬动变形观测。为防止在灌浆或压水过程中产生过大的抬动变形，保证灌浆施工顺利进行，采用自动报警抬动变形观测。抬动变形允许值为200$\mu$m，变形超过100$\mu$m时，抬动观测仪必须具备自动报警功能，且性能稳定可靠，操作方便。

(3) 声波测试。通过灌前和灌后声波波速对比，检查灌浆对基岩物理力学性能的改善程度。对6个物探孔进行单孔声波测试，并对W-1～W-2、W-3～W-4、W-5～W-6分组进行跨孔声波测试。

(4) 静弹模测试。利用声波检测孔进行灌前灌后基岩静弹模对比测试。

(5) 孔内电视录像。选取部分单孔冲洗孔、串通冲洗孔进行孔内电视录像，更加直观地了解各种冲洗方式的冲洗效果。

选取部分常规压水检查孔和冲洗孔进行孔内电视录像，直观地了解固结灌浆后水泥结石充填及胶结情况。

(6) 含水泥结石芯样理化性能测试。选取灌后压水检查孔中所取水泥结石芯样，进行室内力学性能，如抗剪强度、抗压强度对比检测；并对水泥结石岩芯试样进行X-ray能谱、扫描电镜、X-ray衍射等物化测试，分析结石的水化程度和微观结构，以评价灌浆效果。

6. 合适孔排距的选择

灌浆平均单耗：由灌浆成果汇总表（表9.2-5）可知，孔排距2.5m×2.5m的灌浆平均单耗最大，2.0m×2.0m次之，3.0m×3.0m的灌浆平均单耗最小。

表9.2-5　灌浆成果汇总表

| 项　目 | | A1 (2.0m×2.0m) | A2 (2.5m×2.5m) | A3 (3.0m×3.0m) |
|---|---|---|---|---|
| 单耗/(kg/m) | | 31.9 | 67.9 | 10.2 |
| 声波提高 | 单孔 | 2.63% | 8.78% | 3.07% |
| | 跨孔 | 2.03% | 5.28% | 3.38% |
| 钻孔弹模 | 弹模 | 28.67% | 20.44% | 57.14% |
| | 变模 | 27.98% | 34.19% | 47.61% |
| 透水率/Lu | | 1.36 | 1.08 | 0.82 |

声波波速值提高程度：经过灌浆处理后，孔排距2.5m×2.5m灌后单、跨孔声波波速值提高比率最大，3.0m×3.0m次之，2.0m×2.0m最小。

钻孔弹模提高程度：孔排距3.0m×3.0m灌后钻孔弹性（变形）模量值提高比率较2.0m×2.0m、2.5m×2.5m大。

灌后检查压水透水率：灌后压水检查透水率基本相当，均满足小于5Lu的设计标准。

综上所述，灌浆单耗、灌浆效果主要受地质条件控制，与布孔形式并无直接对应关系，但上述各种布孔形式均能达到灌浆合格标准。鉴于银盘水电站坝基软岩占主导、岩体可灌性较差的特点，同时考虑地质条件的差异性，工程实际施工中采用2.5m×2.5m的孔排距布孔，一般可以满足设计要求。对于地质缺陷部位，可根据实际情况适当加密孔排距。

7. 灌浆压力的选取

灌浆试验施工中，Ⅰ序孔一般采用0.3～0.4MPa的灌浆压力，Ⅱ序孔一般采用0.4～0.5MPa的灌浆压力。现场实际施工表明，在上述压力作用下，外漏现象较为突出，浆液一般沿裂隙、层面、夹层等串漏，大注入量和外漏量较大的孔段较多。

工程实践证明，基岩固结灌浆的重点是填充宽大的裂隙，固结灌浆不宜采用较大压力。为此，根据现场灌浆试验施工情况，并考虑到银盘水电站坝基为软岩、可灌性较差的特点，在保证固结灌浆效果的前提下，为避免实际施工过程中压力过大，导致岩体劈裂或抬动影响坝体安全和灌浆效果，固结灌浆压力值可适当降低。推荐采用的灌浆压力为：Ⅰ序孔0.25～0.3MPa，Ⅱ序孔0.3～0.35MPa。

## 9.2.4 基岩固结灌浆工程设计实践与动态优化

### 9.2.4.1 固结灌浆施工控制技术

1. 灌浆材料和施工方法

灌浆材料为纯水泥浆，水泥采用强度等级不低于42.5的普通硅酸盐水泥。固结灌浆根据结构要求及工期安排，采用有混凝土薄盖重方式施工，盖重厚度为2.0m的基础垫层混凝土。兼作辅助帷幕的12m深的固结灌浆孔移至基础灌浆廊道内施工。

2. 固结灌浆施工次序

灌浆采用分序加密、自上而下、孔内循环法，一般分两序施工。固结灌浆施工次序：抬动变形观测孔钻孔及安装→物探测试孔钻孔、灌前测试及临时封孔保护→第Ⅰ序固结灌浆孔钻孔、灌浆、封孔→第Ⅱ序固结灌浆孔钻孔、灌浆、封孔→检查孔钻孔、压水试验及灌浆、封孔→物探测试孔灌后测试、灌浆、封孔→抬动变形观测孔灌浆、封孔。

3. 灌浆浆液和段长

灌浆浆液以普通纯水泥浆液为主，特殊情况根据需要可以在水泥浆液中加入外加剂或采用混合浆液。灌浆浆液水灰比（重量比）一般采用3∶1、2∶1、1∶1、0.8∶1、0.5∶1等5个比级，开灌水灰比一般采用3∶1，当灌前压水流量大于30L/min时，开灌水灰比可采用2∶1。

一般固结灌浆孔不分段，全孔一次灌注。固结灌浆兼辅助帷幕灌浆孔接触段段长为2m，以下各段以5m为宜，特殊情况下可适当缩短或加长，但最大段长不应大于10m，接触段不允许加长。

4. 钻孔和与压水试验

一般固结灌浆孔的钻孔可使用各类适宜钻机、钻头造孔，固结灌浆兼辅助帷幕灌浆孔应使用回转式钻机造孔。固结灌浆孔钻孔孔径不小于$\phi$56mm。

各灌浆孔段灌前压水试验应在钻孔裂隙冲洗结束24h内进行。固结灌浆孔灌前压水试验的压力采用相应灌浆孔段灌浆压力的80%；灌后质量检查孔压水试验的压力采用相邻灌浆孔段最大灌浆压力的80%，如超过0.3MPa时，采用0.3MPa。

5. 软弱夹泥层冲洗

（1）单孔高压喷射冲洗。

1）高压喷射冲洗喷头利用4分管加工制成，端头开设3个带丝牙的小孔，高差2.5cm，夹角120°，小孔上安装高压喷射专用喷头，喷嘴直径为2.6mm。为防止高压喷射旋转和提升过程中损伤喷头，在4分管端部焊接保护套筒，保护套筒应在喷头处留有开口且不得阻塞水流正常喷射。高压喷射冲洗喷头装置在进行压水测试后方可用于夹层冲洗施工。

2）根据物探孔取芯和孔内电视录像资料定位的软弱夹层发育位置进行冲洗，将喷射冲洗装置的喷头下到夹层以下10～30cm，开始高压喷射冲洗。喷射冲洗的同时提升并旋转冲洗器具，旋转速度为5～6圈/min，提升速度一般为2cm/min，根据回水颜色及岩粉（岩渣）等特征调整提升速度。在夹层高度位置及上、下10cm范围内反复旋转升降冲洗。单个夹层总冲洗时间不小于1h后结束。

3）高压喷射冲洗压力按不大于6MPa控制，喷射冲洗过程中加强抬动变形观测，抬动变形观测记录仪设置时间为5min。

4）高压喷射冲洗过程中如发生沉渣阻塞孔内，采取风水联合冲洗等方式进行洗孔处理。

（2）串通冲洗。

1）串通冲洗采用孔内阻塞轮换压水方式。阻塞器阻塞在夹层以上50cm且岩石性状较好处（如绕塞则适当上提阻塞器）。压水压力按不大于1.5MPa控制，施工过程中根据自动报警抬动变形观测仪确定可承受的最大压水压力，并以此作为该孔的实际冲洗压水压力（目标压力），抬动变形允许值为300μm。

2）两孔第一次压力提升均应逐级升压，压力提升过程中观察临近孔出水情况及抬动情况。在目标压力作用下，稳压时间为5min，若临近孔未见出水，则轮换临近孔进行压力水反向冲洗，反复轮换压水直至夹层击穿，临近孔有出水情况，再加大流量（不小于50L/min）冲洗，两孔每4～5min进行轮换，总冲洗时间不小于1h后结束。

3）若在目标压力下轮换冲洗仍不能击穿夹层，冲洗1h后结束冲洗，采用加密孔继续冲洗，直至冲通为止。

4）冲洗全过程严格进行抬动监测，派专人看守。抬动变形观测记录仪设置时间为1min。

6. 灌浆压力

一般固结灌浆孔灌浆压力：Ⅰ序孔灌浆压力为0.25～0.3MPa；Ⅱ序孔灌浆压力为0.3～0.35MPa。固结灌浆兼辅助帷幕灌浆孔灌浆压力：第1段为0.8MPa，第2段为1.2MPa，第3段为1.4MPa。

一般情况下应尽快达到设计压力，当注入率较大时，按表9.2-6进行控制。

**表9.2-6　　注入率与最大灌浆压力关系表**

| 注入率/（L/min） | ≥30 | 30～10 | ≤10 |
|---|---|---|---|
| 最大灌浆压力/MPa | 0.15 | 0.2～0.3 | 设计（最大）压力 |

7. 灌浆质量检查

固结灌浆质量检查与评定以灌后压水检查基岩透水率$q$值，灌浆前、后基岩弹性波检测资料等综合评定。压水检查孔数一般按固结灌浆孔数的5%左右控制，检查合格标准为：灌后基岩透水率$q \leqslant 5$Lu，单元灌区内压水检查基岩接触段的合格率为100%，以下各段的合格率应达90%以上，其余不合格的孔段基岩透水率最大值应不超过7.5Lu，且不集中，方可认为合格。对于基岩透水率$q>5$Lu的孔段，该段压水试验结束后，应进行补灌。

每组物探测试孔的灌后物探检测波速值（纵波波速）合格标准规定如下：

（1）灌后岩体平均波速提高百分率不低于3%。

（2）灌后岩体最小声波波速按表9.2-7进行控制。

**表9.2-7　　灌后岩体最小声波波速控制表**

| 基本质量分级 | 岩体质量分类代号 | 岩体类型及结构 | 岩体结构 | 最小声波波速$V_p$/（m/s） |
|---|---|---|---|---|
| Ⅱ | 良级岩体 | $O_1d^{1-2}$、$O_1d^2$、$O_{2+3}$层，结晶灰岩、含泥质灰岩 | 厚层～中厚层状结构 | 4300 |
| | | $O_1d^{3-3}$层长石石英砂岩夹少量薄层页岩，$O_1d^{3-2}$粉细砂岩、页岩互层 | 互层状结构 | 4000 |

续表

| 基本质量分级 | 岩体质量分类代号 | 岩体类型及结构 | 岩体结构 | 最小声波波速 $V_p$/（m/s） |
|---|---|---|---|---|
| Ⅲ | 中等岩体 | $O_1d^{3-4}$ 砂质页岩 | 薄层状结构 | 3400 |
| Ⅳ | 差岩体 | $S_1ln$ 层含炭质页岩、$O_3w$ 层板状页岩 | 薄层状结构 | 3400 |
| | | $O_1d^{3-1}$、$O_1d^{1-3}$、$O_1d^{1-1}$ 层页岩 | 薄层状结构 | 3300 |

#### 9.2.4.2　固结灌浆施工动态优化

对于灌浆过程中出现的特殊情况，采用跟踪动态设计的方法进行处理。

（1）钻孔穿过地质缺陷部位，发生塌孔、掉钻或无回水等现象时，应立即停钻，查明原因，一般情况下，采取缩短段长进行灌浆处理后再进行下一段的钻灌作业。

（2）钻灌过程中如发现灌浆孔串通时，应查明串通量和串通孔数、范围，并按下述方法处理：

1）如串通孔具备灌浆条件时：①串通孔漏水量相近，在满足设计压力和正常供浆的前提下，可将串通孔并联灌注，但应分别控制灌浆压力，加强抬动变形观测，防止基岩或混凝土抬动，同时并联孔数不宜超过 2 个；②串通孔的串通量相差悬殊时，应单机同时灌注，并分别控制灌浆压力，各自变浆，使各串通孔不发生互串现象；③串通孔灌浆时，应先预留足够的排稀浆孔，一般可采取一灌一排方式间歇性（间隔时间可按 15min 左右控制）排放稀浆，待排浆孔排出的浆液浓度与灌浆孔浆液浓度一致时，将排浆孔并入串通孔组进行灌浆。

2）如串通孔不具备灌浆条件时：①串通孔正在钻进应立即停钻；②串浆量较小时，可在灌浆的同时，在被串孔内注入清水，使水泥浆液不致充填孔内；③串浆量较大时，将阻塞器阻塞于被串孔串浆部位上方 1～2m 处，对灌浆孔继续进行灌浆，灌浆结束后应立即将串通孔内的阻塞器取出，并扫孔、待凝后进行灌浆。

3）串通孔灌浆结束后，应待凝 24h，方可进行下一段的钻灌作业。

（3）如遇注入率大、灌浆难以正常结束的孔段时，暂停灌浆作业，对灌浆影响范围内的地下洞井、陡直边坡、结构分缝、冷却水管等进行彻底检查，如有串通，应采取措施处理后再恢复灌浆，灌浆时采用低压、浓浆、限流、限量、间歇灌浆法灌注，必要时亦可掺加适量速凝剂灌注，该段经处理后应待凝 24h，再重新扫孔、补灌。其灌浆资料应及早报送监理、设计单位，以便根据灌浆情况及该部位的地质条件，分析、研究是否需进行补充钻灌处理。

## 9.3　渗控关键技术

### 9.3.1　页岩地层灌浆特点

页岩（$O_1d^{1-3}$）地层岩体软弱，在压水和灌浆时，由于压力较大，岩体易被压力水和浆液劈裂击穿，出现渗漏现象。

结合先前坝基岩体钻孔压水试验成果及孔段分布层位规律来看，页岩地层透水性一般不大。但是，试验研究表明，透水率吕容值有其不确定性，主要表现为和压力大小相关，压水压力越大，吕容值一般越大，分析原因主要为：岩体为软岩，压水时一旦压力控制不当、超过临界值，容易造成岩体劈裂，导致透水率吕容值放大失真。

页岩地层中如发育有中～高倾角裂隙、Ⅰ类层间泥化剪切带、$Ⅱ_1$类层间破碎夹泥剪切带。上述结构面和地质缺陷往往成为岩体劈裂后浆液漏浆的主要通道。发育在深部岩体中的剪切夹泥带往往和长大结构面（如陡倾角裂隙）组合成为渗透破坏通道，发育深度较浅的剪切夹泥带一般和开挖爆破形成的裂隙形成渗透破坏的薄弱通道，同时，页岩岩体本身也易在高压下被劈裂产生新弱面，该弱面则会与已有的裂隙结构面或夹泥带组合形成新的渗漏通道。

另外，页岩地层的灌浆单耗一般不大，吸浆量大小与其所处的地质条件和所采用的灌浆压力有关。说明页岩地层隔水性相对较好，即便是在有陡倾角裂隙和泥化剪切带的地质条件下，其灌浆平均单耗相比其他地层（如灰岩地层）也要小。如果考虑到在灌浆过程中岩体劈裂、浆液扩散过远，使得耗浆量增大的实际情况的话，那么页岩地层实际的受浆量会更小。

页岩地层除了岩性软弱、灌浆时易劈裂、灌浆单耗一般较小等特征外，还有一个较为明显的特点，即其受开挖爆破和风化影响较大，浅层岩体（0～10m）表现得尤其明显。因此，在页岩地层中开挖应注意控制爆破，及时封闭，防止风化。

### 9.3.2 帷幕灌浆最大压力选择

银盘水电站坝基存在由软弱夹泥层构成的基岩渗漏或渗透变形问题，设计采用帷幕灌浆处理。根据工程经验，软弱夹泥层、岩溶充泥层的灌浆效果较差，成幕效果不好，帷幕的防渗性、耐久性和抗击出性能难以得到保证，目前多利用高压灌浆技术对软弱夹泥层与岩溶充泥进行高压灌浆，产生劈裂穿插和包裹挤密的作用，形成密实的幕体，以期满足工程要求。实践证明，页岩地层最大受灌压力基本为3MPa或略低，剪切夹泥带的幕体厚度、耐压指标及抗击出性能满足工程要求。灌后夹泥带幕体的破坏压力均有所提高，在坝前最大水头作用下，帷幕实际最大渗透比降均小于破坏水力比降，且有一定的安全裕度。在满足工程要求的前提下，遵循节约资源的原则，尽量做到少对页岩地层劈裂击穿，灌浆时不宜片面追求过高的压力，以免对岩体造成劈裂破坏，导致浆液扩散范围过大，造成不必要的浆液浪费。采用最大压力为3MPa的灌浆压力是合适的。

### 9.3.3 幕体的耐久性及抗击出性

随着灌浆技术的发展和灌浆经验的积累，目前，即使对于地质或水文条件十分复杂的防渗工程也能妥善处理。但是，工程界却难以忽视这样的现状：国内外若干大坝在运行较长时间后，坝基防渗帷幕幕后排水孔有呈白色胶状的溶蚀物析出，孔壁时常被钙化物质堵塞，甚至导致排水系统部分失效，使得坝基扬压力升高，影响坝基安全。例如，我国新安江大坝、陈村大坝、丹江口大坝、捷克的尚采坝等均出现过类似情况。其中新安江大坝2

号、3 号坝段水泥灌浆帷幕在运行 10 多年后，孔内溶出物外泄现象严重，幕体防渗能力严重衰减。事实说明，即使按照非常严格的灌浆规范和技术要求施工，仍然避免不了幕体耐久性及抗击出性能的弱化。

工程实践证明，影响帷幕幕体的耐久性及抗击出性的因素众多，如灌浆施工质量、帷幕幕体密实性、特殊地质条件及地下水侵蚀等，其中前三者可以通过提高施工标准和改进施工工艺得以解决，但是对于地下水的物理和化学侵蚀则是难以避免的。因此，如何合理地评价和分析帷幕幕体的长期耐久性及抗击出性，目前并无普遍适用的方法，行业规范和标准对此亦无明确规定。

银盘帷幕灌浆试验在此做了一些尝试，通过疲劳压水试验、破坏性压水试验，对夹泥层地质缺陷部位的渗透比例极限压力、破坏水力比降、灌后幕体的耐久性及抗击出安全度等做了深入研究，并得出了一些有益的结论，但是基于上述问题的复杂性，银盘水电站帷幕幕体的耐久性及抗击出性仍需结合水文地质条件、工程地质条件在理论上和实践上做更深入地研究。

针对高压力大流量集中渗漏问题，国内工程界尚未形成一套较完善、规范的处理思路及处理模式，且处理方法多存在施工难度大、反复工作量大、材料浪费严重、处理工期长、成本高等特点，严重制约了工程建设质量，甚至成为制约工程建设进度的焦点。因此，探索出一种快速、高效的高压力大流量集中渗漏处理方法一直是水电工程界长期以来致力研究解决的技术难题。

为有效解决这一技术难题，依托乌江银盘水电站等工程施工或运行中发生的集中渗漏问题，研发了止水灌浆盒装置，实现了在集中渗漏出口变动水为静水进行处理的反向控制灌浆模式，成功地解决了高压力大流量集中渗漏这一长期困扰水电工程界的工程技术难题。

## 9.4　固结灌浆关键技术

针对坝基软硬相间、缓倾软弱夹泥层多的特点，探索出软硬相间、缓倾软弱夹泥层坝基高压多喷头冲洗及灌浆技术，通过冲洗方式将孔段内夹泥物质挟带出来，然后利用固结灌浆措施进行加固。以往类似工程先例较少，而且采用的多是非常规钻灌设备，夹泥层冲洗设备及工艺复杂，如铜街子水电站对坝基层间软弱夹层 $C_5$ 的处理，先采用 30MPa 高压水旋喷冲洗，而后采用 3MPa 压力进行水泥固结灌浆，取得了不错的效果，但其处理不仅费时，而且成本较高。银盘水电站工程的坝基夹泥层冲洗重点结合了银盘水电站工程剪切带软弱夹泥层的特点和基岩固结灌浆的要求，均采用钻灌施工的常规设备，并在冲洗设备上进行了改进，冲洗工艺上进行了简化，对单孔高压喷射冲洗、风水联合冲洗及串通孔冲洗等形式进行了比较，收到了较好的效果，取得了丰富的资料。其主要特点是成本低、效果好、可操作性强，具有较好的工程推广与应用价值。

# 第10章 左岸边坡设计

银盘水电站坝址区为斜向谷，分布多为页岩边坡，左岸边坡开挖最高达170m。开挖边坡平面形态呈不对称的m形，开挖坡比1∶0.5。坝顶高程227.5m为4号公路，公路以上边坡高约60m。左岸边坡共有剪切带20条，主要发育三组裂隙。岩石强风化厚0～8.9m，地下水埋深9.83～16.3m。

根据《水电水利工程边坡设计规范》(DL/T 5353—2006)，大坝左、右岸坝肩、电站进水口及尾水渠边坡均为A类Ⅱ级边坡。采用平面刚体极限平衡方法计算时，A类Ⅱ级边坡设计安全系数持久状况定为1.25～1.15，短暂工况为1.15～1.05。

对于近顺向坡或交角较小的顺向斜交坡（交角约小于20°），边坡稳定分析以二维极限平面方法为主，辅以三维计算。对于斜交坡或交角较大的顺向斜交坡，边坡失稳模式主要为楔体滑动，采用块体稳定分析方法计算边坡安全系数。

## 10.1 左岸边坡特点及计算分析方法

### 10.1.1 工程地质特点

左岸边坡岩石为$O_1d^1$页岩、砂岩和灰岩，岩层走向358°～10°，倾向W，倾角36°～40°，为斜交顺向坡。左岸主要发育三组裂隙：NWW组走向275°～290°，倾向185°～200°，倾角65°～90°，裂面平直、闭合，附方解石膜。裂隙连通率为34.3%，构成坝基和边坡岩体沿边面向下滑动的侧向切割面；NNE组走向0°～15°，倾向90°～105°，倾角40°～75°，多发育在强风化带内，裂面平直，少量填泥。裂隙连通率为17.6%，构成后缘拉裂面；NEE组走向70°～85°，倾向340°～355°，倾角60°～90°，裂面平直，裂隙连通率为19.4%，与NWW类似。裂隙间距0.2～1.2m，延伸长大于1m，裂面平直，91.4%附方解石膜或充填方解石脉。

左岸边坡的失稳破坏形式可分为平面失稳、块体失稳及崩解剥落。顺向坡、斜交顺向坡（交角较小）主要存在沿岩体剪切带滑动的平面失稳，斜交坡边坡破坏主要是由剪切带、裂隙切割形成的楔形体块体失稳。页岩边坡开挖后易产生崩解剥落。

银盘左岸边坡为典型的斜交边坡，开挖形态见图 10.1-1。

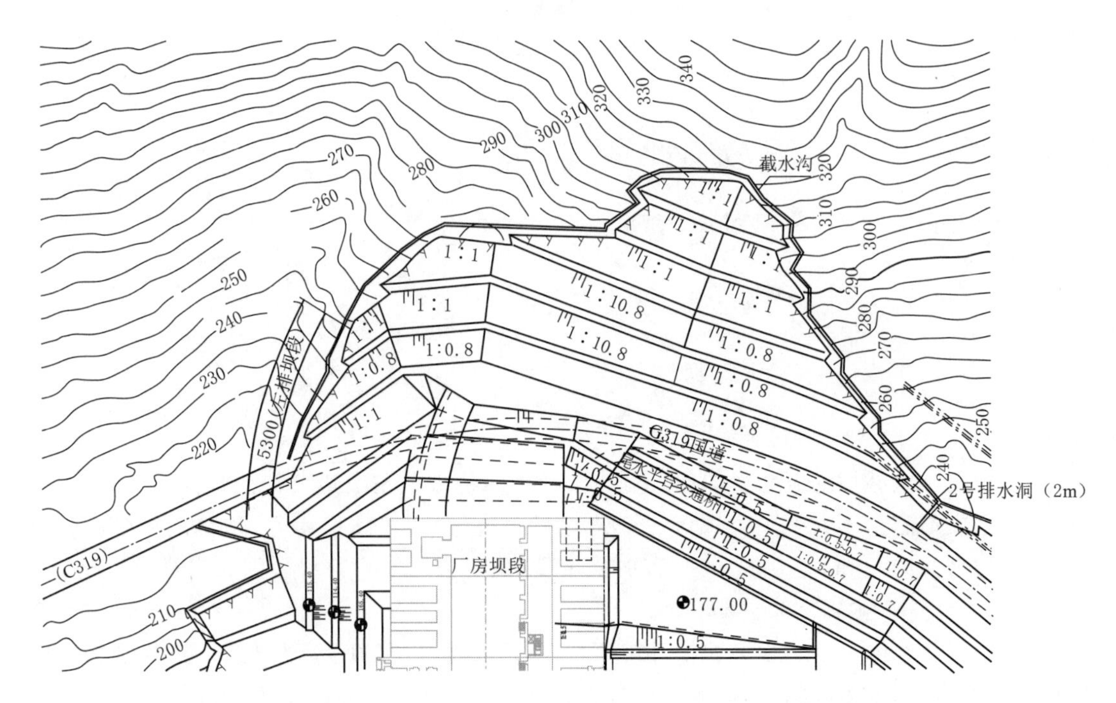


图 10.1-1　左岸边坡开挖平面图

根据左岸开挖边坡走向与岩层走向夹角的大小进行分类：左坝肩上游边坡为顺向坡，边坡整体稳定性差，NWW、NEE 组裂隙切割岩块，边坡顺软弱层面滑动的可能性大；左坝肩边坡为斜交顺向坡，开挖边坡坡角大于岩层坡角，边坡整体稳定性较差，层面、NEE 和 NWW 组裂隙切割的岩块潜在不稳定，可能产生滑动；左坝肩下游边坡岩层走向与边坡走向交角约为 40°，尾水渠边坡上游段岩层走向与边坡走向交角约 60°，为斜向坡，下游段交角约 20°，为顺向斜交坡。

### 10.1.2　计算分析方法

根据以往边坡稳定性的研究成果及经验，当岩层走向与边坡开挖面走向存在一定夹角时，采用二维极限平衡分析和三维分析得到的边坡稳定性计算结果相差较大。对斜交岩层上岸坡坝段坝基岩体失稳模式的合理分析，往往决定了坝基（深层）抗滑稳定计算结果的可靠性，直接影响着岸坡坝段的设计及坝基处理的工程量。

针对银盘左岸边坡的突出问题，进行了斜交岩层上重力坝岸坡坝段坝基稳定性分析研究。银盘边坡工程中，除左坝肩上游边坡（1-1 断面），尾水渠边坡下游段（5-5 断面）按二维刚体极限平衡法计算分析外，左岸边坡其他段都采用三维稳定方法分析。

左坝肩连同坝基的三维分析模式和方法已在 5.2.3 节中介绍，本小节重点对坝肩边坡的刚体极限平衡分析和数值分析进行介绍，以供其他类似工程借鉴。

# 10.2 边坡稳定二维极限平衡分析

## 10.2.1 计算模式

根据左岸边坡的地质特点，对左坝肩上游边坡（1－1 断面）、尾水渠边坡下游段（5－5 断面）进行了二维刚体极限平衡法计算分析。计算简图见图 10.2－1 和图 10.2－2。计算方法是切取单宽断面，按平面刚体极限平衡法分析计算。

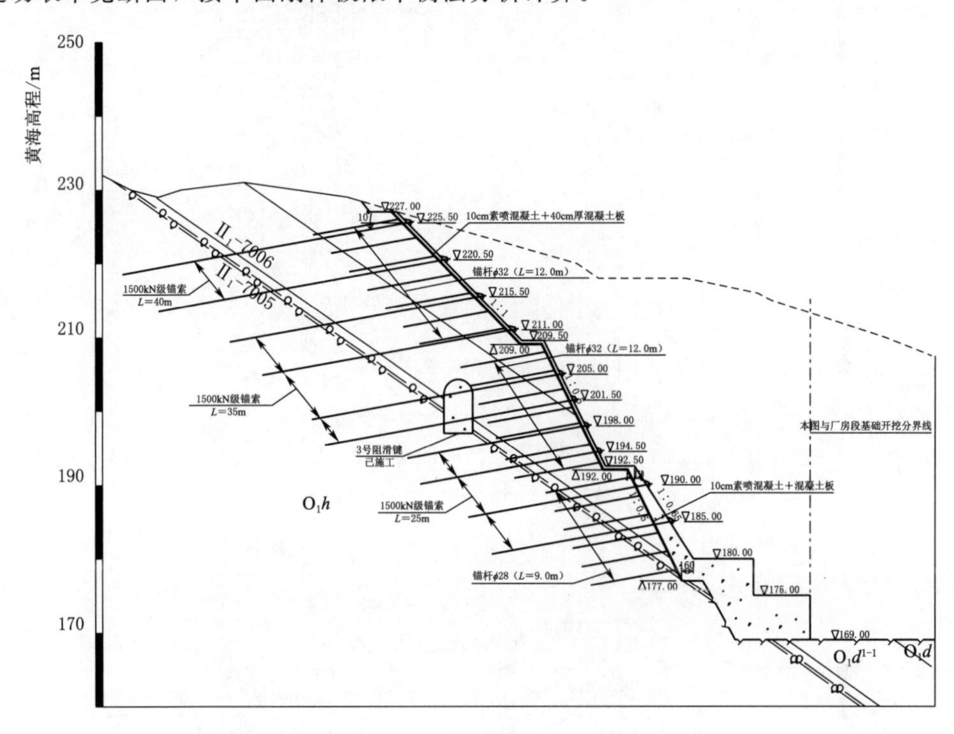


图 10.2－1 计算简图（1－1 断面）

## 10.2.2 计算结果及分析

左岸坝肩上游边坡（1－1 断面）的沿 $Ⅱ_1$－7005、$Ⅱ_1$－7006 剪切带计算结果见表 10.2－1。计算中，剪切带取 $f'=0.25$，$c'=0.05$MPa；混凝土参数 $f'=1.0$，$c'=1.30$MPa。

为使边坡的稳定满足规范要求，沿 $Ⅱ_1$－7005、$Ⅱ_1$－7006 剪切带走向布置阻滑键，断面尺寸为 4m×7m，回填 C20 混凝土，在边坡布置 1500kN 级预应力锚索，长 25～45m，锚索间距 4m×4m。此外，还布置 40～200cm 的混凝土板和 $3\phi36$@2.5m×2.5m 的锚桩。

表 10.2－1 1－1 断面边坡稳定计算结果

| 工 况 | 不 加 固 | 阻 滑 键 | 阻滑键（加锚索） |
|---|---|---|---|
| 边坡稳定安全系数 | 0.74 | 1.11 | 1.29 |

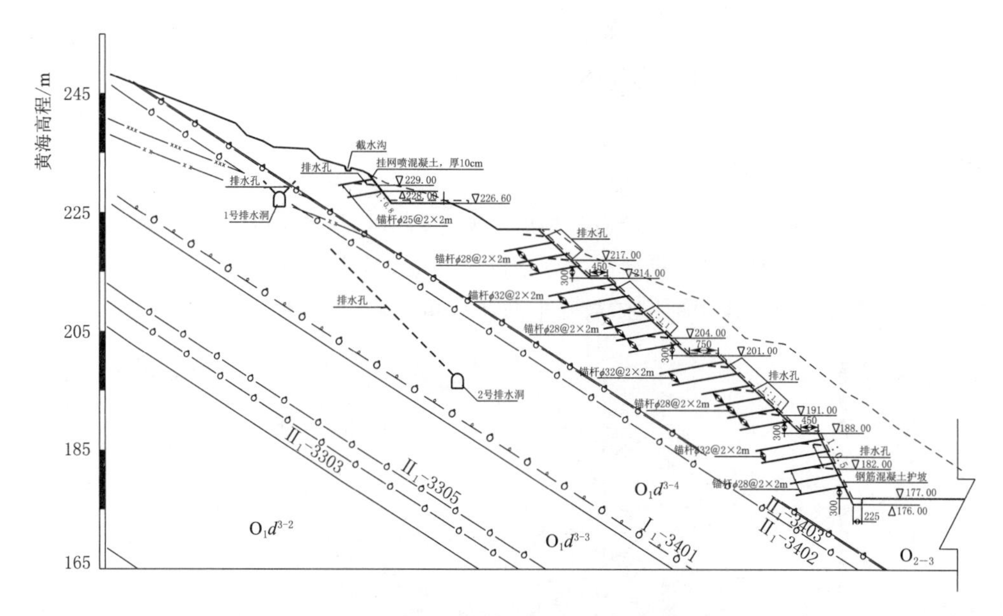


图 10.2-2　计算简图（5-5 断面）

尾水渠下游段的边坡剪切带在坡脚不出露，坡脚有一定厚度的岩体，边坡稳定计算时考虑岩体被剪断，以 5-5 断面为代表性断面。5-5 断面中，边坡稳定受 $\text{Ⅱ}_1$ 剪切带 3402、3403 控制。计算分析时，对于边坡内地下水的影响，做了不同水位的敏感性分析，计算了地下水位分别为坡高的 0～80%时的边坡稳定安全系数。

计算中，剪切带取 $f'=0.22$，岩体取 $f'=1.2$，$c'=1.0\text{MPa}$，5-5 断面边坡稳定计算结果见表 10.2-2。

**表 10.2-2　5-5 断面边坡稳定计算结果**

| 地下水位 | 0%$H$ | 20%$H$ | 30%$H$ | 40%$H$ | 50%$H$ | 60%$H$ | 70%$H$ | 80%$H$ |
|---|---|---|---|---|---|---|---|---|
| 边坡稳定安全系数 | 1.26 | 1.24 | 1.22 | 1.20 | 1.16 | 1.12 | 1.08 | 1.02 |

计算表明，尾水渠下游边坡稳定安全系数满足设计要求，但地下水对边坡稳定影响较大，水位提高 10%，边坡稳定安全系数降低 0.02～0.06。采用排水洞、排水孔降低地下水位可有效提高边坡稳定性。

## 10.3　边坡稳定块体理论分析

左岸边坡开挖规模较大，开挖边坡走向变化较大，与岩层走向呈现不同夹角（表 10.3-1）。

### 10.3.1　可移动块体类型

左岸主要发育三组裂隙。采用块体理论分析时，只需分析层面与裂隙组合（或层面与切穿岩体形成的剪切面）形成的块体，对于仅由裂隙组合形成的块体，因块体小而不予分析，该类块体通过一般的边坡挂网及锚杆支护就可以保证其稳定性。

**表 10.3-1　结构面物理力学性状**

| | 层间剪切带 | NEE | NWW | NNE |
|---|---|---|---|---|
| 平均产状 | 268°∠39° | 350∠70° | 192∠75° | 97∠57° |
| 连通率 | 100% | 20% | 34% | 18% |
| 摩擦系数 | 0.18～0.25 | 0.35 | 0.35 | 0.30 |
| 黏聚力/kPa | 10～20 | 50 | 50 | 50 |

块体作用力一般只考虑重力作用，并在必要时进行地下水作用和锚固力作用分析。

采用全空间赤平投影分析，得到不同坡段的可移动块体类型及其运动模式，见表 10.3-2。

**表 10.3-2　不同走向坡段的可移动块体类型及其运动模式**

| 分　段 | 坝肩上游坡 | 坝肩正面坡 | | 坝肩下游坡 |
|---|---|---|---|---|
| 代表剖面 | 1 剖面 | 2 剖面 | 3 剖面 | 4′剖面 |
| 开挖坡面产状 | 252°∠50° | 326°∠50° | 305°∠50° | 316°∠50° |
| 自然坡顶产状 | 282°∠31.8° | 333°∠28.8° | 333°∠28.8° | 289°∠32° |
| 组合 1：层面＋NEE | 无 | 无 | 00（1，2） | 00（1，2） |
| 组合 2：层面＋NWW | 00（1） | 无 | 01（1，2） | 无 |
| 组合 3：层面＋NNE | 无 | 无 | 无 | 无 |
| 分　段 | 坝肩下游坡 | 尾水渠坡 | | 尾水渠下游坡 |
| 代表剖面 | 4 剖面 | 5 剖面 | 6 剖面 | 7 剖面 |
| 开挖坡面产状 | 311°∠50° | 340°∠50° | 340°∠50° | 302°∠50° |
| 自然坡顶产状 | 295°∠33.7° | 16.5°∠32° | 276°∠29.4° | 276°∠29.4° |
| 组合 1：层面＋NEE | 00（1，2） | 无 | 无 | 00（1，2） |
| 组合 2：层面＋NWW | 01（1，2） | 无 | 无 | 01（1，2） |
| 组合 3：层面＋NNE | 无 | 无 | 无 | 无 |

## 10.3.2　坝肩正面坡及下游坡段

坝肩正面坡及下游坡段主要代表性的层间剪切带有Ⅰ-1302、Ⅰ-1306、$Ⅱ_1$-1310、Ⅰ-1312，根据表 10.3-2，层间剪切带与 NNE 裂隙切割形成的块体较为“方正”，块体失稳模式为双面滑动，而层间剪切带与 NWW 形成的块体较为“细长”，因而在分析前者并保证其稳定的基础上，后者自然能够稳定。因此，只需分析层间剪切带与 NNE 裂隙形成的半定位块体。代表性的层间剪切带与 NNE 裂隙形成的块体如图 10.3-1 所示。

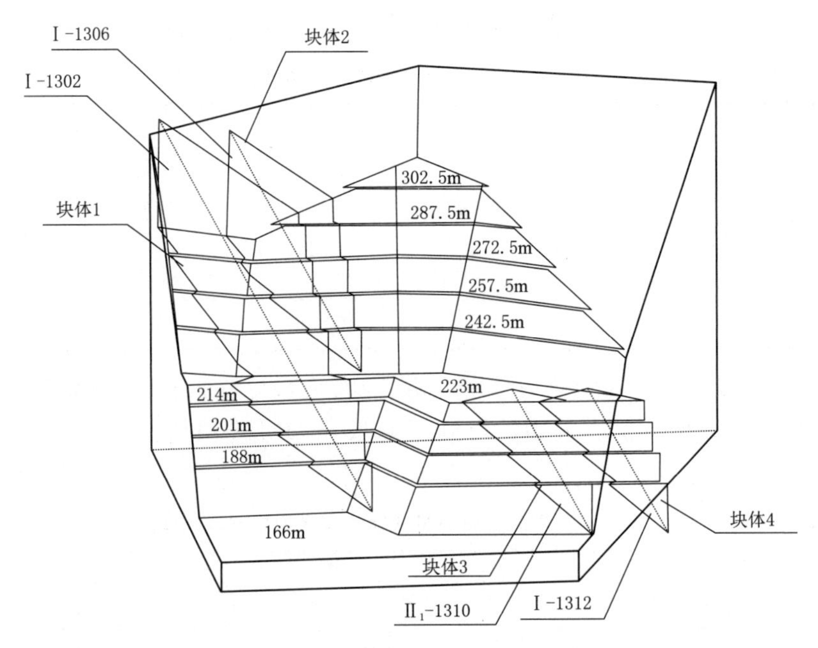


图 10.3-1 坝肩坡的层间剪切带位置及形成的最大半定位块体

#### 10.3.2.1 块体稳定性

1. 不考虑地下水作用

块体的一个滑面为层间剪切带，另一个滑面追踪 NEE 裂隙且切穿 $O_1d^{1-3}$ 页岩而形成，裂隙连通率按 30%考虑。计算得到以上块体的安全系数，见表 10.3-3。

表 10.3-3 块体稳定性计算结果

| | 块 体 构 成 | 体积/$m^3$ | 失稳模式 | 滑面面积/$m^2$ | 安全系数 $K_C$ |
|---|---|---|---|---|---|
| 块体 1 | Ⅰ-1302 与 NEE 裂隙切割形成 | 74410 | 双滑 | 5941/5209 | 1.811 |
| 块体 2 | Ⅰ-1306 与 NEE 裂隙切割形成 | 27506 | 双滑 | 2948/2396 | 2.171 |
| 块体 3 | $Ⅱ_1$-1310 与 NEE 裂隙切割形成 | 10590 | 双滑 | 1537/1114 | 2.666 |
| 块体 4 | Ⅰ-1312 与 NEE 裂隙切割形成 | 10924 | 双滑 | 1567/1135 | 2.531 |

从表 10.3-3 的计算结果可知，块体的稳定性安全系数可以达到规范要求。其余层间剪切带与Ⅰ-1302、Ⅰ-1306、$Ⅱ_1$-1310、Ⅰ-1312 的空间位置较近，或力学性状相对较好，因而形成的块体与这 4 个块体的形态相近，或安全系数会更高一些。因此，通过以上代表性的 4 个块体的分析结果可以认为，在正常情况且不考虑地下水作用时，该坡段不存在大的块体失稳导致边坡较大范围的局部失稳问题，边坡是稳定的。但是，如果边坡岩体在施工开挖爆破震动作用下，引起层面或裂隙等松弛开裂，或者在边坡开挖过程发现新的随机结构面，如长大裂隙，则需及时对结构面切割形成的块体进行调查与分析，对边坡支护措施进行校核并在必要情况下进行调整。

2. 考虑地下水作用

考虑地下水高程达到块体高度的 1/3～1/2（块体 3、块体 4 考虑水位达到 220m）。地下水水位不同高程时，块体的稳定性安全系数见表10.3-4。计算中，考虑页岩饱水情况下，黏聚力降低为原参数的50%，摩擦系数保持不变。计算结果表明，地下水作用下，块体的稳定性明显降低，因此边坡做好排水措施是非常必要的。

**表10.3-4　地下水位不同高程时的块体安全系数**

| 块　体 | 地下水位/m | 安全系数 $K_C$ | 块　体 | 地下水位/m | 安全系数 $K_C$ |
|---|---|---|---|---|---|
| 块体1 | 210 | 1.573 | 块体3 | 190 | 2.455 |
| | 230 | 1.494 | | 205 | 2.135 |
| | 250 | 1.300 | | 220 | 1.713 |
| 块体2 | 250 | 1.987 | 块体4 | 190 | 2.322 |
| | | | | 205 | 2.006 |
| | 265 | 1.812 | | 220 | 1.589 |

## 10.3.3 尾水渠中部边坡

### 10.3.3.1 块体几何形态

由表10.3-2可知，尾水渠坡段仅由层间剪切带与裂隙切割是不能形成块体的，因此考虑切穿岩体形成一个剪切面，分析其与层间剪切带形成的块体。

切穿岩体形成的剪切面，其产状未定，因此在边坡稳定性分析中，通过寻优的办法，在剪切面可能的倾向与倾角范围内，根据形成的块体安全系数最小的原则，找到最优的剪切面产状。并且，还应该注意块体形态的特点，以及形成的块体体积接近时进行寻优分析（因考虑滑面的黏聚力，安全系数与块体体积和滑面面积有关）。

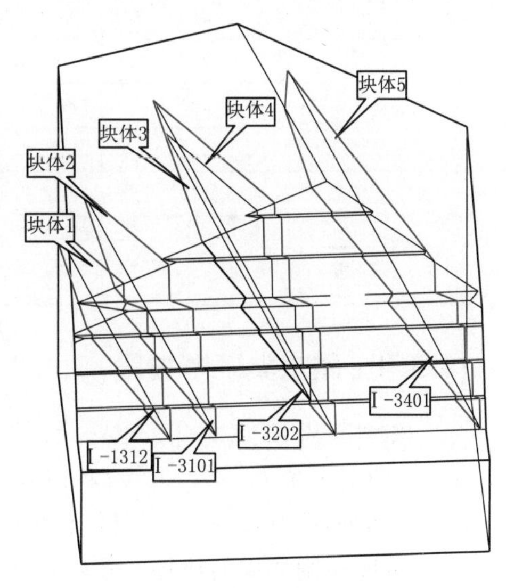


图10.3-2　尾水渠坡段典型的半定位块体形态

采用赤平投影分析，定出剪切面倾向范围约为355°～25°，倾角范围约为40°～75°。该坡段出露较多的层间剪切带，其中，Ⅰ-1312、Ⅰ-3101、Ⅰ-3202、Ⅰ-3401的力学性质相对最差（$f'=0.18$，$c'=0.01\text{MPa}$），以之为确定结构面，构造出块体如图10.3-2所示。随着切穿岩体的剪切面的空间位置不同，可以形成不同大小的块体，其中，块体1、块体2、块体3、块体5为形成的最大块体，块体的下部至高程176m。块体3与块体4的第1滑面均为Ⅰ-3202，但切穿岩体剪切面的空间位置不同，从而形成不同大小的块体。

### 10.3.3.2 块体稳定性

1. 不考虑地下水作用

计算块体的稳定性安全系数，结果见表10.3-5。由表中结果可知，在正常情况下且不考虑地下水作用时，该坡段不存在大的块体失稳导致边坡较大范围的局部失稳问题，边坡是稳定的。

表10.3-5　　尾水渠坡段半定位块体稳定性分析结果

| 块体 | 体积/$m^3$ | 滑面面积/$m^2$ | 第2滑面的抗剪参数 $f'/c'$/MPa | 失稳模式 | 安全系数 $K_C$ |
|---|---|---|---|---|---|
| 块体1 | 10312 | 1302/1572 | 0.7/0.575 | 双滑 | 6.95 |
| 块体2 | 12449 | 1546/1847 | 0.63/0.33 | 双滑 | 4.18 |
| 块体3 | 13429 | 1668/2043 | 0.805/0.645 | 双滑 | 7.75 |
| 块体4 | 29060 | 2734/3354 | 0.805/0.645 | 双滑 | 6.06 |
| 块体5 | 31747 | 4006/2557 | 0.665/0.505 | 双滑 | 3.62 |

2. 考虑地下水作用

地下水水位不同高程时，块体的稳定性安全系数见表10.3-6。由表中结果可知，该坡段稳定性较高，但地下水作用下，块体的稳定性明显降低，因此边坡需做好排水措施。

表10.3-6　　地下水位不同高程时的块体安全系数

| 块　体 | 地下水位/m | 安全系数 $K_C$ | 块　体 | 地下水位/m | 安全系数 $K_C$ |
|---|---|---|---|---|---|
| 块体1 | 190 | 6.47 | 块体4 | 190 | 5.84 |
| | 200 | 5.99 | | 210 | 5.31 |
| | 210 | 5.16 | | 230 | 4.01 |
| 块体2 | 190 | 3.94 | 块体5 | 190 | 3.54 |
| | 200 | 3.69 | | 210 | 3.12 |
| | 210 | 3.24 | | 230 | 2.57 |
| 块体3 | 190 | 7.67 | | | |
| | 210 | 7.17 | | | |
| | 230 | 5.54 | | | |

## 10.3.4　尾水渠下游坡段

该坡段岩层倾向为280°，边坡倾向为302°，两者夹角为20°，该坡段可称为顺向斜交坡。根据表10.2-4，分析层间剪切带与NEE裂隙切割形成的块体。该坡段出露$Ⅱ_1$-3402、$Ⅱ_1$-3403层间剪切带，与NEE裂隙形成的最大块体如图10.3-3所示。其中，图中块体的左侧非临空面为层间剪切带，右侧非临空面为追踪NEE裂隙形成的剪切面。

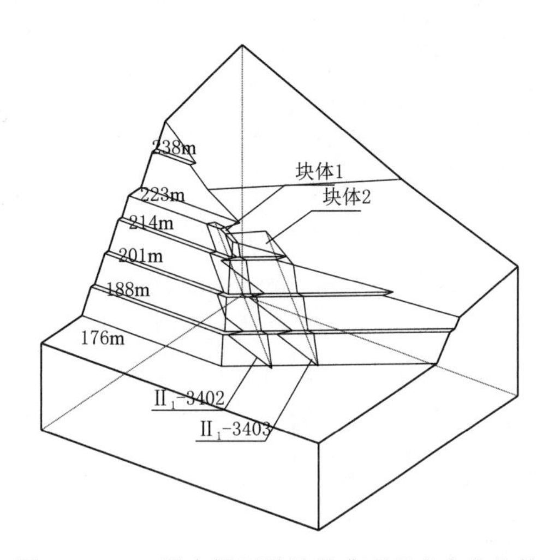

图10.3-3　尾水渠下游坡段典型的半定位块体

根据全空间赤平投影分析结果，块体失稳模式为沿层间剪切带的单面滑动。块体发生单面滑动时，受到追踪NEE裂隙形成的剪切面对块体的侧向阻滑作用，剪切面处岩体起到一定的抗拉作用（此时称为拉剪面更为合适）。考虑到剪切面岩体具有一定的抗拉强度，将剪切面的面积与岩体抗拉强度（取岩体黏聚力的50%）相乘，按面积比折合到层间剪切带的黏聚力中。计算得到块体的安全系数见表10.3-7。

**表10.3-7　尾水渠坡段半定位块体稳定性分析结果**

| 块体 | 体积/$m^3$ | 滑面/剪切面面积/$m^2$ | 剪切面抗剪参数$f'/c'$/MPa | 滑面综合黏聚力$c'$/MPa | 失稳模式 | 安全系数$K_C$ |
|---|---|---|---|---|---|---|
| 块体1 | 1897 | 622/394 | 0.63/0.365 | 0.131 | 单滑 | 2.839 |
| 块体2 | 2405 | 1014/297 | 0.63/0.365 | 0.068 | 单滑 | 2.008 |

尽管块体1与块体2都是由$Ⅱ_1$层间剪切带及追踪NEE裂隙形成的剪切面切割而成，但因两个块体的形态不同，块体1位于尾水渠坡及尾水渠下游坡之间而使得层间剪切带的面积与剪切面面积相比较小，而层间剪切带的抗剪强度参数低，因此相对而言，块体1的安全系数高一些。并且，该坡段的块体体积相对较小，从表10.3-7的结果可知，在正常情况下，该坡段不存在大的块体失稳导致边坡较大范围的局部失稳问题，边坡是稳定的。

考虑地下水作用，块体的安全系数见表10.3-8。从计算结果可知，考虑地下水作用时，块体的稳定性有明显降低。考虑到有关规范对三维计算得到的安全系数取值没有明确规定，且块体2在水位达到高程200m时安全系数不高，因此，边坡在做好排水措施的同时，适当布置系统锚索进行支护是必要的。

**表10.3-8　地下水位不同高程时的块体安全系数**

| 块　体 | 地下水位/m | 安全系数$K_C$ | 块　体 | 地下水位/m | 安全系数$K_C$ |
|---|---|---|---|---|---|
| 块体1 | 190 | 2.542 | 块体2 | 190 | 1.809 |
| | 200 | 2.060 | | 200 | 1.481 |

## 10.4　边坡加固措施

三维块体分析结果与二维极限平衡分析结果相比，边坡支护要求明显减小。除了坝肩上游边坡需要进行锚索加阻滑键支护外，其他部位边坡仅需要进行系统锚杆支护，以便对边坡岩体进行保护，并可对施工期出现的较小块体进行支护。地下水作用时，块体的稳定性安全系数有明显降低，边坡做好排水措施是很有必要的。

左岸边坡开挖坡度按强风化1∶1，弱风化1∶0.8，微新岩石1∶0.5，边坡每隔15m高设置3m宽的马道。左岸坝肩页岩边坡加固措施主要有挂网喷混凝土、锚杆、预应力锚索、钢筋混凝土护坡、混凝土阻滑键、坡表排水以及坡体排水等，同时加强边坡变形监测。左岸边坡如图10.4-1所示。

1. 排水

排水分坡表排水和坡体排水。坡表排水包括在边坡后缘设置截水沟，拦截坡外水流；结合各级马道设置排水沟，汇集排放坡面水流；坡面布置排水孔，疏干近坡面地下水。排水孔

图 10.4-1　左岸边坡照片

均上仰 15°，间距 4m×4m，孔径 56mm，孔内采用定型塑料排水软管保护。

坡体排水包括排水洞、排水孔等，在左岸边坡内设置 2 层排水洞，断面 2m×2.5m，高程分别为 195～199.50m、226～230m，在排水洞内向坡体钻设排水孔，形成排水幕。排水孔间距 3m，孔径 76mm，排水孔穿过软弱地质缺陷段时采用定型塑料排水软管保护。

2. 锚喷支护

采用挂网喷混凝土结合系统锚杆、随机锚杆措施，防止边坡崩解剥落，浅层滑动破坏及坡面小块体失稳，同时避免边坡表面受水流冲刷，减少边坡雨水入渗。

锚杆直径 25～32mm，长 6～12m，间距 2m×2m。挂网喷混凝土采用 $\phi$3.2@8×12 机编网，喷 10cm 厚 C20 混凝土。

3. 预应力锚索

采用预应力锚索限制坡内卸荷裂隙和裂缝的发展。控制塑性区范围和边坡变形量，加固边坡内较大块体。同时，锚索穿过剪切带，将各岩层结合为整体，提高边坡整体稳定性。

预应力锚索采用 1500kN 级，长 25～45m，锚索间距有 4m×4m，根据不同坡段的稳定要求而定。

4. 阻滑键

左坝肩上游边坡为近顺向坡，由于开挖边坡切割剪切带，边坡沿剪切带稳定安全系数较低，仅采用预应力锚索加固不能满足要求，需布置阻滑键。沿 $\text{II}_1$-7005、$\text{II}_1$-7006 在高程 187m 及高程 197m 布置 2 层 4m×7m 的阻滑键，阻滑键顶部设有回填灌浆及锚杆。

5. 钢筋混凝土护坡

对于受江水冲淘的边坡，主要是高程 223.00m 以下尾水边坡，采用厚 40～50cm 钢筋混凝土护坡。混凝土标号为 C20。在高程 227.5m 以上的坝肩边坡采用断面 50cm×60cm 钢筋混凝土格构梁护坡，纵、横梁之间的间距为 6m，纵、横梁交叉的结点布置预应力锚索。

6. 边坡位移观测

加强边坡位移观测，对边坡位移开展长期观测。由于边坡地质条件不同，稳定状态各异，在实际施工中，可结合对边坡变化动态和支护受力状态进行监测，并根据监测结果对边坡加固处理进行调整优化。

## 10.5　边坡运行情况

左岸坝肩边坡地层为 $O_1d^1$ 页岩夹少量灰岩，为顺向坡～斜交顺向坡，按大坝边坡岩体分类，属Ⅳ类岩质边坡。根据地质条件及运行要求，结合计算分析，对左岸边坡整体采用挂网喷混凝土、钢筋混凝土护坡、阻滑键、系统锚杆、锚索、排水（排水洞及坡面排水）等综合措施加固；对边坡局部采用加强锚杆、锚筋桩；岩体内设有排水洞和排水幕。整个施工过程按照动态设计原则，边开挖边补充地质工作，并对开挖过程中出现的不稳定块体采取专门加固处理措施。通过上述综合处理，能有效防止岩体风化，降低岩体应力集中，增加坡面岩体的整体性，约束岩体变形，降低地下水位，边坡的支护设计满足安全需要，且符合规范要求。

左岸边坡表面变形监测点监测成果见图 10.5-1 和图 10.5-2。

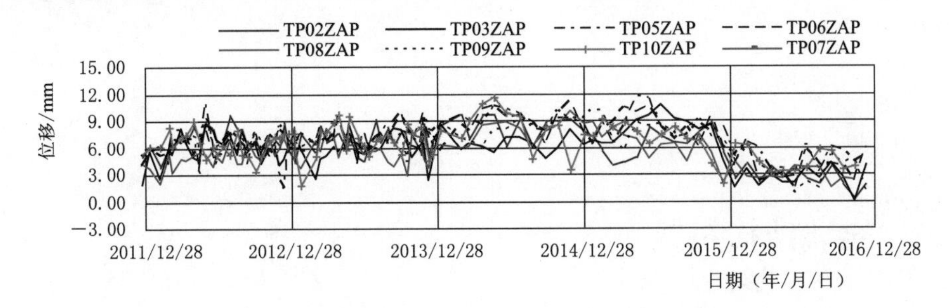


图 10.5-1　左岸边坡上、下游方向位移过程线

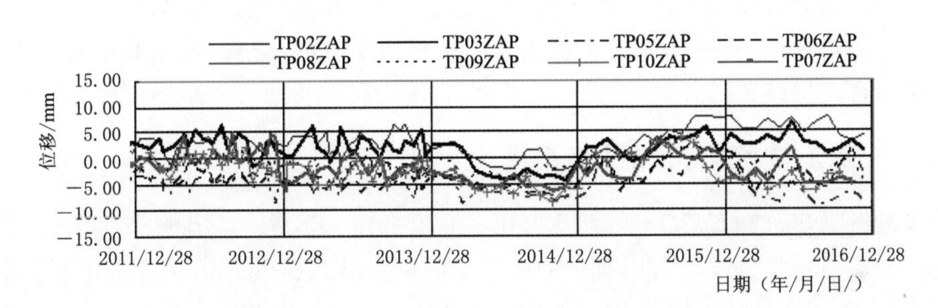


图 10.5-2　左岸边坡左、右岸方向位移过程线

监测成果表明：左岸边坡表面水平累计位移上、下游方向均表现为向下游位移。目前，左岸边坡表面水平位移上、下游方向变形在 0.51～5.98mm 之间；左、右岸方向变形在－8.36～6.37mm 之间。

边坡岩体深层水平位移累积最大拉伸变形为 4.37mm，最大压缩变形为－11.16mm，左岸边坡深层位移变形未有异常变化。

边坡锚索测力计预应力均为负损失，即预应力较锁定后增大，但整体变形趋势平缓。最大负损失为 22.04%。总体来看，左岸边坡锚索预应力变化状况正常；边坡锚杆应力在－42.1～45.0MPa 之间，边坡锚杆应力状况正常。

左岸边坡安装的各类安全监测仪器实测数据表明，该部位处于相对稳定状态，无影响安全的不利变化。

# 第 11 章 金属结构

## 11.1 金属结构布置

银盘水电站金属结构主要包括：泄洪建筑物金属结构、电站金属结构、船闸金属结构三个部分。银盘水电站共设有各类闸门 53 套，拦污栅 32 套，浮式系船柱 12 套，各类闸门及拦污栅槽埋件 100 孔（套）；各类启闭机械共 20 台（套），其中液压启闭机 16 套，检修门机 3 台，检修桥机 1 台。

### 11.1.1 泄洪建筑物金属结构布置

银盘泄洪建筑物布置 10 个泄洪表孔，堰顶高程 195.00m，孔宽 15.50m。泄洪表孔为泄洪主要通道，超过发电引用流量的洪水全部由泄洪表孔下泄，且需控制下泄流量，当库水位超过 215.00m 时，泄洪表孔将敞泄。泄洪表孔分别设置 10 扇工作闸门和 2 扇事故检修闸门，工作闸门由液压启闭机操作，事故检修闸门由坝顶门机操作。同时为满足施工要求，部分泄洪表孔上、下游设有临时封堵挡水闸门。

泄洪表孔工作门孔口宽 15.50m，由于泄洪表孔有控制下泄流量的要求，闸门需局部开启，经比较，泄洪表孔工作闸门采用弧形钢闸门。闸门底坎高程为 194.167m，支铰高程为 212.00m，弧门曲率半径为 29.00m，为适应闸墩不均匀变形，支铰采用球面滑动轴承（球铰）。闸门由容量为 2×4600kN 的液压启闭机操作。

泄洪表孔事故检修门为平板定轮门，设在弧形工作门上游侧，闸门底坎高程为 194.034m，孔口宽 15.50m。10 个泄洪表孔共设 2 扇事故检修闸门，事故检修闸门由坝顶门机操作。闸门不工作时，存放在坝顶门库内。

根据截流需要，在溢流坝段左区 4 个泄洪表孔设临时过水缺口，为满足后期过水缺口混凝土回填及表孔弧门安装的要求，在事故检修门上游和表孔工作门下游各设封堵挡水闸门，封堵挡水闸门采用叠梁门。上游封堵挡水闸门底坎高程为 179.00m，孔口宽 15.50mm，由坝顶门机操作；下游封堵挡水闸门底坎高程为 180.00m，孔口宽 15.50m，由临时机械操作。

### 11.1.2 电站金属结构布置

银盘水电站为河床式厂房，安装4台单机容量为150MW的机组。顺水流方向依次布置有电站进口拦污栅、电站进口检修门、电站进口事故和电站尾水洞检修门。电站进口拦污栅、检修门、事故门由电站坝顶门机操作，尾水洞检修门由尾水门机操作。在坝顶设有电站进口检修门门库。

电站进水口共设有28个连通式拦污栅孔口，每孔设一扇拦污栅，栅槽孔口尺寸3.8m×27.0m，底坎高程为182.0m。栅体分为9节，每节高3.10m，节间用连接轴连接，顶部设有吊杆，吊杆锁定在坝顶。拦污栅启闭由进口坝顶2×2500kN/650kN/100kN门机回转吊操作，清污方式为停机提栅清污。

在电站进水口拦污栅栅槽后布置一道检修门槽，每台发电机有3个进口，4台发电机共有12进口，每个进口尺寸为6.46m×17.4m，底坎高程为175.226m，12进口共设3扇检修门。检修门为平面滑道门，分为2节，节间通过轴连接成整体，由电站坝顶2×2500kN双向门机主钩借助液压自动挂钩梁起吊。闸门不工作时，分节存放在坝顶门库内。

电站进口事故门用于机组发生事故时，动水关闭孔口。闸门孔口尺寸为6.7m×15.72m，底坎高程为170.63m，12进口共设12扇事故门。进口事故门为平面悬臂定轮闸门，共5节，各节通过连接轴连成整体，由电站坝顶2×2500kN双向门机主钩借助液压自动挂钩梁操作。闸门不工作时，锁定在坝顶门槽内。

每台发电机尾水洞布置有3个出口，在出口处设一道检修门槽，孔口挡水尺寸为7.0m×11.4m，底坎高程为155.32m。考虑施工期机组安装时挡水度汛要求，共设12套检修门。尾水洞检修门采用平板滑动门，每套检修门分为4节，节间由销轴连接，由尾水平台2×630kN的门机借助液压自动挂钩梁起吊。检修门不工作时锁定在尾水门槽内。

### 11.1.3 船闸金属结构的布置

船闸为单线单级船闸，上游与上游引航道连接，下游与下游引航道相连。船闸闸室有效尺寸为120m×12m×4m（长×宽×槛上水深，下同）。船闸布置有上闸首事故检修门、上闸首工作门及启闭机、浮式系船柱、下闸首工作门及启闭机、下闸首检修门以及船闸充泄水工作阀门和充泄水检修门等金属结构。

上闸首事故检修门由检修叠梁门和事故检修大门组成，由布置于上闸首闸顶的桥式启闭机操作，桥机沿垂直于船闸中心线的轨道梁上行驶，轨道梁顶部高程242.1m。船闸通航时部分检修叠梁门和事故检修大门放置于闸首右侧的门库内，部分检修叠梁门置于门槽内，保证船闸发生事故时，能与事故检修大门共同挡水，避免事故扩大，同时置于门槽内检修叠梁门要保证船闸的正常运行。

上闸首工作门为人字闸门，启闭机为液压启闭机，人字闸门全关时，其门轴线与船闸横轴线的夹角为22.5°。全开时，人字闸门置于两侧的闸墙门龛内，并在闸墙上设有限位和锁定机构。

浮式系船柱布置在闸室两侧闸墙内，两侧闸墙各有6套浮式系船柱。

下闸首工作门为一字闸门，启闭机为液压启闭机。闸门转动装置和启闭机布置在右侧闸首，全开时，一字闸门置于右侧的闸墙门龛内，并在闸墙上设有限位和锁定机构。

下闸首检修门为平板滑动闸门，由 2×500kN 的固定卷扬机操作。检修门不工作时通过锁定梁锁定在门槽内的锁定平台上。

船闸充泄水廊道布置于上、下闸首两侧，在上闸首充水廊道进口设有拦污栅。充泄水工作阀门布置于上、下闸首两侧，充泄水工作阀门通过吊杆与布置于闸顶的液压启闭机连接，充泄水工作阀门由闸顶的液压启闭机操作，在充泄水工作阀门前后设有充泄水检修门，充泄水检修门由临时机械启闭。

## 11.2　主要金属结构设计

### 11.2.1　泄洪建筑物金属结构设计

泄洪建筑物金属结构主要有上游封堵门、泄洪表孔事故检修门、泄洪表孔工作门、下游封堵门、坝顶门式启闭机、泄洪表孔工作门液压启闭机以及相应的埋件等。

1. 上游封堵门

上游封堵门为平板叠梁门，总高 36.5m，分 12 节，主要设计参数见表 11.2-1。根据各叠梁门工作时载荷大小，对其结构进行分组设计，顶部 5 节为一组，每节门高 3.1m，中间 4 节为一组，下部 3 节为一组，两组每节门高均为 3.0m。每节门均为双主横梁式，双吊点，两主梁之间布置一根小横梁，面板在下游面，材质为 Q355B。正向支承为工程塑料，反向支承为钢滑块，侧导向为滚轮，止水布置在下游面，侧水封为橡塑复合的 P 型橡皮，底止水系平板橡皮。

**表 11.2-1　　上游封堵挡水门主要设计参数**

| 名　称 | 参　数 | 备　注 | 名　称 | 参　数 | 备　注 |
|---|---|---|---|---|---|
| 孔口尺寸 | 14.0m×36.50m | | 最大操作水头 | 4.35m | |
| 闸门型式 | 平板叠梁门 | | 支承型式 | 工程塑料 | |
| 底坎高程 | 179.00m | | 支承跨度 | 16.50m | |
| 设计水位 | 215.00m | | 操作条件 | 静水启闭 | |
| 设计水头 | 36.00m | | | | |

闸门埋件由主轨、反轨、底坎等组成，均为焊接件，材质为 Q355B。止水座板采用不锈钢板，止水工作面机加工。

2. 泄洪表孔事故检修门

泄洪表孔事故检修门为平面定轮闸门，双吊点，总高 21.7m，分为 2 节，上节高为 10.7m，下节高为 11.0m，两节用轴连成整体。主要设计参数见表 11.2-2。上、下两节门均为多主梁结构，两主梁之间布置一根小横梁，面板布置在下游面，闸门主材为 Q355B。正向支承为定轮，整扇闸门布置支承定轮 22 个，定轮直径为 800mm，材质为 35CrMo，整体调质，硬度HB为270～320；轴承采用调心滚子轴承，反向支承为钢滑块，侧导向为滚轮，止水布置在下游面，侧水封为橡塑复合的P型橡皮，底止水系平板橡皮。

表11.2-2　泄洪表孔事故检修门主要设计参数

| 名称 | 参数 | 备注 | 名称 | 参数 | 备注 |
|---|---|---|---|---|---|
| 孔口尺寸 | 15.50m×20.696m | | 设计水头 | 20.696m | |
| 闸门型式 | 平板定轮门 | | 支承型式 | 定轮 | |
| 底坎高程 | 194.0344m | | 支承跨度 | 16.5m | |
| 设计水位 | 215.0m | | 操作条件 | 动闭静启 | |
| 操作水位 | 215.0m | | | | |

闸门埋件由主轨、付轨及反轨、底坎等组成，门槽采用二型优化门槽，主轨采用工字型断面，材质为ZG35CrMo，其表面硬度HB为300～360。付轨及反轨、底坎、侧坎为工字钢组合件；主轨、付轨及反轨、底坎节间用螺栓连接。止水板材质为1Cr18Ni9Ti。

3. 泄洪表孔工作门

泄洪表孔工作门为直支臂、主横梁弧形门，主要参数见表11.2-3。主横梁为焊接箱型梁，支臂为三支臂结构，单个支臂为焊接箱型结构，闸门主要材料为Q355B。支铰为球铰，轴承采用自润滑球面滑动轴承，侧导向为滚轮，侧水封为聚四氟乙烯P型橡塑水封，材质为LD-19，底止水系平板橡皮。

闸门埋件由侧轨及底坎等组成，均为焊接构件。止水座板采用不锈钢。

表11.2-3　泄洪表孔工作门主要设计参数

| 名称 | 参数 | 备注 | 名称 | 参数 | 备注 |
|---|---|---|---|---|---|
| 孔口尺寸 | 15.5m×20.8m | | 设计水头 | 20.8m | |
| 闸门型式 | 弧形闸门 | | 支铰中心高程 | 212.0m | |
| 底坎高程 | 194.167m | | 支铰型式 | 自润滑球铰 | |
| 设计水位 | 215.0m | | 弧面半径 | 29.0m | |
| 操作水位 | 215.0m | | 操作条件 | 动水启闭、局部开启 | |

4. 下游封堵门

下游封堵门为平板叠梁门，总高15.5m，分为5节，每节门高3.1m，主要设计参数见表11.2-4。每节门均为双主横梁式，双吊点，两主梁之间布置一根小横梁，面板布置在上游面，材质为Q355B。正向支承采用工程塑料，反向支承为钢滑块，侧导向为滚轮，止水布置在上游面，侧水封为橡塑复合的P型橡皮，底止水系平板橡皮。

闸门埋件由主轨、反轨、底坎等组成，均为焊接件。材质为Q345B。止水座板采用不锈钢板。

5. 坝顶门式启闭机

坝顶2×2500kN/600kN（双向）门式启闭机共一台，安装在泄洪坝顶227.5m高程。门机主要用于操作表孔事故检修门和泄洪表孔临时缺口上游封堵挡水门，回转吊用于表孔液压启闭机的安装、检修和零星物品的吊运。坝顶门式启闭机主要设计参数见表11.2-5。

**表11.2-4　　下游封堵挡水门主要设计参数**

| 名称 | 参数 | 备注 | 名称 | 参数 | 备注 |
|---|---|---|---|---|---|
| 孔口尺寸 | 15.50m×15.50m | | 设计水位 | 14.63m | |
| 闸门型式 | 平板叠梁门 | | 操作水头 | 静水 | |
| 底坎高程 | 180.004m | | 支承型式 | 工程塑料 | |
| 设计水位 | 194.63m | | 支承跨度 | 16.50m | |

门机主要附属设备包括：泄洪表孔事故检修门液压自动挂钩梁1套，泄洪表孔临时缺口上游封堵门液压自动挂钩梁1套，泄洪表孔临时缺口下游封堵门机械式自动挂钩梁1套。

主小车起升机构采用全封闭齿轮传动，变频无级调速。减速器齿面硬度为中硬或硬齿面。在卷筒一端设置盘式制动器作为安全制动器使用。起重量电子称量系统设有自动报警、过载自动保护。

回转吊设置摩擦力矩限制器。

大车运行机构采用分别驱动，全封闭齿轮传动。变频无级调速，各主动车轮组电气同步。减速器采用中硬齿面或硬齿面减速器，立式安装。

**表11.2-5　　坝顶门式启闭机主要设计参数**

| 名称 | 参数 | 备注 |
|---|---|---|
| 门机轨顶高程 | 227.5m | |
| 计算风压 | 工作状态计算风压：250N/m² | |
| | 非工作状态计算风压：700N/m² | |
| 地震烈度 | 设计地震烈度：6度 | |
| 门机工作寿命 | 30年 | |
| 门机整机工作级别 | A4 | |
| 小车起升机构 | | |
| 额定起重量 | 2×2500kN（包括液压自动挂钩梁） | |
| 扬程 | 总扬程65m | |
| 轨顶以上扬程 | 18m（包含液压自动挂钩梁高度） | |
| 起升速度 | 2.5/5m/min（满载/空载） | |
| 起升机构满载调速范围 | 1∶10 | |
| 总调速范围 | 1∶20（交流变频调速） | |
| 回转吊 | | |
| 额定起重量 | 600kN | |

续表

| 名　称 | 参　数 | 备　注 |
|---|---|---|
| 扬程 | 总扬程 50m | |
| 轨顶以上扬程 | 16m | |
| 起升速度 | 5m/min | |
| 主小车运行机构 | | |
| 运行荷载（包括自动挂钩梁） | 2×2200kN | |
| 运行速度 | 3m/min | |
| 运行距离 | 11m | |
| 大车运行机构 | | |
| 运行起重量（包括自动挂钩梁） | 2×2200kN | |
| 运行速度 | 20m/min | |
| 运行距离 | 约 240m（换接电缆插头） | |
| 轨距 | 13.5m | |

6. 泄洪表孔工作门液压启闭机

泄洪表孔共设置 10 套液压启闭机，用于启闭泄洪表孔弧形工作闸门。启闭机型式为尾部悬挂，两端铰接支承液压启闭机，“一泵一机”单独控制驱动，其中，油缸尾部支铰高程为 223.0m。启闭机为双吊点、双作用液压启闭机。主要设计参数见表 11.2-6。

**表 11.2-6　　泄洪表孔工作门液压启闭机主要设计参数**

| 名　称 | 参　数 | 备　注 | 名　称 | 参　数 | 备　注 |
|---|---|---|---|---|---|
| 额定启门力 | 2×4600kN | | 闭门速度 | 0.6～0.8m/min | |
| 工作行程 | 12000mm | | 操作方式 | 动水启闭 | |
| 启门速度 | 0.6～0.8m/min | | | | |

启闭机设计运行要求：正常工作时全程或局部开启闸门；安装调试及检修时能在现场手动操作启闭闸门；闸门正常工作时由于油缸或系统泄漏等原因引起闸门下滑，在 48h 内不得大于 200mm，当下滑量达到或超过 200mm 时，启闭机应能自动启动提升闸门至上极限位置。同时，向中央控制室发出声光报警信号。

## 11.2.2 电站金属结构的设计

电站金属结构主要有电站进口拦污栅、电站进口检修门、电站进口事故门、尾水洞检修门、电站进口坝顶门机，尾水门机及相应的埋件等。

1. 电站进口拦污栅

电站进口拦污栅包括栅体和吊杆。栅体为板梁式结构，共 9 节，单节高 3.1m，节间通过连接轴连接整体，主要设计参数见表 11.2-7。每节栅体布置 3 根主横梁，主横梁为焊接工字钢，梁高 460mm，栅条为圆头扁钢 14×140mm，栅条间用横向连接杆连接，边梁为工字型焊接结构，栅体结构材质为 Q355C。正反向支承为工程塑料；侧导向为常用的钢滑块；吊杆共 5 根，吊杆间通过销轴连接，与栅体吊耳连接的吊杆为转向短吊杆，长 2.28m，其余各节每节长 4.00m。吊杆断面系工字型焊接件，并设有锁锭结构，材质为 Q355C。

**表 11.2-7　　电站进口拦污栅主要设计参数**

| 名　称 | 参　数 | 备　注 | 名　称 | 参　数 | 备　注 |
| --- | --- | --- | --- | --- | --- |
| 孔口尺寸 | 3.8m×27.9m | | 支承型式 | 工程塑料 | |
| 闸门型式 | 平面直立式闸门 | | 支承跨度 | 3.96m | |
| 底坎高程 | 180.0m | | 操作条件 | 静水启闭 | |
| 设计水位 | 4.0m | | | | |

2. 电站进口检修门

电站检修门为平面滑道门，总高 17.89m，共 2 节，上节门高 8.75m，下节门高 9.14m，在现场通过轴连接成整体，主要设计参数见表 11.2-8。上、下两节门均为多主横梁结构，两主梁之间布置一根小横梁，面板布置在下游面，主要材质为 Q355B。正反向支承为钢滑块，材质为 ZG270-500；侧导为滚轮。止水均布置在下游面，顶、侧止水均为 P 型橡皮，底止水及节间止水为平板橡皮。

**表 11.2-8　　电站进口检修门主要设计参数**

| 名　称 | 参　数 | 备　注 | 名　称 | 参　数 | 备　注 |
| --- | --- | --- | --- | --- | --- |
| 孔口尺寸 | 6.46m×17.72m | | 设计水头 | 39.774m | |
| 闸门型式 | 平板滑动闸门 | | 支承型式 | 钢滑块 | |
| 底坎高程 | 175.226m | | 支承跨度 | 10.6m | |
| 设计水位 | 215.0m | | 操作条件 | 静水启闭 | |
| 操作水位 | 215.0m | | | | |

闸门埋件由主轨、反轨、胸墙、底坎等组成，均为焊接件。止水底板采用不锈钢板。

3. 电站进口事故门

电站进口事故门为平面悬臂定轮闸门，双吊点，总高 17.32m，共 5 节，各节通过连接轴连成整体，顶节门高 3.52m，底节门高 3.30m，其他各节门高 3.50m，主要设计参数见表 11.2-9。顶节为双根主梁布置型式，其他各节门为三根主梁布置型式，两主梁之间布置一根小横梁采用焊接工字钢，面板布置在上游面，主要材质为 Q355B。正向支承为悬臂轮，侧、反向支承为钢滑块。顶、侧止水均布置在下游面，底止水均布置在上游面，顶、侧止水均为 P 型橡皮，底止水为平板橡皮。

闸门埋件由主轨、反轨、胸墙、底坎等组成，埋件主轨为铸钢件，材质为 ZG42CrMo，其他均为焊接件。止水底板采用不锈钢板。

表 11.2-9　　电站进口事故门主要设计参数

| 名　称 | 参　数 | 备　注 | 名　称 | 参　数 | 备　注 |
|---|---|---|---|---|---|
| 孔口尺寸 | 6.46m×16.21m | | 设计水头 | 44.86m | |
| 闸门型式 | 平板悬臂定轮闸门 | | 支承型式 | 定轮 | |
| 底坎高程 | 170.14m | | 支承跨度 | 7.16m | |
| 设计水位 | 215.0m | | 操作条件 | 动水闭门、静水启门 | |
| 操作水位 | 215.0m | | | | |

4. 尾水洞检修门

尾水洞检修门为平面滑动闸门，单吊点，高 13.28m，共 2 节，上节门高 6.56m，下节门高 6.72m，上、下节通过连接轴连成整体，主要设计参数见表 11.2-10。上、下两节门均为多主横梁结构，两主梁之间布置一根小横梁，面板布置在上游面，主要材质为 Q355B。正、反向支承均为滑块。止水布置在上游面，侧止水为 P 型橡皮，底止水和节间止水为平板橡皮。

闸门埋件由主轨、反轨、胸墙、底坎等组成，均为焊接件。止水底板采用不锈钢板。

表 11.2-10　　尾水洞检修门主要设计参数

| 名　称 | 参　数 | 备　注 | 名　称 | 参　数 | 备　注 |
|---|---|---|---|---|---|
| 孔口尺寸 | 7.0m×11.54m | | 设计水头 | 61.68m | |
| 闸门型式 | 平板滑动门 | | 支承型式 | 钢滑块 | |
| 底坎高程 | 155.32m | | 支承跨度 | 7.6m | |
| 设计水位 | 217.0m | | 操作条件 | 静水启闭 | |

5. 电站进口坝顶门机

电站进口坝顶门机安装在进水塔顶 227.5m 高程，共一台，容量为 2×2500kN/650/100kN（双向）。门机主钩主要用于操作电站进口检修和事故门，以及水轮发电机部件的吊运。回转吊用于拦污栅的操作和坝面零星物品的吊运。主要设计参数见表 11.2-11。

表 11.2-11　　电站进口坝顶门机主要设计参数

| 名　　称 | 参　　数 | 备　　注 |
|---|---|---|
| 门机轨顶高程 | 227.5m | |
| 计算风压 | 工作状态计算风压：250N/m² | |
| | 非工作状态计算风压：700N/m² | |
| 地震烈度 | 设计地震烈度：6 度 | |
| 门机工作寿命 | 30 年 | |
| 门机整机工作级别 | A4 | |
| 小车起升机构 | | |
| 额定起重量 | 2×2500kN（包括液压自动挂钩梁） | |

续表

| 名　称 | 参　数 | 备　注 |
|---|---|---|
| 扬程 | 总扬程70m | |
| 轨顶以上扬程 | 18m（包含液压自动挂钩梁高度） | |
| 起升速度 | 2.5/5m/min（满载/空载） | |
| 起升机构满载调速范围 | 1∶10 | |
| 总调速范围 | 1∶20（交流变频调速） | |
| 回转吊 | | |
| 额定起重量 | 650kN/1000kN | |
| 扬程 | 总扬程50m | |
| 轨顶以上扬程 | 16m | |
| 起升速度 | 5m/min | |
| 主小车运行机构 | | |
| 运行荷载（包括自动挂钩梁） | 2×2200kN | |
| 运行速度 | 3m/min | |
| 运行距离 | 101m | |
| 大车运行机构 | | |
| 运行起重量（包括自动挂钩梁） | 2×2200kN | |
| 运行速度 | 20m/min | |
| 运行距离 | 约240m（换接电缆插头） | |
| 轨距 | 13.5m | |

门机主要附属设备包括：电厂进口检修门液压自动挂钩梁1套，电厂进口事故门液压自动挂钩梁1套，拦污栅专用吊钩1个，水轮发电机部件专用吊梁1套。

主小车起升机构采用全封闭齿轮传动，变频无级调速，满载调速范围为1∶10，总调速范围为1∶20。减速器齿面硬度为中硬或硬齿面。在卷筒一端设置盘式制动器作为安全制动器使用。起重量电子称量系统设有自动报警、过载自动保护。

回转吊设置摩擦力矩限制器。

大车运行机构采用分别驱动，全封闭齿轮传动。变频无级调速，满载调速范围为1∶10，各主动车轮组电气同步。减速器采用中硬齿面或硬齿面减速器，立式安装。

6. 尾水门机

尾水门机安装在尾水平台223.0m高程，共一台，容量为2×1000kN（单向），主要用于操作电站尾水检修门以及零星物品的吊运，主要设计参数见表11.2-12。

起升机构采用全封闭齿轮传动，变频无级调速，满载调速范围为1∶10，总调速范围为1∶20。减速器齿面硬度为中硬或硬齿面。在高速输入轴上设置两套制动器，一套为工作制动器，另一套为安全制动器。起重量电子称量系统设有自动报警、过载自动保护。

表 11.2-12　　尾水门机主要设计参数

| 名　　称 | 参　　数 | 备　　注 |
|---|---|---|
| 门机轨顶高程 | 223.0m | |
| 计算风压 | 工作状态计算风压：250N/m$^2$ | |
| | 非工作状态计算风压：700N/m$^2$ | |
| 地震烈度 | 设计地震烈度：6 度 | |
| 门机工作寿命 | 30 年 | |
| 门机整机工作级别 | A4 | |
| 起升机构 | | |
| 额定起重量 | 2×1000kN（包括液压自动挂钩梁） | |
| 扬程 | 总扬程 70m | |
| 轨顶以上扬程 | 18m（包含液压自动挂钩梁高度） | |
| 起升速度 | 2.5/5m/min（满载/空载） | |
| 起升机构满载调速范围 | 1∶10 | |
| 总调速范围 | 1∶20（交流变频调速） | |
| 大车运行机构 | | |
| 运行起重量（包括自动挂钩梁） | 2×1000kN | |
| 运行速度 | 20m/min | |
| 运行距离 | 约 160m（换接电缆插头） | |
| 轨距 | 5.5m | |
| 满载调速范围 | 1∶10 | |

大车运行机构采用分别驱动，全封闭齿轮传动。变频无级调速，满载调速范围为 1∶10，各主动车轮组电气同步。减速器采用中硬齿面或硬齿面减速器。

### 11.2.3　船闸金属结构的设计

船闸金属结构主要有上闸首事故检修闸门、上闸首工作门及启闭机、浮式系船柱、下闸首工作门及启闭机、下闸首检修门以及船闸充泄水工作阀门和检修闸门等

1. 上闸首事故检修闸门

上闸首事故检修门由 1 扇事故检修大门和 4 节叠梁门组成，孔口尺寸为 12.0m×20.0m（宽×高），底坎高程为 207.50m，上游最高通航水位为 215.00m，上游最低通航水位为 211.50m，上游最高洪水位为 225.47m。

（1）事故检修大门。事故检修大门为平板滑动门，门高 8.0m，双吊点，吊点间距为 8.4m，主要参数见表 11.2-13。闸门分为上、下两节，上节门高 4.1m，下节门高 3.9m，两节由轴连成整体。每节均为工字型实腹式主梁结构，布置两根主梁，小横梁为工字钢，纵向腹板及端柱为单腹板截面，面板布置在上游侧，主要材质为 Q355B。正向支承为镶嵌自润滑复合材料，反向支承为工程塑料滑块。侧向支承为滚轮，止水布置在上游侧，侧

止水为P型橡皮，底止水和节间止水为平板橡皮。

表11.2-13　　事故检修大门主要设计参数

| 名　称 | 参　数 | 备　注 | 名　称 | 参　数 | 备　注 |
|---|---|---|---|---|---|
| 孔口尺寸 | 12.0m×20.0m | | 设计水头 | 7.5m | |
| 闸门型式 | 平板门 | | 支承型式 | 滑动支承 | |
| 底坎高程 | 207.5m | | 支承跨度 | 12.8m | |
| 设计水位 | 215.00m | | 操作条件 | 动水闭门，静水启门 | |

门槽埋件由主轨、反轨、底坎及侧坎等部件组成。反轨表面贴焊不锈钢止水座板，均为焊接结构。

（2）叠梁门。叠梁门采用工字形实腹式主梁结构，双吊点，共有4节，每节高3.0m，主要参数见表11.2-14。每节叠梁门布置两根主梁，小横梁为工字钢，纵向隔板及端柱为单腹板截面，面板和止水布置在上游面，主要材质为Q355B。正向支承、反向支承均为滑动支承，材料为NGB，侧止水为P型橡皮，底止水为平板橡皮。

表11.2-14　　叠梁门主要设计参数

| 名　称 | 参　数 | 备　注 | 名　称 | 参　数 | 备　注 |
|---|---|---|---|---|---|
| 孔口尺寸 | 12.0m×20.0m | | 设计水头 | 19.97m | |
| 闸门型式 | 平板门 | | 支承型式 | 滑动支承 | |
| 底坎高程 | 207.5m | | 支承跨度 | 12.8m | |
| 设计水位 | 215.00m | | 操作条件 | 静水启闭 | |

2. 上闸首人字门

上闸首人字门主要由人字门门叶、钢护舷、背拉杆、顶底枢轴以及联门轴等组成。

人字门采用平面多主横梁结构，主横梁的间距大致上按等荷载原则布置，主横梁间距为1.2～20m，主横梁梁高为1.1m，按平面三铰拱计算。主横梁之间布置有水平次梁，水平次梁按等跨连续梁设计计算。人字闸门门扇全开时，为了防止过闸船只碰撞闸门承重结构，在人字门背面的通航水位变幅内，设置了钢护舷，主要材质为Q355B。主要参数见表11.2-15。

表11.2-15　　上闸首人字门主要参数

| 名　　称 | 参　　数 | 备　　注 |
|---|---|---|
| 上游最高通航水位/m | 215.00 | |
| 底坎高程/m | 207.50 | |
| 上游最低通航水位/m | 211.5 | |
| 下游最高通航水位/m | 192.04 | |
| 下游最低通航水位/m | 179.88 | |
| 门高/m | 8.60 | |
| 门宽/m | 7.40 | |

续表

| 名　称 | 参　数 | 备　注 |
| --- | --- | --- |
| 门厚/m | 1.10 | |
| 门轴柱支/枕垫块工作面半径/mm | 350/400 | |
| 斜接柱支/枕垫块工作面半径/mm | 350/400 | |
| 顶枢颈轴直径/mm | 160 | |
| 底枢蘑菇头半径/mm | 170 | |

人字门门轴柱、斜接柱处的支垫块采用连续支承，兼作侧止水，材料为0Cr19Ni9N。

顶枢拉杆选用花篮螺母式，顶枢轴瓦采用自润滑轴瓦。底枢为固定式底枢，底枢球瓦采用自润滑球瓦。

为提高门叶本身的抗扭刚度，减小门叶扭曲变形，在门叶背面设置预应力背拉杆，主、副背拉杆施加的预应力应控制在50～120MPa范围内。

联门轴安装在顶部两根主横梁处，材料采用锻40Cr，调质处理，最大弯曲应力为180.0MPa。

人字门埋件包括顶枢拉架、底枢埋件、支枕垫、底坎等

闸门结构及埋件按有关设计规范进行设计，强度设计满足规范许用应力要求。

3. 下闸首一字门

下闸首一字门主要由一字门门叶、钢护舷背拉杆、顶底枢轴、联门轴以及闸门支承等组成，主要参数见表11.2-16。一字门叶采用主横梁结构，门高41m，主横梁原则上按照等载荷布置，主梁高度为2.1m，主梁间距为1.2～2.4m。主横梁原则上按压弯构件计算，共设29主横梁，主梁L21（从下而上）及其以下部分主梁选用相同截面；L21以上部分主梁由于承受荷载较小，故选用较小截面，分别选取受力最大的主梁对两种截面的应力进行稳定及刚度校核。闸门面板及止水均布置在下游，底、侧止水均为P型橡皮，主要材质为Q355B。

**表11.2-16　　下闸首一字门主要设计参数**

| 名　称 | 参　数 | 备　注 |
| --- | --- | --- |
| 上游最高通航水位/m | 215.00 | |
| 底坎高程/m | 175.50 | |
| 上游最低通航水位/m | 211.5 | |
| 下游最高通航水位/m | 192.04 | |
| 下游最低通航水位/m | 179.88 | |
| 门高/m | 41 | |
| 门宽/m | 14.8 | |
| 门厚/m | 2.1 | |
| 顶枢颈轴直径/mm | 480 | |
| 底枢蘑菇头半径/mm | 350 | |

下闸一字闸门门扇全开时，为了防止过闸船只碰撞闸门承重结构，在闸门背面的通航水位变幅内设置了钢护舷。

为提高门叶本身的抗扭刚度，减小门叶扭曲变形，同时由于门叶的高宽比达到了3.4，在门叶背面设置三层预应力背拉杆。

下闸一字门顶枢座采用楔形块调整的AB拉杆式顶枢，顶枢轴套是高强度铜基镶嵌自润滑轴套，底枢为固定式底枢，底枢球瓦采用自润滑球瓦。闸门支承为工程塑料滑块。

下闸一字门埋件包括顶枢拉架、底枢埋件、闸门支承、底坎等。

4. 下闸首检修门

下闸闸门为露顶式平面滑动门，闸门底坎高程为175.8m，高12.0m，双吊点，主要参数见表11.2-17。多主梁工字型实腹式结构，面板布置在上游侧，小横梁为工字钢，纵向腹板及端柱为单腹板截面，主要材质为Q355B。正向支承为工程塑料滑块，反向支承为铸钢滑块。侧止水为P型橡皮，底止水为平板普通橡皮。

门槽埋件由主轨、反轨、底坎装置组成，均为焊接结构。

**表11.2-17　　下闸首检修门主要设计参数**

| 名　称 | 参　数 | 备　注 | 名　称 | 参　数 | 备　注 |
|---|---|---|---|---|---|
| 孔口尺寸 | 12.0m×11.48m | | 设计水位 | 11.48m | |
| 闸门型式 | 平板门 | | 支承型式 | 工程塑料 | |
| 底坎高程 | 175.8m | | 支承跨度 | 12.8m | |
| 设计水位 | 187.28m | | 操作条件 | 静水启闭 | |

5. 充水、泄水工作阀门

船闸充泄水廊道在上下闸首左、右侧，对称各设置充、泄工作阀门，充水、泄水工作阀门型式和结构尺寸相同，共4扇，主要参数见表11.2-18。

**表11.2-18　　充水、泄水工作阀门主要参数表**

| 项　目 | 参　数 | |
|---|---|---|
| | 上游工作阀门 | 下游工作阀门 |
| 孔口尺寸/m | 2.2×2.6（宽×高） | 2.2×2.6（宽×高） |
| 船闸孔口数量 | 2 | 2 |
| 底坎高程/m | 160.90 | 160.90 |
| 闸顶高程/m | 218.0 | 218.0 |
| 工作水头/m | 35.12 | 35.12 |
| 设计计算水头/m | 45.59 | 38.73 |
| 总水压力/kN | 5131.9 | 5131.9 |
| 面板弧面半径/m | 3.8 | 3.8 |
| 支铰中心至底板的高程/m | 3.2 | 3.2 |

续表

| 项　目 | 参　数 | |
| --- | --- | --- |
| | 上游工作阀门 | 下游工作阀门 |
| 操作条件 | 动水启闭 | 动水启闭 |
| 吊点 | 单 | 单 |
| 闸门数量 | 2 | 2 |
| 启闭机型式 | 液压启闭机 | 液压启闭机 |
| 启闭机数量 | 2 | 2 |

充泄工作阀门为横梁全包式反向弧形门，门体由上游导水护板、下游面板、次梁、竖梁、主横梁、支臂、支铰梁、悬臂铰轴、轴承及支座等组成，并由门叶、支臂支铰梁及各部位包护导水板连成整体焊接结构，形成闭合框架，主要材质为Q355B。

阀门顶止水采用半圆平板橡皮，阀门两侧止水采用Ω形圆头包以氟塑的止水橡皮，底止水采用钢止水方式，由厚度为20mm的不锈钢板条做成。

阀门支铰座为铸钢件，材质为ZG310－570，支铰轴材料为40Cr，轴瓦采用自润滑柱面滑动轴承，并在轴承两端设置密封圈，防止泥水进入工作面。

阀门埋件由侧轨、门楣、底槛、活动导轨、支铰埋件等组成。

6. 人字门启闭机

人字门启闭机为中部支承卧缸直推式液压启闭机，由液压缸总成，双向摆动机架，上、下机架，行程检测装置和限位装置，液压泵站及机房内外管道系统，电力拖动和控制设备所组成，主要参数见表11.2－19。

**表11.2－19　　人字门启闭机主要参数**

| 名　称 | 参　数 | 备　注 |
| --- | --- | --- |
| 启闭机型式 | 卧式摆动双作用液压启闭机 | |
| 人字门运行最大淹没水深 | 7.5m | |
| 额定启门力 | 400kN | |
| 额定闭门力 | 400kN | |
| 启闭机工作行程 | 2820mm | |
| 人字门启门/闭门时间 | 3min/3min | |
| 数量 | 2套 | |
| 闸门全开位锁定钩锁锭力 | 1000kN | |
| 活塞杆上最大受压荷载 | 800kN | |

单侧一台人字门启闭机和一台输水阀门启闭机由同一液压泵站中的功能独立的液压阀组控制驱动，共设2套液压泵站共用。任意一侧机房的现地电控系统可以同时控制双侧或另一侧的人字门和输水阀门启闭机。两台人字门启闭机同步运行，同步运行误差不大于15mm。

人字门全关状态按关门时序共设置三个特征位置：同步等待位、关终位和合拢位。在关终位前设同步等待位，同步等待位误差不大于10mm。当满足同步等待误差值且人字门导轮能顺利进入导卡后，启闭机运行至关终位停机，关终位两扇人字门斜接柱间隙不大于15mm。然后人字门在充泄水过程中形成的水头差作用下合拢。一字门全关状态按关门时序共设置两个特征位置：关终位和合拢位，关终位和合拢位技术要求与人字门相同。

7. 一字门启闭机

一字门启闭机为中部支承卧缸直推式液压启闭机，由液压缸总成，双向摆动机架，缸位弹性支承装置，上、下机架，行程检测装置和限位装置，液压泵站及机房内外管道系统，电力拖动和控制设备所组成，主要参数见表11.2-20。

**表11.2-20　　一字门启闭机主要参数**

| 名　称 | 参　数 | 备　注 |
| --- | --- | --- |
| 启闭机型式 | 卧式摆动双作用液压启闭机 | |
| 人字门运行最大淹没水深 | 16.54m | |
| 额定启门力 | 1800kN | |
| 额定闭门力 | 2000kN | |
| 启闭机工作行程 | 6866mm | |
| 人字门启门/闭门时间 | 5min/5min | |
| 数量 | 1套 | |
| 闸门全开位锁定钩锁锭力 | 1000kN | |
| 活塞杆上最大受压荷载 | 4300kN | |

一字门启闭机按给定的$V-t$变速特性曲线运行，变速运行方式由液压泵站比例变量泵在电气PLC控制下实现，$V-t$变速特性曲线控制参数可在现地调整或修改。

8. 充水、泄水工作阀门启闭机

充、泄水廊道工作门启闭机布置在阀门井顶部，竖式布置，采用中部耳轴支承，并通过多节刚性吊杆组操作，动水开、关门，主要参数见表11.2-21。

**表11.2-21　　充水、泄水工作阀门启闭机主要参数**

| 名　称 | 参　数 | 备　注 |
| --- | --- | --- |
| 启闭机型式 | 竖缸式液压启闭机 | |
| 额定启门力 | 850kN | |
| 额定闭门力 | 150kN | |
| 工作行程 | 2700mm | |
| 最大行程 | 3000mm | |
| 阀门开启时间 | 6min | |
| 正常工况下阀门关闭时间 | 3min | |
| 事故状态下紧急闭门时间 | 2min | |

阀门启闭机主要由油缸总成、机架及埋件、吊杆组、导轮、导轮滑槽、导向卡箍、滑槽及卡箍埋件、行程开度检测装置、管道系统及埋件组成。

上闸首工作门启闭机与同侧人字门启闭机共用液压泵站和电控设备，设在人字门启闭机机房内。下闸首两侧泄水阀门启闭机设有独立的液压泵站和电控设备，右侧液压泵站设置在一字门启闭机房内，左侧启闭机液压泵站设在专用独立机房内。

## 11.3 一字门门型的比选及其背拉杆设计优化

### 11.3.1 一字门门型的比选

银盘船闸室宽度为12m，最大工作水头为35.12m，下游通航水位变幅达12.16m，具有高运行水头、航槽窄的特点。为满足船闸运行条件以及下闸首工作门工作水头大、通航水位变化大、航宽窄的特点，通过对人字门、提升平板门、横拉门、一字门四种门型的比较，确定船闸下闸首工作门采用一字门。

1. 人字闸门

如选择人字闸门，则单扇人字闸门门叶尺寸为7.4m×42.0m（宽×高），最大淹没水深为20.02m。高宽比大于5，高宽比太大，人字闸门的抗扭刚度小，变形大，即使布置四至五层背拉杆，也无法满足人字闸门变形，造成支、枕垫块无法正常工作，不能止水，而且对门叶结构破坏性极大，无法保证船闸的运行安全。

2. 提升平板闸门

如选用带胸墙的提升平板闸门，门叶尺寸为12.0m×26.1m（宽×高），为满足通航净空8m要求，则胸墙底部高程最低在198.63m，闸门最小提升高度为23m，提升力约为2×1000kN，启闭机械可选用固定卷扬机或单向桥机。仅提升闸门需15min左右，此方案基本能满足船闸运行条件，不足之处为：运行时间较长，对船闸通过能力有一定影响；在闸顶需布置高排架，对闸面美观有一定影响；对设备维护相对较难。

3. 横拉门

如采用横拉门方案，门叶尺寸为42.0m×13.0m（宽×高），此门型基本能满足该船闸的运行工况，不利因素主要是运行速度慢、门库和门坑的尺寸要求较大，特别是门底走轮和水下轨道易被泥沙杂物阻塞，门高且窄，运行平稳性差，运行检修维护困难。

4. 一字闸门

如选择一字闸门，门叶外形尺寸为42m×15m×2m，门重约360t，埋件重约80t。闸门由液压启闭机操作。此方案基本能满足船闸运行条件，运行时间较短，约需5min，能满足船闸通过能力要求；对设备维护相对较容易。

### 11.3.2 一字门背拉杆的设计及优化

#### 11.3.2.1 一字门背拉杆的布置

国内目前现行的背拉杆计算一般按照美国的Shermer在《船闸人字闸门的扭转变位和斜杆设计》一书中提出的方法进行。按照Shermer的理论，人字闸门若在高度方向设多层背拉杆，则每层背拉杆在高度方向的投影长度 $h$，与其在水平方向的投影长度 $W$ 的比值不宜大于2.0，即每层背拉杆的高宽比 $h/W$ 不宜大于2.0，否则背拉杆无法起到提高门扇抗扭刚度的目的；同时，背拉杆沿门扇高度方向的布置层数不建议大于2层。

一字闸门布置3层背拉杆，背拉杆在水平的投影长度为13.8m，门宽为14.8m，每层背拉杆的高宽比 $h/W=13.4/13.8=0.97$，比值接近1，每层有3根主背拉杆、2根副背拉杆，主背拉杆截面尺寸为250mm×32mm，副背拉杆截面尺寸为280mm×36mm。

#### 11.3.2.2 一字门背拉杆的计算工况和方法

1. 计算内容

一字闸门背拉杆有限元计算主要包括三部分：一是计算各种工况作用下背拉杆中产生的应力和闸门的变形；二是调试过程计算，即按三维有限元计算某杆施加预应力时对其他杆应力和闸门变形的影响系数；三是以一字闸门在自由状态下基本铅直悬挂和闸门在开门、关门、挡水工况下背拉杆应力在规定范围内为原则，进行背拉杆预应力优化设计，求出调试背拉杆预应力应达到的目标值。其中，具体的计算工况如下：

工况组合1：自重（不考虑背拉杆作用）。

工况组合2：自重+背拉杆。

工况组合3：开门瞬间，自重+壅水压+风压+背拉杆。

工况组合4：关门瞬间，自重-壅水压-风压+背拉杆。

工况组合5：挡水状态（最高上游水位和最低下游水位）。

工况组合6：背拉杆施加预应力。

2. 背拉杆有限元计算

采用有限元法对一字闸门在背拉杆作用下进行有限元计算。三维有限元计算采用由板单元、梁单元、杆单元在空间联结而成的组合有限元模型。采用有限元分析软件ANSYS进行计算，ANSYS中计算模型质量为461.3t。

工况组合2～6下背拉杆的应力和对单根背拉杆施加单位预应力时求出其他各背拉杆应力结果。

为了全面反映闸门的位移，以底枢中心点为基准点，选择如下控制点：左边柱中点、底梁中点、右边柱顶点、右边柱中点和右边柱底点。假设 $x$、$y$、$z$ 三个方向的位移分别记为 $u$、$v$、$w$，求出各工况组合下，各控制点与基准点位移结果。

#### 11.3.2.3 背拉杆优化设计

背拉杆预应力优化设计的基本原则是通过对各背拉杆施加一定大小的预应力，达到如下目的：

(1) 保证门体在自重作用下基本垂直悬挂，即闸门形态需满足工程要求：①平整度，门叶的平整度一般小于±4.0mm，包括两边柱垂直度偏差与底梁横向直线度偏差；②下垂度，门叶的下垂度一般小于±3.0mm，如悬臂端边柱底点的下垂度。

(2) 门体在自重、开门运行、关门运行和挡水状态下，各背拉杆的应力均为拉应力，且控制在[10MPa，100MPa]之内。具体优化设计如下。

1. 基于形态函数的优化设计

一字闸门在自重作用下，门叶将发生一定的下垂和扭曲变形，为使之恢复为铅直平整的矩形门叶，必须对背拉杆预应力进行调试。在背拉杆的调试过程中，在门叶上确定1个基准点和6个形态控制点，基准点为底枢中心点，其在各工况组合下的位移均为0，即门叶面板的侧向平整度 $U$ 为

$$U=\sum_{j=1}^{6}\mathrm{abs}\left(\sum_{i=1}^{18}\overline{u}_{ji}x_i+u_{jg}-u_{0g}\right)$$

闸门平面的正向平整度 $V$ 可以表示为

$$V=\sum_{j=1}^{6}\mathrm{abs}\left(\sum_{i=1}^{18}\overline{v}_{ji}x_i+v_{jg}\right)$$

闸门的整体下垂度 $W$ 为

$$W=\sum_{j=1}^{6}\mathrm{abs}\left(\sum_{i=1}^{18}\overline{w}_{ji}x_i+w_{jg}\right)$$

对于该闸门背拉杆调试的主要研究对象为 $y$、$z$ 向位移，为了综合反映其整体变形程度，可以采用闸门平整度和下垂度的合理组合而构成的一个综合描述闸门形态的函数：

$$D(x_1,x_2,\cdots,x_n)=\sum\lambda_V\cdot V+\sum\lambda_W\cdot W$$

在本次优化计算中，取 $\lambda_V=1,\lambda_W=2.5$。

一字门的悬挂状态随背拉杆预应力 $x_1$，$x_2$，…，$x_{18}$ 值的变化而改变，若采用18杆优化模型，则 $x_1$，$x_2$，…，$x_{18}$ 为优化计算中的变量。闸门形态函数 $D$（$x_1$，$x_2$，…，$x_{18}$）就是背拉杆预应力调试的目标函数，背拉杆预应力调试的目的就是要使闸门形态函数最小化。

对背拉杆施加预应力，各杆之间的应力会相互影响，设 $x_i=1$ 单独作用时在第 $j$ 根背拉杆上引起的应力为 $\overline{x}_{ji}$（简称应力影响系数，见表3.7-2，当杆件截面相同时应力影响系数具有互等性），$x_i$ 为第 $i$ 根背拉杆单独张拉的预应力，$\sigma_{ig}$ 为闸门自重下背拉杆产生的应力，也称为背拉杆张拉前的初始应力，工程实际中得到的背拉杆预应力 $X_{ig}$ 为

$$X_{ig}=\sum_{j=1}^{18}\overline{x}_{ij}x_j+\sigma_{ig}\quad(i=1,2,\cdots,18)$$

$X_{ig}$ 应控制在［10MPa，100MPa］之内，且为了满足工程安装技术要求，同组杆件（同为上主杆或同为上副杆）的应力差应控制在±2MPa之内。

根据以上优化设计分析，一字门的门叶背拉杆预应力优化计算采用18杆优化模型，可用公式表示为

目标函数：　　$\min\{D(X_1,X_2,\cdots,X_n)\}$

约束条件：$X_{ig}\geqslant[\sigma]_{\min}(i=1,2,\cdots,18)([\sigma]_{\min}=10\mathrm{MPa})$；

$X_{ig}\leqslant[\sigma]_{\max}(i=1,2,\cdots,18)([\sigma]_{\max}=100\mathrm{MPa})$；

$\mathrm{abs}(X_{ig}-X_{kg})\leqslant 2$（$i,k$ 为同组杆件编号）。

根据18杆预应力优化模型求得最优变量值，求出一字门工程实际中的应力。基于形态函数的优化设计结果如下：

（1）施加预应力后，该闸门在各工况组合（自重、自重＋壅水压力＋风压力、自重－壅水压力－风压力和最不利水位挡水状态）作用下，各背拉杆的预计运行应力均为拉应力，并且都控制在［10MPa，100MPa］之内。

(2) 经过背拉杆的预应力优化计算，实现了闸门门体的基本垂直悬挂，能够满足闸门在自重＋预应力作用下平整度和下垂度的工程要求。

(3) 优化所得的背拉杆预应力值的特点为同层主杆应力高于副杆应力，符合实际规律，且同组杆件间的应力都控制在±2MPa 之内，符合安装技术要求。

2. 基于单控制点的优化设计

根据背拉杆预应力优化原则，可得背拉杆预应力优化模型如下。

目标函数：在自重和预应力共同作用下门体右边柱下角点 $z$ 向位移最小。约束条件：①各工况组合（自重、自重＋壅水压力＋风压力、自重－壅水压力－风压力和最不利水位挡水状态）作用下，各背拉杆的预计运行应力均为拉应力，并且都控制在［10MPa，100MPa］之内；②在自重与预应力共同作用下门体右边柱上点与中点 $y$ 向位移之差小于允许不平整度；③在自重与预应力共同作用下门体右边柱上点与下点 $y$ 向位移之差小于允许不平整度；④门体左边柱中点 $y$ 向位移小于允许不平整度。

该一字门共有 18 根背拉杆，每根背拉杆施加的预应力为 $x_1$，$x_2$，…，$x_{18}$，背拉杆预应力优化采用 18 杆优化模型，用公式表示如下。

目标函数：$\min\left\{\sum_{i=1}^{18} w_{di}x_i + w_{dg}\right\}$。

约束条件：$\sum_{j=1}^{18}\overline{x}_{ij}x_j + \sigma_{ig} \geq [\sigma]_{\min}$　$(i=1,2,\cdots,18)$　$([\sigma]_{\min}=10\text{MPa})$；

$\sum_{j=1}^{18}\overline{x}_{ij}x_j + \sigma_{ig} \leqslant [\sigma]_{\max}$　$(i=1,2,\cdots,18)$　$([\sigma]_{\max}=100\text{MPa})$；

$\text{abs}\,(X_{ig}-X_{kg}) \leqslant 2$（$i$，$k$ 为同组杆件编号）；

$$\text{abs}\left(\sum_{i=1}^{18}(v_{si}-v_{zi})x_i + (v_{sg}-v_{zg})\right) \leqslant \Delta v\ ;$$

$$\text{abs}\left(\sum_{i=1}^{18}(v_{si}-v_{di})x_i + (v_{sg}-v_{dg})\right) \leqslant \Delta v\ ;$$

$$\text{abs}\left(\sum_{i=1}^{18}v_{ki}x_i + v_{kg}\right) \leqslant \Delta v\ ;$$

$\text{abs}\,(X_{ig}-X_{kg}) \leqslant 2$（$i$，$k$ 为同组杆件编号）。

根据 18 杆预应力优化模型求得的最优变量值 $x_1$，$x_2$，…，$x_n$，求出一字门工程实际中的应力，并求得一字门各形态控制点的位移以及各组合工况运行下背拉杆的应力。

基于单控制点的优化设计的结果如下：

(1) 施加预应力后，该闸门在各工况组合（自重、自重＋壅水压力＋风压力、自重－壅水压力－风压力和最不利水位挡水状态）作用下，各背拉杆的预计运行应力均为拉应力，并且都控制在［10MPa，100MPa］之内。

(2) 经过背拉杆的预应力优化计算，实现了闸门门体的基本垂直悬挂，能够满足闸门在自重＋预应力作用下平整度和下垂度的工程要求。

(3) 优化所得的背拉杆预应力值的特点为同层主杆应力高于副杆应力，符合实际规律，且同组杆件间的应力都控制在±2MPa 之内，符合安装技术要求。

3. 一字闸门背拉杆预应力优化设计结论

通过采用两种不同的优化模型对一字闸门背拉杆预应力进行优化计算，可得如下结论：

（1）两种优化方法计算所得出的最优背拉杆应力均满足工程和安装技术要求，预应力值特点符合实际规律，且在数值上比较接近，可作为相互验证的依据。

（2）两种优化模型的计算，均能实现闸门门体的基本垂直悬挂，能满足闸门在自重和预应力作用下平整度和下垂度的工程要求。

（3）闸门在各工况组合（自重、自重＋壅水压力＋风压力、自重－壅水压力－风压力和最不利水位挡水状态）作用下，各背拉杆的预计运行应力均为拉应力，并且都控制在[10MPa，100MPa]之内，即能保证安全运行，满足工程要求。

## 11.4 防腐涂装设计

### 11.4.1 埋件涂装

1. 外露表面部分（快速门埋件、船闸廊道工作门埋件除外）

除不锈钢和主轨工作面外均采用涂料防腐。

底漆为无机富锌漆一道，干膜厚50μm。中间漆为环氧云铁二道，干膜厚120μm。面漆为改性耐磨环氧涂料，干膜厚140μm。漆层总厚度为290μm，面漆颜色为深灰色(B01)。

2. 埋入部分（与混凝土结合面）

涂刷无机改性水泥浆，干膜厚300～500μm。

### 11.4.2 泄洪表孔事故检修门等涂装

泄洪表孔事故检修门、电站进口检修门、尾水出口检修门、船闸上闸首事故检修门、船闸下闸首检修门、船闸廊道检修门、船闸廊道进口拦污栅、船闸浮式系船柱涂装采用涂料防腐。

底漆为环氧富锌漆一道，干膜厚60μm。中间漆为环氧云铁二道，干膜厚100μm。面漆为改性耐磨环氧涂料，干膜厚140μm。漆层总厚度为300μm，面漆颜色为深灰色(B01)。

### 11.4.3 泄洪及电站工作闸门（拦污栅）等涂装

电站进口拦污栅、电站进口事故门及埋件、泄洪表孔工作门、涂装采用热喷锌铝合金防腐，锌铝合金喷涂厚度为120μm。

封闭底漆为环氧清漆，干膜厚30μm。中间漆为环氧云铁，干膜厚100μm。封闭面漆为改性耐磨环氧涂料，干膜厚100μm。总厚度为350μm，面漆颜色为深灰色（B01)。

### 11.4.4 船闸人字门及埋件等涂装

船闸人字门、船闸廊道工作门及埋件涂装采用热喷锌铝合金防腐，喷涂厚度为 160μm。

封闭底漆为环氧清漆，干膜厚 30μm。中间漆为环氧云铁二道，干膜厚 100μm。封闭面漆为改性耐磨环氧涂料，干膜厚 100μm。总厚度为 390μm，面漆颜色为深灰色（B01）。

### 11.4.5　启闭机设备涂装

门机、桥机、液压启闭机采用涂料防腐。

底漆为无机富锌漆二道，干膜厚 100μm。中间漆为环氧云铁，干膜厚 60μm。面漆为丙烯酸聚氨酯，干膜厚 100μm。漆层总厚度为 260μm。

### 11.4.6　特殊零部件（或部位）

（1）轴（吊轴、轮轴、铰轴）：镀乳白铬、硬铬各 50μm。

（2）轮子、支铰、铰座等非工作面采用无机富锌漆二道，干膜厚 100μm。封闭面漆为改性耐磨环氧涂料，干膜厚 100μm。其中轴孔工作面只涂黄油。

（3）门叶、支臂、支铰、支承滑块之间的连接加工面采用无机富锌漆二道，干膜厚 60μm。

# 第12章 工程施工

## 12.1 总体施工方案

### 12.1.1 主要施工条件及特点

银盘水电站位于重庆市武隆区江口镇乌江上游约4km处，上距乌江彭水水电站约53km，距乌江河口约94km。

坝址对外交通条件较好，公路有319国道从左岸通过，319国道武隆区江口镇至涪陵段已改建为Ⅱ级公路。距坝址较近的火车站是武隆火车站、重庆九龙坡火车站、万盛和南川火车站。水路运输有乌江航道，坝址至涪陵的乌江航道现状均为5级航道，但枯水期需减载通行。

1. 施工场地条件

坝址右岸2.0km范围内有相对平缓的台地和冲沟，可利用的场地面积约130.0万$m^2$。坝址左岸上下游2.0km范围内319国道靠山侧场地面积约20.0万$m^2$，距坝址左岸下游约3.0km的拦洪堰一带可利用场地面积约10.0万$m^2$，距坝址左岸下游4km有江口镇及江口水电站，可为电站施工提供施工生产、生活设施；坝区可利用场地总面积约160.0万$m^2$，可以满足工程施工需要。

2. 施工特点

工程施工场地狭窄，施工工期紧，施工导流程序复杂，施工强度高，施工干扰大，两岸坝肩及通航建筑物开挖边坡较高。施工期有通航及过坝运输要求，过坝转运物资包括在建的彭水水电站的水泥、粉煤灰、机电设备重大件等。

### 12.1.2 施工导流

#### 12.1.2.1 导流方案

银盘水电站位于乌江下游，汛期流量大，银盘水电站工程适合采用分期导流方案。

根据枢纽布置特点，利用混凝土纵向围堰坝段向上、下游延伸形成混凝土纵向围堰，并将枢纽建筑物分为左右两部分分期施工，右岸台地开挖导流明渠，工程分三期导流。

一期主要是导流明渠、混凝土纵向围堰和通航建筑物部分结构的施工。一期导流采用预留岩埂挡水，高程不够的部位采用浆砌石（或其他结构）加高，水流从原河床下泄，船舶自原河床通航。

二期主要施工左溢流坝段、左岸厂房和左岸非溢流坝段。导流建筑物有二期上、下游全年挡水土石围堰，水流从导流明渠下泄，船舶由导流明渠通航。

三期主要施工右溢流坝段、船闸和右岸非溢流坝段。导流建筑物有三期上、下游土石围堰。由于溢流表孔堰顶高程为195.0m，截流落差不能满足截流要求，故河床8孔溢流表孔中4孔预留缺口，缺口底高程为180.0m。待三期围堰闭气后，下放缺口前后闸门，浇筑缺口混凝土，汛前完成缺口大部分混凝土施工，枯水期水流从建成的4孔溢流坝段下泄，汛期则由8孔溢流表孔下泄。在下一个枯水期，采用事故检修门挡水，完成预留缺口剩余混凝土浇筑和堰顶弧形闸门安装。三期导流期间断航，采用过坝转运方式沟通上下游航运。

施工导流标准与特征水位见表12.1-1。

**表12.1-1　　施工导流标准与特征水位**

| 项目 | | 时段 | 频率/% | 流量/($m^3$/s) | 泄流条件 | 下泄流量/($m^3$/s) | 下游水位/m | 计算上游水位/m |
|---|---|---|---|---|---|---|---|---|
| 导流明渠 | | 全年 | 5%最大瞬时 | 20800 | 导流明渠 | 20800 | 211.73 | 212.44 |
| 混凝土纵向围堰 | 二期 | 全年 | 5%最大瞬时 | 20800 | 导流明渠 | 20800 | 211.73 | 212.44 |
| | 三期 | 汛期 | 5%最大瞬时 | 20800 | 8孔溢流表孔 | 20800 | 211.73 | 215.20 |
| | | 11月至次年4月 | 10%最大瞬时 | 7580 | 4孔溢流表孔 | 7580 | 194.63 | 211.37 |
| | | | 围堰挡水发电 | | | 正常发电水位 | | 215.00 |
| 一期围堰 | 挡水 | 全年 | 33%最大瞬时 | 12700 | 原河床 | 12700 | 203.00 | 203.07 |
| 二期围堰 | 挡水 | 全年 | 5%最大瞬时 | 20800 | 导流明渠 | 20800 | 211.73 | 212.44 |
| | 截流 | 11月 | 20%月平均 | 1290 | 导流明渠 | 1290 | 182.38 | 182.81 |
| | 防渗平台 | 11月至次年3月 | 20%最大瞬时 | 4250 | 导流明渠 | 4250 | 188.23 | 188.87 |
| 三期围堰 | 挡水 | 全年 | 5%最大瞬时 | 20800 | 8孔溢流表孔 | 20800 | 211.73 | 215.20 |
| | 截流 | 1月 | 20%月平均 | 544 | 4孔预留缺口 | 544 | 179.94 | 183.47 |
| | 防渗平台 | 12月至次年3月 | 20%最大瞬时 | 3360 | 4孔预留缺口 | 3360 | 186.52 | 190.07 |
| 溢流坝段缺口闸门 | 挡水 | 11月至次年4月 | 10%最大瞬时 | 7580 | 4孔溢流表孔 | 7580 | 194.63 | 215.00 |
| | 首扇下闸 | 2月 | 20%月平均 | 572 | 4孔预留缺口 | 572 | 180.08 | 183.48 |
| | 末扇下闸 | 2月底 | | 852～1186 | 预留缺口 | 852～1186 | | 191～193 |

续表

| 项　目 | 时段 | 频率/% | 流量/(m³/s) | 泄流条件 | 下泄流量/(m³/s) | 下游水位/m | 计算上游水位/m |
|---|---|---|---|---|---|---|---|
| 第5～6年左岸大坝施工期度汛 | 全年 | 2%最大瞬时 | 24400 | 8孔溢流表孔 | 24400 | 214.75 | 217.85 |
| 第7年全线大坝施工期度汛 | 全年 | 1%最大瞬时 | 27100 | 10孔溢流表孔 | 27100 | 217.00 | 218.61 |
| 施工期明渠通航 | | 345～3500m³/s左右（大于3500m³/s时，需采取辅助通航措施） | | | | | |

#### 12.1.2.2 导流程序

根据工程施工总进度计划，施工导流程序如下：

第1年1月开始施工准备，修建场内外交通道路（含跨乌江大桥）、营地建设、砂石系统和混凝土系统等，同时开始导流明渠等右岸一期项目施工（包括通航建筑物、右岸坝肩、左坝肩和混凝土纵向围堰等），11月开始纵向围堰混凝土施工，原河床过流、通航。

第2年5月完成导流明渠施工，9月底完成一期岩埂围堰拆除，原河床过流、通航。

第2年10月初二期围堰开始预进占；11月初进行主河床截流；12月中旬完成围堰闭气；12月底完成基坑抽水。此后至第4年9月，在二期围堰保护下全年进行8孔溢流坝段（其中4孔留缺口）、厂房坝段、左岸非溢流坝段施工。导流明渠过流、通航。根据总进度安排，第4年10月初开始拆除二期围堰，由于厂房施工未完成，第4年12月在二期基坑进水前，厂房尾水闸门下闸挡水。

第4年12月底三期围堰预进占。第5年1月上旬明渠截流，左侧溢流坝段的4个预留缺口过流，河床断航。第5年1月底完成上游围堰黏土心墙闭气并继续加高围堰，同时进行三期基坑抽水；2月4孔溢流坝段预留缺口分别下闸，浇筑预留缺口混凝土；3月底围堰填筑至设计高程，随后施工右岸2孔溢流坝段、船闸坝段及右岸非溢流坝。汛期洪水从4个预留缺口（溢流面未完建）和4个完建的溢流表孔同时下泄。7月底第一台机组发电，发电期间，预留缺口封堵叠梁门采用事故检修闸门挡水形成静水条件进行开启或关闭；11月至第6年1月浇筑预留缺口剩余混凝土。第6年4月完成预留缺口弧形闸门金结安装施工。第6年10月开始填筑下航道围堰；11月拆除三期下游围堰，施工三期下游围堰以下及其占压的通航建筑物。

第7年3月底船闸完建；4月开始拆除下航道围堰；5月底船闸通航，全部机组投产发电，工程完建。

#### 12.1.2.3 导流建筑物设计

1. 导流建筑物布置

导流建筑物主要包括：一期围堰、导流明渠、混凝土纵向围堰、二期围堰和三期围堰等，导流建筑物平面布置见图12.1-1。

2. 导流建筑物设计

（1）一期围堰。坝址利用了右岸有一滩地适宜开完导流明渠的有利条件，一期上、下

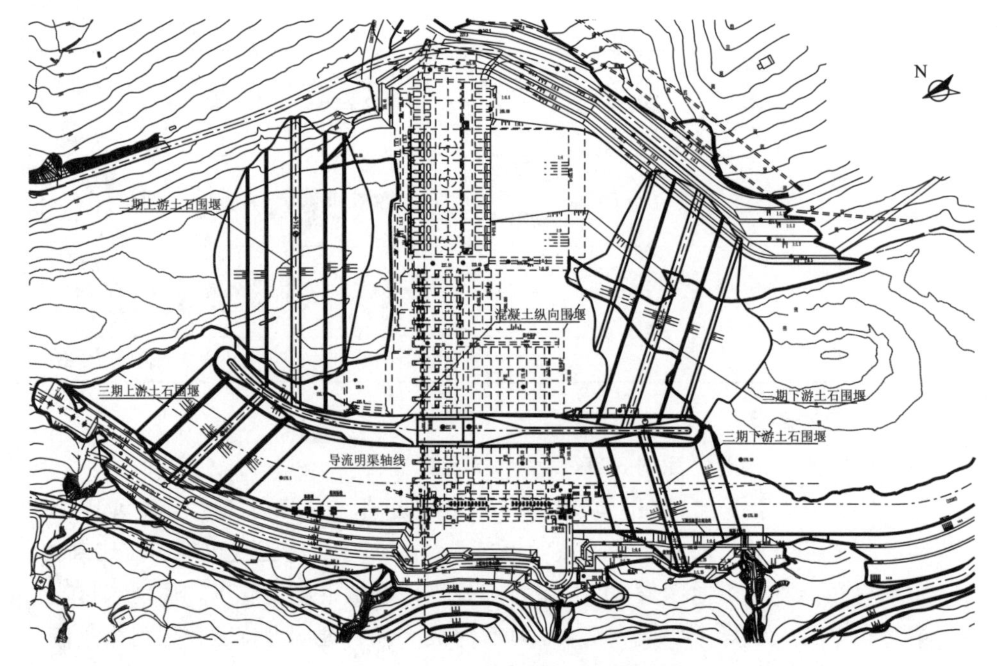


图12.1-1 导流建筑物平面布置图

游围堰分别位于导流明渠上、下游端，保护导流明渠和混凝土纵向围堰施工。

一期围堰为全年挡水围堰，设计洪水为全年33.3%频率最大瞬时流量为12700$m^3/s$，相应下游围堰设计水位为203.0m，考虑河床天然坡降的影响，上游围堰设计水位为203.07m。故下游围堰顶高程为204.0m，上游围堰顶高程为204.1m。上游岩埂最大高度约19.5m，下游岩埂最大高度约17.0m，采用帷幕灌浆进行防渗，灌浆深度按低于明渠底高程3.0m控制，孔间距为1.5m，对预留岩埂高度不够部位，采用填石混凝土重力结构（或其他结构）加高。

（2）导流明渠。根据地形地质条件，导流明渠布置在右岸台地，同时满足施工期导流与通航要求，并结合枢纽布置方案进行设计。

导流明渠进口与主河床夹角约30°，出口与主河床方向基本一致，导流明渠进口底板高程为177.0m，出口底板高程为176.0m，在坝轴线上、下游各设一段长100m的变坡段，坡比为5‰，底宽90m，导流明渠轴线总长769.06m。另外，为了避免边坡二次开挖，坝轴线以下导流明渠结构结合船闸永久建筑物进行设计。导流明渠典型断面图见图12.1-2。

（3）混凝土纵向围堰。纵向围堰布置在右岸台地，台地地形为中间高、两边低的斜坡，地形坡角为10°～30°，地面高程为180～231m。

混凝土纵向围堰布置在右岸台地上，并与溢流坝右导墙结合。混凝土纵向围堰全长543.67m，共分为上纵堰外段、上纵堰内段、堰内坝身段、下纵堰内段和下纵堰外段5段。

上纵段堰顶高程为217.0m，顶宽7.0m，边坡为1∶0.45和1∶0.30，底高程为180.5m，最大堰高为36.5m，见图12.1-2；堰内坝身段顶高程为227.5m，底高程为

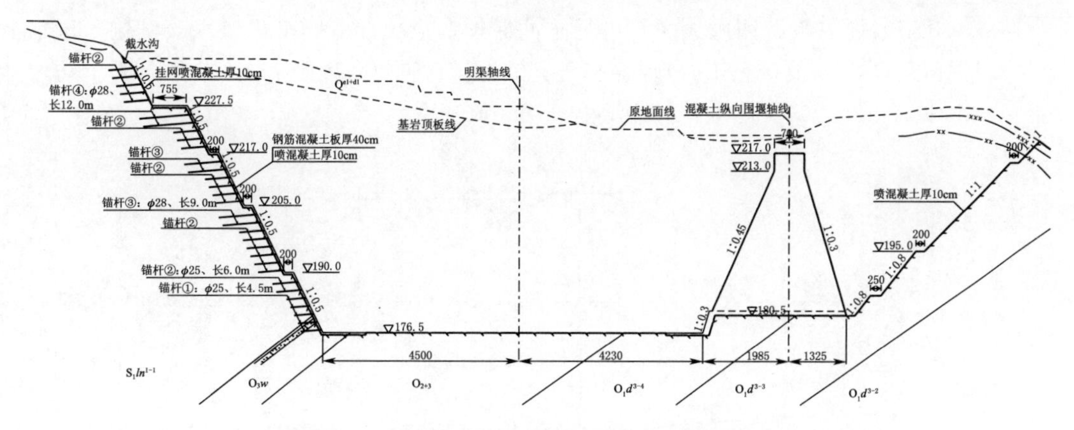

图 12.1-2 导流明渠及混凝土纵向围堰典型断面图

175.0m；下纵段顶高程为 215.0m，顶宽 6.0m，两侧边坡均为 1∶0.36，底高程为 176.0m，最大堰高为 39.0m，各段平顺连接。

纵向围堰除堰体两侧表面采用变态混凝土、基础设置 100cm 厚垫层混凝土外，其余均采用碾压混凝土，变态混凝土标号为 $C_{90}20$。其中下纵桩号 0+056.00～0+255.00 段两侧均为消力池，故该段堰体高程 205.0m 以下堰体表面变态混凝土厚度增加到 200cm，混凝土标号为 $C_{90}30$。

(4) 二期围堰。二期上游围堰轴线距坝轴线上游约 146m 处，二期下游围堰轴线距坝轴线下游约 233.0～308.0m。

二期上游围堰为全年挡水土石围堰，设计洪水为全年 5% 频率最大瞬时流量 $20800m^3/s$，相应设计水位为 212.44m，堰顶高程为 214.0m，轴线长 321.5m，顶宽 10m，最大堰高约 42.4m。上、下游堰脚为两个石渣戗堤，戗堤顶高程为 190.0m，顶宽 10m，其中下游戗堤兼作截流戗堤。围堰防渗采用混凝土防渗墙上接土工合成材料，防渗墙施工平台高程为 190.0m，混凝土防渗墙厚 80cm，见图 12.1-3。

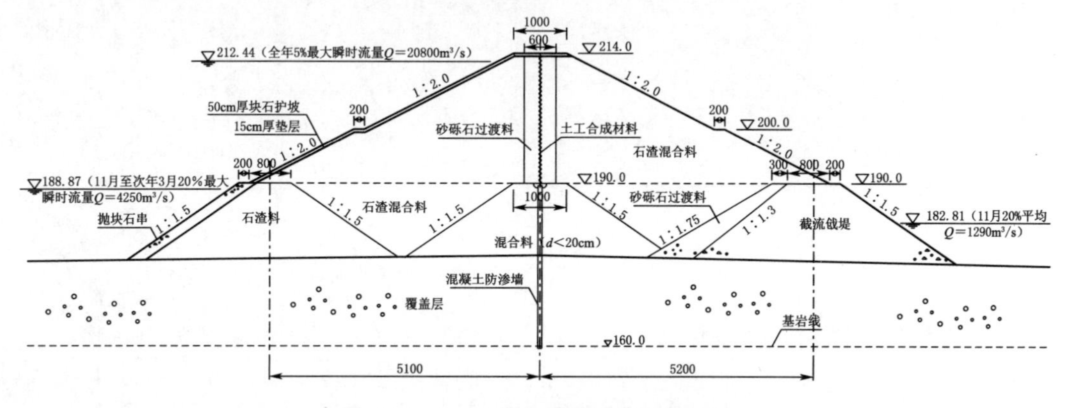

图 12.1-3 二期上游围堰典型断面图

二期下游围堰为全年挡水土石围堰，设计洪水为全年 5% 频率最大瞬时流量 $20800m^3/s$，相应设计水位为 211.73m，堰顶高程为 213.5m，轴线长约 253.8m，顶宽 10m，最大堰高约 50.8m。上、下游堰脚为两个石渣戗堤，戗堤顶高程为 190.0m，顶宽

10m，下游戗堤的下游侧抛大块石进行防冲保护，避免导流明渠出口水流淘刷。围堰防渗采用混凝土防渗墙上接土工合成材料，防渗墙施工平台高程为190.0m，混凝土防渗墙厚80cm，见图12.1-4。围堰拆除至高程176.0m。

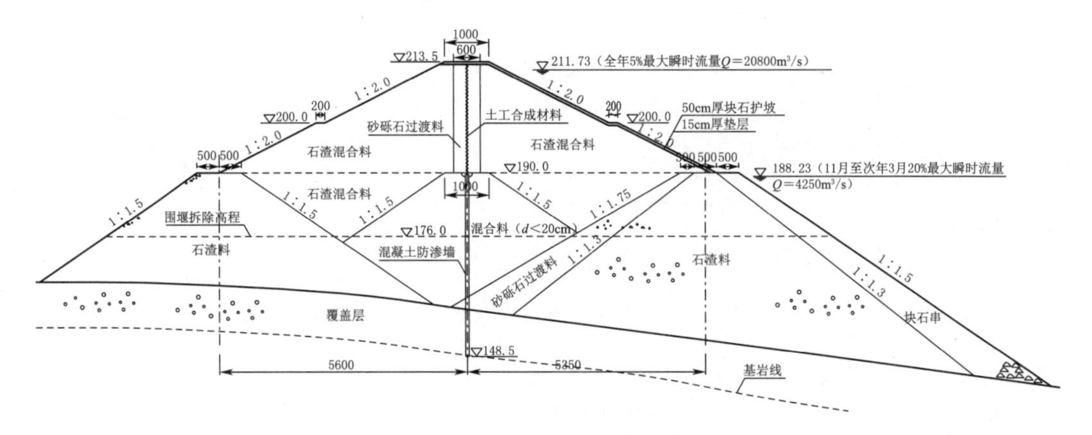


图12.1-4　二期下游围堰典型断面图

（5）三期围堰。三期上、下游围堰分别布置在导流明渠进、出口，三期上游围堰位于坝轴线上游约177.00～284.00m处，为全年挡水土石围堰，并承担挡水发电任务。相应设计水位为215.20m，故取围堰顶高程217.0m。围堰轴线长165.7m，顶宽10m，最大堰高约40.0m。下游堰脚为截流戗堤，截流挡水位为190.04m，戗堤顶高程为191.5m，宽8m，截流戗堤上游侧随后跟进石渣混合料；上游堰脚为石渣堤，堤顶高程为191.5m，宽8m，石渣堤下游侧随后跟进砂砾石料；围堰采用黏土心墙上接土工合成材料防渗，见图12.1-5。

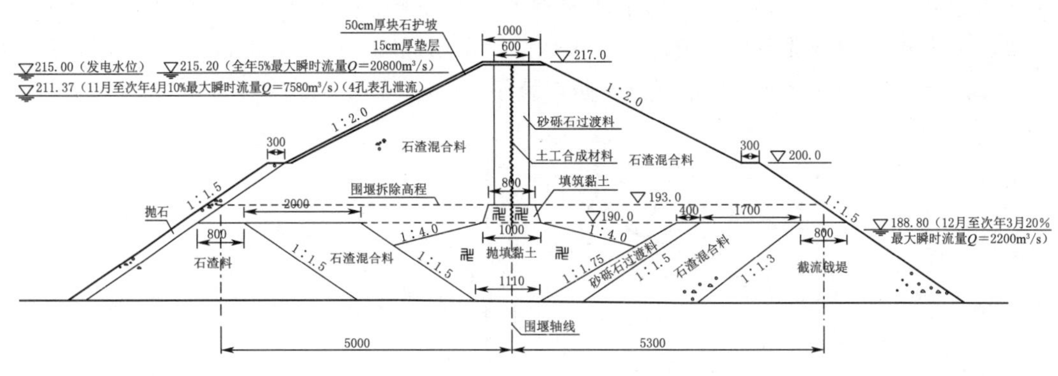


图12.1-5　三期上游围堰典型断面图

三期下游围堰位于坝轴线下游约245.3～290.5m处，为全年挡水土石围堰，设计水位为211.73m，围堰顶高程取为213.5m。围堰轴线长158.3m，顶宽10m，最大堰高约38.0m。围堰采用高喷防渗墙上接土工合成材料防渗，高喷防渗墙施工平台设计洪水为12月至次年3月20%频率最大瞬时流量$Q=3360m^3/s$，相应下游水位为186.52m，高喷防渗墙施工平台顶高程为189.0m。下游堰脚与混凝土纵向围堰尾段齐平，易受泄洪水流淘刷，水下边坡采用抛填大块石进行防冲保护，见图12.1-6。

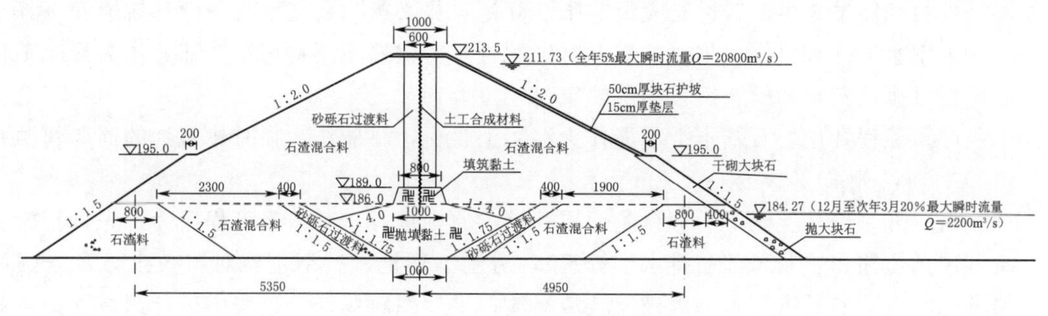


图 12.1-6　三期下游围堰典型断面图

三期上、下游围堰全部拆除，以满足泄流及通航要求。

#### 12.1.2.4　施工期通航

一期导流期间，由于一期基坑施工基本未改变原天然河道，因而水流从原天然河道过流，船舶可自原河床通航。

二期导流期间，水流从已建成的导流明渠下泄，船舶自导流明渠通航。根据1939—2000年实测统计资料，乌江银盘水电站95%保证率的天然来流量为345m³/s，该流量作为杨家沱坝址施工期通航的最小通航流量，相应导流明渠内最小水深约2.73m，满足通航要求。根据《彭水水电站大件码头水路运输论证研究报告》，本河段最大通航流量约为5500m³/s。结合枢纽布置和施工期通航综合考虑，推荐导流明渠宽度采用90m，在自航情况下，最大通航流量约为3500m³/s。

### 12.1.3　料源规划

工程混凝土总量为275万m³（计及临建工程和损耗），共需生产净料410万m³，折合自然方303万m³。填筑总量约404万m³，除砂砾过渡料、黏土料和三期围堰截流块石(5.37万m³）从料场开采，其余填筑用料全部利用建筑物开挖料。

1. 料场选择

根据天然建筑材料储量和质量情况，工程选用余家店子料场作为工程混凝土人工骨料及块石料料场，其储量、质量满足工程需要。余家店子料场距坝址左岸2km，位于老319国道旁，江口水电站已经利用了一小部分，料场储量和质量均满足工程需要。除此之外，坝址附近天然砂砾石料质量较差，储量少且料场分布较散、运距远，仅可用于临时建筑物填筑。坝址附近土料场有天子坟、焦村坝、棉花坝、王家坝四个土料场，料场储量和质量满足工程需要。

(1) 余家店子石料场料源岩性为下奥陶统南津关组第四、五段（$O_1n^4+O_1n^{5-1}$）灰岩、灰质白云岩、白云岩，有用层储量511万m³。江口水电站也部分开采了该料场。各种原岩试验成果表明：饱和抗压强度为46～83MPa，属硬质岩石，干密度为2.66～2.78g/cm³，人工砂颗粒级配细度模数为2.81（略偏高），石粉含量为11.5%，基本符合质量技术要求。各种原岩的碱活性试验均不具碱碳酸活性反应，为非活性骨料。

(2) 砂砾石料场，工程附近有大河砂和棉花坝两个砂砾石料场，料源质量较差，不能作为主体工程混凝土骨料，两料场水上部分的储量约为44.26万m³，作为临时工程的混凝土骨料则储量不足，若进行大量的水下开挖，势必影响乌江水流条件和航道安全，故不考虑选用水下砂砾料作为临时工程混凝土的骨料。仅选用两料场水上部分作为导流工程的砂砾石过渡填筑料和枢纽工程垫层填筑料。

(3) 工程开挖岩石基本上不能作为混凝土骨料，只能作为临时建筑物的回填料源。

2. 料场开采

料场开采按从上到下、分台阶逐层开挖的原则进行，基本施工程序为：先进行施工准备（包括道路布置及顶部截排水沟修筑），对施工场地进行清理，对覆盖土方及全强风化层进行剥离；然后进行石方爆破及装渣运输；最后在料场开采过程中进行边坡支护及截排水措施等。

### 12.1.4　工程施工

1. 土石方开挖

土石方明挖一般覆盖层采用3～4$m^3$挖掘机直接开挖，15～20t自卸汽车出渣，180～220hp推土机配合集渣。岩石开挖采用钻爆法施工，潜孔钻或全液压钻车钻孔，自上而下台阶爆破，分层爆破开挖成型。台阶高度10～12m，开挖轮廓线采用预裂爆破。建基面开挖时均预留2.5m厚保护层，采用YT-28手风钻造孔、孔底柔性垫层法和水平预裂法施工。

2. 围堰施工

围堰填筑水下部分采用抛填法施工。围堰水上部分先填筑至防渗墙施工平台高程，再进行防渗墙施工，然后再进行墙顶土工合成材料的铺筑及两侧砂砾过渡料、石渣料填筑。填筑施工采用分层铺筑、分层碾压的方法。填料采用20～32t自卸汽车运输卸料，180～220hp推土机平料，12～17t振动碾分层压实。

土石围堰混凝土防渗墙采用反循环冲击钻钻凿主孔，配钢丝绳抓斗直接抓副孔成槽，跳槽施工，泥浆固壁。混凝土采用泥浆下直升导管法连续浇筑。高喷墙采用回旋地质钻机造孔，跟管钻进，高喷机组单管法旋喷灌浆。

3. 基础处理及防渗工程

帷幕灌浆采用孔口封闭、孔内循环、自上而下分段钻灌法施工，灌浆孔、排水孔采用地质钻钻孔。灌浆采用高压灌浆泵灌浆，灌浆自动记录仪记录，封孔采用机械压力封孔。

经过施工过程验证，大坝基础固结灌浆进行孔排距、孔深设计优化，工程量减少了约4.46万m；大坝基础帷幕灌浆进行了孔间距调整、防渗底线高程设计优化后，工程量减少了约0.57万m，节约了工程投资，且工程基础防渗工程达到设计防渗标准要求，保证了工程质量。

4. 主要建筑物混凝土施工

银盘水电站工程坝轴线较长，坝高52.5～78.5m，采用以门塔机为主的混凝土施工方案。

(1) 挡水泄洪建筑物施工。泄1号～4号坝段上游块主要采用布置在上游的MQ1260型门机（1号门机）配6$m^3$混凝土吊罐浇筑，1号门机覆盖不到的局部仓位或强度不足时采用布置在下游的MQ600型门机（3号门机）配合浇筑，必要时由布置在泄4号～9号坝段上游的2号MQ1260型门机配$3m^3$混凝土吊罐进行支援。泄1号～泄4号坝段中块主要采用布置在下游块的3号门机配$6m^3$混凝土吊罐浇筑，强度不足时采用布置在上游的1号门机配$3m^3$混凝土吊罐进行支援，部分仓位（泄3号～5号坝段）利用布置在泄4号～9号坝段上游的MQ1260型门机（2号门机）和下游的C7050型塔机进行混凝土浇筑。泄1号～3号坝段下游块及部分厂坝导墙利用拆迁至厂坝导墙右侧高程156.0m的C7050塔机浇筑。

泄5号坝段上、中块和泄6号～9号坝段上游块主要采用布置在上游的2号门机和下游的塔机共同浇筑。为提高混凝土浇筑强度，在门、塔机起重量允许范围内采用$6m^3$混凝土吊罐进行浇筑施工，其他部位采用配$3m^3$混凝土吊罐浇筑。泄7号～9号坝段下块先利用C7050塔机自右向左最终占压泄6号坝段下块的运行方式渐进浇筑，最后拆除塔机，利用拆迁至中导墙左侧高程172.0m的3号门机浇筑泄4号～泄6号坝段下游块及中导墙。

下游护坦及部分导墙混凝土利用布置于下游的门塔机和履带吊、长臂反铲或布料机进行浇筑。

因二期基坑进水后，施工期上下游挡水门需两次下闸，而下游挡水门单元吊装重量达40t（不含抓梁6～8t），单元吊重大，吊点距离远，受坝顶结构限制，一般施工机械设备及大型汽车吊均难以吊装，因此在泄1号～5号坝段浇筑到顶后，将布置在泄4号～9号坝段上游高程190m的MQ1260型高架门机通过大型汽车吊拆移至泄洪坝段下游坝顶高程227.5m，通过高架门机进行下游挡水门的下闸与提升。二期基坑现场施工布置见图12.1-7。

图12.1-7 二期基坑现场施工布置

为满足三期截流要求，二期河床深槽部位的泄1号～4号坝段分2次浇筑。先期浇筑到高程179m，三期截流后，利用枯水期在上、下游挡水门的保护下进行高程179.0～195.0m的预留缺口浇筑，溢流堰预留缺口采用坝顶施工门机与溜筒浇筑。

三期工程10号～12号泄洪坝段利用在上游布置一台MQ1260型门机和下游布置一台C7050型塔机共同浇筑。

泄洪坝段金属结构安装主要利用上、下游布置的施工门机配合汽车吊进行安装。

（2）电站建筑物施工。厂房坝段混凝土主要利用布置在上、下游的门塔机进行浇筑。

厂 1 号～4 号坝段进水口段主要利用布置在上游的 2 台 MQ900 型门机配 $3m^3$ 混凝土吊罐（在门机起重能力允许范围内配 $6m^3$ 混凝土吊罐以提高混凝土浇筑强度）浇筑，底部大体积混凝土等入仓强度要求较高的仓位利用布置在上游的一台 BJ600×40 型布料机作为补充手段。

主机室段主要利用布置在下游的 K80 和 MD900 塔机配 $3m^3$ 混凝土吊罐进行浇筑，局部塔机无法覆盖的部分（上游侧约 3m 范围），利用上游门机配 $3m^3$ 混凝土吊罐进行支援。对于主机室段高程 155.0m 以下的仓位，在进水口段开始施工前，将布料机布置于上游进水口段高程 155m 平台，利用布料机进行浇筑。主机室段上部必要时采用混凝土泵送方式入仓以弥补混凝土入仓强度不足。

厂房尾水段主要利用布置于下游的 K80 和 MD900 塔机配 $6m^3$ 混凝土吊罐以及下游一台 MQ600 型门机配 $3m^3$ 混凝土吊罐浇筑。对于尾水段底部大体积混凝土等入仓强度要求较高的仓位利用布置在下游的一台 BJ600×40 型布料机进行支援。

安Ⅰ、安Ⅱ坝段主要利用布置在上游的一台 M900 塔机和布置在下游的一台 MQ900 型门机配 $3m^3$ 混凝土吊罐（在门塔机起重能力允许范围内配 $6m^3$ 混凝土吊罐以提高混凝土浇筑强度）进行浇筑，底部面积较大的仓位利用下游的布料机进行支援。

（3）通航建筑物施工。船闸上闸首混凝土施工采用上游布置 1 台 MQ1260 型门机，主要用于船闸上闸首、闸室混凝土浇筑。船闸闸室内布置 2 台 10t 塔机，用于闸室底板及边墙混凝土浇筑。船闸下闸首左侧布置 1 台 MQ1260 型高架门机，用于下闸首、闸室、泄水段混凝土浇筑及金结安装。上、下游引航道等部位选用履带式起重机浇筑。

5. 高温季节基础约束区混凝土温度控制

因二期工程截流时间有所推迟，考虑到二期工程基坑开挖工期，为不影响总进度目标，主体工程在 2008 年夏季浇筑基础强约束区混凝土不可避免。由于基础强约束区仓面大，混凝土层间覆盖时间较长，温度回升较大，混凝土浇筑温度偏高，给高温季节浇筑的基础约束区混凝土温度控制带来很大难度，加大了基础强约束区出现裂缝的风险，原设计的温控措施已不能满足要求，为了确保工程安全，项目业主及时组织对夏季浇筑基础强约束区混凝土温控措施的研究，召开了厂房、大坝混凝土施工专题咨询会。

根据专家咨询意见，设计单位优化结构设计及混凝土指标：

（1）在大坝左区 1～5 号坝段增设了一条纵缝，以减小浇筑块尺寸，利于施工。

（2）优化混凝土配合比，减少水泥用量，提高大坝混凝土最大粉煤灰掺量，缓解温控矛盾，提高混凝土性能。

（3）加强高温季节浇筑混凝土的温度控制：①高温季节现场须具备通 8～10℃制冷水后，方可浇筑基础约束区混凝土；②加强混凝土出机口温度、入仓温度、浇筑温度控制，适当延长初期通水时间，在混凝土达到最高温度前，采取“个性化”初期冷却通水；③加强混凝土养护，高温和较高温季节的混凝土浇筑完成后，及时进行覆盖洒水、潮湿养护和仓面采用保温被保温；④制定高温季节混凝土施工工法，并严格实施。

通过以上有效温控措施，厂房及大坝施工期混凝土温度基本控制在设计允许最高温度以内，达到了预期目的，说明只要对影响混凝土温度控制影响因子及环节严加控制，高温和较高温季节浇筑基础强约束区混凝土也是可行的。

### 12.1.5 施工工厂

银盘水电站工程设置一座砂石加工系统，左右岸各设置一座混凝土生产系统。

1. 砂石加工生产系统

左岸董家沟砂石加工系统设在余家店子料场附近的董家沟，承担工程所需的全部混凝土骨料生产任务，需生产净料409.84万$m^3$，其中粗骨料286.88万$m^3$，细骨料122.96万$m^3$。系统规模按月混凝土浇筑强度15万$m^3$设计。砂石加工系统包括毛料开采、粗碎车间、半成品堆场、第一筛分洗石车间、中碎车间、第二筛分车间、第三筛分车间、制砂车间、成品堆场、转运竖井等。

董家沟砂石加工系统成品骨料堆场布置在高程380m，其供料对象左岸盐店嘴混凝土系统布置在坡下213m高程，骨料运输方案经比选，确定采用竖井垂直运输方式，即成品混凝土骨料需经转运竖井和胶带机运输平洞由董家沟砂石加工系统输送至左岸盐店嘴混凝土系统。转运竖井为通过式竖井，兼作骨料的储料仓，设计洞径为5～8m，上部进口高程为370m，底部高程为283m；运输洞采用向下5°外倾斜，洞径为5m，平洞出口高程为260m。

董家沟砂石加工系统建设过程中，根据料场岩性及混凝土骨料级配，系统粗碎车间原配置两台PX900/130破碎机实施时改为三台新型P6进口反击式破碎机，以提高效率，建成后粗碎车间运行良好，砂石料生产满足月混凝土浇筑强度、工程量和质量要求。

2. 混凝土生产系统

(1) 右岸桥头混凝土生产系统承担129.19万$m^3$混凝土的生产任务，混凝土施工最高月强度为9万$m^3$。混凝土主要施工部位为一期工程导流明渠底板、纵向围堰、边坡衬砌，以及三期右岸泄洪10号～13号坝段、导墙、护坦、船闸、右非坝段。系统配置一座$4\times3m^3$自落式拌和楼，混凝土生产能力为$240m^3/h$。右岸桥头混凝土生产系统按照设计文件要求建成，系统生产的混凝土满足最高月强度9万$m^3$的生产需要。右岸桥头混凝土生产系统见图12.1-8。

图12.1-8 右岸桥头混凝土生产系统

(2) 左岸盐店嘴混凝土生产系统承担130.44万$m^3$混凝土的生产任务，承担的混凝土施工最高月强度为10.5万$m^3$。混凝土主要施工部位为二期大坝、厂房等。系统配置$4\times3m^3$及$3\times1.5m^3$自落式拌和楼各1座。

左岸盐店嘴混凝土生产系统按照设计文件要求建成，系统生产的混凝土满足最高月强度10.5万$m^3$的生产需要。

3. 混凝土制冷系统

(1) 右岸制冷系统与一座HL240－4F3000L型自落式拌和楼配合生产预冷混凝土，预冷混凝土生产强度为$120m^3/h$，出机口温度为8～10℃，预冷系统由一次风冷系统、二次风冷系统及制冰加冰系统组成，系统总制冷装机容量为5234kW（$450\times10^4$kcal/h）。

右岸混凝土预冷系统按照设计文件要求建成，系统建成后运行情况良好，出机口温度达到要求，并满足了高温季节预冷混凝土4万$m^3$/月的生产强度需要。

夏季生产的预冷混凝土满足月强度。

(2) 左岸盐店嘴制冷系统配合1座$4\times3m^3$和1座$3\times1.5m^3$自落式拌和楼生产预冷混凝土，两座楼预冷混凝土生产强度为$260m^3/h$，出机口温度为12～14℃，预冷系统由一次风冷系统、二次风冷系统及制冷水系统组成，系统总制冷装机容量为8141kW（$700\times10^4$kcal/h），系统后期还配置了一套集装箱式制冰设备。

右岸混凝土预冷系统按照设计文件要求建成，系统建成后运行情况良好，出机口温度达到要求，并满足了高温季节预冷混凝土9万$m^3$/月生产强度需要。

4. 施工供水

在可研设计阶段，根据施工总体布置方案及各用水项目规模、强度及其对水质和水压的要求，设计采用分质、分压供水。供水系统由生产水系统和生活水系统组成，生产水系统主要布置在左岸，右岸供水用户由左岸供水系统接管过江向右岸供给，生活水系统的水由江口镇水厂供给。供水系统总规模为4.5万$m^3/d$。

生产水系统由取水泵站、水厂、高位水池和输水管线组成。取水泵站位于大坝下游1km、重件码头上游约600m处。水厂在取水泵站的下游200m左右，位于319国道靠山侧。水厂的加压泵站将合格的生产水加压至高程273m的高位水池，由高位水池向各供水点自流供水。

生活水系统由输水管线、加压站和高位水池组成。从江口镇供水管网引一条$D273\times6mm$钢管沿4号公路经银盘大桥至右岸桥头的高程250m加压站；通过加压站送至5号公路下游侧的380m高位水池，由高位水池直流向用户供水。

在银盘水电站建设期，施工供水系统基本按照可研方案实施，工程变更仅对系统中水池、泵站位置略有调整，工程建设规模为$4.5m^3/d$，满足整个施工期供水要求。

5. 施工供电

在可研设计阶段，根据银盘水电站施工总进度计划、各分项工程施工强度及施工总布置，在坝区左岸建35kV施工变电站一座，作为银盘水电站施工期间主要的施工电源。

35kV施工变电站安装2台容量为12.5MVA、35/10.5kV的主变压器，35kV侧及10kV侧均采用单母线分段接线方式，10kV侧设置无功补偿装置。35kV施工变电站10kV出线8回，沿两岸上下游布置，供两岸施工及生活用电。8回10kV出线分别为主供左岸的左岸Ⅰ、左岸Ⅱ线，左砂Ⅰ、左砂Ⅱ线，左混凝土Ⅰ、左混凝土Ⅱ线；主供右岸的右岸Ⅰ、右岸Ⅱ线。

在银盘水电站施工建设期，由35kV施工总变电站及10kV施工配电网络组成的施工供配电系统，除部分供主体工程施工的10kV主干线路，在架设时根据现场道路布置及实际施工方式做局部少量调整外，基本是按照可研设计所确定的方案实施。施工供配电系统实现了节省投资、运行安全、供电可靠的目的，有力地保障了工程建设的顺利进行。35kV施工变电站在工程完工后，经适当改造作为银盘水电站备用电源，继续发挥重要的作用。

### 12.1.6 施工总布置

在可研阶段，根据场地条件、场内外交通、导流程序、枢纽布置，银盘水电站工程施工场地共规划以下7个施工区：

(1) 左岸盐店咀—下堰沟施工区。主要布置有混凝土拌和系统、综合加工厂、机电安装基地、综合仓库、施工水厂和施工变电所等。

(2) 左岸江口（镇）电站施工区。主要规划有生活营地、综合仓库、机械汽车停放场保养场、金结拼装场、神溪沟弃渣场及焦村坝土料场。

(3) 左岸余家店子施工区。主要布置有余家店子人工骨料开采区、砂石加工厂、董家沟弃渣场。

(4) 右岸大石板—大田沟施工区。主要布置有生活区、机械汽车停放场、船闸金结安装基地。

(5) 右岸干溪沟施工、弃渣区。主要布置有混凝土拌和系统、生活区、弃渣场。

(6) 右岸观天坝施工区。该区前期部分作为建桥施工基地和机械汽车临时停放场，主要布置有综合加工厂、围堰备料场、炸药库。

(7) 右岸吊咀溪弃渣区。主要布置有机械汽车停放场、弃渣场。

以上施工临时设施占地面积合计约为134.98万$m^2$。

在银盘水电站工程施工过程中，各施工场地基本按可研规划的位置布设，场地规模没有突破原设计。

### 12.1.7 施工总进度

银盘水电站工程设计总工期77个月（不包括6个月工程筹建期），其中施工准备期22个月、主体工程施工期33个月，工程完建期22个月。

工程第1年1月开始施工准备；第2年11月初主河床截流；第5年1月初明渠截流；第5年7月底由三期围堰挡水第一台机组发电；第6年7月底全部机组投产发电；第7年5月底船闸下游引航道围堰拆除完毕，工程完工。对应上述设计进度，银盘水电站一期工程应于2006年1月开工；2007年11月初主河床截流，二期工程开工；于2008年4月中旬开始浇筑混凝土；2010年1月初明渠截流，三期工程开工；2010年7月三期围堰挡水首台机发电；2012年7月底工程完工。

受项目可研批复、项目核准等进展影响，在实施工过程中，2005年9月，开始工程筹建，筹建项目银盘跨江大桥开工，2005年10月中旬，319国道改线工程开工。

一期工程：2006年2月5日，导流明渠下游施工围堰开始回填，右岸一期工程正式开工。2006年12月18日，左岸一期开挖与支护工程开工。

二期工程：2007年12月3日，银盘水电站主河床截流，二期工程开工。二期基坑于2008年2月初已开始全面开挖，4月泄洪坝段开挖至建基面，泄洪坝段于2008年5月8日开始第一仓混凝土浇筑，厂房混凝土于2008年6月5日开始浇筑。

三期工程：虽然二期截流时间较原计划只推迟一个月，但由于开挖施工进度滞后，致使后续施工进度推迟。三期围堰截流时间推迟到2010年12月23日，而且在三期基坑开挖过程中揭露出溶槽溶洞，2011年8月中旬出现渗漏，基坑逐渐淹没，造成施工停止，以及后来进行的渗水处理等各种影响，造成三期工程混凝土浇筑完工时间比招标文件中要求的2012年7月26日完成时间延长1年零7个月（19个月）。三期工程于2014年12月31日前全部完工。

虽然银盘水电站工程在实施过程中为了加快施工进度，进行了设计优化，采取了各种赶工措施，但受可研批复、项目核准及不可预见地质条件等诸多方面的影响，致使银盘水电站工程施工总工期较设计工期延长一年多。

## 12.2　导流明渠截流设计

银盘水电站导流明渠为二期导流泄水建筑物，其内布置有三期施工的2孔溢流表孔、船闸和非溢流坝段等永久建筑物。二期工程施工完成后，接着进行导流明渠截流，而导流明渠的结构设计对截流戗堤布置和截流方式的选择均有影响。

导流明渠布置在右岸台地，进口与主河床夹角约27°，出口与主河床方向基本一致，导流明渠进口底板高程为177.0m，出口底板高程为176.0m，在坝轴线上、下游各设一段长100m的变坡段，坡比为5‰，底宽90m。导流明渠轴线总长769.06m。

导流明渠基岩为砂页岩、页岩和灰岩等，明渠右侧岩石开挖坡比为1∶0.5，覆盖层开挖坡比为1∶1.5，且每20m左右设2m宽的马道。岩石边坡采用喷锚支护，其中高程227.0m以下的页岩边坡采用10cm厚素喷混凝土和40cm厚钢筋混凝土板衬砌支护，局部稳定性较差的部位设置1000kN级的预应力锚索。左侧边坡为顺向坡，开挖坡比全部为1∶1.0，采用喷混凝土厚10cm和随机锚杆支护。

根据水流流态及冲刷试验成果，明渠底板左侧（混凝土纵向围堰侧）设水平宽度为10m的混凝土板，右侧底板为页岩的部位设10m宽混凝土板进行防冲保护。

由于三期截流时由已完建的建筑物过流，需采取必要的措施以降低截流难度，保证截流成功，也是工程设计的难点之一。

### 12.2.1　截流设计标准

截流设计标准可结合工程规模和水文特征，选用截流时段内5～10年重现期的月或旬平均流量。根据银盘水电站工程总进度计划，三期截流拟于第4年12月底预进占，预进占裹头保护标准为12月20%频率最大瞬时流量1660$m^3/s$；第5年1月上旬导流明渠截流，截流流量为1月20%频率月平均流量544$m^3/s$。

### 12.2.2 截流方式

在现有施工技术条件下，河道截流一般采用立堵截流和平堵截流。平堵截流具有施工安全可靠、技术把握性较大等优点，适用于大流量、高落差（如大于3.5m）、河床覆盖层抗冲能力差的河道截流，但通常需要搭建栈桥、浮桥或利用缆机作为抛填截流材料设施，往往施工工期长、投资大。对于银盘水电站导流明渠截流，明渠底部防护充分，抗冲能力强，适宜采用单戗堤、立堵、单向进占的方式截流。鉴于目前大容量装载、运输机械在国内大型水利工地比较普遍地使用，抛投施工强度及块体粒径大小已不是制约因素，采用单戗立堵截流是经济可行的截流方式。针对银盘水电站导流明渠左岸为混凝土纵向围堰，场地狭小，右岸为宽缓平台，场地开阔等特征，故银盘水电站工程导流明渠截流采用右岸单戗立堵截流方式。

### 12.2.3 截流戗堤布置

截流戗堤布置在三期上游土石围堰背水侧，戗堤轴线位于上游土石围堰轴线下游50.9m。预进占戗堤高程按12月20%频率最大瞬时流量1660$m^3/s$，预留龙口宽度为80m，上游水位为183.47m，戗堤上下游边坡均为1∶1.5；截流戗堤顶高程按20%、12—3月时段最大瞬时流量3360$m^3/s$设计，相应上游水位为190.07m，确定戗堤顶高程为191.5m，戗堤顶宽8m，上游边坡为1∶1.3，下游边坡为1∶1.5，截流戗堤上游侧随后跟进石渣混合料和砂砾石料，截流戗堤由块石和石渣料组成。

### 12.2.4 截流程序

第2年11月初主河床截流，12月底完成基坑抽水，此后至第4年9月，在二期围堰保护下全年进行8孔溢流坝段（其中4孔留缺口）、厂房坝段、左岸非溢流坝段施工。导流明渠过流、通航。

第4年12月底三期围堰预进占，第5年1月上旬明渠截流，由二期建成的左侧溢流坝段的4个预留缺口过流，河床断航。第5年1月底完成上游围堰黏土心墙闭气并继续加高围堰，同时进行三期基坑抽水；同年2月，4孔溢流坝段预留缺口分别下闸，浇筑预留缺口混凝土；3月底，三期围堰填筑至设计高程，随后施工右岸导流明渠内2孔溢流坝段、船闸坝段及右岸非溢流坝。第5年汛期洪水从4个预留缺口（溢流面未完建）和4个完建的溢流表孔同时下泄；7月底第一台机组发电，发电期间，预留缺口封堵叠梁门采用事故检修闸门挡水形成静水条件进行开启或关闭。第5年11月至第6年1月浇筑预留缺口剩余混凝土。第6年4月完成预留缺口弧形闸门金结安装施工。

### 12.2.5 溢流坝段预留缺口闸门

1. 预留缺口布置及闸门挡水标准

为满足三期截流落差不宜大于3.5m的规范要求，在河床左侧4孔溢流表孔预留缺口，缺口底高程为180.0m，宽15.5m。第5年1月导流明渠截流、三期围堰闭气以后，在三期围堰加高的同时，溢流坝段预留缺口的上、下游闸门下闸挡水（上游高程194m以下的闸门兼作模板，不拆除），以便抢浇预留缺口混凝土。缺口前后的施工闸门为Ⅳ级建筑物，设计洪水为11月至次年4月10%最大瞬时流量7580m³/s，相应上游水位为211.37m，下游水位为194.63m。为了不影响工程按期发电，上游闸门挡水水位取正常发电水位215.00m。

2. 预留缺口下闸及施工程序

第5年2月初，在三期围堰填筑至高程195.5m以上时，第1个预留缺口的上、下游闸门下闸，此时水流从另外3个预留缺口下泄，下泄流量为12月至次年3月20%最大瞬时流量3360m³/s（对应水位194.5m）。

当三期上游围堰填筑至高程198.5m以上时，可以下闸封堵第2个预留缺口，水流从另外2个预留缺口和4个溢流表孔下泄，下泄流量为3360m³/s（对应水位197.35m）。

第5年2月底，三期上游围堰填筑高程不低于202.0m，剩下的2个预留缺口上、下游闸门下闸，为了不断流，第3个预留缺口闸门又分成2节下闸，第一节下闸的叠梁门顶高程为188.0m，下闸流量为2月20%月平均流量572.0m³/s，水流从第4个预留缺口和第3个预留缺口闸门顶部高程188.0m下泄，相应上游水位为189.22m；当来流量达到12月至次年3月20%最大瞬时流量3360m³/s时，水流从第3个预留缺口闸门高程188.0m顶部、第4个预留缺口和4个溢流表孔下泄，相应上游水位为200.8m。

当上游水位达到191.0m，相应第3个预留缺口闸门顶部高程188.0m下泄流量为106m³/s时，第4个预留缺口下闸封堵。之后，仅由4个表孔及第3个预留缺口闸门顶部高程188.0m泄流，当流量为2月20%月平均流量572m³/s，相应上游水位为196.2m时，第3个预留缺口闸门进行第二节下闸封堵，此时三期围堰填筑至高程205.0m以上，水流从4个溢流表孔下泄，下泄流量为3360m³/s（对应上游水位203.29m）。

溢流坝段预留缺口前均设置2道门槽，前者为叠梁门门槽，后者为事故检修门门槽，下闸封堵时先下事故检修门，以形成静水条件，然后叠梁门下闸，最后提起事故检修门进行混凝土浇筑。

3月中旬三期围堰填筑至堰顶高程217.0m。在预留缺口封堵闸门的保护下，分批浇筑预留缺口混凝土，于4月上旬完成溢流面以下混凝土浇筑，5月参与度汛，其闸门起闭和泄洪调度采用事故检修闸门挡水形成静水条件后进行。

第5年11月，继续浇筑溢流坝缺口剩余混凝土，安装弧形闸门，第6年汛前预留缺口的4孔表孔施工完成。缺口闸门下闸次序及其下闸条件详见表12.2-1。

**表12.2-1　缺口闸门下闸次序及其下闸条件表**

| 项目 | | 单位 | 第1扇闸门 | 第2扇闸门 | 第3扇闸门 | | 第4扇闸门 |
|---|---|---|---|---|---|---|---|
| | | | | | 第一节 | 第二节 | |
| 下闸 | 设计标准 | | 2月20%月平均 | | | 下游不断流 | |
| | 流量 | m³/s | 572 | | | 553～842 | 852（暂定） |
| | 泄流条件 | | 4个缺口 | 3个缺口 | 2个缺口 | 4个表孔+188m闸门 | 1个缺口+188m闸门 |
| | 上游水位 | m | 183.84 | 184.43 | 189.22 | 196.24～197 | 191.00 |
| | 下游水位 | m | 180.08 | | | 第一节门顶188m | 181.22 |
| | 操作水头 | m | 3.48 | 4.35 | 9.14 | 8.24～9.0 | 9.78 |

续表

| 项　目 | | 单位 | 第 1 扇闸门 | 第 2 扇闸门 | 第 3 扇闸门 | | 第 4 扇闸门 |
|---|---|---|---|---|---|---|---|
| | | | | | 第一节 | 第二节 | |
| 三期上游围堰 | 设计标准 | | 12 月至次年 3 月 20%最大瞬时 | | | | |
| | 流量 | $m^3/s$ | 3360 | | | | |
| | 泄流条件 | | 3 个缺口 | 2 个缺口 | 1 个缺口＋4 个表孔 | 4 个表孔 | 4 个表孔 |
| | 上游水位 | m | 194.50 | 197.35 | 200.8 | 203.29 | 203.29 |
| | 下游水位 | m | 186.52 | | | | |
| | 围堰高程 | m | ＞195.5 | ＞198.5 | ＞202.0 | ＞205.0 | ＞205.0 |

### 12.2.6　截流水力学分析

根据水力学计算，截流最大落差为 3.53m，龙口宽度为 50m 时，龙口最大平均流速为 5.01m/s。三期截流各龙口水力学特征值见表 12.2－2，龙口采用砂砾石及块石抛投。

**表 12.2－2　　三期截流龙口水力学特征表**

| 截流流量/($m^3/s$) | 口门宽/m | 龙口分流量/($m^3/s$) | 上游水位/m | 落差/m | 龙口最大平均流速/(m/s) | 抛投块石最大粒径/m |
|---|---|---|---|---|---|---|
| 1660 | 80 | 1038 | 183.85 | 0.67 | 3.06 | 0.5～0.8 |
| 544 | 70 | 444 | 180.87 | 0.93 | 3.77 | 0.8～1.0 |
| | 60 | 400 | 181.41 | 1.47 | 4.53 | |
| | 50 | 316 | 181.93 | 1.99 | 5.01 | 1.0～1.5 |
| | 40 | 204 | 182.52 | 2.58 | 4.96 | |
| | 30 | 76 | 183.13 | 3.19 | 4.15 | 0.8～1.0 |
| | 20 | 6 | 183.44 | 3.50 | 2.47 | 0.3～0.5 |
| | 10 | 0 | 183.47 | 3.53 | 0 | |

实际施工情况表明，截流设计采取的措施是有效的。

## 12.3　成品骨料竖井应用研究

### 12.3.1　工艺要求

为保证银盘水电站工程项目的实施，在左岸董家沟建设砂石加工系统，负责生产供应工程建设所需的混凝土骨料。左岸董家沟砂石加工系统生产能力满足高峰月浇筑强度 15 万 $m^3$ 混凝土所需骨料的生产要求，设计成品生产能力为 1150t/h。董家沟砂石加工系统成品骨料堆场布置高程为 380m，其供料对象左岸盐店嘴混凝土系统布置在坡下 213m 高程，骨料运输方案经比选，确定采用竖井垂直运输方式，即成品混凝土骨料需经转运竖井和胶带机运输平洞由董家沟砂石加工系统输送至左岸盐店嘴混凝土系统。转运竖井为通过式竖井，兼作骨料的储料仓，设计洞径为5～8m，上部进口高程为370m，底部高程为283m；运输洞采用向下5°外倾斜，洞径为5m，平洞出口高程为260m。

### 12.3.2 地质条件

竖井沿正南北方向布置，与地层走向基本一致，竖井进口出露地层均为$O_1d^{3-2}$砂岩夹页岩层，竖井设计洞底高程为283m，洞高87m，大部分洞身围岩为$O_1d^{3-1}$页岩层，洞下部围岩为$O_1d^2$含泥质灰岩。

竖井围岩可分为以下三段：

1. $O_1d^{3-2}$段

洞深0～21m，为长石石英砂岩、粉细砂岩与页岩互层，洞深0～1.40m为强风化，其余均为位于弱风化带中，岩体中层面裂隙发育，沿裂隙面风化，浸染成铁锈色，岩体完整性较差，属Ⅲ类岩石。

2. $O_1d^{3-1}$段

洞深21～80m，为页岩夹少量灰岩、砂岩层，属Ⅳ类岩，岩石新鲜，岩体波速为3230～3780m/s，岩体完整性较好。

3. $O_1d^2$段

洞深80～83m，为含泥质灰岩层，发育较多软弱夹层，属Ⅲ类岩，岩石新鲜，岩体波速为4830～5120m/s，岩体完整性较好。

竖井围岩属Ⅲ～Ⅳ类岩，岩层强风化厚度为0.7～1.40m，弱风化厚度为10.8～18.9m。大部分围岩完整性较好，具备成洞条件；井口强风化岩体完整性差，裂隙发育，易产生坍塌；内侧井壁岩体倾向洞内，有顺层面滑动的可能。

地下水位埋深31.0m～41.0m，相应高程为330.0m、345.0m。场地岩层透水微弱。

### 12.3.3 竖井结构设计

粗骨料竖井直径为8m，砂竖井直径为5m，竖井中心间距为24m。根据围岩分类，竖井按上下两段分别进行支护。

1. 上段

上段洞深约20m（根据岩石实际分布进行调整），为Ⅲ类岩石，先喷10cm厚混凝土，然后进行50cm厚钢筋混凝土衬砌，井壁并设3m长系统锚杆，锚杆直径为25mm，间排距为2m×2m。根据地下水出露情况，设2m深的随机排水孔。

2. 下段

下段岩石为$O_1d^{3-1}$段和$O_1d^2$段，由于$O_1d^2$段灰岩厚度较薄（约3～8m），故不单独分层，和$O_1d^{3-1}$段岩石一起按Ⅳ类岩石进行支护。

下段洞深约60m（根据岩石实际分布进行调整），虽然岩石容易风化，但岩体波速达3230～3780m/s，岩体完整性较好，只要及时支护，可保证竖井稳定，故先喷10cm厚混凝土，然后进行40cm厚钢筋混凝土衬砌，井壁并设3m长系统锚杆，锚杆直径25mm，间排距2m×2m。根据地下水出露情况，设2m深的随机排水孔。

竖井井口采用 1.5m×0.5m 的钢筋混凝土圈进行锁口，井壁衬砌混凝土配筋为 $\varphi$25、间距 200mm×200mm 的单层钢筋，并对出露的断层等破碎带进行固结灌浆，灌浆深度为 6m，以提高围岩整体性。

### 12.3.4 应用效果

成品骨料竖井这一当时业界解决净料垂直运输技术难题的新工艺，在左岸董家沟砂石加工系统页岩地质区成功实施，并运行良好，为后续类似工程开创了应用先例，并取得了较好的经济效益和社会效益。避免了骨料运输车辆高密度穿行江口镇，未对当地居民的正常生产生活造成负面影响。竖井开挖、支护、运行费用较公路汽车运输费用，合计节省工程投资 1200 多万元。

## 12.4 温度控制设计

### 12.4.1 混凝土温度控制标准

1. 分缝分块

根据枢纽各建筑物的结构特点和要求，混凝土的浇筑能力和温控条件，大坝分缝方案如下：

泄洪坝段共分 12 个坝段，坝段宽 20.00～25.50m，顺流向最大长度为 66.20m，在距上游坝轴线 42.60m 处设置一条纵缝。泄洪坝段典型断面图见图 12.4－1。

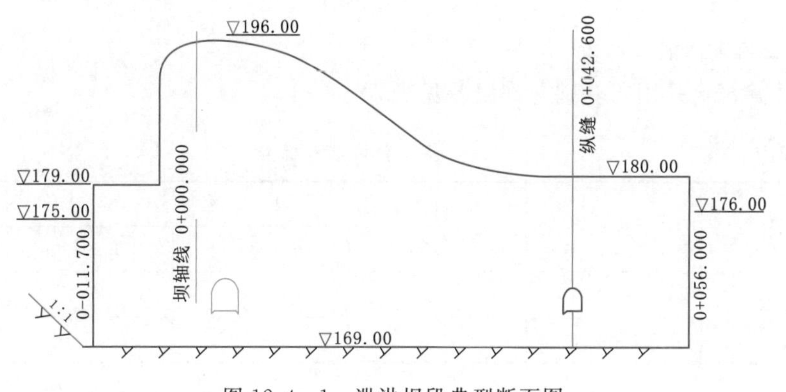


图 12.4－1 泄洪坝段典型断面图

厂房顺水流向分为进口段、主机段、尾水段，顺水流方向各段长为 29.9m、30.0m 和 33.5m，顺坝轴线方向宽 34.7～38.0m。分缝型式以错缝为主，辅以灌浆缝和宽槽。进口段与主机室在高程 186m 以下设置有灌浆缝与宽槽，主机段与尾水段在蜗壳侧墙以下为错缝分块。尾水管在弯管段与扩散段顶部分别设置封闭块。厂房典型坝段分层分块图见图 12.4－2。

2. 坝体稳定温度场

经计算分析，泄洪坝段、厂房坝段基础约束区稳定温度为 16℃，非溢流坝段基础约束区稳定温度取 17℃。

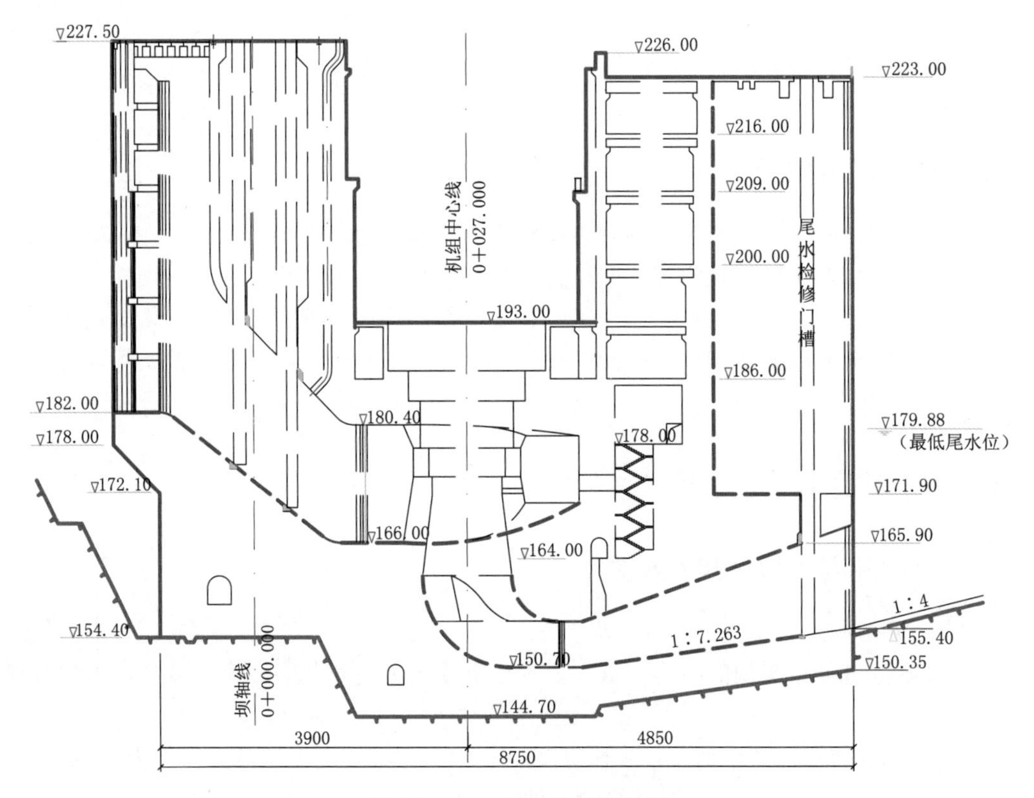


图 12.4－2　厂房典型断面图

3. *基础允许温差标准*

主体建筑物采用的基础允许温差见表 12.4－1。

**表 12.4－1**　　**基础允许温差标准**　　单位：℃

| 混凝土种类 | 控制高度 | 长边尺寸 $L$ | | | |
|---|---|---|---|---|---|
| | | <21m | 21～30m | 30～40m | >40m |
| 常态混凝土 | 0～0.2$L$ | 24 | 22～19 | 19～16 | 16 |
| | 0.2～0.4$L$ | 26 | 25～22 | 22～19 | 19 |

4. *混凝土表面保护标准*

挡水建筑物上、下游面浇完 7d 后进行施工期永久保护。保温后的混凝土表面等效放热系数上游面 $\beta \leqslant 2.0\mathrm{W/(m^2 \cdot ℃)}$，下游面 $\beta \leqslant 3.0\mathrm{W/(m^2 \cdot ℃)}$。

日平均气温在 2～3d 内连续下降 6℃以上时，28d 龄期内混凝土表面（顶、侧面）进行表面保护，$\beta \leqslant 3.0\mathrm{W/(m^2 \cdot ℃)}$。

中、后期混凝土遇年变化气温和气温骤降，视不同部位和混凝土浇筑季节，结合中、后期通水情况，采取必要的表面保护。

5. *混凝土内外温差标准*

为降低混凝土温度梯度，防止产生表面裂缝，内外温差控制在 18～20℃。

6. 坝体最高温度控制标准

参照部分已建工程经验，并兼顾内外温差要求、实际施工条件，对均匀上升的浇筑块，其各季节坝体最高温度按表12.4-2控制。

表12.4-2 坝体最高温度控制标准 单位:℃

| 季节 | 5、9月 | 6—8月 |
|---|---|---|
| 坝体最高温度 | 35～36 | 39～40 |

7. 设计允许最高温度

根据各部位稳定温度、准稳定温度及温控标准和表面保护标准，确定坝体及电站厂房设计允许最高温度，见表12.4-3和表12.4-4。

表12.4-3 坝体设计允许最高温度 单位:℃

| 部位 | | 5、9月 | 6—8月 |
|---|---|---|---|
| 泄洪坝段 | 基础强约束区 | 32 | 32 |
| | 基础弱约束区 | 34 | 35 |
| | 脱离基础约束区 | 35～36 | 39～40 |
| 非溢流坝段 | 基础强约束区 | 33 | 33 |
| | 基础弱约束区 | 35 | 36 |
| | 脱离基础约束区 | 35～36 | 39～40 |

表12.4-4 电站厂房设计允许最高温度 单位:℃

| 部位 | | 5、9月 | 6—8月 |
|---|---|---|---|
| 安Ⅰ段、安Ⅱ段 | 基础强约束区 | 34 | 35 |
| | 基础弱约束区 | 36 | 37 |
| | 脱离基础约束区 | 37～38 | 39～40 |
| 1号～4号机组段 | 基础强约束区 | 34 | 35 |
| | 基础弱约束区 | 36 | 37 |
| | 脱离基础约束区 | 37～38 | 39～40 |

## 12.4.2 温度控制研究

1. 主要研究内容

(1) 根据银盘水电站工程实际施工条件，计算混凝土在运输及浇筑过程中的温度回升，计算不同混凝土出机口温度、不同浇筑坯覆盖时间内在保温和不保温情况下的混凝土浇筑温度。

(2) 根据坝体分缝分块的特点及温度控制要求，计算不同浇筑方式下混凝土浇筑坯覆盖时间及混凝土浇筑强度要求，分析现有资源配置是否满足温控要求。

(3) 对坝址地区太阳辐射对混凝土浇筑温度的影响进行计算分析，对高温季节浇筑混凝土提出相应要求。

(4) 对大坝和厂房坝段高温季节浇筑基础约束区混凝土在不同浇筑温度、不同水管间距、不同浇筑层厚情况的混凝土最高温度进行计算分析，提出高温季节浇筑大坝及厂房基础约束区混凝土的相应温度控制要求，并提出相应温控防裂措施。

*2. 主要温控措施*

针对银盘水电站建筑物特点及现场实际条件，经过系统的分析和研究，高温季节浇筑基础约束区混凝土采用的主要温控措施如下：

(1) 采用预冷混凝土，控制出机口温度为10～12℃，控制浇筑坯覆盖时间为4h内，实现混凝土浇筑温度16～18℃的目标。

(2) 大坝基础约束区采用浇筑层厚1.5m，水管间距1.0m×1.5m（水平间距×竖直间距），通8～10℃制冷水进行初期冷却15d，控制混凝土早期最高温度不超过32℃；电站厂房基础约束区采用浇筑层厚2.0m，水管间距1.5m×1.0m（水平间距×竖直间距），通8～10℃制冷水进行初期冷却15d，控制混凝土早期最高温度不超过35℃。

(3) 白天采用出机口温度为10℃的预冷混凝土，同时避免在正午高温时段浇筑混凝土。

(4) 采用台阶法浇筑，混凝土浇筑强度应达到60$m^3$/h以上。若采用10t门塔机浇筑时，必须两台配合浇筑或结合其他设备共同浇筑。混凝土浇筑坯4h内覆盖。

(5) 在基岩面铺设冷却水管，减小基岩温度倒灌对混凝土早期温度的影响。

(6) 对左岸系统添加加冰设施，控制混凝土出机口温度不超过12℃。

### 12.4.3 现场应用效果

根据对建筑物各部位的仔细检查，大坝和厂房基础约束区未发现温度裂缝，工程质量良好。

可见，采用综合温度控制措施后，很好地解决了高温季节浇筑大坝和厂房基础约束区混凝土的温控问题，避免了温度裂缝的产生，确保了工程质量，实现了工程按期投产发电的目标。

# 第13章 机电

## 13.1 机电设计

### 13.1.1 水力机械

#### 13.1.1.1 机组主要参数

银盘水电站装设4台单机容量为150MW的轴流转桨式水轮发电机组，由浙江富春江水电设备股份有限公司供货，水轮机主要参数见表13.1-1，发电机主要参数见表13.1-2，机组主要尺寸见表13.1-3。

表13.1-1 银盘水电站水轮机主要参数

| 序号 | 名称 | 单位 | 参数值 |
|---|---|---|---|
| 1 | 额定功率 | MW | 152.6 |
| 2 | 最大水头 | m | 35.12 |
| 3 | 最小水头 | m | 13 |
| 4 | 额定水头 | m | 26.5 |
| 5 | 加权平均水头 | m | 29.66 |
| 6 | 转轮直径 | m | 8.6 |
| 7 | 水轮机安装高程 | m | 176.4 |
| 8 | 额定转速 | r/min | 83.3 |
| 9 | 额定流量 | $m^3/s$ | 632 |
| 10 | 额定点效率 | % | 93.06 |
| 11 | 比转速 | m·kW | 541.2 |
| 12 | 比转速系数 | | 2786 |
| 13 | 飞逸转速 | r/min | 175 |
| 14 | 水轮机重量 | t | 1410 |

表 13.1-2 银盘水电站发电机主要参数

| 序　号 | 名　称 | 单　位 | 参 数 值 |
|---|---|---|---|
| 1 | 额定功率 | MW | 150 |
| 2 | 额定容量 | MVA | 166.7 |
| 3 | 额定电压 | kV | 13.8 |
| 4 | 额定电流 | A | 6974.2 |
| 5 | 额定功率因数 | | 0.9（滞后） |
| 6 | 额定转速 | r/min | 83.3 |
| 7 | 额定频率 | Hz | 50 |
| 8 | 纵轴瞬变电抗 $X'_d$（不饱和） | % | 32.71 |
| 9 | 纵轴超瞬变电抗 $X''_d$（饱和） | % | 23.08 |
| 10 | 短路比 $SCR$ | | 1.11 |
| 11 | 飞轮力矩 $GD^2$ | t·m$^2$ | ≥63000 |
| 12 | 发电机重量 | t | 1247 |

表 13.1-3 银盘水电站水轮发电机组主要尺寸 单位：mm

| 水轮机转轮直径 | 8600 | 尾水管出口高度 | 11400 |
|---|---|---|---|
| 水轮机机坑直径 | 12200 | 发电机转子外径 | 13356 |
| 蜗壳最大宽度 | 24980 | 定子机座外径 | 16110 |
| 蜗壳下游最大尺寸 | 13180 | 发电机风罩内径 | 19000 |
| 尾水管高度 | 19300 | 定子铁心高度 | 1578 |
| 尾水管长度 | 42000 | 上机架高度 | 930 |
| 尾水管出口宽度 | 26200 | 下机架高度 | 2465 |

#### 13.1.1.2 水轮机主要结构及特点

机组采用两根主轴结构。水轮机蜗壳为包角 210° 的混凝土结构，转轮采用 6 叶片的活塞带操作架结构。转轮在装配过程中不需翻身作业，转轮吊装采用转轮、主轴、支持盖整体吊装方式。

1. 埋入部件

埋入部件包括尾水管及里衬、转轮室、座环、蜗壳进人门和机坑里衬等。

(1) 尾水管及里衬。尾水管为弯肘形，设有 2 个中墩。尾水锥管里衬用钢板制成，分段分块运输到工地后拼接。尾水管锥管段和扩散段均设有进人门。尾水管设有 2 个 $\phi$650mm 液压操作盘形排水阀，操作油压为 4.0MPa。

(2) 转轮室。转轮室由上、下环组成，分瓣制造，上、下环把合面用不锈钢螺栓连接。转轮室上、下环过流面用 S135 钢板制造。

(3) 座环。座环采用支柱式结构，由上环和 12 只固定导叶组成，上环和固定导叶在工地现场用螺栓连接。上环分瓣制造，其组合面进行精加工，并配有定位销，采用螺栓把合。

(4) 蜗壳。蜗壳为T形断面混凝土蜗壳，包角为210°，进水口设2个中墩。蜗壳和座环连接区段敷有钢板里衬，衬至蜗壳顶部水平距离1m处。

在蜗壳上设有800mm×600mm的进人门，每台机蜗壳最低处设有1个$\phi$650mm液压操作盘形排水阀。

(5) 机坑里衬。机坑里衬用20mm厚钢板焊接而成，分块运输至工地拼接。里衬设有两只接力器坑衬和进人门，接力器坑衬在工地安装调整合格后与机坑里衬焊接。

2. 导水机构

导水机构主要由28只活动导叶、顶盖、底环、支持盖、导叶轴套、控制环及操作机构等组成。

(1) 导叶和控制环。导叶采用三支点轴承结构，其水力矩特性具有自关闭的趋势。导叶采用焊接结构，导叶本体采用S135制造，导叶上、下轴采用20SiMn钢锻造。

导叶设有剪断销装置和摩擦限位装置，导叶立面采用不锈钢金属密封。导叶上轴两轴套和下轴套的轴瓦采用铜基自润滑材料。

控制环采用Q235-B钢板焊接而成，分2瓣运至工地，在工地组装。控制环底面装有环向导轨和抗磨板，抗磨板是自润滑材料。

(2) 顶盖和支持盖。顶盖采用Q235-B钢板制造，顶盖上的抗磨板采用不锈钢制造。顶盖分瓣制造，分瓣组合面进行精加工。顶盖外法兰用螺栓和定位销连接到座环的法兰上，内法兰用螺栓和定位销与支持盖联接。

支持盖采用Q235-B钢板制造。在与支持盖连接的导流锥上设有可拆卸的为防止抬机的抗磨板。支持盖上设有排水措施，包括3台潜水泵。

(3) 底环。底环采用焊接结构，分瓣制造。底环上导叶活动的范围内设置可拆卸的高分子聚乙烯抗磨板。底环轴套采用自润滑材料，轴套孔与顶盖上的轴套孔在数控立车上加工。

(4) 导叶接力器。水轮机装有2个直缸液压活塞式接力器，其额定操作油压为6.3MPa。接力器行程留有10%以上的裕度。

每个接力器设置可调整的关闭缓冲装置，以减小在导叶空载开度下的关闭速度，防止产生直接水锤。

导叶与桨叶的协联采用电气协联，整个水头范围内保持协联关系。

3. 转动部件

转动部件包括转轮、主轴及操作油管、水导轴承、主轴密封和受油器等部件。

(1) 转轮。转轮设有6只叶片，轮毂比为0.448，采用活塞带操作架的结构，由转轮体、桨叶、枢轴、操作机构、活塞和泄水锥等组成。

桨叶采用具有良好抗空蚀、磨损性能的不锈钢材料(ZG0Cr13Ni4Mo) VOD精炼铸造，用五轴数控机床加工制成。轮毂体材料为ZG20SiMn，叶片活动范围根部的轮毂体相应区域堆焊不锈钢层。桨叶密封采用双向V形密封。

转轮在装配过程中不需要翻身，轮毂体为底部封闭结构，桨叶接力器布置在叶片的下方。

（2）主轴及操作油管。主轴采用 20SiMn 锻制而成。主轴为空心轴，内装操作油管。水轮机主轴与发电机主轴的连接形式采用外法兰结构。

（3）水导轴承。水导轴承采用巴氏合金瓦的稀油自润滑轴承，由楔形调整块的抛物线曲面分块瓦和可拆卸的分半轴承体组成。导轴承轴瓦在工厂加工、装配，工地安装时不再进行刮瓦。

（4）主轴密封。在导轴承下方，主轴穿过支持盖的部位设置主轴工作密封，采用端面密封。工作密封元件采用高分子耐腐蚀材料制造，为自补偿型。

在工作密封的下方设有一套充气围带式检修密封，充气压力范围为 0.5～0.8MPa。

（5）受油器。受油器采用浮动瓦结构，以防止操作油管磨损和烧瓦现象。受油器与上机架及油管联接等处设有可靠的绝缘措施。受油器的转动与固定部分留有足够的防抬机裕量。

受油器上设有转轮接力器行程和桨叶转角指示装置。

#### 13.1.1.3 发电机主要结构及特点

发电机为三相凸极同步发电机，采用立轴半伞式、密闭循环、自通风、空气冷却的型式。推力轴承布置在下机架上，采用弹性油箱支承的金属塑料瓦结构，推力轴承的循环冷却方式采用自身镜板泵外循环方式。

1. 定子

定子由机座、铁芯、绕组等组成，在工地进行定子机座的整体焊接、铁芯叠装和整体机坑下线。

（1）定子机座。定子机座为焊接结构，正十六边形，分 8 瓣运至工地，现场焊接。定子机座通过支墩安装在 16 个基础板上，与基础板用螺栓连接，径向销定位并传递扭矩，这种结构可适用机座的热变形。

（2）定子铁芯。定子铁芯采用 50W270、低损耗、无时效、优质冷轧高磁导率硅钢片整体冲制而成。定子铁芯的定位压紧采用特殊的定位筋与拉紧螺杆合为一体的定位拉紧螺杆。

（3）定子绕组。定子绕组为双层杆式波绕组、3 支路星形连接。绕组电磁线采用先进的涤纶玻璃丝包烧结铜扁线。绕组绝缘为 F 级，线棒主绝缘采用微机自动控制热压成形工艺。定子线棒换位方式采用槽内 360°罗贝尔换位，以降低附加损耗和均衡线棒中股线间的温差。

2. 转子

转子由转子支架、磁轭、磁极、挡风板、制动环板等部件组成。

（1）转子支架。转子支架由转子中心体和支臂组成，转子中心体为整体焊接结构，支臂由上、下圆盘及立筋等组成。

（2）转子磁轭。磁轭由 3mm 厚 PCYH550 高强度扇形冲片交错叠成，并用铰制拉紧螺杆紧固。在磁轭上下端设有磁轭压板，磁轭通过 T 形磁轭键、卡键和锁定板楔紧在转子中心体上。磁轭外缘加工有鸽尾槽用于固定磁极，磁轭设有径向通风沟，不设风扇。

（3）转子磁极。转子磁极由磁极铁芯和磁极线圈组成。磁极铁芯由 1.5mm 厚的高强度专用冷轧磁极板冲片叠成，两端有压板通过拉杆压紧。磁极挂装时在磁极铁芯鸽尾的上、下两端各打入一对楔形键将磁极楔紧在磁轭上，楔形键用压板锁定。这种结构拆装磁极非常方便，不必吊出转子就能装拆磁极。

3. 主轴、推力头及镜板

主轴轴身为 20SiMn 锻钢，推力头为 20SiMn 铸钢，镜板采用 55 号锻钢。转子与推力头的连接方式采用径向销加螺栓的结构。

4. 轴承

推力轴承布置在下机架上，采用弹性油箱支承结构。推力轴承由 20 块扇形瓦组成，推力轴瓦采用俄罗斯进口弹性金属塑料瓦。推力轴承的循环冷却方式采用自身镜板泵外循环方式，镜板泵集油槽上下的密封采用非接触式铜环密封。

下导轴承布置在下机架中心体内，由 16 块扇形巴氏合金瓦、楔形调整装置等组成。上导轴承布置在上机架中心体内，与下导结构基本相同。导轴承润滑油由装在油槽内的弹簧式油冷却器冷却。

5. 机架

(1) 上机架。上机架为非负荷机架，由中心体和 8 条支臂组成，支臂在工地与中心体组焊。上机架传力结构设计了 8 个切向键，支脚与基础板之间在径向上保持一定间隙，而在切向上滑动相接。这种结构的上机架，可保证通过上导传递的各个方向的径向力转变为切向力作用在机坑风道壁上，使风道壁受力状况得到极大改善。

(2) 下机架。下机架为负荷机架，通过基础板用地脚螺栓固定在基础上，由中心体和 12 条支臂组成，在现场焊接为一体。

6. 集电装置和接地碳刷

滑环置于发电机上端轴的上端。集电环材质为 Q235A 钢。刷架固定于发电机顶罩上，刷架与滑环均在密封的风罩内，且与发电机风室分开，以保证碳刷粉尘不污染定转子。下机架中心体底部靠近发电机转轴处装有接地碳刷。

7. 附属设备

(1) 通风、冷却系统。通风冷却系统采用密闭双路径向无风扇自循环通风冷却系统。冷却风压由圆盘支架、磁轭、磁极转动时的离心作用形成。由装于转子磁轭上的上、下挡风板及定子端部的风罩组成上、下对称的风道。定子机座外装设 8 只空气冷却器。

(2) 制动装置。发电机采用机械制动停机方式，制动气压为 0.5～0.8MPa。

在下机架上设 12 个双活塞油气腔分开、气复位式制动器。每只制动器上设双接点行程开关，能反应制动器是否动作或全部复位。制动块采用非石棉聚合树脂材料，摩擦系数大，不污染环境，粉尘少。

在制动器下层活塞下可送高压油以顶起转子，顶起行程为 12mm。

(3) 灭火装置。定子线圈两端装有灭火环管，环管材料采用不锈钢，上、下环管各装有足够的水雾喷头。当发生火警时，半自动或手动操作供水，通过环管向线圈端部喷雾以灭火。线棒上、下端均安装线状火警探测器。

(4) 防潮装置。在机坑内沿圆周方向均布 12 个 2kW 的电加热器，电加热器与发电机控制系统相互闭锁，加热器在停机时能自动投入，机组运行时能自动退出。

在机坑内布置 2 台除湿机。

（5）防油雾装置。防油雾装置设有数道油封。该油封装置设在推力油槽盖板与主轴之间。密封型式为新型专利产品树脂材料接触式密封，接触式密封材料后设置弹簧自动补偿。

**13.1.1.4　机组调速系统**

银盘水电站机组调速器为新一代PID数字式双调节电液调速器，额定工作油压为6.3MPa，主配压阀直径DN150。调速器油压装置型号为YZ-25/2-6.3，配置12.5$m^3$的压力罐2个，8$m^3$的事故压力罐1个，23$m^3$的回油箱1个。回油箱上安装3台输油量为820L/min的油泵。调速系统设备由长江三峡能事达电气股份有限公司生产供货。

调速器的电气柜和机械液压部分单独设置，机械液压部分布置在回油箱上。调速器电气柜布置在厂房发电机层，油压装置回油箱、压力罐布置在厂房水轮机层，油压装置控制柜安装在回油箱旁。事故配压阀、分段关闭阀安装在回油箱旁主配压阀出口的导叶操作油管上。

**13.1.1.5　水力过渡过程**

银盘水电站为河床式，电站装机4台。流道从坝前到坝后依次经过拦污栅、门槽、蜗壳、尾水管、尾水门，流道总长158m，输水系统$\Sigma LV=659m^2/s$，发电机飞轮力矩为63000$t\cdot m^2$。

导叶采用两段关闭规律，从额定点开度关至零开度的总时间为16s。经过计算分析，机组最大转速上升率和机组蜗壳最大压力上升值均为额定水头下甩额定负荷工况控制。在额定工况下，机组甩额定负荷时，机组最大转速上升率计算值为46.5%，机组蜗壳导叶中心高程处最大压力上升率计算值为22%。

**13.1.1.6　机组防飞逸措施分析**

（1）导叶具有自关闭趋势。由于导叶设计成从全开到接近空载位置范围内其水力矩具有自关闭趋势，在水轮机剪断销剪断的事故情况下，导叶通过其水力矩自行关闭至较小开度，可起到防止飞逸发生的作用。

（2）调速系统设有事故压力罐。在主油源不满足关机要求的情况下，通过备用油源关闭导叶，防止飞逸发生。

（3）调速系统设有事故配压阀。在调速器主配压阀事故发卡，不能关闭导叶的情况下，通过事故配压阀关闭导叶，防止飞逸发生。

（4）纯机械液压过速保护装置。水轮机主轴上安装有纯机械液压过速保护装置，其动作范围可在115%～160%额定转速之间调整，并在水轮机最大飞逸转速时仍能可靠工作。机械液压过速保护装置动作后，压力油将作用于过速配压阀（引导阀）及事故配压阀，从而操作导叶接力器紧急停机，可有效防止机组发生飞逸。

（5）机组结构设计合理，具有足够的刚度和强度。即使在最大飞逸转速情况下，机组所有部件能安全地承受在最大飞逸转速连续运行至少5min所产生的应力、温度、变形、振动和磨损，而不产生有害变形或损坏。

**13.1.1.7　厂房起重运输设备**

银盘水电站主厂房装设2台320t/50t/16t单小车桥式起重机，主要承担主厂房机电设备安装检修的吊运工作。主厂房安装场设有1台60t+60t电动平板车，承担进出主厂房的设备和材料的转运任务。GIS室设有1台10t电动葫芦桥式起重机，承担GIS室电气设备安装检修吊运工作。

主厂房桥机工作级别为A3，跨度为28m，主、副钩起升高度为32m。桥机起吊发电机转子、起吊转轮带轴和支持盖均由2台桥机并车利用平衡梁起吊，其他部件和设备用1台桥机均可起吊。

进厂公路与坝顶平台等高程，安Ⅰ段上游设有吊物竖井。进入厂房的机电设备由坝顶门机通过吊物竖井吊运至平板车上，再由平板车运至主厂房安装场，由主厂房桥机进行吊装。

#### 13.1.1.8 水力机械辅助设备系统

1. 机组技术供水系统

一台机组技术供水总量约为630m$^3$/h，采用自流-水泵混合供水的单机单元供水方案。自流、水泵加压供水的分界水头为16m，可根据运行试验情况调整。每台机设1个坝前取水口和1个蜗壳取水口，互为备用。

每台机设2台$Q \geqslant 800$m$^3$/h的全自动排污型滤水器，1台工作，1台备用。每台机设2台加压水泵，1台工作，1台备用，水泵的技术参数为：$Q=500$m$^3$/h，$H=10$m。

2. 电站排水系统

(1) 机组检修排水系统。电站机组检修排水系统与厂房渗漏排水系统分开设置。

1台机组检修需排空的积水量约为15100m$^3$，上、下游闸门及盘型阀漏水量约为1120m$^3$/h。排水系统设置4台深井泵，其参数为：流量1250m$^3$/h，扬程50m。机组检修排流道积水时，4台泵同时工作；排上、下游闸门及盘形阀漏水时，可根据漏水量的大小确定投运的水泵台数。

(2) 厂房渗漏排水系统。厂房总渗漏排水量约为120m$^3$/h，集水井有效容积约为140m$^3$。

厂房渗漏排水系统设置3台深井泵（$Q=400$m$^3$/h，$H=48$m）和3台加压泵（立式管道离心泵，$Q=400$m$^3$/h，$H=25$m）。水泵的启停及报警根据集水井中的液位变送器所整定的水位自动控制。在下游尾水位小于等于200m时由深井泵排水，1台工作，2台备用。在下游尾水位高于200m时加压泵投入使用，由深井泵和加压泵串联排水。加压泵切换信号取自下游水位计，分界水头可根据运行试验情况调整。

(3) 厂内集水井清污。排水廊道、检修集水井和渗漏集水井均采用潜水排污泵（$Q=100$m$^3$/h，$H=55$m）排污。

如清污时的渗漏水量大于清污泵的生产率，应适时启动深井泵排水，以保障清污人员的安全和清污效果。

(4) 厂外排水系统。厂外排水系统包括大坝排水系统、左岸边坡排水系统和船闸排水系统。3个独立的排水系统均选用潜水排污泵排水，水泵根据集水井内水位自动运行。

大坝排水系统选择3台潜水排污泵（额定流量为200m$^3$/h，额定扬程为70m），2台工作，1台备用。左岸边坡排水系统配置2台潜水排污泵（额定流量为130m$^3$/h，额定扬程为45m），1台工作，1台备用。船闸排水系统共设4个集水井，每个集水井设置2台潜水排污泵（额定流量为280m$^3$/h，额定扬程为67m）。

3. 电站透平油系统

1台机组和油压装置总用油量约为$63m^3$。透平油油罐和油处理室设在厂房安装场段水轮机层。油罐室内设有$V=28m^3$的运行油罐和净油罐各3个。油处理室内配置有KCB－300型齿轮油泵2台（1台固定式，1台移动式），ZJCQ－12KY型透平油过滤机1台，JYG－200型精密过滤机2台。为给设备添油，设$0.5m^3$移动式油车1台。在油处理室下方设有容积为$100m^3$的事故油池1个。

4. 电站绝缘油系统

绝缘油系统主要给主变压器供油，1台三相变压器的用油量为60t。绝缘油系统油罐区安装$V=35m^3$的运行油罐和净油罐各2个。油处理室配置KCB－300型齿轮油泵2台（1台固定式，1台移动式），ZJA－6BY型高真空净油机1台，JYG－100型精密过滤机2台。

在油罐区和油处理室设有挡油坎。在油处理室下方设有容积为$150m^3$的事故油池1个。

5. 电站厂内压缩空气系统

厂内压缩空气系统分为机组制动和维护检修供气系统、油压装置供气系统、封闭母线微正压供气系统，3个系统分开设置。每个系统中设有安全阀和压力过高、过低信号保护装置，空压机的启停均实现自动控制。

（1）机组制动、维护检修供气系统。机组制动供气、维护检修供气及空气围带用气为一个供气系统。

机组制动供气设置2个$4m^3$、0.8MPa的专用储气罐，保证随时供气；维修供气设置1个$2m^3$、0.8MPa的储气罐，主要起稳压作用。系统共配置3台生产率为$3.45m^3/min$、额定工作压力为0.85MPa的风冷螺杆式空压机。储气罐补气时，3台空压机互为备用；机组检修时，根据启动风动工具的台数决定投入空压机的台数。

空气围带用气量较小，直接从制动干管引支管供气。

为满足户外其他用户的要求，选用生产率为$1.68m^3/min$、额定工作压力为0.85MPa的移动式空压机1台。

（2）油压装置供气系统。油压装置供气系统为中压供气系统，采用一级压力供气方式向油压装置供气。为保证空气质量，设有空气干燥机（$Q\geqslant 3.5m^3/min$，$P=8MPa$）2台。

油压装置供气系统设有生产率为$3.92m^3/min$、额定工作压力为8MPa的风冷活塞式空压机2台；$V=4m^3$、$P=7MPa$的储气罐2个。

（3）封闭母线微正压供气系统。封闭母线微正压供气系统设有3台压力等级为0.85MPa、排气量为$3.45m^3/min$的风冷螺杆式空压机，2台压力等级为0.8MPa、排气量大于等于$4.5m^3/min$的空气干燥机，3个压力等级为0.8MPa、储气量为$4.0m^3$的储气罐。

6. 水力监测系统

根据电站的规模、输水系统特性、机组机型、自动化要求等，配置的监测项目为：上、下游水位及电站毛水头测量，拦污栅前后压差测量，水库水温测量，水轮机工作水头测量，水轮机流量测量，水轮机蜗壳进口压力、顶盖压力、尾水管进出口压力和真空值测量，尾水管压力脉动测量，机组大轴摆度和机组振动测量，工作门平压测量等。

上游水位、下游水位、电站水头及拦污栅压差测量，均采用钢管测井方式测量，测井内设置投入式液位变送器。水轮机流量采用蜗壳差压法测流，水库水温采用半导体点温计测量，其他测点的压力及真空采用压力表、压力真空表测量。尾水管压力脉动测量采用在尾水管管壁处埋设压力传感器的方法进行测量。

#### 13.1.1.9 水力机械设备布置

1. 水轮发电机组布置

银盘水电站为河床式电站，厂房布置在河道的左岸。主厂房从左到右分为安Ⅰ段、安Ⅱ段、1号～4号机组段，全长197.1m，其中安Ⅰ段23m，安Ⅱ段32m，1号～3号机组段各长34.7m，4号机组段38.0m，厂房净宽28m。主厂房各主要高程如下。

尾水管底板高程：151.30m。

水轮机安装高程（导叶中心线）：176.40m。

水轮机层高程：186.60m。

发电机层高程：193.00m。

桥机轨顶高程：211.50m。

安装场安Ⅱ段发电机层主要供设备安装调试，安Ⅰ段和安Ⅱ段的总面积满足一台机组扩大性检修的需要。

调速器机械液压部分和油压装置布置在机组段水轮机层第一、四象限，由发电机层的吊物孔吊入。

2. 水机辅助设备布置

透平油罐、油处理室布置在安Ⅰ段水轮机层，厂内中低压空压机室、机组检修排水和厂房渗漏排水泵房布置在安Ⅱ段水轮机层，厂内机修间布置在安Ⅰ段水轮机层下游副厂房内。

机组技术供水设备、主变备用消防供水泵布置在下游副厂房186.60m高程。

全厂性的油、气、水消防系统的干管布置在水轮机层的上游侧墙上，再分别引支管至各机组段。

绝缘油系统的油罐、油处理设备以及上、下游水位计井均布置在厂外。

### 13.1.2 电气

#### 13.1.2.1 电站接入电力系统方式

电站接入系统方式是根据电力系统的负荷水平、电源情况和网架结构等因素综合考虑的。根据银盘水电站接入电力系统设计方案，电站600MW装机容量采用220kV一级电压接入电力系统，220kV出线二回，导线截面为LGJ-2×630，二回出线的最终落点均为张家坝500kV变电所（开关站）的220kV母线，每回线路长度为30km。

#### 13.1.2.2 电气主接线

银盘水电站装机4台，额定容量为150MW，年利用小时数为4513h。电站属径流式电站，具有日调节性能，在电力系统中主要承担基荷和部分腰荷，与彭水水电站联合调度运行。根据银盘水电站装机容量、装机台数和接入电力系统方式，在2008年银盘水电站可行性研究审查中，确定电站电气主接线采用四角形扩大单元接线。

#### 13.1.2.3 主要电气设备选择

1. 短路电流水平

电站计划2011年4月首台机组投产，2012年4台机组全部建成投运，短路电流计算以2020年作为设计计算水平年，电力系统为最大运行方式。根据电力系统设计单位2010年12月提供的资料，银盘水电站220kV母线的电力系统短路等值阻抗（不包括银盘水电站本身阻抗值，基准容量为100MVA，基准电压为230kV），正序电抗为0.014，零序电抗为0.0558。电站设备实际参数计算的短路电流见表13.1-4。

表13.1-4 银盘水电站短路电流计算结果表

| 短路点 | 三相短路电流 | | | 单相短路电流 | | | | | |
|---|---|---|---|---|---|---|---|---|---|
| | | | | 2台主变中性点直接接地 | | | 1台主变中性点直接接地 | | |
| | 系统 | 发电机 | 合计 | 系统 | 发电机 | 合计 | 系统 | 发电机 | 合计 |
| 220kV母线 | 17.929 | 5.043 | 22.972 | 5.65 | 14.583 | 20.233 | 7.182 | 9.268 | 16.45 |
| 13.8kV母线（发电机端） | 110.37 | 34.14 | 144.51 | | | | | | |

注 13.8kV母线短路电流中发电机为1台发电机提供；220kV母线短路电流中发电机为4台发电机提供。

2. 220kV配电装置

220kV配电装置包括220kV全封闭组合电器（GIS）以及位于左非坝段出线场的220kV敞开式出线设备。

220kV配电装置的选型结合枢纽布置，对采用SF6气体绝缘金属封闭组合电器（GIS）或是采用敞开式电气设备进行了综合比较。由于工程本身的特点，采用GIS较敞开式电气设备不仅具有明显的技术优势，而且综合经济指标合理，所以220kV配电装置采用GIS。

GIS为金属封闭式设备，铝合金外壳。除主母线为三相共筒式外，其余部分均为分相式结构。断路器为垂直式布置，单断口，配液压弹簧操作机构。主要技术参数如下：

（1）通用参数。

额定电压：252kV。

额定电流：1000A（进线），2500A（母线及出线）。

额定短时耐受电流（有效值）：50kA。

额定短路持续时间：3s。

额定峰值耐受电流：125kA。

额定雷电冲击耐受电压（峰值）：相对地，1050kV；断口间，1050＋200kV

1min工频耐受电压（有效值）：相对地，460kV；断口间460＋145kV。

（2）断路器。

额定短路开断电流（有效值）：交流分量，50kA；直流分量，53%。

额定短路关合电流（峰值）：125kA。

首相开断系数：1.3。

额定操作循环：分—0.3s—合分—180s—合分。

操作机构：液压弹簧型。

(3) 隔离开关。

开合电容电流能力：1A。

开合电感电流能力：0.5A。

开合母线转移电流能力：0.8×2000A（断口电压为100V）。

操作机构：电动和手动。

(4) 快速接地开关。

额定短路开合电流（峰值）：125kA。

机械稳定性操作次数：3000。

操作机构：电动和手动。

(5) 维修接地开关。

额定短路开合电流（峰值）：125kA。

机械稳定性操作次数：5000。

操作机构：电动和手动。

(6) 避雷器。

型式：氧化锌无间隙避雷器。

额定电压：204kV。

最大持续运行电压：159kV。

标称放电电流：10kA。

直流1mA工频参考电压：≥296kV。

10kA雷电冲击残压：≤532kV。

(7) 户外$SF_6$/空气套管。

雷电冲击耐受电压（峰值，1.2/50μs)：1050kV。

工频耐受电压（有效值，1min)（干、湿)：460kV。

最小爬电比距：≥25mm/kV。

套管耐受负荷能力：允许水平纵向拉力≥1500N，允许水平横向拉力≥1000N。允许垂直拉力：≥1250N。

3. 主变压器

(1) 主变压器选型。主变压器额定容量应与所连接的水轮发电机额定容量相匹配，银盘水电站单机容量为150MW，采用扩大单元接线，220kV主变压器额定容量选择340MVA。根据电站的地理位置和交通情况，主变压器的选型需要考虑运输条件。340MVA的三相双卷变压器运输重量约为200t，运输尺寸约为9.5m×3.5m×4.3m（长×宽×高）。当采用铁路运输时，根据厂家提供的资料，可以使用210t凹型车运输。若不用铁路运输，可采用水陆联运方式，经过长江运入，然后转乌江，直到工地重件码头上岸。初步了解电站至乌江口的航道现有状态，每年的4—10月部分时间可通行运输三相主变压器的船只，故选择三相主变压器。

主变压器的冷却方式选择需考虑主变压器的布置位置。电站主变压器布置在厂房尾水平台上，主变压器的通风、散热条件比较好，故冷却方式采用强迫油循环风冷却方式。

主变压器的中性点接地方式选择采用经隔离开关接地方式。

（2）主变压器的主要参数。

1）型式：三相、双卷、强迫油循环风冷铜芯升压变压器。

2）额定容量：340MVA。

3）额定电压：242±2×2.5％/13.8kV。

4）阻抗电压：14.7％。

5）额定频率：50Hz。

6）高压出线方式：油/$SF_6$ 套管。

7）中性点接地方式：不固定接地（经隔离开关接地）。

8）连接组别：YN，d11。

9）额定效率：99.74％。

10）总损耗：868kW。负载损耗：752kW。空载损耗：116kW。

11）空载电流：≤0.1％。

12）本体绝缘水平。主变压器本体绝缘水平见表13.1-5。

**表13.1-5　　主变压器本体绝缘水平**

| 项　目 | 雷电冲击耐压（峰值）/kV | | 操作冲击耐压（峰值）/kV | 1min工频耐压（有效值）/kV |
|---|---|---|---|---|
| | 全　波 | 截　波 | | |
| 高压 | 950 | 1050 | 750 | 395 |
| 低压 | 105 | 115 | — | 45 |
| 中性点 | 400 | — | — | 200 |

13）套管绝缘水平。主变压器套管绝缘水平见表13.1-6。

**表13.1-6　　主变压器套管绝缘水平**

| 项　目 | 雷电冲击耐压（峰值）/kV | | 操作冲击耐压（峰值）/kV | 1min工频耐压（有效值）/kV |
|---|---|---|---|---|
| | 全　波 | 截　波 | | |
| 高压 | 950 | 1050 | 750 | 395 |
| 低压 | 105 | 115 | — | 45 |
| 中性点 | 400 | — | — | 200 |

14）噪声水平：71dB。

15）局部放电水平（PC）：高压绕组≤100PC。

16）三相充气运输重：197t。油重：52.2t。总重：264t。

4．发电机电压母线

（1）选型。根据《水力发电厂机电设计技术规范》（DL/T 5186）的规定，100MW及以上发电机组应选用全连式离相封闭母线。银盘水电站单机容量为150MW，功率因数为

0.9，发电机回路出线额定电压为13.8kV，额定电流为7321A，发电机至变压器间的引出线型式采用全连式离相封闭母线，与三相主母线连接的分支回路（如连接励磁变压器、高压厂用变压器、PT柜、PT/AR柜等设备回路）亦相应地选用全连式离相封闭母线。全连式离相封闭母线具有安全可靠、外壳屏蔽效果好、母线载流量大、占据空间小、便于安装维护等优点。

全连式离相封闭母线依据冷却方式有风冷和自冷两种。由于银盘水电站封闭母线额定电流不大，每个扩大单元封闭母线的长度约140三相米，同时考虑到自冷母线在国内有较成熟的运行经验，具有运行维护工作量小等优点，因此离相封闭母线采用自冷方式，并带微正压防结露措施。

（2）主要参数见表13.1-7。

**表13.1-7　　主要参数**

| 项　　目 | 主　回　路 | 分支（分支设备）回路 |
|---|---|---|
| （a）频率 | 50Hz | 50Hz |
| （b）额定电压 | 13.8kV | 13.8kV |
| （c）额定电流 | 16kA | 8kA、（1.6kA） |
| （d）三相短路电流 | 120kA | 120kA（160kA） |
| （e）额定峰值耐受电流 | 340kA | 340kA（450kA） |
| （f）额定短时耐受电流 | 120kA | 120kA（160kA） |
| （g）额定短路持续时间 | 2s | 2s |
| （h）封闭母线的冷却方式 | 自然冷却 | 自然冷却 |
| （i）额定冲击耐受电压（峰值） | 125kV | 125kV |
| （g）工频耐受电压1min（有效值） | | |
| 湿试 | 55kV | 55kV |
| 干试 | 68kV | 68kV |
| （k）爬电比距 | ≥1.7cm/kV | ≥1.7cm/kV |
| （l）封闭母线的重量（包括外壳） | 545kg/三相m | 315/140kg/三相m |
| （m）封闭母线外壳结构尺寸保证值 | $\phi$1200×8mm | $\phi$850×7mm/$\phi$650×5mm |
| （n）封闭母线导体结构尺寸保证值 | $\phi$650×12mm | $\phi$300×12mm/$\phi$100×10mm |
| （o）封闭母线相间距离保证值 | 1500mm | 1400mm |

5. 发电机断路器

电站1号～4号机组主出线回路装设了发电机断路器。发电机断路器为户内分相封闭型、SF6气体灭弧、卧式、液压电动操动、三相机械联动。主要技术参数如下。

（1）型式：户内$SF_6$。

（2）额定频率：50Hz。

（3）额定电压：24kV。

（4）额定电流：8000A（环境温度+40℃）。

(5) 额定峰值耐受电流：340kA。

(6) 额定短时耐受电流及持续时间：120kA，3s。

(7) 额定1min工频耐压（有效值）：相对地，55kV；断口间，70kV。

(8) 额定雷电冲击耐受电压（峰值）：相对地，125kV；断口间，145kV。

(9) 辅助回路1min工频耐受电压（有效值）：3kV。

(10) 局部放电量允许水平：GCB单相总量（试验过程按IEC有关标准进行）≤3pC。

(11) 额定短路开断电流。

1) 系统源。

交流分量（有效值）：120kA。

直流分量（百分数）：≥75%。

首相开断系数：1.5。

振幅系数：1.5。

预期瞬态恢复电压（TRV，峰值）：1.84UN。

预期瞬态恢复电压上升率：4.5kV/μs。

2) 发电机源。

交流分量（有效值）：50kA。

直流分量（百分数）：≥110%。

首相开断系数：1.5。

振幅系数：1.5。

预期瞬态恢复电压（TRV，峰值）：1.84UN。

预期瞬态恢复电压上升率：1.8kV/μs。

(12) 额定短路关合电流（峰值）：40kA。

(13) 额定时间参数。

分闸时间：≤（48±3）ms。

开断时间：≤（65±5）ms。

合闸时间：≤（92±3）ms。

合分时间：≤（55±5）ms。

相间不同期性：分闸操作≤2ms；合闸操作≤2ms。

#### 13.1.2.4 主要电气设备布置

1. 主厂房电气设备布置

在主厂房水轮机层（186.6m高程）每个机组段均布置有发电机主引出线和发电机中性点设备。发电机主引出线位于机组下游侧，B相中心线沿机组下游侧$-Y$轴偏$+X$轴15°方向引出，与主回路离相封闭母线相连。离相封闭母线沿主引出线方向出线后，穿越机坑侧墙和主厂房下游墙，进入下游副厂房。在主厂房水轮机层的离相封闭母线每相接有一块电压互感器柜。发电机主引出线的电流互感器布置在发电机机坑内的离相封闭母线外壳中。

发电机中性点引出线位于机组上游侧，B相中心线出线方向为与$+Y$轴偏$-X$轴

22.5°方向。中性点三相引出线在机坑内完成短接，用电缆或绝缘铜母线将短接后的中性点引出，与机坑外的接地变压器柜相连。发电机中性点引出线的电流互感器也布置在发电机机坑内。

2. 下游副厂房电气设备布置

电站副厂房位于主厂房下游侧，共分为6层，各层地面高程分别为178.6m、186.6m、193.0m、200.0m、209.0m、216.0m。副厂房长度与主厂房相同，宽度为10.0～11.5m不等。副厂房顶为尾水平台。

（1）离相封闭母线布置。每台机组的主引出线离相封闭母线在水轮机层（186.6m高程）进入下游副厂房后，先垂直向上延伸约15m穿过发电机层（193.0m高程）至发电机电压设备层（200.0m高程），然后1号机组和2号机组、3号机组和4号机组的离相封闭母线分别水平连接合并成扩大单元的主回路离相封闭母线，合并后的两单元主回路离相封闭母线再垂直向上延伸，穿过209.0m、216.0m层至尾水平台上，与两台主变压器低压侧连接。

（2）发电机电压设备布置。在副厂房发电机层（193.0m高程），每个机组段布置3台单相励磁变压器；在200.0m层，每个扩大单元的设备有单相电压互感器及避雷器柜、高压厂用单相变压器、发电机断路器，以上设备均经分支封闭母线与主回路封闭母线相连。

（3）厂用电设备布置。在副厂房发电机层（193.0m高程），布置有10kV高压开关柜、0.4kV低压开关柜、低压厂用变压器、EPS应急电源等电气设备。所有电气设备采用单列式布置，从1号机组段至4号机组段副厂房下游侧按顺序排列为1号公用电设备，1号、2号机组自用电设备，10kV高压开关柜，照明用电设备，2号公用电设备，3号、4号机组自用电设备，EPS应急电源设备。每套配电装置单元之间都设有维护通道。开关柜前净距为2.5m，作为巡视及运输通道，开关柜后有0.8～1.5m宽的维护通道。整个配电装置室内不设隔墙，在两端及中间开门与主厂房联通，作为交通和运输通道。

3.220kV 电气设备布置

银盘水电站220kV电气设备有220kV GIS设备、2台220kV主变压器、220kV户外敞开式出线设备，分别布置在副厂房216.0m层管道母线室、副厂房223.6m层（尾水平台）GIS室和左非坝段227.5m高程户外出线场。

（1）220kV主变压器布置。副厂房223.0m层（尾水平台）1号、3号机组段分别布置了1台室外220kV主变压器，2台主变压器中心净距为69.4m。2台主变压器布置位置分别对应两扩大单元主回路离相封闭母线的引上位置，主变压器低压套管的B相与离相封闭母线的B相在同一纵轴线上。主变压器在封闭母线的下游侧，其外形尺寸（长×宽×高）为11.34m×5.89m×7m。主变压器低压套管与离相封闭母线相连，高压套管则与GIS管道母线相连。主变压器运输通道位于主变的下游侧，宽度约为10m。

（2）220kV GIS设备布置。220kV GIS室布置在副厂房尾水平台的安装场段，室内地面高程为223.6m，占地面积为37.5m×14.8m，室外下游侧为交通通道和尾水门机轨道。室内GIS配电装置高度约为6m，有进出线、断路器、PT设备等10个间隔，间隔距离为2.13m，除主母线为三相共筒式外，其余部分均为分相式结构，母线相间距离为0.65m，断路器为垂直式布置。GIS配电装置室内设置10t桥机，GIS配电装置室右侧作为检修巡视及安装场地。

220kV GIS两回进线采用GIS管道母线，由两台主变压器高压侧引出，向下穿过223.0m层楼板，进入216.0m层副厂房内的GIS管道母线室，沿GIS管道母线室下游侧，GIS管道母线从3号机组段架设至安Ⅰ段，再向上穿过223.6m层楼板，进入GIS室。

220kV GIS两回出线也采用GIS管道母线，由两回出线间隔引出，向左侧穿过GIS室侧墙，进入左非坝段227.5m高程户外出线场。

(3) 220kV户外敞开式设备布置。220kV户外出线场位于左岸非溢流坝段下游、靠近主厂房安Ⅰ段的一块平地上，占地面积约为400m$^2$，地面高程为227.5m，布置有$SF_6$/空气套管、避雷器、电压互感器、出线构架等设备，电站两回220kV架空出线跨319国道向左岸引出。

4. 电站进水口电气设备布置

在电站进水口坝顶设有10kV坝顶门机供电点，对进水口门机供电。另外还布置有0.4kV风机及检修供电分电箱。10kV坝顶门机供电点共设置3台10kV户外负荷开关柜，由厂内10kV开关柜引接两回电源（一用一备）进行供电。

5. 泄洪坝段电气设备布置

在泄洪坝纵向围堰坝段设置了一座10kV/0.4kV变电所，变电所室内地面高程为227.80m，主要负责十孔泄水闸门启闭机、坝顶门机、集控设备、渗漏排水泵、电梯、照明、检修等设备的供电。变电所的配电装置室与柴油发电机室相邻，配电装置室内有4面10kV负荷开关柜、14面0.4kV开关柜、2台2000kVA干式变压器、2块远程I/O柜等电气设备，变压器与0.4kV开关柜呈双列式布置，10kV开关柜呈单列式布置。柴油发电机室内布置一台容量为800kW的柴油发电机组，通过0.4kV电缆与0.4kV开关柜相连。

6. 电缆主通道

乌江银盘水电站二期工程电缆布置及敷设涉及的部位主要为泄洪坝段、电站厂房、左非出线场三个部分，泄洪坝段和电站厂房两个部分之间通过泄洪坝1号坝段和厂房4号机组段的电缆廊道实现连通，电站厂房和左非出线场两个部分之间通过GIS室侧墙上的电缆桥架实现连通。另外，在泄洪坝10号坝段还预留有与三期工程电缆廊道相连的接口。

(1) 泄洪坝段电缆通道。泄洪坝段的电气设备主要布置在10个液压启闭机房、变电所、集控室、电梯机房、渗漏排水泵房等建筑物内，其中变电所内布置有10kV、0.4kV配电装置和一台容量为800kW的柴油发电机组。在泄洪坝段坝顶靠近下游侧设有一条贯穿整个大坝的主电缆廊道，主电缆廊道断面尺寸为2.87m高、2m宽，廊道两侧均有电缆桥架。根据建筑物布置情况，从泄洪坝2号坝段～12号坝段主电缆廊道上游侧共有12条分支廊道，分别与10个液压启闭机房、变电所相连，在1号坝段设有一个电缆竖井，竖井上端与电梯机房相连，下端与排水廊道、排水泵房相连。

(2) 电站厂房电缆通道。电站厂房的电气设备布置在各层主厂房、副厂房内，主要电气设备有四台水轮发电机组、220kVGIS配电装置、两台220kV主变压器、13.8kV发电机电压设备、10kV/0.4kV厂用电设备、控制保护设备、通信设备、油气水系统设备、暖通空调设备等。从166.0m高程至227.5m高程各层厂房内均有电缆通道，电缆通道最集中的部位是水轮机层顶部的电缆桥架通道，其中有3条贯穿全厂左右的横向电缆桥架通道和10条沿水流方向跨越主副厂房的纵向电缆桥架通道，另外电缆通道较集中的部位还有中控室、辅助盘室和220kV GIS室，均有多条纵向、横向电缆桥架通道。在电站副厂房安Ⅰ段、安Ⅱ段1号电梯楼梯井、2号机组段、4号机组段中部、4号机组段2号电梯楼梯井5个部位，分别各设有1个连接副厂房各层电缆桥架的电缆竖井。

在厂房上游坝顶户外227.5m高程地面有1条贯穿全厂左右的横向电缆沟，电缆沟通过电缆埋管与坝顶电气设备相连。

（3）左非坝段电缆通道。左非坝段出线场布置有220kV户外出线设备，出线场内电缆通道是户外电缆沟和电缆廊道，出线场左侧电缆廊道跨319国道后至左岸边坡，出线场右侧电缆沟通过GIS室侧墙上的电缆桥架至副厂房216.0m层电缆通道。

#### 13.1.2.5　过电压保护及接地

1. 避雷器的配置

（1）经变压器送电的发电机避雷器配置。银盘水电站发电机和变压器采用扩大单元接线型式，在发电机和主变压器之间装设了发电机断路器，2台主变压器低压侧均装有厂用变压器，并考虑系统倒送厂用电的运行方式。当发电机断路器断开时，主变压器低压侧连接有封闭母线，为防止变压器绕组间电磁感应传递过电压的作用，在每台变压器低压侧均装设了一组氧化锌避雷器。

（2）220kV开关站避雷器配置。银盘水电站高压侧为四角形接线的GIS配电装置，GIS配电装置进线与主变压器高压套管相连，出线为两回架空出线，在220kV出线场内两回架空出线各设一组敞开式氧化锌避雷器，在GIS配电装置室内两组电压互感器单元也各设有一组氧化锌避雷器，承担整个变电所的雷电侵入波过电压保护。由于GIS配电装置室和主变压器之间有较长的距离，还在每台主变压器高压侧装设了一组氧化锌避雷器。

（3）主变压器中性点避雷器配置。220kV主变压器中性点可根据系统运行要求采用不固定接地方式，因此设置避雷器和保护间隙作为过电压保护，避雷器选用Y1.5W146/320型。

2. 直击雷保护

对电站高压架空出线的敞开式设备，在架空出线上装设避雷线对其进行直击雷保护。对于尾水平台上的电站主变压器采用避雷线进行保护。其他建筑物，如大坝集控室、大坝变电所、生产管理楼、电梯机房、启闭机房等建筑物均设有避雷带等直击雷保护措施。所有门机采用避雷针保护，其轨道均良好接地。

3. 接地

银盘水电站地处山区，电站坝址范围内土壤电阻率较高，为限制电站地网工频电压升高，应充分利用电站内水工建筑物水下部分可利用的金属物体，即自然接地体作为接地装置。此外，为满足电站接触电势和跨步电势的要求，对高电压场所，应进行均衡电位接地设计。

电站构筑物主要有大坝、进水口、电站厂房和通航设施，接地网主要利用这些主体建筑的钢筋网或金属构件组成。接地设计主要利用大坝挡水墙面层钢筋网、水垫塘底板及侧墙面层钢筋网、透水护坦的面层钢筋网、电站厂房尾水渠及护坦底板面层钢筋网、电站进水口至尾水管内钢筋网、船闸闸室底板及侧墙面层钢筋网，共同构成整个电站的主散流地网。另外，在电站施工过程中，可在基坑及岸坡适当敷设人工接地装置，增加接地网面积。这些地网分布区域广阔且浸泡在水中，将利用各部位接地干线、大坝基础廊道和电缆廊道中接地干线连接，共同构成整个电站的总体接地网。

枢纽内所有需要接地的设备和设施均就近与地网相连。

根据电力系统提供的资料，银盘水电站建成后，其220kV母线上的单相接地故障电流为20.233kA/16.45kA（2台/1台主变中性点直接接地），其中流经变压器中性点的短路电流为14.583kA/9.268kA。接地网内短路架空地线分流系数为0.658，接地网外短路架空地线分流系数为0.501，计算最大入地短路电流为7.277kA。根据《水力发电厂接地设计技术导则》（NBT 35050—2015）等规范的要求，地网电位升高按2000V考虑，则接地网的接地电阻允许值应小于0.275Ω。

接地电阻最终以实测值为准。对高土壤电阻率地区，当接地电阻难以达到要求时可以适当放宽接地装置电位，以接地装置电位不超过5000V为宜，但要做好均压等措施。考虑到接地网的接地电阻实测值可能高于计算的允许值，为保证电站的电气设备安全运行及运行人员的人身安全，电站接地网实际设计时在227.5m高程220kV出线场、尾水平台区域设置了均压接地网，均压接地网按地电位不超过5kV考虑，并通过接地干线与接地散流地网相连。

**13.1.2.6　厂用电系统**

1. 供电范围

银盘水电站大坝采用混凝土重力坝，主要建筑物有泄洪建筑物、电站建筑物、通航建筑物。厂内供电包括机组自用电，厂内照明及油、水、气，空调和通风，检修，尾水，开关站等公用电负荷；坝区供电包括电站进水口、大坝泄洪闸、船闸、大坝照明等用电负荷。各供电点的最大负荷估算容量如下：机组自用电717kVA；1号公用电1867kVA；2号公用电869kVA；厂内照明306kVA；厂房上游门机334kVA；大坝供电1693kVA；船闸供电436kVA。

根据上述负荷统计，并结合运行工况进行分析，厂用电系统的最大总用电负荷约为5528kVA。

2. 厂用电源的引接

由于电站发电机与变压器之间已装设发电机断路器，从每个扩大单元的发电机电压母线上引接厂用电源，不仅供电可靠性高，而且经济。当机组停机时，还能从系统倒送电。同时两个扩大单元之间还可以实现互为备用电源的功能，机组用电得到可靠保证。这种方式作为主要引接厂用电源方式，即从两个扩大单元的发电机电压母线上各引接一回厂用电源，接线简单清晰。

为保证本电站在220kV系统发生故障、全厂停机失去全部厂用电源时仍能有其他电源，考虑从35kV施工变电所10kV配电装置的不同母线上引接两回10kV电源接至厂用电系统。施工变电所为永久变电所设计，所内装有两台12.5MVA有载调压变压器，

35kV 侧有二回来自于不同变电所的电源进线，10kV 侧为单母线分段，由此引接的厂用电源亦具有较高的可靠性，且只增加 10kV 电缆的投资。

因此，厂用电采用机端接厂用变压器，从施工变电所引接两回 10kV 电源作备用的方案。

为了保证泄水闸的安全运行，提高泄水闸供电的可靠性，在泄水闸供电点 0.4kV 母线上接一台 800kW 柴油发电机组作为保安电源。当外来电源全部失去时，启动柴油发电机组供大坝泄洪设施用电，确保大坝安全度汛。根据业主重庆大唐国际武隆水电开发有限公司大唐武电工传〔2010〕9 号传真和 3 月 17 日武隆院工程部“关于优化乌江银盘电站黑启动方案的通知”变更设计意向书通知单的要求，银盘水电站厂用电供电设计中增加了电站“黑启动”供电方案的设计，因此在保证泄水闸的安全运行的前提下，柴油发电机组兼作厂房机组“黑启动”交流电源。

3. 供电电压

银盘水电站厂房、进水口、泄洪大坝、船闸等建筑物和设施布置较分散，整个枢纽范围较大，供电电气距离较远，考虑到供电合理性和保证供电质量，且从施工变电所 10kV 母线上引接的外来电源不需变压设备可直接接入厂用电系统，电站厂用电供电系统采用 10kV 和 0.4kV 两级电压进行供电。

4. 厂用电系统接线

银盘水电站厂内及坝区永久供电 10kV 电源共有四回，其中引自电站内的二回电源作为主供电源，另外引自 35kV 施工（永久）变电所的二回电源作为备用电源。引自电站内的二回电源从电站两个扩大单元的发电机电压母线上各引接一回电源，分别经高压厂用变压器降压至额定电压 10kV，组成电站高压厂用 10kV 系统两段母线（分别为第Ⅱ及第Ⅲ段母线），这种供电方式可以实现两个扩大单元之间互为备用电源的功能，且当机组停机时，还能从系统倒送电，电源可靠性高，而且接线简单清晰、经济合理。引自 35kV 施工（永久）变电所的二回电源从变电所 10kV 配电装置的不同母线上各引接一回 10kV 电源，组成电站高压厂用 10kV 系统两段母线（分别为第Ⅰ及第Ⅳ段母线），由于变电所 35kV 侧有二回来自于不同变电所的电源进线，10kV 侧为单母线分段，由此引接的备用电源亦具有较高的可靠性，能保证电站在 220kV 系统发生故障、全厂停机失去全部厂用电源时仍能有其他电源。第Ⅰ段与第Ⅱ段、第Ⅱ段与第Ⅲ段、第Ⅲ段与第Ⅳ段母线之间均设有母联开关，母联开关设备用电源自投装置；外来电源与取自机组的厂用电源之间亦设有备用电源自投装置。

机组用电分两组供电点，1 号、2 号机组为一组，3 号、4 号机组为一组，每组设 2 台机组用电变压器，1 号、2 号机组自用电高压侧分别由 10kV 第Ⅰ及第Ⅳ段母线引接电源，3 号、4 号机组自用电高压侧分别由 10kV 第Ⅱ及第Ⅲ段母线引接电源，每组供电点低压侧均设两段 0.4kV 母线，两段 0.4kV 母线之间设一联络开关，装设备用电源自投装置，相互作为备用电源。

厂内公用电分成两组供电点，每组公用电均设置两台变压器。1 号公用电电源分别引自Ⅰ、Ⅲ段 10kV 母线，2 号公用电电源分别引自Ⅱ、Ⅳ段 10kV 母线，每组供电点低压侧均设两段 0.4kV 母线，两段 0.4kV 母线之间设一联络开关，装设备用电源自投装置，相互作为备用电源。

厂内照明负荷用电点共设一个，电源分别引自Ⅰ、Ⅲ段10kV母线，设置两台变压器，低压侧各接一段0.4kV母线，两段0.4kV母线之间设一联络开关，装设备用电源自投装置，相互作为备用电源。为保证照明电压质量，选择两台有载调压变压器。

大坝泄水闸、船闸供电点均采用双回路10kV电源供电，各设置两台供电变压器，组成两段0.4kV母线，互为备用。

厂房上游门机距厂用电设备较远，在上游门机附近设户外负荷开关柜，从厂内第Ⅰ段、第Ⅲ段10kV母线引接两回电源对门机供电，两回电源互为备用，现场自动切换。

为确保汛期泄洪坝泄洪安全和电站机组"黑启动"需要，在泄洪坝段变电所设置一台容量为800kW的柴油发电机组作为事故保安电源，柴油发电机组接于泄洪坝段变电所0.4kV母线上，并通过0.4kV电缆将泄洪坝段变电所0.4kV母线与厂内1号公用电供电点、1号及2号机组自用电供电点、照明用电供电点、3号及4号机组自用电供电点四个供电点0.4kV母线相连。

5. *厂用变压器容量选择*

厂用变压器包括从发电机端引接电源的13.8kV高压厂用变压器和各供电点的10kV变压器。13.8kV高压厂用变压器布置在200.0m高程副厂房内，高压侧与封闭母线连接，所以选用单相干式无载调压变压器。10kV变压器均布置在户内，与0.4kV配电装置相邻布置，均采用带防护外罩的环氧浇注干式铜芯三相变压器。为了保证照明电压质量，照明供电点的变压器选用三相有载调压干式变压器，其他均采用无载调压。

厂用电系统的最大总用电负荷约为5528kVA，电站中设有两组13.8kV/10kV高压厂用变压器，分别引自电站两个扩大单元的发电机电压母线上，分接于两段母线，考虑到一组高压厂用变压器故障，另一组高压厂用变压器带全部负荷计算，每组变压器中的单相变压器容量选为2000kVA，三相容量为6000kVA。

10kV厂用变压器的容量按照负荷计算容量确定。负荷计算容量按"机组全部运行"和"一台机检修、其余运行"两种工况统计，变压器容量按单台满足全部计算容量选择，变压器参数见表13.1-8。

**表13.1-8　　　　厂用变压器台数、型号规格**

| 序号 | 项目名称 | 型号及规格 | 数量 | 计算负荷/kVA |
|---|---|---|---|---|
| 1 | 13.8kV干式变压器及附属设备 | | | |
| | 高压厂用单相变压器 | 单相容量：2000kVA；<br>电压：$\frac{13.8}{\sqrt{3}}$kV/10.5kV；$U_k=6\%$ | 6台 | 5528 |
| 2 | 10kV干式变压器及附属设备 | | | |
| (1) | 电站1号公用电变压器 | 三相容量：2000kVA；<br>电压：10.5kV/0.4kV；$U_k=6\%$ | 2台 | 1867 |
| (2) | 泄洪坝段变压器 | 三相容量：2000kVA；<br>电压：10kV/0.4kV；$U_k=6\%$ | 2台 | 1693 |

续表

| 序号 | 项目名称 | 型号及规格 | 数量 | 计算负荷/kVA |
|---|---|---|---|---|
| (3) | 电站2号公用电变压器 | 三相容量：1000kVA；<br>电压：10.5kV/0.4kV；$U_k=6\%$ | 2台 | 869 |
| (4) | 电站1号及2号、3号及4号机组自用电变压器 | 三相容量：800kVA；<br>电压：10.5kV/0.4kV；$U_k=6\%$ | 4台 | 717 |
| (5) | 船闸变压器 | 三相容量：500kVA；<br>电压：10kV/0.4kV；$U_k=4\%$ | 2台 | 436 |
| (6) | 电站厂房照明变压器 | 三相容量：400kVA；<br>电压：10.5kV/0.4kV；$U_k=4\%$（有载调压） | 2台 | 306 |

#### 13.1.2.7 照明

1. 照明电源

根据枢纽建筑物的布置情况，银盘水电站照明分厂房照明、大坝照明两部分。厂房照明包括主/副厂房各层、出线场、尾水平台等部位；大坝照明包括集控楼、变电所、柴油机房、启闭机房、坝顶公路、廊道及楼梯等部位。

银盘水电站照明分工作照明和事故照明两种类型。

厂房工作照明电源来自厂内0.4kV照明变电所，事故照明电源来自厂内EPS应急电源系统。厂房内设置专用照明供电点，共配置2台10.5kV/0.4kV、400kVA有载调压变压器，10kV进线分别引自厂内10kV不同的母线，采用互为备用的接线方式供电。0.4kV侧采用单母线分段接线方式，正常情况下两段0.4kV母线分段运行，分段开关设有自动备投装置。厂房事故照明电源来自厂房内EPS应急电源系统。

大坝照明采用与动力负荷共网运行方式。工作照明电源由大坝变电所供电，事故照明采用自带蓄电池的应急灯和标志灯。

2. 照明布置

(1) 厂房照明布置。厂房包括主厂房/副厂房、尾水平台、出线场等部位。

主厂房各层包括∇186.00m层（水轮机层）、∇193.00m层（发电机层）；副厂房各层包括∇166.00m层（交通廊道及椎管进人廊道）、∇178.60m层（机坑进人廊道）、∇186.00m层、∇193.00m层、∇200.00m层、∇209.00m层、∇216.00m层。

1) 主厂房照明布置。

a. ∇186.00m层（水轮机层）。

在上、下游墙及结构柱布置防水防尘型壁灯BD2（1×70W金卤灯）。在下游侧过道顶棚布置防水防尘型荧光灯YGD2（1×28W）。在蜗壳放空阀室顶部布置防水防尘型吸顶灯XDD2（1×22W环形荧光灯）。

在安Ⅰ、Ⅱ段风机室，污水处理室，排水泵房，空压机室上、下游墙及结构柱布置防水防尘型壁灯BD2（1×70W金卤灯）。在过道处布置防水防尘型壁灯BD2（1×20W节能灯）。在净油灌室，油处理室，运行油罐室上、下游墙布置防爆型壁灯BD3（1×70W金卤灯）及在顶棚布置防爆型工矿灯GKD3（1×70W金卤灯）和防爆型吸顶灯XDD3（1×

70W 金卤灯）。在机修设备室、消防泵房布置防水防尘型壁灯 BD2（1×70W 金卤灯）及在顶棚布置广照型工矿灯 GKD2（1×70W 金卤灯）；在工具间顶棚布置广照型工矿灯 GKD2（1×70W 金卤灯）。

b. ∇193.00m 层（发电机层主机室）。在主机室顶棚网架布置深照型工矿灯 GKD1（1×400W 金卤灯），灯具底平面与网架底平面平齐。工矿灯呈 5 行×28 列均匀布置（顺水流方向为“列”，垂直水流方向为“行”）。其中第 2 行、第 4 行中部分灯具为事故照明灯具。

在上、下游墙及侧墙布置防水防尘型壁灯 BD2（1×70W 金卤灯）。在吊物竖井门洞布置投光灯 TGD1（1×150W 金卤灯，宽配光）。

2）副厂房照明布置

a. ∇166.00m 层（交通廊道及椎管进人廊道）。在交通廊道及椎管进人廊道顶棚布置防水防尘型荧光灯 YGD2（1×28W）。

b. ∇178.60m 层（机坑进人廊道）。在机坑进人廊道及过道顶棚布置防水防尘型荧光灯 YGD2（1×28W）。在四周布置防水防尘型壁灯 BD2（1×70W 金卤灯）。

c. ∇186.00m 层（水轮机层）。在顶棚布置广照型工矿灯 GKD2（1×150W 金卤灯）。在上、下游墙布置防水防尘型壁灯 BD2（1×70W 金卤灯）。在风机室内布置防水防尘型壁灯 BD2（1×20W 节能灯）及防水防尘型荧光灯 YGD2（2×28W）。

d. ∇193.00m 层（发电机层）。在顶棚布置广照型工矿灯 GKD2（1×150W 金卤灯）。在上、下游墙布置防水防尘型壁灯 BD2（1×70W 金卤灯）。在各电源室顶棚布置广照型工矿灯 GKD2（1×150W 金卤灯）。在中控室吊顶内布置格栅灯 YGD1（2×28W）、点筒灯 DTD（1×20W）及简易式荧光灯 YGD4（1×28W）。在计算机房室、交接班室吊顶内布置格栅灯 YGD1（2×28W）。在卫生间吊顶内布置格栅灯 YGD1（3×14W）。在起吊工具平衡梁室顶棚布置广照型工矿灯 GKD2（1×70W 金卤灯），在四周布置防水防尘型壁灯 BD2（1×20W 节能灯）。

e. ∇200.00m 层。在顶棚布置广照型工矿灯 GKD2（1×150W 金卤灯）。在上、下游墙布置防水防尘型壁灯 BD2（1×70W 金卤灯）。在通信室、电源室和低压电气试验室吊顶内布置格栅灯 YGD1（2×28W）。在过道吊顶内布置格栅灯 YGD1（3×14W）。

f. ∇204.80m 层（电缆夹层）。在顶棚布置防水防尘型荧光灯 YGD2（2×14W）。

g. ∇209.00m 层。在顶棚布置广照型工矿灯 GKD2（1×150W 金卤灯）。在上、下游墙布置防水防尘型壁灯 BD2（1×70W 金卤灯）。在辅助盘室吊顶内布置格栅灯 YGD1（2×28W）。在直流电源蓄电池室布置防爆型荧光灯 YGD3（2×28W）。在其他房间布置防水防尘型荧光灯 YGD2（2×28W）。

h. ∇216.00m 层。在顶棚布置广照型工矿灯 GKD2（1×150W 金卤灯）。在各房间内布置防水防尘型壁灯 BD2（1×70W 金卤灯）。

3）尾水平台。结合尾水平台栏杆布置栏杆灯 LGD（1×20W 节能灯），间距约 3.5m。在变压器周围布置防爆型投光灯 TGD2（1×250W 金卤灯）。

4）GIS 室。在 GIS 室顶棚布置广照型工矿灯 GKD2（1×250W 金卤灯），吊杆式安装，工矿灯呈 2 行×8 列布置（顺水流方向为“列”，垂直水流方向为“行”）。在 GIS 室四周布置防水防尘型壁灯 BD2（1×70W 金卤灯或 1×20W 节能灯）。

5）出线场。在出线场沿场内公路布置路灯 LD（2×150W 高压钠灯），出线构架附近预留投光灯 TGD1（1×250W 金卤灯）。

（2）大坝照明布置。

大坝包括集控楼、变电所、柴油机房、启闭机房、坝顶公路、廊道及楼梯等部位。照明与动力共网运行，工作照明电源由大坝变电所供电，事故照明采用应急灯。

集控室、值班室、备品备件室、门厅及过道吊顶内布置格栅灯 YGD1（2×28W），卫生间吊顶内布置格栅灯 YGD1（3×14W）。变电所盘柜前布置格栅灯 YGD1（2×28W），吊杆式安装，四周布置防水防尘型壁灯 BD2（1×70W 金卤灯）。柴油机房顶棚布置防爆型吸顶灯 XDD3（1×70W 金卤灯），启闭机房顶棚布置广照型工矿灯 GKD2（1×70W 金卤灯），大坝各层廊道顶棚布置防水防尘型荧光灯 YGD2（2×14W）和 YGD2（1×28W），各楼梯间布置防水防尘型吸顶灯 XDD2（1×32W 环形荧光灯）。在坝顶上游侧布置路灯 LD（1×250W 高压钠灯），在启闭机房周边布置投光灯 TGD1（1×150W 金卤灯）。

## 13.1.3 控制、保护及通信

银盘水电站采用全计算机监控系统对电站的主要电气设备进行监视和控制。计算机监控系统设备由南京南瑞集团公司自动控制分公司提供。

银盘水电站控制方式设置三级：①电网调度控制方式；②电站计算机监控系统上位机控制方式；③电站现地 LCU 控制方式。控制级别现地最高，依次是电站计算机监控系统上位机控制方式（中控室）、调度机构控制。

### 13.1.3.1 计算机监控系统结构及配置

1. 系统总体结构

电站计算机监控系统采用全开放全分布式体系结构，即分布式数据库和分布式系统功能。整个系统分成主控级和现地控制级两层，全厂实时数据库和历史数据库分别分布在主控级计算机中，各现地控制单元具有独自的实时数据库，监控系统各功能分布在系统的各个节点上，每个节点严格执行指定的任务，并通过网络与其他节点进行通信。现地控制级按电站设备分布设置，整个电站设置 4 套机组现地控制单元（LCU1～LCU4）、1 套公用现地控制单元（LCU5）、1 套开关站现地控制单元（LCU6）和 1 套大坝现地控制单元（LCU7）。

计算机监控系统网络采用冗余以太环网结构，采用 TCP/IP 协议，遵循 IEEE802.3 标准，传输速率为 100Mbps，传输介质采用光纤。

2. 主控级配置

系统主控级配置有 2 台信息管理工作站、2 台操作员工作站、1 台工程师站，1 台培训仿真工作站、1 套电话语音报警系统、2 台调度通信服务器、1 台通信工作站、1 套冗余热备 GPS 时钟同步装置、外设服务器及打印设备、网络设备以及 1 套大屏幕系统等。

2 台信息管理工作站，2 台数据服务器以主备方式运行，主要完成实时数据库数据和历史数据库数据的采集和管理等功能。以主备方式运行，主要负责厂站层实时数据库的数据采集及处理，高级应用软件的运行、系统时钟管理等。

2台操作员工作站以并行方式工作，每个操作员工作站配置2台21″彩色液晶显示器，主要用于操作员人机接口，负责监视、控制及调节命令发出、记录打印等人机界面(MMI)功能。

工程师站/培训工作站负责系统的维护管理及应用程序的开发、程序下载等工作。此外，还应具有操作员工作站的所有功能。

报表及电话语音报警工作站主要完成电厂设备事故（或故障）的语音报警、电话报警以及电厂有关信息的电话语音查询功能、事故自动寻呼（ON-CALL）等功能。

通信工作站主要负责实现与电站火灾报警系统、泄水闸控制系统、故障信息处理系统等的通信，并预留水调系统、通信动力环境监测系统等的通信接口。

调度通信服务器主要负责和上级调度中心的光纤网络的连接、协议及标准的转换等。

GPS冗余热备份同步对时系统为监控系统提供时钟对时信息。为现地LCU及其他设备提供脉冲和IRIG-B方式对时信号。

采用2套30kVA的不间断电源UPS，作为电站监控系统厂站层设备电源。2套UPS以并列热备方式运行，供电电压为380VAC/220VAC。

3. 现地控制单元级配置

现地控制单元采用智能化结构，主控制器采用双CPU模块、冗余以太网通信模块、现场总线模块及电源模块。本地I/O及远程I/O通过双以太网或现场CAN总线连接。现地控制单元主要配置有可编程设备，每个现地控制单元均配置有彩色触摸屏。

机组LCU1～LCU4由3块本地柜、1块机组测温远程I/O柜、1块机组远程I/O柜组成。

公用LCU5由2块本地柜和1块检修/渗漏排水远程I/O柜、2块机组直流系统远程I/O柜、1块开关站直流系统远程I/O柜、2块电站10kV厂用电远程I/O柜、7块400V厂用电远程I/O柜组成。

开关站LCU6由3块本地柜、2块220kV GIS远程I/O柜组成。LCU6与暖通控制设备通过RS485连接。

大坝LCU7由2块本地柜组成。

各现地控制单元（包括远程I/O盘）均采用两路交流220V、一路直流220V并列供电的冗余结构电源系统。

#### 13.1.3.2 计算机监控系统功能

电站计算机监控系统的功能主要是实现整个电站的集中监视和控制、记录和管理以及系统的远方监控，其主要功能简述如下：

（1）数据采集和处理功能。

（2）人机接口功能。

（3）控制与调节功能。

（4）通信功能。

（5）AGC、AVC的实施情况。

本监控系统的AGC、AVC均已投入运行，运行正常。

#### 13.1.3.3 电力二次系统安全防护系统与实施

按照国家电监会〔2006〕34号文《电力二次系统安全防护总体方案》及《发电厂二次系统安全防护方案》，银盘水电站配置了二次系统安全防护系统。二次系统生产控制大区分为：①实时控制区（安全Ⅰ区）业务系统，包括电站计算机监控系统和PMU；②非实时控制区（安全Ⅱ区）业务系统，包括水调自动化系统、电能量采集系统等；③电站管理信息大区（安全Ⅲ区、安全Ⅳ区）业务系统，主要有管理信息系统（MIS）及办公自动化系统（OA）。主要设备包括：4台纵向认证加密装置、2台正向物理隔离装置、1台反向物理隔离装置、5台防火墙、3台三层交换机、1套防病毒软件、2台入侵检测系统（双探头）、1套漏洞扫描系统、1套安全管理审计系统、1台综合管理服务器、1套内网安全管理系统、1台补丁升级计算机及7套加固软件等。7套加固软件的分配：2台应用程序服务器、2台操作员站、2台通信服务器、1台厂内通信机。

目前，已实施的二次系统安全防护措施有：安全Ⅰ区和Ⅱ区、Ⅲ区和Ⅳ区之间采用的是启明星辰USG-FW-610A防火墙；Ⅱ区和Ⅲ区之间采用了2套珠海鸿瑞HRWALL-85M-Ⅱ正向隔离装置和1套南京南瑞SYSKEEPER2000反向隔离装置；重庆市调数据网采用Westone信息产业股份有限公司生产的SJW77型纵向加密认证装置。

#### 13.1.3.4 机组辅助设备自动化系统系统

机组辅助设备主要包括：调速器油压装置控制系统、水轮机顶盖排水控制系统、机组测温系统、机组风闸控制系统、机组漏油泵控制系统、机组技术供水控制系统等，各系统设置独立的现地控制设备，接收监控系统机组LCU的监视和下发的启停命令。机组辅助设备控制系统通过I/O接口分别与机组LCU连接。

#### 13.1.3.5 电站机组状态监测系统

银盘水电站4台机组采用北京华科同安监控技术有限公司的机组状态监测系统。该系统由传感器、数据采集单元、服务器及相关网络设备、TN8000软件等组成，完成对机组的振动摆度、压力脉动、气隙、磁场强度、局部放电及相关状态参数进行的采集与分析。机组摆度、振动、瓦温、气隙、压差等信号从状态数据服务器采用RS-485方式传至计算机监控系统厂内通信服务器，同时经隔离装置发送至Web数据服务器，向MIS网发布。

#### 13.1.3.6 继电保护及故障录波

1. 发电机-变压器继电保护

发电机和变压器（含高压厂用变压器和励磁变压器）均按双重化原则配置保护，每台套发电机（含励磁变压器）保护设2块保护盘，每台变压器（含高压厂用变压器）设3块保护盘。每块盘配置完整的主保护及后备保护，能反应被保护设备的各种故障及异常状态，并能动作于跳闸或发信号。

2. 发电机保护配置

发电机保护按双套保护系统分别组成A、B两块屏的原则配置，每块盘配置完整的主、后备保护，两块盘保护功能完全独立。

（1）机组保护A盘配置：完全纵差保护（87G-A）、不完全裂相横差保护（87GUP-

A)、不完全纵差保护（87GSP－A)、定子一点接地保护（64G－A)、定子过电压保护（59G－A)、定子过负荷保护（51G－A)、负序电流保护（46G－A)、失磁保护（40G－A)、发电机后备保护（11G－A)、发电机频率保护（81－A)、励磁绕组过负荷保护（51E－A)、励磁绕组一点接地保护（64E－A)、励磁变压器速断（50ET－A）和过流保护（51ET－A)、励磁变压器过负荷保护（51ETL－A)、电压互感器断线保护（95－A)、电流互感器断线保护（96－A)。

（2）机组保护B盘配置：与A盘的原理完全相同。

3．变压器保护盘

变压器电气量保护按双套保护系统分别组屏原则，分别装于两块保护盘。每块盘配置一套完整的变压器主保护及后备保护，能反应被保护设备的各种故障及异常状态，并能动作于跳闸或发信号。

主变压器、高压厂用变压器保护单独设置一块保护盘，非电量保护单独设置一块保护盘。各保护电源回路和跳闸出口回路应彼此独立。

4．变压器保护A盘配置

主变压器纵差保护（87T－A)、主变压器零序保护（51TN1－A)、主变压器间隙电流电压保护（51TN2－A)、主变压器方向过流保护（51/67T－A)、过激磁保护（24T－A)、厂用变压器纵差保护（87ST－A)、厂用变压器过电流保护（51ST－A)、厂用变过负荷保护（51STL－A)、电压互感器断线保护（95－A)、电流互感器断线保护（96－A)。

变压器保护B盘配置：B盘上配置与A盘完全相同的保护。

5．变压器保护C盘配置

主变压器重瓦斯保护（80TH)、主变压器轻瓦斯保护（80TL)、主变压器温升保护（49T)、主变压器压力释放保护（63T)、主变压器冷却器故障保护（54T)、厂用变压器温升保护（49ST)。

6．220kV开关站保护

银盘水电站220kV开关站需要保护的高压设备有220kV输电线路及断路器等。各保护装置采用定型产品，并满足重庆电网有关反事故措施的要求。

220kV开关站共有4台断路器组成四角形接线，每台断路器配置一块断路器保护盘。断路器失灵保护（46QF)、三相不一致保护（11QF)、短线保护（97WS)、充电保护、综合重合闸装置、断路器操作箱等装于该保护盘内。

7．线路保护

银盘水电站二回220kV线路，每回线路配置光纤差动保护和光纤距离保护作主保护。光纤差动保护装置型号为RCS－931GM，光纤距离保护装置型号为RCS－902G。光纤差动保护通道一套采用专用光纤芯，光纤距离保护采用复用另一根OPGW中的光纤通道，采用2M通信接口。

8．故障录波及故障信息处理系统

本电站共配有5套故障录波器，其中每台机组配置1套，布置于相应机组段发电层；220kV开关站配置1套，布置于电站辅助盘室。全厂共设1套故障信息处理子站，由1面故障信息处理系统装置屏组成，布置于电站辅助盘室。

为方便接线，在1号机组故障录波器盘内装设1台网络交换机，采集1-4号机组故障录波器的信息并传送至故障信息处理系统装置屏，该交换机与所有机组故障录波器及故障信息处理系统装置屏的连接均采用光纤。在2号机组故障录波器盘内装设1台网络交换机，采集1-4号机组保护装置的信息并传送至故障信息处理系统装置屏，该交换机与所有机组保护装置的连接均采用屏蔽双绞线，与故障信息处理系统装置屏的连接采用光纤。

故障信息处理系统装置屏内装设1台网络交换机，采集220kV开关站的6块主变保护屏、4块断路器保护屏、4块线路保护屏、1块220kV开关站故障录波屏、1套安全自动装置屏相关信息。该交换机经屏蔽双绞线与开关站各保护屏相连，并经光纤与1号、2号机组故障录波器盘的交换机相连。

故障信息处理系统装置屏与监控系统采用I/O接口形式通信，到上级调度接口形式满足相关接口要求。

**13.1.3.7 励磁系统**

1. 概述

本电站水轮发电机组采用国电南瑞科技股份有限公司的励磁系统。励磁系统采用自并励方式，顶值电压2倍（在发电机端正序电压下降至机端额定电压的80%时，还能保证2倍顶值电压倍数），整个系统可分为5个主要部分：励磁变压器、励磁调节器、可控硅整流桥、起励和灭磁装置。除励磁变压器外，其余设备分别组装于5面励磁柜中：1面调节柜、2面功率柜、1面灭磁柜、1面非线性电阻柜。励磁柜均布置在主厂房发电机层下游侧。

2. 励磁变压器

励磁变压器由海南金盘电气有限公司供货。励磁变压器采用户内、自冷、无励磁调压、环氧树脂浇注的3个单相干式整流变压器。励磁变压器容量为3×670kVA，一次侧电压为13.8kV，二次侧电压为750V。

3. 励磁调节器

励磁系统设置了两套完全相同的独立的冗余数字式励磁调节器。每套调节器均设有AVR、FCR及各种辅助控制、限制、监视和保护功能。

励磁调节器的辅助控制、限制、监视及保护功能包括工作调节器和备用调节器的自动跟踪、AVR和FCR的双向自动跟踪、最大/最小励磁电流限制、定子电流限制（低励/过励限制）、V/Hz限制、PSS、转子温度计算以及其他一些系统监视和保护功能。

励磁系统与电站监控系统的接口除无源接点形式的常规I/O接口外，还设有RS485串行通信方式。

励磁系统可在现地或远方进行运行及维护所需的各种操作。

4. 功率整流器

采用2个整流桥并联，各并联整流桥均流系数可达到0.95。

晶闸管采用ABB公司的5STP28-4200元件，其反向峰值电压为4200V，额定正向平均电流为3170A，单桥负载能力为2500A。在每个整流桥交流侧配置一套集中阻断式阻容吸收回路，可吸收整流桥的交流侧过电压，以及晶闸管整流引起的电压尖峰。

功率整流器采用强迫风冷，每柜设 2 个风机，1 台运行、1 台备用。

5. *灭磁和起励系统*

银盘水电站正常停机采用逆变灭磁，在事故时，采用由直流磁场断路器加 ZnO 非线性电阻的灭磁系统来灭磁。

磁场断路器采用 ABB 公司的 E3H/E－2500 单断口快速直流断路器，额定电压为 1000V，额定最大分断电压为 2800V。

跨接器由 1 个反向的晶闸管和 1 个正向晶闸管并联构成，与灭磁电阻串联后连接至励磁绕组两端，其中反向晶闸管分别作为灭磁和转子反向过电压保护用，正向晶闸管用于转子正向过电压保护。

灭磁电阻采用 ZnO，其容量按 20%退出仍满足最恶劣灭磁工况的要求，整组能容量为 2.52MJ。

机组起励采用直流起励方式。

**13.1.3.8　直流系统**

银盘水电站配置 3 套 220V 直流电源系统：1/2 号机组直流电源系统、3/4 号机组直流电源系统、220kV 开关站直流电源系统。1/2 号机组直流电源系统、3/4 号机组直流电源系统分别给各机组控制及保护、录波、励磁、调速器、400V 厂用电控制及保护、排水控制、空压机控制、暖通控制等所需的交直流电源。220kV 开关站直流电源主要供给 220kV 开关站设备控制、保护、故障录波、安全稳定装置、主变、10kV 厂用电控制及保护，以及泄水闸、船闸等所需的交直流电源。

每套机组直流电源系统接线采用单母线分段接线方式，每段母线上分别接有 1 组蓄电池及 1 套充电装置，两段直流母线之间设联络开关。当其中 1 套充电设备故障或更换电池时，该段母线所接直流负荷可以转移至另一段直流母线。

每套机组直流电源系统分别由 4 块直流电源主盘（即 2 块整流器屏、2 块馈电盘）、2 组蓄电池（每组容量为 300Ah）、3 块公用设备交直流配电分盘和 4 块机组交直流配电分盘组成。

220kV 开关站直流电源系统接线采用单母线分段接线方式，每段母线上分别接有 1 组蓄电池及 1 套充电装置。另单独设置 1 套充电装置，当其中任 1 母线的充电设备故障时，该段母线所接直流负荷可以转接至该套充电装置。

220kV 开关站直流电源系统由 7 块直流电源主盘（即 4 块整流器屏、2 块馈电盘和 1 块联络盘）、2 组蓄电池（每组容量 800Ah）、3 块交直流配电分盘组成。

本电站直流电源系统采用许继电源有限公司产品，蓄电池采用美国荷贝克（HOPPECKE）电池。

**13.1.3.9　泄洪表孔闸门控制**

银盘水电站大坝泄洪表孔共 10 孔。泄洪表孔闸门控制采用 1 套计算机监控系统。

泄洪表孔每扇工作闸门设 1 套液压泵站，每个液压泵站设 1 个现地控制站，共设有 10 个现地控制站，作为现地设备操作和控制执行机构。

泄洪表孔闸门计算机监控系统采用集中-现地控制两层分布式结构。现地控制层为 10 个现地控制站，集中控制层设置 2 台互为热备的集控主机，可对现地设备进行集中控制，并对闸门运行进行集中管理。现地控制站与集控主机通过工业以太网进行连网通信，组成闸门集控系统，从而实现闸门运行集中控制和运行管理。

1. 现地控制设备

(1) 设备配置与布置。泄洪表孔每个现地控制站均配置1个动力柜、1个控制柜和1套闸门开度及闸门位置检测装置，并配置1套可编程序控制器（PLC）作主要控制器件。现地控制站设备分别布置在对应的启闭机房内。

(2) 操作控制功能。

1) 设有3种控制方式：集中控制、现地程控、现地单步手动控制。3种控制方式可在现地操作切换选择。在集控方式下，现地控制设备响应集控发出的指令；检修状态下可在任意开度局部开启闸门，每一单步动作都可单独手动操作。

2) 闸门在任意开度的启、闭、停运行控制。

3) 每扇闸门的开度检测，双缸同步运行控制。

4) 闸门开启在任意开度时，当油缸活塞杆下滑量达到20cm时，发出报警信号并同时启动油泵电动机，自动将闸门提升至下滑前的开度。

5) 液压泵站的3台油泵电机同时运行，分时启动。

6) 液压泵站电机过负荷保护，启闭机油路过压、失压保护，油箱油位超限保护，闸门极限限位保护，油箱油温自动控制保护。

2. 集控设备

(1) 设备的配置与布置。泄洪表孔工作闸门集控设备配置有2台操作员工作站、1套工程师工作站、1套通信工作站及1台不间断电源（UPS），通过网络通信设备将各现地控制设备与集控设备进行组网。集控设备均布置在泄洪表孔闸门集控室内。

(2) 监控管理功能。

1) 能对表孔闸门进行数据采集、预置开度、远方成组控制等。

2) 能进行闸门及启闭机的运行、故障和报警实时动态监视和模拟显示。

3) 能进行运行数据、操作和故障数据等的报表管理。

(3) 操作功能。

1) 操作人员能在集控室操作台上采用集控主机键盘和鼠标进行集控操作。

2) 现地控制方式优先于集控，当集控方式失败时，应转换成现地控制方式。

(4) 网络通信。集控设备能实现表孔闸门现地控制站与集控主机间的数据通信。

**13.1.3.10 船闸控制**

银盘船闸为单级船闸，由上闸首、闸室和下闸首组成。每个闸首两侧各设1个液压启闭机房，共4个。在上闸首左、右两侧的液压启闭机房各设1个液压泵站，分别用于上闸首本侧人字工作闸门和输水阀门的启闭运行。下闸首右侧的液压启闭机房设置2个液压泵站，分别用于下闸首右侧一字工作闸门和输水阀门的启闭运行；下首左侧的液压启闭机房设置1个液压泵站，用于下闸首左侧的输水阀门的启闭运行。

船闸监控采用1套计算机监控系统。船闸监控系统在每个启闭机房内均设置1个现地控制站，共4个现地控制站，并设置1套集中监控设备，用于船闸的集中监控和运行管理。船闸监控系统采用集中/分布式二层系统结构。第一层为现地控制层，即4个现地控制站；第二层为集中监控层，由操作员站、工程师站、多媒体站、通航指挥信号设备、通航广播指挥设备和工业电视设备等组成。

1. 船闸现地控制设备

（1）设备配置与布置。船闸监控系统每个现地控制站均由 1 个动力柜、2 个控制柜及检测装置等组成。每个现地控制站配置 1 套可编程序控制器（PLC）作主要控制器件，并配置操作面板。现地控制站结构为 PLC＋远程 I/O，除控制本闸首本侧设备外还可控制本闸首对侧设备，同一闸首两侧的 PLC 互为热备，对于闭锁信号还采用 I/O 点硬连接。现地控制站设备均布置在对应的液压启闭机房。

（2）操作控制功能。

1）设有“集控/现地/检修”3 种操作控制方式，现地操作优先级最高，且各种操作方式之间相互闭锁，每次只能使用 1 种方式操作运行。在集中控制方式下现地站只执行集控指令，并对控制过程和运行状态进行集中监视；在现地控制方式下，现地站执行现地操作指令，并反馈运行状态；在检修控制方式下，当满足闭锁条件时，对设备进行检修。

2）设有紧急操作按钮，实现紧急停机和紧急关阀。同时也可通过集控远方操作实现紧急停机和紧急关阀。

3）设有联动/单步/点动运行方式，联动/单步/点动运行方式均仅在检修控制方式下使用。

4）具有输水阀门“单边/双边”输水的操作切换功能。

5）上闸首现地站具有两侧人字门同步运行控制功能，两侧人字门同步运行误差不大于 15mm。

6）下闸首一字门启闭机按给定的 $V-t$ 变速特性曲线运行，下闸首右侧现地控制站具有一字门锁定/解锁的手动和自动控制功能。

7）具有红/黄/绿色通航信号灯、闸室中心灯的自动和手动控制功能。

8）具有闸、阀门之间的联锁保护，输水阀门防超灌、超泄保护，闸门前后平压开启保护，液压泵站油路过压、失压保护，常规电气保护等功能。

2. 船闸集控设备

（1）设备的配置与布置。集中监控层设备由 2 台集控操作员站、1 台工程师站、1 台通信工作站、1 台多媒体工作站、1 套工业电视设备、1 套广播指挥设备、1 套 UPS 电源等组成。集控设备均布置在船闸集控室内。

（2）集中监控功能。

1）数据采集与处理功能。操作员站通过网络系统与现地控制站进行数据通信，采集并处理闸、阀门开、关终位置与开度信号，上、下游及闸室水位信号，所有现地设备运行方式及运行状态信号等。

2）操作控制功能。

a. 设有现地/集中控制方式，集中又分手动/自动操作方式，具有集中自动控制、集中手动控制功能。

b. 设有上/下行运行换向选择，单/双边输水运行方式。

c. 具有紧急停机、紧急关阀等手动操作能。

d. 具有故障保护及报警功能。

3）信息管理功能。对所有的设备运行状态、故障状态进行记录，存入数据库存档，以便于日后检查。

4）报警及保护功能。具有人字门和一字门未平压开启保护、超灌超泄保护等保护和故障报警功能。

5）工程师站具有系统程序的模拟无水调试、维护、登录管理和历史数据存档，以及运行人员培训等功能。

3. 船闸下闸首检修门控制设备

（1）设备配置与布置。船闸下闸首两侧检修门启闭机各设 1 套现地控制设备。每套现地控制设备由 1 个控制柜、1 个动力柜、1 套交流变频调速装置等组成。每套现地控制设备均采用可编程序控制器（PLC）作主要控制器件。现地控制设备分别布置在船闸下闸首两侧。

（2）操作控制功能。

1）能在下闸首任一侧进行双吊点同步操作控制。

2）具有自动和手动两种控制方式。

3）能进行闸门任意开度的启、闭、停运行控制，并具有单边点动纠偏控制。

4）具有闸门运行故障信号显示与音响报警功能。

5）具有启闭机过载、电机过流和过负荷等保护功能。

**13.1.3.11 通信系统**

银盘水电站通信系统包括系统通信、电站内部通信和通信电源部分。

1. 系统通信

（1）光纤通信。沿银盘水电站升压站—500kV 张家坝站双回线路架设 OPGW 光缆各一条，光缆芯数为 24 芯，光缆长度约 30km。

在银盘水电站升压站新增多业务 SDH 光通信设备两端，分别接入重庆市电力设计院主干光通信网和长寿供电局地区光纤通信网，设备光接口按照 1+1 配置，在 500kV 张家坝站增加相应光接口。张家坝站主干通信网所配置的设备为深圳中兴院设备，地区通信网所配置的设备为深圳华为设备，银盘水电站升压站新增光通信设备必须与张家坝站保持一致。

在银盘水电站升压站新增 PCM 接入设备一端，分别接入长寿地调；在长寿地调新增 PCM 接入设备一端。

银盘侧配备华为 OSN3500 STM－16 光传输设备、中兴 S385 STM－16 光传输设备，讯风 BX－10 PCM 设备。

（2）数据通信。银盘水电站配置数据通信网接入设备 1 台，重庆市电力公司数据通信网采用思科设备，银盘水电站所配数据通信网接设备必须与重庆市电力公司数据通信网厂商一致，即采用思科 Cisco 3825 设备，银盘水电站配置 1 套 CISCO 3825 路由器，配置 1 块 NM－2CE1T1－PRI 板和 2 块 NM－2FE2W－V2 板，通过 2 个 2M 通道连接电力数据通信网至市调。

(3) 会议电视和会议电话终端。银盘水电站应配置会议电视和会议电话终端各1台。

会议电视终端厂商必须与重庆市电力公司会议电视系统一致，即采用中兴ZXV10 T502会议电视终端，配置电视终端1台、摄像头、话筒等，通过2M通道连接入重庆电网会议电视系统。

银盘水电站配置1套POLYCOM Soundstation 2 TM会议电话终端设备，接入重庆电网会议电话系统。

2. 电站内部通信

电站设置一台容量为256线行政调度合用的交换机，传输通道采用光纤通道，以满足系统调度、生产调度、电站及泄水闸等部位行政电话的需要，交换机也与当地市话局建立中继联系，可开通国内、国际长途通话业务。银盘水电站调度交换机以2Mbit/s Q信令方式与市调联网。同时配置1套数字录音系统。

另外，在船闸设置1台容量为20门的调度总机，以满足船闸单独运行管理的需要，该调度机与电站交换机之间建立中继联系。同时设置数对无线对讲机，满足船闸调试和机动通信使用。

银盘水电站配置河北远东哈里斯有限公司生产的IXP768/C调度交换机，船闸配置20门远端模块作为船闸调度交换机。

3. 通信电源

通信电源由高频开关电源、阀控式密封铅酸蓄电池组和交、直流配电单元组成。高频开关电源交流输入采用经双回路取自厂用电的不同母线段的交流电源作为主电源。通信设备直流供电采用蓄电池组并联浮充供电的方式。

电站通信设备均由－48V直流电源供给，电源采用重庆科源能源公司生产的2台容量为4×50A的高频开关通信电源，各配置1组500Ah免维护蓄电池。

船闸设置高频开关通信电源，电源采用1台容量为2×30A的高频开关通信电源，并配置2组50Ah内置免维护蓄电池。

### 13.1.4 消防、暖通及生活给排水系统

#### 13.1.4.1 消防系统

1. 消防总体方案

电站建筑物失火时，火灾一般为A类火灾，比较容易扑灭，火灾危害性相对较小。而电站内机电设备（主要是水轮发电机组、主变压器、透平油油罐、绝缘油油罐等）失火时，火灾一般为B类火灾和带电物体燃烧火灾，不易扑灭，且对生产设备危害性极大。故电站消防总体设计方案是：消防方式以水消防为主，部分不适宜采用水消防的部位、场所，采用移动式化学灭火器；电站建筑物主要灭火方式是消防车机动灭火和室内、外消火栓固定灭火，建筑物内外配置一定数量的消火栓和移动式灭火器；而重要的生产用机电设备除在附近布设消火栓和移动式灭火器外，还另外配备水喷雾系统等专用消防设施。

2. 消防供水系统

目前在电站右岸370m高程已建成300m$^3$的水池，该水池水源取自电站所在地江口镇

市政供水管网（市政供水管网通过银盘大桥右侧桥头已建成的调节水池和加压泵房向高位水池补水），该水池水源稳定、水质好，为电站消防的主水源。

备用水源通过坝前取水获得，经过滤并加压后连接到厂房消防供水干管，以保证主、副厂房及主变等消防具有可靠的双水源。

3. 电站机电设备消防

银盘水电站机电设备的消防主要对象为水轮发电机组、主变压器、中央控制室及计算机房等。

水轮发电机采用水喷雾灭火方式。在发电机上部、下部共设2圈消防水环管。设计喷雾强度不小于10L/(min·$m^2$)。发电机水喷雾灭火系统通过消防控制柜控制，具有自动、手动两种方式。

主变压器采用水喷雾灭火，设计喷雾强度为20L/(min·$m^2$)，1台主变压器消火水量约为460$m^3$/h。

电站中央控制室、计算机房配置七氟丙烷气体全淹没自动灭火系统，同时设置适当数量的干粉灭火器。

主厂房在安装场段和每个机组段均配有推车式和手提式干粉灭火器，同时在安装场段设置2个消火栓，在每个机组段各设置1个消火栓。

**13.1.4.2 暖通系统**

银盘水电站为河床式明厂房，根据厂房土建及工艺设备布置的特点，全厂通风空调系统设有：厂房进风系统，下游副厂房通风空调系统，油罐室、油处理室、空压机室及排水泵房排风系统，水车室送风系统，GIS室排风系统，主厂房进、排风系统，防、排烟系统，厂内除湿系统及坝顶生产管理楼多联机小型中央空调系统。

1. 副厂房通风空调系统

下游副厂房通风空调系统主要负责下游副厂房193.00m层、200.00m层、209.00m层及216.00m层的电气设备降温及办公用房的空调送风。下游副厂房空调系统的冷源布置在4号机组段223.00m高程尾水平台上。193.00m层中控室、计算机房冬季采用壁挂式电暖器采暖。

在下游副厂房186.60m层1号机组段和4号机组段各设一个通风机房，并布置纵贯全厂房的送风管道。在下游副厂房216.60m层1号机组段设1个通风机房，并布置纵贯全厂房的送风管道。

2. 主厂房通风系统

主厂房水轮机层的进风空气是通过该层上游墙上的风口进入的。主厂房发电机层的进风空气来自于主厂房水轮机层及下游副厂房各层。

**13.1.4.3 生活给排水系统**

银盘水电站生活给排水系统工作范围主要包括厂房、1号坝段坝顶生产管理楼、大坝集控楼及船闸管理楼等4个部位卫生间的给排水系统。卫生间的供水直接就近从附近消防供水管取用，经减压后接至各用水点，卫生间污水经污水处理设备处理后排放。

## 13.2　机组容量研究

### 13.2.1　机组容量拟定

按照《重庆乌江银盘水电站预可行性研究报告审查意见》的要求，根据银盘水电站基本参数及运行特点，机组容量研究拟定对单机容量150MW（装机4台）和单机容量200MW（装机3台）两个方案进行综合分析、比较。

### 13.2.2　各方案机组主要技术参数

根据可研阶段论证的水轮机性能参数水平，参考国内主要机组制造厂商的建议方案，计算的单机容量150MW和200MW两方案机组主要参数见表13.2-1。

**表13.2-1　150MW和200MW两方案机组主要参数**

| 方　案 | | 方案Ⅰ（150MW） | 方案Ⅱ（200MW） |
|---|---|---|---|
| 单机容量/MW | | 150 | 200 |
| 装机台数 | | 4 | 3 |
| 水轮机主要参数 | 额定水头/m | 26.5 | 26.5 |
| | 转轮直径/m | 8.8 | 10.2 |
| | 额定功率/MW | 152.6 | 203.3 |
| | 额定流量/（$m^3$/s） | 635.8 | 846.1 |
| | 额定转速/（r/min） | 83.3 | 71.4 |
| | 额定单位流量/（$m^3$/s） | 1.595 | 1.580 |
| | 额定单位转速/（r/min） | 142.4 | 141.5 |
| | 额定效率/% | 92.5 | 92.6 |
| | 安装高程（导叶中心线）/m | 175.8 | 177.0 |
| | 比转速 | 541.2 | 535.4 |
| | 比速系数 | 2786 | 2756 |
| | 水轮机总重量/t | 1400 | 1900 |
| 发电机主要参数 | 额定容量/MVA | 166.7 | 222.2 |
| | 额定功率/MW | 150 | 200 |
| | 额定功率因数（滞后） | 0.9 | 0.9 |
| | 额定电压/kV | 13.8 | 13.8 |
| | 额定效率/% | 98.3 | 98.4 |
| | 额定转速/（r/min） | 83.3 | 71.4 |
| | 发电机冷却方式 | 全空冷 | 全空冷 |
| | 发电机总重量/t | 1350 | 1820 |

### 13.2.3 水轮机技术分析比较

1. 性能参数

由表 13.2-1 可知，两方案水轮机的比转速、比速系数、单位流量、单位转速、效率等均达到了可研阶段论证要求的水轮机性能参数水平，且两方案的水轮机性能参数水平基本一致。

2. 水轮机制造难度分析比较

水轮机的制造难度与运行水头和转轮直径密切相关。一般情况下，水轮机运行水头越高、转轮直径越大，水轮机的座环、顶盖、转轮等部件受强度限制，所需材料在强度、厚度等方面的要求就越高，水轮机的制造难度也越大。通常用 $D_1{}^2H_{max}$ 来表征水轮机的制造难度系数。国内外部分大型轴流水轮机制造难度系数见表 13.2-2。

**表 13.2-2　　国内外部分大型轴流水轮机制造难度系数比较表**

| 电站名称 | 额定功率/MW | 最大水头 $H_{max}$/m | 转轮直径 $D_1$/m | 难度系数 $D_1{}^2H_{max}$ | 投产年份 |
|---|---|---|---|---|---|
| 葛洲坝（小机） | 129 | 27 | 10.2 | 2809 | 1981 |
| 葛洲坝（大机） | 176 | 23 | 11.3 | 2937 | 1981 |
| 乐滩 | 153.1 | 31.5 | 10.4 | 3407 | 2004 |
| 水口 | 204 | 57.8 | 8 | 3699 | 1993 |
| 铜街子 | 154 | 40 | 8.5 | 2890 | 1992 |
| MacaguaⅡ（委内瑞拉） | 216 | 55 | 7.9 | 3433 | 1993 |
| 布里赛（加拿大） | 193 | 43 | 8.6 | 3180 | 1993 |
| 银盘 4 台机方案 | 152.6 | 35.12 | 8.8 | 2720 | |
| 银盘 3 台机方案 | 203.3 | 35.12 | 10.2 | 3654 | |

由表 13.2-2 可知，银盘水电站 4 台机方案的水轮机制造难度系数属表中最小一档，与葛洲坝水电站、铜街子水电站的水轮机制造难度系数相当。3 台机方案的水轮机制造难度系数为表中最大一档，比乐滩水电站、委内瑞拉 Macagua（Ⅱ）水电站的水轮机制造难度系数大，与水口水电站的水轮机制造难度系数相当。

综上所述，3 台机方案的水轮机制造难度系数远大于 4 台机方案的水轮机制造难度系数，且属于国内外轴流水轮机制造难度系数最大的一档。从银盘水电站水轮机名义直径、最大水头以及水轮机制造技术水平来看，国内外主要水轮机制造厂商均有足够的能力和经验制造 4 台机方案的水轮机；经过努力，也有能力设计制造 3 台机方案的水轮机。

3. 运行

(1) 航运基荷运行。银盘水电站为彭水电站的反调节梯级，在电力系统负荷低谷时，下泄航运基荷流量，在基荷工作，日负荷高峰时段承担部分腰荷。为了保证下游航道的通航，电站发电时的最小下泄流量为 $345m^3/s$，电站相当于发 106MW 的基荷。在最小通航流量单机运行时，4 台机方案单机功率约为额定功率的 71%，3 台机方案单机功率约为额定功率的 53%。在此特定条件下带航运基荷运行，4 台机方案运行特性优于 3 台机方案。

（2）检修期机组运行。当电站1台机组检修时，3台机方案的运行容量小于4台机方案的运行容量。检修期电站需调峰运行时，3台机方案的调峰容量只有最大调峰容量的66.6%，而4台机方案的调峰容量尚有最大调峰容量的75%。

（3）运行灵活性。4台机方案的单机容量为150MW，3台机方案的单机容量为200MW，4台机方案机组运行灵活性总体优于3台机方案。4台机方案能更好地适应电网的运行调度要求，特别是在枯水期与彭水水电站（装机5台，单机额定流量为593.1$m^3/s$）联合运行、同时担任调峰任务时，4台机方案的机组运行工况好、效率高。

### 13.2.4 发电机技术分析比较

1. 性能参数

由表13.2-1可知，两方案发电机主要电气参数一致，都能满足银盘水电站所在重庆电力系统的运行要求，两方案发电机性能参数基本一致。

2. 结构型式

4台机方案（150MW）、3台机方案（200MW）的机组转速分别为83.3r/min和71.4r/min，发电机均适合采用伞式结构。

银盘水电站主厂房为河床式，且下游洪水位较高，因而其挡水墙也较高，对机组高度限制较小，推力轴承布置在水轮机推力支架上，缩短厂房高度的优势不能充分体现，而推力轴承布置在下机架上有利于设备维护检修。因此，银盘水电站机组推力轴承布置在下机架上较为合适。

4台机方案的发电机每极容量为2.19MVA，定子槽电流为3055A；3台机方案的发电机每极容量为2.53MVA，定子槽电流为4073A。两方案的发电机每极容量、定子槽电流均较小，发电机冷却方式适合采用全空冷方式。

3. 发电机制造难度分析比较

发电机的制造难度包括机械强度难度、每极容量、冷却方式、推力轴承负荷等方面。银盘水电站4台机方案和3台机方案的发电机容量不大，转速不高，其机械强度难度、每极容量均小于国内外已投产运行的大型发电机。银盘水电站发电机的推力轴承负荷较大，特别是3台机方案的发电机推力负荷值已与国内外特大型发电机推力负荷值相当。经计算，3台机方案的机组推力轴承制造难度系数大于4台机方案，两方案的推力轴承难度系数都大于葛洲坝（大机）机组，小于水口机组。

银盘水电站水轮发电机组属低速中等容量机组。通过对机械强度难度、每极容量、推力轴承制造难度等几个方面的分析比较可知，200MW发电机比150MW发电机制造难度稍大，但两个方案发电机总体制造难度小于大型轴流机组发电机，两方案的发电机设计和制造难度均在国内外主要厂商的能力范围内。

### 13.2.5 电气接线及设备选择比较

在银盘水电站投产运行时，重庆市电网通过500kV线路与四川省和华中四省电网形成了最大发电负荷约50000MW的联合电力系统，银盘水电站两种单机容量方案下电站同时切两台机对电网影响均较小，故选用单元接线及扩大单元接线均可行。4台150MW方案考虑 2 组扩大单元接线，3 台 200MW 方案考虑 1 组扩大单元接线、1 组单元接线。

3 台机方案机组台数为奇数，发电机与变压器的组合方式同时存在扩大单元接线和单元接线两种形式，电站接线方式不统一，电气设备型号较多，布置较复杂。4 台机方案机组台数为偶数，接线方式统一、电气设备布置及电气设备型号一致，运行方式较灵活。

综合考虑电站的电气主接线、运行方式、设备选型和布置等方面的因素，4 台机方案优于 3 台机方案。

### 13.2.6 大件运输

银盘水电站机电设备重大件有水轮机转轮体、主变压器和桥机大梁等。尺寸较大的最重运输件为三相变压器。3 台机方案的变压器重 240t，尺寸为 10.5m×3.5m×4.4m（长×宽×高）；4 台机方案的变压器重 200t，尺寸为 9.5m×3.5m×4.3m（长×宽×高）。

由于重大件运输受公路桥涵、隧道等的限制，部分重大件陆路运输难以运至工地，需采用水运方式运输至工地。涪陵至坝址的乌江航道为Ⅴ级，中水期可通过 500t 级船只。机电设备重大件运输可选择每年的 4—10 月适当时间通过水运至坝址重大件码头，然后用平板车运至工地现场。

综合上述分析，3 台机方案的机电设备重大件尺寸及重量均大于 4 台机方案，其运输难度大于 4 台机方案，但在运输条件范围内。

### 13.2.7 土建、金属结构比较

根据工程的开发任务及功能要求，枢纽主要由挡水建筑物、泄洪建筑物、电站厂房和通航建筑物等组成。4 台机方案和 3 台机方案的泄洪建筑物和船闸的布置相同，仅左岸的厂房尺寸和左岸的边坡开挖不同。

经计算，3 台 200MW 方案和 4 台 150MW 方案比，厂房总长度短了 13.5m，但高度增加 3.5m，宽度增加了 9m。

两个方案的工程量差值见表 13.2-3。表中列出的项目为两方案工程量不同的项目，相同的项目（如船闸工程量）没有列出。

表 13.2-3　主要工程量对比表

| 项目 | | 工程量差值（4 台机方案－3 台机方案） |
| --- | --- | --- |
| 大坝 | 开挖/万 $m^3$ | 17.8 |
| | 混凝土/万 $m^3$ | －0.07 |
| 厂房 | 开挖（基础及尾水渠）/万 $m^3$ | 15.0 |
| | 混凝土/万 $m^3$ | －5.1 |
| | 钢筋/t | －2259.0 |
| | 钢屋架/$m^2$ | －462.0 |
| | 金属结构/t | 600 |

续表

| 项目 | | 工程量差值<br>(4台机方案－3台机方案) |
|---|---|---|
| 左岸边坡 | 护坡混凝土/万 $m^3$ | 0.13 |
| | 护坡钢筋/t | 63 |
| | 锚杆($L=9m$,$\varphi 28$)/根 | 1638 |
| | 挂网喷混凝土(12cm)/万 $m^2$ | 0.39 |

由表13-10可知，4台机方案与3台机方案相比，土建、金属结构工程量主要差别为：混凝土工程量减少4.65万 $m^3$，开挖工程量增加32.8万 $m^3$，钢筋工程量减少2196t，金属结构工程量增加600t，钢屋架工程量减少462$m^2$，锚杆增加1638根。

### 13.2.8 施工进度分析

电站装机4台、3台两个方案的施工导流方式、导流标准及主体工程施工程序、施工方法基本相同，主要差别为电站厂房基坑开挖、混凝土浇筑和机组安装工程的施工安排。3台机方案的厂房基坑开挖深度比4台机方案深3m且混凝土浇筑工程量大于4台机组方案，因此3台机方案的首台机组发电工期较4台机发电工期延迟约10d。由于机组台数少，3台机方案全电站发电总工期比4台机方案约少3个月。

### 13.2.9 发电效益比较

1. *初期运行期间发电量*

考虑到代表年不能完全反映初期运行期间入库径流的各种情况，选用按长系列计算的初期运行期发电量作为本次单机容量论证中分析比较的指标，3台机较4台机方案增加发电量1.45亿kW·h。

2. *正常运行期间发电量*

3台机和4台机方案机组额定水头均为26.5m，机组正常最小运行水头均为13m。经过长系列径流调节计算，3台机方案比4台机方案减少年发电量0.012亿kW·h。

### 13.2.10 投资比较

按照国家水电工程概算编制相关规定和2004年底的价格水平计算，银盘水电站3台机方案与4台机方案的投资差额详见表13.2-4。由表13.2-4可知，3台机方案比4台机方案的工程静态总投资多3040万元。

**表13.2-4　银盘水电站不同装机台数投资差额表**

| 序号 | 工程项目 | 投资差(3台方案－4台方案)/万元 |
|---|---|---|
| Ⅰ | 枢纽建筑物 | 2331 |
| | 第一部分　建筑工程 | 3502 |
| 一 | 挡水泄洪工程 | －538 |

续表

| 序　号 | 工　程　项　目 | 投资差（3台方案－4台方案）/万元 |
|---|---|---|
| 二 | 发电厂工程 | 3873 |
| 三 | 其他工程 | 167 |
| | 第二部分　机电设备及安装工程 | 48 |
| | 发电设备及安装工程 | 48 |
| | 第三部分　金属结构设备及安装工程 | －1219 |
| | 发电厂工程 | －1219 |
| Ⅱ | 独立费用 | 403 |
| | Ⅰ、Ⅱ部分合计 | 2734 |
| | 基本预备费 | 306 |
| | 静态总投资 | 3040 |

### 13.2.11 综合比较和方案推荐

1. 两方案技术比较

（1）水轮机。4台机方案和3台机方案的水轮机在设计、制造、施工、运输、运行维护等方面均是可行的，两方案的水轮机参数水平相当。综合比较，4台机方案的制造难度远小于3台机方案，运行灵活性总体优于3台机方案。

（2）发电机。两方案的发电机主要电气参数均满足电力系统的要求，性能参数达到了较高水平。

200MW发电机推力负荷比150MW发电机大，其总体制造难度也大于150MW发电机，但两个方案发电机制造难度均小于大型轴流机组发电机，均在国内外制造厂的设计制造能力范围以内。

（3）电气设备。4台机方案的电站接线、设备布置与3台机方案电站接线、设备布置相比，具有电站接线方式统一、接线方案简单、电气设备布置及电气设备型号一致、运行方式较灵活的优点。

（4）施工。4台机方案的厂房施工强度、施工难度小于3台机方案。

2. 两方案经济比较

综合机电、土建、金属结构的投资估算和发电效率分析，可得出如下结论：

（1）4台机方案与3台机方案相比，混凝土工程量减少4.65万$m^3$，开挖工程量增加32.8万$m^3$，钢筋工程量减少2196t，金属结构工程量增加600t。

（2）施工期机组初期运行，3台机方案较4台机方案增加发电量1.45亿kW·h。

（3）正常运行期，4台机方案比3台机方案年发电量多0.012亿kW·h。

（4）两方案的机电投资基本相当，4台机方案的土建投资比3台机方案少，4台机方案的金属结构投资比3台机方案多。4台机方案的静态总投资比3台机方案少3040万元。

3. 推荐方案

综上所述，4台机方案与3台机方案相比，节省投资3040万元，初期运行少发电

1.45亿kW·h，正常运行期每年多发电0.012亿kW·h。两方案总体经济指标基本相当。4台机方案机组制造难度远小于3台机方案，运行灵活性明显优于3台机方案，4台机方案厂房施工强度和施工难度均小于3台机方案。

综合技术经济比较，银盘水电站装设4台水轮发电机组，技术上切实可行，经济上合理。采用单机容量150MW的4台机方案。

## 13.3　电气主接线研究

### 13.3.1　电站在电力系统中的作用

银盘水电站位于乌江干流下游河段，坝址位于重庆市武隆县江口镇乌江上游约4km处，至重庆电网负荷中心直线距离在160km以内，上距彭水水电站约53km，下距白马梯级约48.5km，是乌江干流水资源综合利用开发的骨干工程。电站装机容量为600MW，属中型水力发电站，是彭水水电站的反调节电站。

根据重庆市“十一五”“十二五”发展规划，重庆市国民经济将保持较高的速度增长，能源需求将进一步加大。重庆市电网负荷增长迅速，峰谷负荷差大，使电网装机容量不足、电力电量缺口较大、电源结构不合理、调峰能力不足、供电质量不高等矛盾更显突出。电网中的水电电源大部分是径流式电站，无调节能力，而现有火电机组调峰能力有限，致使电网调峰容量不足，满足供电较为困难。

银盘水电站地理位置优越，开发条件较好，建成后可向重庆市电网提供大量的电力电量，并兼顾彭水水电站的反调节任务和改善航道的任务。银盘水电站在电力系统中主要承担基荷和部分腰荷，与彭水水电站联合调度运行，可大幅度提高彭水水电站的调峰能力。在电力系统日负荷低谷时段（彭水水电站不发电），银盘水电站担负基荷，以满足库区及其下游航运对水深的要求。在电力系统日负荷高峰时段（彭水水电站担任调峰、调频任务，释放不恒定流），银盘水电站承担部分腰荷。

工程的实施除可获得较大的发电和航运等经济效益外，还具有其他社会效益和环境效益，工程的水资源综合利用效益显著，对促进重庆市国民经济可持续健康发展具有十分重要的作用。

### 13.3.2　电站接入电力系统方案

银盘水电站接入电力系统方案为：银盘水电站出线采用220kV一级电压接入系统，220kV出线二回，落点均为张家坝500kV变电站220kV母线，每回线路长约30km，导线型号暂按LGJ-2×630考虑，其中一回出线遇检修或故障退出运行时，不影响电站送出，运行灵活且供电可靠性高。

### 13.3.3　电站电气主接线方案拟定

电站电气主接线设计原则为：在结合径流式电站和反调节电站的特点的同时，主接线应安全可靠、简单清晰、运行灵活、维修管理方便、经济合理、满足电力系统运行要求。

电站电气主接线方案分别按发电机和变压器组合、220kV 高压侧接线进行拟定。其中，发电机和变压器的组合方案，拟定单元接线、扩大单元接线、联合单元接线 3 种方案；220kV 高压侧接线方案，拟定双母线接线、内桥接线、单母线接线、四角形接线 4 种方案。

在银盘水电站可行性研究中，经过对 220kV 开关站选址和 220kV 高压配电装置选型进行技术经济比较，220kV GIS 配电装置方案的运行可靠性、使用寿命、设备检修、运行维护等多方面均优于敞开式配电装置方案；在经济方面，敞开式配电装置方案虽然电气设备投资较少，但土建工程量及投资很高。因此，220kV 高压配电装置采用 GIS 设备。

## 13.3.4 技术经济分析比较

### 13.3.4.1 发电机和变压器的组合方案

1. 方案一（单元接线）

采用一机一变一高压断路器的单元接线，发电机和变压器间不设断路器，但为了倒送厂用电和方便发电机试验，考虑装设隔离开关。单元接线简单、清晰，每个单元设备故障不影响其他单元运行，供电可靠性高，运行灵活。但主变台数多、容量小，使 220kV 进线回路多，使布置复杂、投资增加。另外，发电机母线上引接的厂用电源随机组开停机而切换，对厂用电源有一定影响，且发电机和变压器间不装设发电机断路器，每次开停机时将有高压侧断路器操作，高压断路器操作频繁，将使高压断路器故障率增大、故障维修工作量增加。

2. 方案二（联合单元接线）

为减少 220kV 进线回路数，可考虑采用将上述两个单元接线合二为一的联合单元接线，发电机端装设断路器。本方案高压侧减少了断路器，可简化高压侧接线。与方案一比较，机组停机，仍可经主变压器倒送厂用电源。一台主变压器故障或检修可通过隔离开关操作后，另一台机组仍可继续运行，具有一定的灵活性。但主变压器高压侧增加了并联母线及隔离开关，增加了布置面积，使场地布置困难，且一台机组停机时主变压器仍带电，增加空载损耗。

3. 方案三（扩大单元接线）

将上述两个单元接线中的主变压器合二为一扩大单元接线，发电机端装设断路器。此方案接线简单清晰、运行维护也比较简单，由于减少了主变压器台数及其相应的 220kV 高压设备，可简化布置和高压侧接线，缩小了布置场地，节省了投资。与方案一比较，本单元任一机组停机不影响厂用电源供电，本单元两台机组停机，仍可继续由系统经主变压器到送。但一个扩大单元中主变压器为一台，主变压器故障将影响两台机组运行，供电可靠性稍低，且增加发电机电压的短路容量。经过核实发电机、主变压器的参数，现有发电机电压设备的参数满足短路容量要求，主变的运输重量和尺寸满足工程大件运输控制条件。

三种接线方案投资比较见表 13.3-1。

表 13.3-1　　三种接线方案投资比较　　单位：万元

| 序　号 | 项　目 | 方案一 | 方案二 | 方案三 |
|---|---|---|---|---|
| 1 | 主变压器 | 5200 | 5200 | 3600 |
| 2 | 发电机断路器 | – | 1280 | 1400 |
| 3 | 大电流母线 | 840 | 840 | 920 |
| 4 | 220kV 进线间隔 | 960 | 618 | 480 |
| 5 | 合计 | 7000 | 7938 | 6400 |
| 6 | 差价 | 600 | 1538 | 0 |

综上所述，根据本电站的运行特点和电力系统对电站运行的要求，三种接线都能满足运行要求。方案三的扩大单元接线方式投资相对较低，电站只有两台主变压器，布置比较简单，操作运行维护也较方便，且每台机端装设了发电机断路器，对厂用电源和机组的运行较为有利。因此，推荐采用扩大单元接线方案，即发电机和变压器的组合方式采用两机一变的扩大单元接线。

发电机与变压器组合接线方案比较见图 13.3-1。

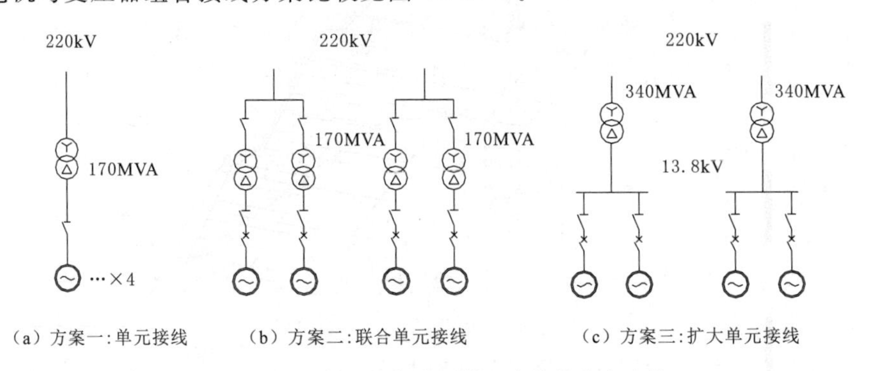


图 13.3-1　发电机与变压器组合接线方案比较

#### 13.3.4.2　220kV 高压侧接线方案

1. 方案一（双母线接线）

设置二回进线间隔、二回出线间隔、一回母联间隔，共 5 个断路器间隔。此接线方案接线简单、清晰；继电保护也比较简单；切除进、出线时，仅操作 1 台断路器，断路器无并联开断要求；1 组母线故障，短时影响本组母线供电，经切换可恢复供电；断路器检修，影响本回路供电；母联断路器故障，短时全厂停机，经切换可恢复全厂机组运行。

2. 方案二（内桥接线）

设置二回出线间隔、一回桥联间隔，共 3 个断路器间隔。此接线方案接线也比较简单、清晰；继电保护也较简单；一回线路故障时，不影响机组及变压器的运行，仅操作 1 台断路器；若进线回路故障，将使电站一半机组及一回线路停运，经切换操作停运线路可恢复运行；桥联断路器故障，短时全厂停机，经切换可恢复全厂机组运行。

3. 方案三（单母线接线）

设置二回进线间隔、二回出线间隔，共 4 个断路器间隔。此接线方案接线简单、清晰；继电保护也比较简单；每一进出线回路各自连接1组断路器，互不影响；母线及其所连接的设备检修或故障，造成全厂停电；断路器检修，所连接回路需停电；断路器故障，短时全厂停机，经切换可恢复非故障回路的运行。

4. 方案四（四角形接线）

设置4个断路器间隔。此接线比双母线略复杂，但运行可靠性很高；继电保护相对复杂；一回出线故障时，不影响电站机组及变压器的运行，但需操作二台断路器；一回进线故障时，对另一回进线机组、变压器及二回线路没有任何影响，也需操作二台断路器；任一台断路器故障，短时使电站一半机组及一回线路停运，经切换操作可恢复运行。三种方案的技术经济比较见表13.3-2。

**表13.3-2　　三种方案的技术经济比较**

| 项目 | 方案一 | 方案二 | 方案三 | 方案四 |
|---|---|---|---|---|
| 技术性能 | （1）供电可靠性和灵活性较优。<br>（2）接线较简单、清晰，操作、运行方便。<br>（3）继电保护简单。<br>（4）母联断路器故障，需短时全厂停电。<br>（5）检修任一回路的断路器时，该回路停电。母线及连接设备故障、检修不影响另一组母线供电。<br>（6）隔离开关切换工作量大 | （1）供电可靠性和灵活性相对较差。<br>（2）接线简单、清晰，操作、运行方便。<br>（3）继电保护简单。<br>（4）桥联断路器故障，需短时全厂停电。<br>（5）一回出线断路器检修，不影响变压器运行，需停运相应出线回路。一回进线故障，需短时停运相应出线回路 | （1）供电可靠性和灵活性较优。<br>（2）接线较简单、清晰，操作、运行方便。<br>（3）继电保护简单。<br>（4）断路器故障，需短时全厂停电。<br>（5）检修任一回路的断路器时，该回路停电。母线及连接设备故障、检修造成全厂停电 | （1）供电可靠性和灵活性最优。<br>（2）接线略复杂，操作、运行方便。<br>（3）继电保护较复杂。<br>（4）任一台断路器故障时，需短时停运一半机组及一回线路。<br>（5）检修任一台断路器时，不影响运行。<br>（6）隔离开关只用于检修，减少误操作可能 |
| 断路器 | 5台 | 3台 | 4台 | 4台 |
| 综合投资 | 1200万元 | 720万元 | 960万元 | 960万元 |

银盘水电站为上游彭水水电站的反调节电站，利用小时较高，若故障导致停机，会造成大量弃水及电能损失，因此电站的主接线方案应安全可靠且运行灵活。

分析电站220kV侧四种接线方案，方案二（内桥接线）配置断路器最少，投资最省，在电气设备投资方面该方案具有较大优势，但运行灵活性及安全可靠性最差，故不选用此方案。方案一（双母线接线）和方案三、方案四（单母线接线、四角形接线）相比，双母线接线配置断路器数量多，虽然运行可靠性及灵活性相对较高，但投资相对较高、运行操作较复杂，因此也不选用此方案。方案三和方案四投资相当，方案三接线简单清晰，但可靠性及灵活性相对较低。结合本电站的特点，从主接线方案应安全可靠且运行灵活、经济合理的设计原则考虑，本电站220kV侧接线采用方案四（四角形接线）。

220kV侧接线比较见图13.3-2。

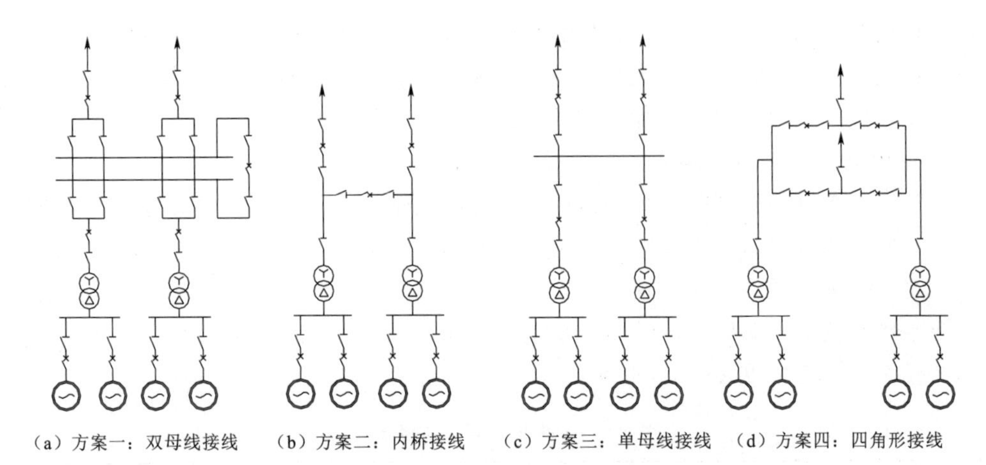


图 13.3-2　220kV 侧接线比较

### 13.3.5　综合比较和方案推荐

1. 发电机和变压器组合方案

银盘水电站发电机和变压器的组合方案分别对单元接线、扩大单元接线、联合单元接线三种形式进行了综合比较，三种接线都能满足运行要求，其中扩大单元接线方式投资相对较低，两台双绕组主变压器布置简单，操作运行维护也较方便，且每台发电机端装设了发电机断路器，对厂用电源和机组的运行较为有利。因此，确定发电机和变压器的组合方式采用两机一变的扩大单元接线。

银盘水轮发电机组单机容量为 150MW，国内水电站相近单机容量机组多采用单元接线方式，如果采用扩大单元接线方式，需要解决的关键电气设计技术在于如何限制短路电流的大小、如何进行发电机电压设备的选型和布置、如何落实主变压器的运输和布置等难点。银盘水电站是目前国内较大单机容量发电机采用扩大单元接线方式的水电站，因此在发电机和变压器组合接线方案比选中，经过反复对水轮发电机电压和阻抗参数、发电机断路器开断能力、副厂房设备布置尺寸、主变压器的型式和参数、大件运输的控制条件等主要影响因素进行论证比较、调查核实后，最终确定合理的电气设计条件，解决上述关键技术难点，从而实现了银盘水电站发电机和变压器组合方式采用扩大单元接线方式的以下优点：

(1) 接线简单清晰，运行维护方便。

(2) 任何一台机组停机，不影响厂用电源和其他机组的运行，安全可靠性较高。

(3) 减少主变压器台数及其相应的 220kV 高压设备，减少了设备投资。

(4) 在河床式厂房狭长空间内，简化布置，节省场地。

2. 电站 220kV 高压侧接线方案

银盘水电站总装机容量为 600MW，是目前国内 220kV 金属封闭气体绝缘开关设备（GIS 设备）采用四角形接线方式的较大装机容量水电站，而国内相近总装机容量水电站多采用双母线接线方式。银盘水电站属径流式电站，主要承担基荷和部分腰荷，与彭水水电站联合调度运行，如果发生故障，会造成大量弃水和电量损失，因此电站接线方式的关键设计技术在于应满足安全可靠、运行灵活、经济合理的要求。

按发电机和变压器采用扩大单元接线型式和电站接入电力系统方式，电站220kV高压侧进出线回路数为共两进两出，进行了双母线接线、内桥接线、单母线接线、四角形接线四种方案技术经济比较，其中，双母线接线虽然运行可靠性及灵活性相对较高，但配置断路器数量多，投资最高；内桥接线配置断路器最少，投资最省，在电气设备投资方面该方案具有较大优势，但运行灵活性及安全可靠性较低；单母线接线接线简单清晰，但同样存在运行灵活性及安全可靠性较低的问题；四角形接线运行可靠性及灵活性相对最高，设备投资适中。因此，结合电站的特点，电站220kV侧接线采用四角形接线，此种接线方式具有以下优点：

(1) 安全可靠，运行灵活。

(2) 任一台断路器故障时，仅短时停运一回进线及一回出线后，很快恢复正常运行。检修任一台断路器时，不影响运行。

(3) 一回出线故障时，切除2台断路器，另一回出线可送出全部电量，不影响全部机组和变压器运行。

(4) 一回进线故障时，切除2台断路器，不影响另一回进线、变压器、二回出线运行。

(5) 电气设备投资经济合理。

3. 方案推荐

综上所述，银盘水电站发电机和变压器组合方式采用扩大单元接线方案、电站220kV侧接线采用四角形接线方案，技术上安全可靠、切实可行，经济上合理。推荐扩大单元+四角形电气主接线方案。

## 13.4 试验及运行情况分析

### 13.4.1 水力机械

#### 13.4.1.1 水轮机模型试验结果与性能保证值的对比分析

1. 水轮机功率

根据模型试验结果，计算确定的各水头下水轮机最大功率模型试验值与合同保证值对比见表13.4-1。由表13.4-1可知，水轮机功率试验值均满足保证值要求。

**表13.4-1　　水轮机最大功率模型试验值与合同保证值对比表**

| 净水头/m | 13.0 | 20.5 | 23.5 | 26.5 | 29.30 | 32.5 | 35.12 |
|---|---|---|---|---|---|---|---|
| 水轮机最大功率合同保证值/MW | 50 | 106.9 | 129.7 | 152.6 | 164.8 | 167.86 | 167.86 |
| 水轮机最大功率模型试验值/MW | 50 | 106.9 | 129.7 | 152.6 | 167.86 | 167.86 | 167.86 |

2. 水轮机效率

水轮机效率模型验收试验值与合同保证值的对比见表13.4-2。由表13.4-2可知，水轮机效率模型验收值全部优于合同保证值。

表 13.4-2 水轮机效率试验值与保证值对比

| 项 目 | 模型额定效率/% | 原型额定效率/% | 模型最高效率/% | 原型最高效率/% | 模型平均效率/% | 原型平均效率/% |
|---|---|---|---|---|---|---|
| 合同保证值 | 91.4 | 93.1 | 93.0 | 94.7 | 91.8 | 93.5 |
| 模型试验值 | 91.67 | 93.33 | 93.3 | 94.96 | 91.98 | 93.64 |

3. 水轮机空化系数

在桨叶转角5°时，进行了水轮机35m、29.3m、26.5m和20.5m水头下的空化试验，试验结果与对应水头的空化系数合同保证值列在表13.4-3中。对比可知，水轮机空化系数模型试验值均满足合同保证值要求，电站空化系数 $\sigma_p$ 与临界空化系数 $\sigma_1$ 之比大于1.2的要求。

表 13.4-3 水轮机空化试验值与保证值对比

| 水头 $H$/m | 合同保证值 | 模型试验值 | | |
|---|---|---|---|---|
| | $\sigma_1$ | $\sigma_1$ | $\sigma_p$ | $\sigma_p/\sigma_1$ |
| 35 | 0.384 | 0.2869 | 0.4791 | 1.67 |
| 29.3 | 0.461 | 0.3834 | 0.5935 | 1.55 |
| 26.5 | 0.539 | 0.4465 | 0.6709 | 1.50 |
| 20.5 | 0.597 | 0.5992 | 0.8525 | 1.42 |

4. 尾水管压力脉动值

合同规定，水轮机尾水管压力脉动保证值不大于表13.4-4中的规定值。表中 $\Delta H$ 为相应运行水头 $H$ 下的上游或下游侧单测点混频双振幅值（取其中大值）；$P$ 为当水头小于额定水头时为水轮机的预想功率，当水头大于或等于额定水头时为水轮机额定功率。

表 13.4-4 水轮机尾水管压力脉动保证值

| 水头/m | 水轮机功率范围 | 尾水管压力脉动相对值 $\Delta H/H$/% |
|---|---|---|
| 13～20.5 | 空载～35%$P$ | 8 |
| | (35%～60%) $P$ | 6 |
| | (60%～100%) $P$ | 5 |
| 20.5～29.3 | 空载～35%$P$ | 7 |
| | (35%～60%) $P$ | 6 |
| | (60%～100%) $P$ | 5 |
| 29.3～35.12 | 空载～35%$P$ | 6 |
| | (35%～60%) $P$ | 5 |
| | (60%～100%) $P$ | 5 |

桨叶转角5°时，在电站空化系数下，进行了35m、26.5m、20.5m和13m水头的尾水管压力脉动试验，试验结果见表13.4-5。

表 13.4-5 水轮机尾水管压力脉动试验结果

| $H$/m | $a_0$/mm | $Q_{11}$/ ($m^3$/s) | $n_{11}$/ (r/min) | $P$/MW | $\Delta H/H$/% |
|---|---|---|---|---|---|
| 35 | 30 | 1.1520 | 121.3 | 165 | 3.0 |
| 26.5 | 33 | 1.2954 | 139.4 | 122 | 3.1 |
| 20.5 | 36.7 | 1.4520 | 158.5 | 92 | 3.8 |
| 13 | 42 | 1.8004 | 199.03 | 51 | 4.7 |

由表 13.4-5 可知，各代表水头的试验值均小于 5%，全部优于合同保证值。

#### 13.4.1.2 水轮发电机组现场试验及运行参数与性能保证值的对比分析

1. 机组现场试验及运行情况

(1) 机组运行及试验情况。1 号～4 号机组分别于 2011 年 5 月 22 日、7 月 23 日、9 月 25 日和 12 月 9 日并网发电。每台机的充水、调试、过速试验、甩负荷试验等均按有关规范进行，每台机并网后均经 72h 连续试运行投入商业运行。机组运行中测试的尾水管压力脉动值和机组振摆值见表 13.4-6。

表 13.4-6 银盘水电站机组运行、试验中测试的主要参数

| 序 号 | 参 数 名 称 | 单 位 | 1 号机组 | 2 号机组 | 3 号机组 | 4 号机组 |
|---|---|---|---|---|---|---|
| 1 | 尾水管压力脉动最大值 | % | 5.8 | 5.8 | 6 | 4.2 |
| 2 | 顶盖垂直振动最大值 | μm | 71 | 47 | 78 | 28 |
| 3 | 顶盖水平振动最大值 | μm | 75 | 49 | 69 | 21 |
| 4 | 水导摆度最大值 | μm | 197 | 202 | 193 | 82 |
| 5 | 上机架水平振动最大值 | μm | 55 | 61 | 77 | 36 |
| 6 | 下机架垂直振动最大值 | μm | 75 | 55 | 73 | 15 |
| 7 | 定子铁芯垂直振动最大值 | μm | 14 | 30 | 20 | 25 |

(2) 机组甩负荷试验值。4 台机组甩负荷现场试验结果见表 13.4-7。

表 13.4-7 银盘水电站机组甩负荷调保参数表

| 序 号 | 参 数 名 称 | 单 位 | 1 号机组 | 2 号机组 | 3 号机组 | 4 号机组 |
|---|---|---|---|---|---|---|
| 1 | 机组甩负荷试验最大负荷 | MW | 150 | 150 | 148 | 150 |
| 2 | 上游水位 | m | 213.09 | 213.03 | | |
| 3 | 下游水位 | m | 181.16 | 181.65 | | |
| 4 | 机组甩负荷最大转速升高率 | % | 35.14 | 43.84 | 36.56 | 41.16 |
| 5 | 蜗壳末端压力（甩前） | MPa | 0.300 | 0.322 | 0.263 | 0.250 |
| 6 | 蜗壳末端压力（最大） | MPa | 0.340 | 0.337 | 0.311 | 0.295 |
| 7 | 机组甩负荷蜗壳末端最大压力升高率 | % | 13.3 | 4.7 | 18.3 | 18 |

(3) 机组检修检查情况。机组投运至 2014 年 9 月，1 号机组进行了 4 次检修和检查，2 号～4 号机组各进行了 2 次检修和检查，检修和检查按规定的标准项目进行。同时，4

台机均进行了水轮机抗磨板更换和推力轴承油箱盖板密封处理。

停机检查空蚀情况：1号水轮机6个桨叶根部，在迎水面背部位置均有空蚀现象，最大空蚀区域约为：深度1mm，长度500mm，宽度80mm。2号～4号水轮机桨叶在迎水面背部位置均有空蚀现象。

2. 水轮机现场试验及运行参数与性能保证值的对比分析

(1) 水轮机振摆值。合同规定，水轮机顶盖振动值（双振幅值）和水导轴承处主轴相对摆度及绝对摆度（双幅值）不大于表13.4-8中的保证值。

**表13.4-8　　顶盖振动和主轴摆度保证值**

| 水头/m | 顶盖振动值 | | 水导处主轴摆度 | |
|---|---|---|---|---|
| | 垂直振动/mm | 水平振动/mm | 相对摆度/(mm/m) | 绝对摆度/mm |
| 13～20.5 | 0.08 | 0.09 | 0.03 | 0.35 |
| 20.5～29.3 | 0.07 | 0.08 | 0.03 | 0.35 |
| 29.3～35.12 | 0.07 | 0.08 | 0.03 | 0.35 |

对比分析表13.4-6各台水轮机振摆实测数据和表13.4-8的保证值可知，1号和3号的顶盖实际运行振动最大值满足合同保证值，2号和4号的顶盖实际运行振动最大值优于合同保证值。4台水轮机水导摆度实测最大值全部优于合同保证值。

(2) 水轮机压力脉动试验。根据水轮机尾水管压力脉动实测最大值（表13.4-6），查阅其运行工况，运行水头均在额定水头以上，机组功率为额定功率，对比表13.4-4的保证值可知，1号、2号和3号的尾水管压力脉动实测最大值略高于合同保证值，4号的尾水管压力脉动实测最大值小于合同保证值。

(3) 水轮机过流部件空蚀情况。据电厂检修部门反映的停机检查的空蚀情况，4台水轮机桨叶在迎水面背部位置均有空蚀现象，最大空蚀深度为1mm，空蚀较为轻微。电厂认为不影响机组正常运行。

(4) 发电机上、下机架振动值。根据电厂运行的实测记录，上机架水平振动最大值为77μm，小于合同保证值（100μm）。下机架垂直振动最大值为75μm，小于合同保证值（80μm）。

(5) 发电机定子铁芯振动值。合同规定，定子铁芯垂直振动值不超过0.03mm。对比定子铁芯振动值实测值（见表13.4-6）可知，指标满足合同保证值。

(6) 机组过渡过程计算值与试验值对比分析。表13.4-7为银盘电厂提供的机组甩负荷资料，由表中数据分析可知，各机组甩负荷工况的水头在额定水头和最大水头之间，其调保参数小于计算值是合适的。因此，可以认为，调保参数计算值和试验值差别不大，均满足相关规程规范要求。

(7) 机组过速试验。机组按有关规定进行了过速试验，机械过速保护动作的机组转速均在160%$n_r$左右，与整定值相近，满足设计要求。

### 13.4.1.3　调速系统试验及运行情况

调速系统初期投运时，导叶、桨叶主备用切换电磁阀阀芯出现发卡现象，通过更换新型号的电磁阀，解决了此问题。通过对1号～4号机组调速器机械柜冗余PLC及增加触摸屏改造，提高了机组油压装置控制系统的可靠性。

调速器系统静特性试验、空载试验、甩负荷试验结果符合规程要求。压力油泵每天启动12～15次（机组带负荷期间），历时1～2min。

调速系统投运以来，总体运行情况良好，导叶开度、水头等参数测量符合精度要求，参数不跳变，调节稳定，满足机组调节要求。

#### 13.4.1.4 厂房起重运输设备运行情况

主厂房桥机由杭州华新机电工程有限公司生产供货，主厂房安装场电动平板车由杭州华新机电工程有限公司供货（设备由常熟市电动平车厂生产）。2010年10月投入运行，在运行期间严格按照起重设备定期检查维护管理制度对设备进行定期检查、维护等工作，并严格按照操作守则及规程进行操作。

GIS室10t桥机由南京新球起重机械有限公司生产供货，2010年12月投入运行，投运后严格按相关规定进行操作、检查和维护。

主厂房桥机、安装场电动平板车、GIS室桥机运行正常，运行期间各项参数及运行指标均满足设计及厂家要求。

#### 13.4.1.5 水力机械辅助设备系统运行情况

1. 机组技术供水系统

根据电厂运行实测数据，发电机空气冷却器、推力轴承和机组导轴承各部用水量与设计方案基本一致。自流、水泵加压供水的分界水头与设计方案基本相同。电厂对供水系统进行了及时维护和局部改造，将滤水器前端蝶阀和排污管道的蝶阀更换为球阀，使管道更畅通。技术供水系统投运以来，总体运行良好。

2. 电站排水系统

电站机组检修排水系统、厂房渗漏排水系统和厂外排水系统投运以来，总体运行良好。2012年9月，设计人员对电站进行了回访，根据回访收集的资料可得出如下基本结论：

（1）机组检修排水系统在机组检修初期，4台检修泵同时排水，排空流道积水需4h，与设计方案一致。

（2）机组检修排水系统在机组检修期间排渗漏水工况，工作泵每隔5h 14min启动1次排水，水泵连续运行时间为20min。说明上、下游闸门漏水较小。

（3）机组检修排水系统在机组非检修期间1台水泵启动，连续运行时间为16min，间隔时间为7d。说明盘型排水阀漏水非常小。

（4）渗漏排水泵每天启动4次，每次运行15min 30s，间隔时间为6h 13min。运行情况说明厂房总渗漏水量远小于设计漏水量。

3. 电站透平油系统

按规定对油系统进行维护，定期对空油罐进行清洁。增加坝顶至透平油罐的运输管道，便于新油进入油罐。按设计方案进行油处理，油质符合机组运行要求。

4. 电站厂内压缩空气系统

气系统投运以来，总体运行良好，系统设计满足用气需求，符合设计要求。初期运行改造情况如下：

（1）对微正压系统出口管线进行了变更，将微正压干燥机的位置由气罐出口调整至微正压空压机出口，保证气源干燥清洁。

（2）中压空压机每天运行2次，连续运行时间为13min 50s；低压空压机每天运行5次，运行时间为4min 10s。

### 13.4.2　电气一次

1. 主要电气设备实施情况

银盘水电站220kV GIS采用铝合金外壳，除主母线为三相共筒式外，其余部分均为分相式结构。断路器为垂直式布置，单断口，配液压弹簧操作机构，布置于尾水平台安装场段的GIS室内，设备制造厂家为西安高压电器研究所有限责任公司。

银盘水电站220kV主变压器为三相、双卷、强迫油循环风冷铜芯升压变压器，额定容量选择340MVA，布置在厂房尾水平台上，设备制造厂家为特变电工衡阳变压器有限公司。

银盘水电站发电机电压母线选用自冷、全连式离相封闭母线，并带微正压防结露措施，布置于下游副厂房内，设备制造厂家为阜新封闭母线有限责任公司。

发电机断路器为户内分相封闭型、SF6气体灭弧、卧式、液压电动操动、三相机械联动，设备制造厂家为阿海珐输配电有限公司。

2. 主要电气设备运行及检修情况

1号主变压器、220kV GIS系统于2011年5月投产，2号主变压器于2011年9月投产。1号主变压器经历了3次小修；2号主变压器经历了3次小修；二回220kV架空线路经历了2次小修；220kV GIS的4台断路器经历了3次小修。截至目前，银盘水电站高电压电气设备运行情况良好。

10kV厂用电系统、厂用干式变压器及0.4kV系统均每年分段停电安排检修，截至目前，银盘水电站厂用电电气设备运行情况良好。

3. 总结

自银盘水电站2011年5月首台机组投产起，主变压器、220kV高压配电装置、厂用电等电气一次设备运行整体稳定、情况良好，满足长期安全稳定运行要求，各项生产、技术和经济目标、指标都达到设计要求。

### 13.4.3　控制、保护及通信

1. 电站监控和闸门控制系统

监控系统自投产以来，运行良好，没发生过监控系统故障且导致机组非停、无法开停机的事件。每年结合机组检修，对各机组的硬件进行了清扫；对输入输出端子进行紧固；请湖南电科院对SOE量进行校验。

银盘水电站共计10孔闸门，投入使用的有8孔，剩余两孔将在大坝3期工程结束后投入使用。闸门控制系统运行良好，无重大故障发生。机械专业检修闸门时，对闸门控制系统进行检修，清扫盘柜、紧固端子。闸门控制系统进行了接入电站监控系统的改造，使闸门的开闭可以在中控室执行，减少了闸门操作时所需的运行人员，并使运行人员可在中控室对闸门进行监视。

辅控系统自投运以来运行良好，经过顶盖排水系统改造和蠕动装置改造以及轴承测温电阻改造，缺陷主要集中在测温电阻损坏、流量计采集数据异常方面。辅控系统的检修主要根据每年电站检修计划进行。

2. 电站励磁系统

励磁系统分别于2011年投运，投运后1号机组经历了1次C级检修、1次扩大性C级检修、1次B级检修；2号机组经历了1次D级检修、1次C级检修、1次B级检修；3号机组经历了一次D级检修、2次C级检修；4号机组经历了1次D级检修、2次C级检修、1次B级检修。截至目前励磁系统运行情况良好。

3. 电站继电保护系统

1号～4号机组保护、1号主变保护、线路保护、断路器保护、短引线保护、2号主变保护于2011年投运，投运后1号～4号机组保护经历了1次全检、2次部检；1号主变保护经历了1次全检、1次部检；2号主变保护经历了1次全检、2次部检；银张南、银张北线路保护经历了1次全检、1次部检；241～244断路器保护经历了1次全检、2次部检；短引线保护经历了1次全检、1次部检。校验结果均正常。

4. 电站直流系统

1/2号机组直流系统、开关站直流系统于2011年1月投产，3/4号机组于2011年3月投产，投产后直流系统运行稳定，各蓄电池组进行了1次核容放电试验，试验显示蓄电池容量满足规程要求。直流系统无改造项目。

5. 电站通信系统

通信系统运行状态良好，未进行大型检修，在运行过程中出现的缺陷均为电话机由于现场潮湿、粉尘较多，条件恶劣导致元器件损坏。通信系统进行过一次跟分公司的光设备对接，与分公司通道数量为12条2M通道，而后扩展至18条2M通道，现运行状况良好，未见任何异常状况。哈里斯交换系统经过一次技改，下接一台哈里斯软交换系统，将营地语音通信纳入哈里斯电路交换中。现运行状况良好，未见异常情况。

6. 总结

自银盘水电站2011年5月机组投运起，电站继电保护、直流、励磁、调速、监控及公用辅机设备控制系统、船闸控制等主要二次设备运行整体稳定、动作可靠，满足长期安全稳定运行要求，各项生产、技术和经济目标、指标都达到设计要求。

### 13.4.4 消防、暖通及给排水

随机组投运以来，暖通、消防及生活给排水系统运行良好，满足长期安全稳定运行要求，验证了系统设计是合理的。消防系统顺利通过了当地消防主管部门的验收。

# 第14章 工程征地与移民安置

## 14.1 主要工作过程

1. 规划大纲编制阶段

长江勘测规划设计研究有限责任公司（以下简称长江设计公司）根据《水电工程水库淹没处理规划设计规范》（DL/T 5064—1996），于2005年5月编制了《乌江银盘水电站可行性研究阶段建设征地和移民安置规划设计大纲》（以下简称《大纲》）及附件《乌江银盘水电站可行性研究阶段工程建设征地实物指标调查细则》和《乌江银盘水电站可行性研究阶段工程建设征地农村移民安置规划操作规程》。2005年5月17—19日，中国水利水电建设工程咨询公司在重庆市武隆区主持召开了上述成果的咨询会议，形成了《乌江银盘水电站可行性研究阶段建设征地和移民安置规划设计大纲咨询报告》（水电咨库〔2005〕0017号），原则同意《大纲》，但要求就有关问题和重庆市进一步协商，并对回水作进一步分析。2005年6月10日，重庆市发展和改革委员会召集重庆市移民局、国土局、规划局、水利局、林业局、文物局和武隆区、彭水县政府以及重庆大唐国际武隆水电开发有限公司（以下简称大唐武隆公司）、长江设计公司在重庆市召开了乌江银盘水电站移民有关问题协调会议，就《大纲》修改的有关问题进行了协商，形成了《重庆市移民局 重庆市发展和改革委员会关于乌江银盘水电站有关问题协调会议纪要》（重庆市移民局纪要第7期，2005年12月13日）。

2005年9月11—12日、11月22—23日，中国水利水电建设工程咨询公司在北京主持召开了《乌江银盘水电站水库回水计算及淹没影响分析专题报告》咨询会议，分别提出了《乌江银盘水电站水库回水及淹没影响分析专题咨询报告》（水电咨规〔2005〕0081号）及《乌江银盘水电站可行性研究阶段水库回水及淹没影响分析专题咨询报告》（水电咨规〔2005〕0118号）。根据专家咨询意见及协调会议纪要，长江设计公司对《大纲》及附件进行了修改完善，以此作为开展乌江银盘水电站可行性研究阶段建设征地移民安置规划设计的指导性及操作性文件。

2006年1—6月，长江设计公司组织移民、测量专业人员赴重庆市武隆区、彭水县，会同两县移民、国土、林业等部门以及重庆大唐国际武隆水电开发有限公司、重庆华夏土地测量事务所、重庆市林业规划设计院组成联合调查规划组开展了可行性研究阶段实物指标调查。在开展调查工作的同时，长江设计公司会同地方有关部门开展了农村移民安置规划、集镇选址和迁建规划、等级公路及重要码头复建工程的勘测设计、彭水县城淹没处理方案的研究及防护工程的勘测设计等工作。移民安置规划初步方案形成以后，长江设计公司通过武隆、彭水两县政府和移民主管部门采取座谈和问卷调查的形式充分征求和听取了移民及安置区居民的意见，主要内容包括农村移民生产和搬迁安置方式及去向、集中居民点选址及规划方案、黄草集镇和高谷镇选址及规划方案等。通过反馈的问卷显示，选定的新址及规划方案得到了绝大多数移民和安置区居民的认可。征求完移民意愿后，调查规划组就调查和规划情况分别向两县人民政府和重庆大唐国际武隆水电开发有限公司进行了汇报，并形成了实物指标调查成果认定会议纪要。在以上工作的基础上，经征求有关方面意见，长江设计公司于2006年9月编制完成了《乌江银盘水电站可行性研究报告　第九分册（一）库区淹没处理及移民安置规划设计》（征求意见稿）及《乌江银盘水电站可行性研究报告　第九分册（二）工程占地区处理及移民安置规划设计》（征求意见稿）。

2006年9月18日，重庆市移民局主持召开专题会议，就《大纲》及现有的可研规划成果按照国务院471号令《大中型水利水电工程建设征地补偿和移民安置条例》（以下简称《新移民条例》）进行修编等问题进行了讨论。重庆市移民局、重庆大唐国际武隆水电开发有限公司、长江设计公司、长江工程监理咨询有限公司有关负责人参加了会议，形成了《重庆市移民局关于〈乌江银盘水电站建设征地和移民安置规划大纲〉修编的会议纪要》（重庆市移民局第15期，2006年9月25日）。2007年2月，长江设计公司按照《新移民条例》的精神和有关要求，编制完成了《乌江银盘水电站可行性研究阶段建设征地和移民安置规划设计大纲（修编）》及《乌江银盘水电站建设征地和移民安置总体规划》。

2007年2月7—8日，水电水利规划设计总院会同重庆市发展和改革委员会在北京主持召开了乌江银盘水电站可行性研究阶段正常蓄水位选择专题报告审查会议。经复核评审，形成了《重庆乌江银盘水电站可行性研究阶段正常蓄水位选择专题报告审查意见》（水电规〔2007〕0013号）。审查意见认为：长江设计公司提出的报告基本满足可行性研究阶段的设计内容和深度的要求，基本同意报告的主要结论，同意报告经技术经济综合比较推荐的银盘水电站正常蓄水位215.0m（黄海高程，下同），基本同意水库按不同淹没对象设计洪水标准确定的淹没处理范围。

2007年2月10—11日，水电水利规划设计总院会同重庆市发展和改革委员会、重庆市移民局在重庆主持召开了《乌江银盘水电站可行性研究阶段建设征地和移民安置规划设计大纲（修编）》及《乌江银盘水电站建设征地和移民安置总体规划》（以下简称《规划大纲》及《总体规划》）的审查会。审查意见认为，《规划大纲》的编制贯彻了《新移民条例》的精神和重庆市关于水电工程移民安置政策的规定，经适当补充完善后，可作为编制移民安置规划的基本依据。

2007年11月17—20日，水电水利规划设计总院会同重庆市发展和改革委员会在重庆市主持召开了《重庆乌江银盘水电站可行性研究阶段施工总布置规划专题报告》审查会。经复核评审，形成了《重庆乌江银盘水电站可行性研究阶段施工总布置规划专题报告审查意见》(水电规施〔2007〕0066 号)。审查意见认为,专题报告满足可行性阶段施工总布置规划专题报告设计内容和深度要求,可作为开展移民安置规划设计的依据。

2007 年 11 月,长江设计院按照审查意见对《规划大纲》和《总体规划》进行了进一步完善,形成了《规划大纲》(审定本)和《总体规划》(审定本),并通过了水电水利规划设计总院、重庆市移民局及有关单位组织的核定,形成了《乌江银盘水电站移民安置规划大纲审查意见》(水电规库〔2007〕0020 号),并于 12 月报重庆市人民政府批准了《规划大纲》(渝府〔2007〕206 号)。

2. 移民安置规划报告编制阶段

根据批准的《规划大纲》,长江设计公司开展了可行性研究阶段的建设征地移民安置规划设计工作,经多次征求业主、地方政府及有关部门意见,于 2007 年 12 月提出了《乌江银盘水电站建设征地和移民安置规划报告》。

2007 年 12 月 25—26 日,水电水利规划设计总院在重庆市主持召开了移民安置规划报告审查会议。长江设计公司根据审查意见(水电规库〔2008〕0022 号)修改补充完善后,提出了《乌江银盘水电站建设征地和移民安置规划报告》(审定稿)。

2008 年 8 月 20—22 日,中国国际工程咨询公司组织专家组在重庆市召开了乌江银盘水电站项目申请报告评估会议。长江设计公司根据评估意见(咨能源〔2008〕1130 号),按 2008 年第二季度价格水平对乌江银盘水电站建设征地和移民安置规划各项目进行了概算调整,并提出《乌江银盘水电站建设征地和移民安置规划报告》(核准稿)。2008 年 12 月 29 日,国家发展和改革委员印发了《国家发展和改革委员会关于重庆乌江银盘水电站项目核准的批复》(发改能源〔2008〕3635 号)。

3. 移民安置实施规划编制阶段

为使银盘水电站移民搬迁安置和各项工程建设有序地进行,重庆市移民局委托长江设计公司承担了乌江银盘水电站建设征地移民安置实施规划编制工作。

移民安置实施规划是可研阶段移民安置规划的延伸和具体化,也是县、乡(镇)、村、组四级进行移民生产安置、搬迁建设工作的依据。其主要工作任务包括:实物指标分解与复核、农村移民安置规划设计、集镇迁建规划设计、彭水县城淹没处理设计、专业项目复建规划设计、库底清理规划、环境保护及水土保持规划、移民安置补偿投资概算、移民安置实施进度和投资计划等。

2008 年 2—3 月,经与重庆市移民局协商,并征求武隆区、彭水县及有关部门意见,长江设计公司编制了《乌江银盘水电站移民安置实施规划设计编制工作大纲》,作为指导编制建设征地移民安置实施规划的依据。

2008 年 3—12 月,开展了移民实物指标复核分解、农村移民安置实施规划设计、集镇迁建规划设计、彭水县城防护规划设计、专业项目复(改)建设计等工作。经征求重庆市移民局、重庆大唐国际武隆水电开发有限公司、彭水县、武隆区等有关方面意见,于 2009 年 4 月提出了《乌江银盘水电站移民安置实施规划报告》。

2009 年 6 月 16—17 日,重庆市移民局组织有关专家、市级相关部门、彭水和武隆区政府及相关单位、大唐重庆分公司、重庆大唐国际武隆水电开发有限公司、长江工程监理咨询有限公司对《乌江银盘水电站移民安置实施规划报告》进行了评审。长江设计公司根据评审意见（重庆市移民局渝移函〔2009〕254号文）修改补充完善后，提出了《乌江银盘水电站移民安置实施规划报告》（审定稿）。重庆市移民局于2009年10月23日印发了《重庆市移民局关于乌江银盘水电站武隆区移民安置实施规划的批复》（渝移发〔2009〕120号）、《重庆市移民局关于乌江银盘水电站彭水县移民安置实施规划的批复》（渝移发〔2009〕121号）。

4. 移民安置规划调整阶段

按照国家及重庆市政府有关规定，武隆、彭水两县依据实施规划组织实施了银盘水电站移民安置工作。截至目前，各项移民搬迁安置任务已基本完成。在移民安置实施过程中，由于地方近年来社会经济的发展和部分工程项目在施工过程中出现新的地质问题等原因，原规划中部分规划设计方案在实施时产生了一些变更，投资有所突破。为此，重庆市移民局委托长江设计公司对乌江银盘水电站建设征地移民安置规划进行调整。为推动此项工作顺利开展，重庆市移民局多次组织武隆、彭水两县人民政府及有关部门、大唐武隆公司、长江设计公司、监理单位等召开协调会议，就银盘水电站移民安置实施过程中的规划设计变更、规划调整报告的编制等有关事项进行商讨。在此基础上，长江设计公司依据《重庆市移民局关于乌江银盘水电站移民安置实施阶段规划设计管理有关问题的通知》（渝移发〔2008〕231号）文件的规定，于2014年5月提出了银盘水电站建设征地移民安置规划调整工作大纲，基本确定了此项工作开展的依据、原则、组织分工、计划安排等。工作大纲通过了重庆市移民局组织的审查，作为本次工作的指导性文件。

2014年6月至2015年12月，长江设计公司多次组织规划设计人员赴武隆、彭水两县，在两县移民局（办）、大唐武隆公司等相关单位的参与配合下，对移民搬迁安置实施过程中出现的实物指标错漏统、规划设计变更等进行了全面系统的梳理和复核。同时根据重庆市移民局要求，武隆、彭水两县移民局（办）委托由重庆市移民局认可的咨询机构对移民建设项目的工程结算资料进行了工程量及工程造价审核，并提出工程结算审核报告，经重庆市移民局审定后作为本次规划调整的投资概算依据。

在上述工作的基础上，长江设计公司于2015年12月编制完成规划调整报告的初稿，并征求了武隆、彭水两县移民局（办）和大唐武隆公司等有关各方的意见。经进一步修改完善后，于2016年11月提出《乌江银盘水电站建设征地移民安置规划调整报告》。

## 14.2 规划设计要点

以可行性研究阶段建设征地实物调查及规划设计为基础进行简述。

### 14.2.1 建设征地范围

1. 工程占地范围

银盘水电站工程占地区包括施工征地红线内部分和坝区征地涉及村民小组红线外水库淹没影响部分，总面积为3.67km²。

2. 淹没及影响处理范围

根据《防洪标准》（GB 50201—94）、《水电工程建设征地移民安置规划设计规范》

(DL/T 5064—2007)及淹没对象所涉及行业标准的规定，结合银盘库区实际情况，拟定设计标准见表14.2-1。

**表14.2-1 银盘水电站水库淹没处理设计标准表**

| 淹没对象 | 洪水标准(频率)/% | 重现期/年 |
|---|---|---|
| 林地、草地、其他土地 | 正常蓄水位 | |
| 耕地、园地 | 20 | 5 |
| 人口、房屋、农村居民点、一般城镇和一般工矿、35kV以下输电设施、县以下通信线路和县级文物保护单位、四级公路等 | 5 | 20 |
| 三级公路、三级四级公路、小桥等 | 4 | 25 |
| 县与县之间通信线路等 | 3.3 | 30 |
| 35kV及以上输电设施、市与县之间通信线路、二级公路、二级公路小桥、三级四级公路大中桥、市级文物保护单位等 | 2 | 50 |
| 铁路干线路基、桥梁、公路特大桥、二级公路大中桥等 | 1 | 100 |

(1)土地征用线：耕地、园地按坝前215.5m高程(正常蓄水位215.0m高程加0.5m风浪浸没、船行波影响)水平接5年一遇设计洪水回水水面线；林地、草地按正常蓄水位。土地淹没调查下线为河滩地垦殖线(5月上旬平均水位)。河滩地是指耕地垦殖线(汛期80%保证率洪水日平均水位)以下、季节性耕种的旱地。

(2)人口、房屋等的迁移线：坝前216.0m高程(正常蓄水位215.0m高程加1m风浪浸没、船行波影响)水平接20年一遇设计洪水回水水面线。

(3)专业项目的设计洪水标准：根据《防洪标准》(GB 50201—94)、《水电工程建设征地移民安置规划设计规范》(DL/T 5064)和淹没对象涉及的行业标准综合分析确定。

(4)库区主要支流有郁江和木棕河，郁江流域面积、多年平均流量和径流量均较大，两岸分布的耕地和人口房屋相对较多，因此对郁江计算了设计回水水面线。

(5)回水末端处理方式：2005年9月11—12日、11月22—23日，中国水利水电建设工程咨询公司在北京主持召开了《乌江银盘水电站水库回水计算及淹没影响分析专题报告》咨询会议，分别提出了《乌江银盘水电站水库回水及淹没影响分析专题咨询报告》(水电咨规〔2005〕0081号)和《乌江银盘水电站可行性研究阶段水库回水及淹没影响分析专题咨询报告》(水电咨规〔2005〕0118号)。根据专家咨询意见，对银盘水库回水末端的移民迁移线采用5%～20%代表性流量15100$m^3/s$(相当于5年一遇)、16500$m^3/s$和18000$m^3/s$(相当于10年一遇)、19500$m^3/s$和20800$m^3/s$(相当于20年一遇)等的回水线外包处理。对耕园地征用线末端采取按5年一遇设计回水线不高于同频率天然水面线0.3m范围内水平延伸的方法处理。

(6)水位分级：以围堰堰前20年一遇水位高程及根据堰前水位推算设计洪水回水线为调查Ⅰ线界线，Ⅰ线以上高程至215.5m(216.0m)为Ⅰ线～Ⅱ线。

(7)泥沙淤积：回水计算考虑水库运行20年泥沙淤积影响。

(8)与彭水水电站征地范围衔接：对已纳入彭水水电站施工征地红线范围的，不再进行调查。

(9) 滑坡、坍岸（库岸再造）、浸没影响区：对水库蓄水可能引起的库岸滑坡、坍岸及浸没，由长江设计公司地质部门进行稳定性分析预测，并实地划定影响区范围。

### 14.2.2 主要实物指标

乌江银盘水库淹没（占地）及淹没影响区陆域土地调查总面积 10.22km$^2$（含枢纽工程占地区 3.67km$^2$），淹没影响人口 5718 人（含工程占地区 1252 人），房屋 39.74 万 m$^2$（含工程占地区 8.55 万 m$^2$）；农村、集镇、县城、专项等移民迁（复）建工程建设占地土地总面积 174.3 亩，人口 134 人，房屋面积 9135.7m$^2$。

### 14.2.3 农村移民安置

1. 生产安置

移民安置规划的基准年为 2005 年底。水库淹没影响区和枢纽工程施工区移民安置规划设计水平年根据枢纽工程施工进度计划和移民搬迁计划分别确定。水库区为 2010 年，枢纽工程占地区为 2007 年。

工程占地区基准年农村生产安置人口 1177 人，到规划水平年规划生产安置人口 1206 人；库区基准年农村生产安置人口 1634 人，到规划水平年规划生产安置人口 1731 人。

(1) 工程占地区。对于安置在江口镇蔡家村和花园村的移民采取以种植业为主的安置方式，规划调剂耕地 588.7 亩，安置移民 703 人；对于安置在江口镇黄桷村的移民 503 人，因为在江口镇边，规划采取种植业和二、三产业相结合的兼业安置方式：一方面，有偿调剂耕地 257.8 亩，保证人均 0.5 亩以上的耕地标准；另一方面，辅以二、三产业安置以提高移民的收入。

(2) 库区。规划移民生产安置的两种途径为：以种植业安置方式为主安置 1634 人，分散调剂耕园地 1999.6 亩，其中武隆区种植业安置 298 人，分散调剂耕园地 299.9 亩；彭水县种植业安置 1336 人，分散调剂耕园地 1699.7 亩。对于居住在集镇上的 97 人（彭水县高谷镇陈家居委 1 组 40 人、狮子居委 2 组 57 人），采取种植业和二、三产业相结合的安置方式，一方面，有偿调剂耕园地 56.6 亩，保证每个移民有不低于 0.5 亩的耕地；另一方面，辅以养殖业和二三产业进行安置以提高移民的收入。

2. 搬迁安置

工程占地区规划搬迁建房人口为 1437 人；库区规划搬迁建房人口为 1369 人，其中武隆区 146 人，彭水县 1223 人。

(1) 工程占地区。规划搬迁建房人口为 1437 人。按安置方式分，集中居民点安置 930 人，分散后靠安置 507 人，分别占规划总搬迁人口的 64.7%和 35.3%。按安置区域分，本组安置 783 人，出组本村安置 240 人，出村本镇安置 414 人，分别占规划总搬迁人口的 54.5%、16.7%、28.8%。

工程占地区确定了新田、长房子、瓦子坪、卷棚和焦村坝 5 个农村集中居民点。根据农村生产安置规划和搬迁建房规划，居民点人口规模确定为：新田 202 人、长房子 102 人（新址占地人口 22 人）、瓦子坪 180 人、卷棚 86 人、焦村坝 382 人。

(2) 库区。规划总搬迁建房人口为 1369 人，其中武隆区 146 人，彭水县 1223 人。农村移民搬迁建房均采取分散安置形式。按安置区域分，本组建房人口 257 人，出组本村建房人口 356 人，出村本乡（镇）建房人口 756 人，分别占全库农村规划搬迁建房人口的 18.8%、26.0%、55.2%。

### 14.2.4　集镇淹没处理

库区局部受淹集镇 2 个，分别为武隆区黄草集镇和彭水县高谷集镇。

1. 黄草集镇

规划对黄草集镇内的淹没影响居民和单位采取集中搬迁安置，搬迁新址在现集镇东北侧、319 国道西侧的黄泥坡，为满足搬迁建设用地需要，对黄草沟进行回填处理。黄草小学位于乌江左岸岸坡，水库蓄水后，塌岸将影响到学校围墙和操场，规划对小学段岸坡采取工程措施进行防护，不再搬迁。

2006 年 3 月，设计人员会同武隆区移民局、江口镇政府、黄草村委会经过多次对不同新址方案查勘比选，最终选定现黄草老集镇东侧至 319 国道段旁黄泥坡为黄草集镇新址。

黄草镇属二类场镇，迁建用地标准为 $60m^2$/人，经计算迁建用地面积为 $1.536hm^2$，考虑到黄草集镇建设场地在一片填方区，最大高差在 20m 左右，工程占地面积较大，在确定集镇规模时，适当考虑不可建设用地，黄草集镇建设用地规模为 $1.81hm^2$。

2. 高谷集镇

规划对乌江左岸淹没影响人口 11 人采取异地（集镇新址佘家湾）搬迁安置。塌岸影响区人口 82 人，采取基础处理，原地复建。

乌江右岸淹没影响人口 432 人规划采取异地（集镇新址佘家湾）搬迁安置。塌岸影响区人口 84 人，采取工程措施进行防护。高谷中学在乌江右岸，仅淹没两栋楼房和部分操场，整体搬迁安置困难，且投资大，规划淹没影响房屋就近复建，操场采取加固垫高处理。

2006 年 3 月，设计人员会同彭水县移民办、高谷镇政府对高谷镇迁建新址进行了多方案的现场踏勘和比选，最终选定佘家湾为搬迁新址。

高谷集镇属于建制镇，人均建设用地标准为 $70m^2$/人，经计算，高谷集镇移民迁建建设用地面积为 $3.79hm^2$，根据场地平整划分台地、挡土墙、护坡处理等实际工程处理需要，并适当考虑部分不可利用地，迁建区的占地规模为 $4.51hm^2$。高谷中学淹没影响的两栋建筑单独搬迁建设，复建于中学一侧粮站后小山地，占地为 $0.22hm^2$。

### 14.2.5　县城淹没处理

根据彭水县城受淹特点，经重庆市移民局、重庆大唐国际武隆水电开发有限公司、长江设计公司与彭水县人民政府协商，进行了多方技术论证、比较，县城淹没处理方案如下：

对县城主城区的淹没处理以防护为主，对人口较密集、建筑物数量较多的淹没区和蓄水后可能发生塌岸的地段采取工程措施进行防护，防护区人口 2220 人，避免大量移民搬迁，减少移民搬迁难度，保护和充分利用土地资源；对规模较小、较分散的、采取工程防护不经济的淹没影响建筑物采取货币化补偿，货币化补偿 320 人。

防护分为 4 段，总长度约 3269.8m。结合防护工程，复建新建道路桥梁 2.42km 及相关管线设施，彭水港客运码头需结合防护堤进行复建。

对城郊的滨江居委 1 组淹没线下居民 132 人进行集中建点安置，文庙居委五里 57 人和滨江居委 49 人淹没影响居民均进行就近后靠分散安置。

对水库蓄水后有影响的滨江路防护堤进行加固处理。经复核，水库蓄水对在建的防洪一期工程没有影响。但为了加快该工程建设速度，满足乌江银盘水电站蓄水要求，重庆大唐国际武隆水电开发有限公司与地方政府协商，计列 500 万元投资对该工程进行补助，由彭水县政府包干使用。

对彭水县城区域学坝及九曲河地段的建设用地淹没影响的处理，由重庆大唐国际武隆水电开发有限公司补偿 3500 万元，由彭水县人民政府包干使用。

### 14.2.6 专业项目处理

1. 工业企业

工程占地影响的 2 家工矿企业规划采用一次性补偿方式进行补偿。

库区淹没影响工矿企业 25 家，采取工程防护措施的有 2 家；规划进集镇复建的有 2 家；规划就近后靠复建的有 10 家；按实物指标给予一次性补偿的有 11 家。

2. 公路桥梁

工程占地区影响的 319 国道改建为隧道。

库区改建 319 国道 4 段，全长 2.24km，复建新滩和银厂沟 2 座桥梁共 174 延米。

上塘码头复建工程接线公路为四级公路，包括上塘码头接线公路上段（含渝欣纸业有限公司水泥路加固）、滨江一组居民点道路及上塘码头接线公路下段，总长 2.90km；彭水县彭水至石柱县四级公路规划长度为 0.4km，规划方案为就地垫高；高谷镇至香树林路四级公路，规划长度为 0.4km；规划县城滨江路至两江桥设计高架桥一座，总长 486.5m，桥宽 10m。

3. 电力、通信及广电

经业主重庆大唐国际武隆水电开发有限公司与相关部门、单位协商，工程占地区内输变电、通信及广播电视工程复改建由各行业主管部门自行规划、实施，双方已就补偿投资金额达成协议。

库区复建输电线路总长 14.3 杆千米，其中 35kV 输电线路总长 2.4 杆千米，10kV 输电线路总长 11.9 杆千米。新增配电变压器 1 台、容量 50kVA；复建各类通信线路 58.20 杆千米；复建电视传输线长 18.65 杆千米。

4. 航运设施

根据彭水县、武隆区政府及有关部门的意见，结合两县的实际情况，规划将彭水县高谷码头、四楞碑（客运）码头、粮油码头就地复建，南渡沱码头、红军渡码头、四楞碑（货运）码头 3 个码头迁往上塘口合建；武隆区下龙溪码头原地复建，黄草集镇的 3 个码头（黄草、沙沱码头 1、2）在黄草合建一处码头，其余 26 个小型码头大多为私有，根据码头业主意愿和水运实际情况，均采用一次性补偿。

5. 水利水电设施

规划对工程占地区涉及小型水利设施给予一次性补偿，对水库淹没涉及的水电站和抽水站均实施一次性补偿。

乌江银盘水电站工程水库蓄水后，将有彭水水文站及其下属的罗家沱水文站、郁江桥水文站和下塘口水位站受水库的淹没或影响。罗家沱站和郁江桥站已不具备再开展郁江与乌江汇合后的各项水文观测的条件；下塘口水位站处于水库中心，设施全部被淹没，因而罗家沱站、郁江桥站和下塘口水位站在电站蓄水后撤消，对淹没的设施给予补偿。彭水站就地后靠复建。

6. 库周交通

工程占地区机耕道0.44km，人行道0.91km，梯道0.49km，小型桥涵114.7延米，汽渡1处，人渡2处，下河路0.45km，均给予一次性补偿。

库区规划复建库周等外路0.30km，机耕道1.50km，人行道7.10km，车行石拱桥1座长20m，人行桥5座总长270m（预混凝土桥2座，总长50m；索桥3座，总长220m）。规划在乌江及其支流上设置人渡14处，添置机动渡船14艘。对于私人或集资修建而在本次规划中未进行规划复建的村组道路或小型桥梁等进行一次性补偿。需要进行一次性补偿的有：等外路2.64km、机耕道4.85km、人行石拱桥2座共26m。

7. 文物保护

受重庆大唐国际武隆水电开发有限公司委托，重庆市文物考古所对银盘水电站工程占地区及水库淹没区内的地下文物进行了全面调查、勘探工作，于2005年12月提交了《乌江银盘水电站工程库区及坝区地下文物抢救性保护规划》。2006年5月12日，重庆市文化局、广播电视局组织专家进行了论证、评审，于2006年6月6日印发了《关于＜乌江银盘水电站工程建设征地区地下文物抢救性保护规划＞的评审意见的函》（渝文广发〔2006〕115号）。

广西文物保护研究设计中心承担了银盘水电站工程占地区及水库淹没区地面文物的保护规划工作，于2006年6月提交了《重庆乌江银盘水电站工程建设征地区地面文物调查保护评估报告》。重庆市文化局组织专家进行了评审，2006年8月16日印发了《关于乌江银盘水电站工程建设征地区地面文物调查及保护评估报告的复函》（渝文广发〔2006〕183号）。

移民安置规划按上述成果纳入。

8. 矿产资源损失

受重庆大唐国际武隆水电开发有限公司委托，重庆市地质矿产勘查开发局川东南地质大队对银盘水电站坝区及库区建设用地范围内的矿产资源进行了压覆矿产调查评价，于2005年4月提出了《重庆乌江银盘水电站坝址区建设用地与淹没区范围压覆矿产资源评估报告》。移民安置规划按该报告成果纳入。

9. 旅游设施

银盘水电站淹没涉及彭水县郁江旅游分公司部分设施，规划予以一次性补偿。

### 14.2.7 库底清理规划

库底清理分一般清理和特殊清理两部分。一般清理的清理内容和范围包括居民迁移线以下的建筑物与构筑物的拆除与清理，正常蓄水位以下的林木砍伐与迹地清理，防止水质污染的卫生清理；正常蓄水位至死水位以下 2m 范围内大体积建筑物和构筑物残留体（如桥墩、牌坊、线杆、墙体等）和林木等的清理。

特殊清理的范围是指选定的航线、港口、码头、供水工程取水口等所在地的水域。清理的内容是为了开发利用水库水域各项事业必须进行的特殊清理。

规划以建设征地范围内的实物量为基础，提出卫生清理、固体废弃物清理、林木清理、建构筑物清理和库底清理实施验收的技术要求和各类清理指标。

### 14.2.8 环境保护和水土保持

受重庆大唐国际武隆水电开发有限公司的委托，重庆市环境科学研究院在环境调查、现场查勘、现场监测与测试、公众意见咨询等基础上，按照环境影响评价技术规范编制完成了《重庆乌江银盘水电站环境影响报告书》，该报告书 2007 年已通过国家环境保护总局批复（环审〔2007〕378 号）。

重庆大唐国际武隆水电开发有限公司委托长江水资源保护科学研究所按照水土保持评价技术规范编制完成了《重庆乌江银盘水电站水土保持方案报告书》，该报告书 2007 年已通过水利部批复（水保函〔2007〕141 号）。

移民安置规划按上述成果纳入。

### 14.2.9 移民补偿投资概算

以建设征地实物指标和规划设计成果为基础，按照国家和重庆市有关政策法规以及有关规程规范的规定，结合当地实际，按 2008 年二季度价格水平，编制移民补偿投资概算。

移民补偿费由建设征地移民安置补偿项目费、独立费用和基本预备费三部分组成。其中建设征地移民安置补偿项目费包括农村移民补偿费、集镇迁建补偿费、县城淹没处理补偿费、专业项目处理补偿费、库底清理费、环境保护费和水土保持费等；独立费用包括项目建设管理费、移民安置实施阶段科研和综合设计费、其他税费等。

经计算，银盘水电站建设征地和移民安置补偿投资为 145036.03 万元，其中农村移民补偿费 26719.94 万元，集镇迁建补偿费 9678.08 万元，县城淹没处理补偿费 41032.11 万元，专业项目处理补偿费 29206.89 万元，库底清理费 606.86 万元，环境保护费 437.76 万元，水土保持费 147.53 万元，独立费用 30300.38 万元，基本预备费 6906.48 万元。

## 14.3 关键技术总结

### 14.3.1 土地实物指标调查

可行性研究阶段建设征地实物调查是移民安置规划设计的基础工作，经认定的调查指标作为实施中移民补偿补助的依据。其中农村各类土地的征收面积是主要指标之一，不仅关系到土地补偿费、安置补助费的计算和农村移民生产安置等重大问题，同时也是业主办理土地征用手续的基本依据。在以往同类工程中，移民实物指标的调查和项目征地报批指标的调查往往由不同的单位分别进行，前者为主体工程的规划设计单位，后者一般为项目业主委托当地国土和林业部门认可的勘测设计单位。

征地实物指标调查成果作为移民补偿补助的重要依据，十分注重公正、公开的原则和移民群体的参与度。土地指标的统计除了内业量算地形地类图外，还需要在当地村、组干部的配合下现场复核村组界线和地类斑块，并及时对图纸和量算数据进行修正，统计数据必须由被征地集体经济组织签字确认，并按程序进行公示。专门为满足征地报批需要而进行的土地调查一般不需要经过上述村、组确认的程序，调查单位主要依据地形地类图进行内业量算和统计。由于缺少现场复核和修正的环节，其统计数据往往与移民实物指标调查成果有很大差异，导致同样的建设征地范围却存在几套不一样的统计数据，对项目的土地征收管理工作带来不便。

银盘水电站移民实物指标调查充分汲取以往工程项目的经验教训，从调查机构组织和调查方法等方面进行了改进。

1. 调查机构组织

项目业主分别委托重庆华夏土地测量事务所和重庆市林业规划设计院进行土地和林地勘界测量工作。同时将上述两家单位纳入建设征地移民实物指标调查组，由长江设计公司技术牵头，联合调查土地指标。其中，长江设计公司负责确定调查范围和调查方法，并统一调查标准；重庆市林业规划设计院负责调查范围内林地和退耕还林地的认定；重庆华夏土地测量事务所负责村组界线和地类斑块的划分。三家单位共同参与地形地类图内业量算、现场复核、成果确认和公示等工作。

2. 调查方法

集体土地以村民小组为单位进行调查，国有土地以使用权属单位为统计单元分地块进行调查。土地面积利用实测1/500或1/2000地形地类图在当地村组干部的配合下，实地复核地类斑块和权属界线，图纸有误或已发生变化的，应现场进行修正。

土地调查组在乡镇、村组干部配合下对地类地形图上标绘的乡（镇）、行政村界进行现场核对，并在图上补充标绘村民小组的界线。当地乡镇、村、组对土地权属界存在争议时，按照争议处理程序进行处理。调查工作组根据现场调查情况，将权属界的调查成果标绘在纸质地类地形图上，并由各方指界人在图纸上签字认可，形成权属界的调查成果。对各村组之间的插花地，现场将图斑落实到各组，并在图幅的上半部分用文字加以注明；经现场核实，图纸上地类斑块与实地不符的，由调查人员在图纸上进行修正。

调查人员根据调查修正的图纸，通过辅助的计算机图形量算软件测量计算各类土地面积，提出以村民小组为单位的分类农村土地调查成果表，经农村集体经济组织或土地使用部门负责人签字（盖章）认可后逐级汇总。

通过上述三家单位联合调查的建设征地土地实物指标成果经认定后，不仅作为移民安置补偿补助的依据，同时也作为国土和林业行政主管部门报建审批的依据。这种三方联合调查的工作方式充分保证了银盘水电站的征地指标数据在移民补偿、国土和林业行政审批等不同用途的一致性，极大提高了业主项目核准和征地报建的效率。

### 14.3.2 农村移民生产安置

我国水库移民90%都是农民，土地是农民赖以生存的资料，也是进行投资、积累财富的主要途径。因此，种植业有土生产安置一直是我国水库农村移民生产安置的主要方式，比例占70%以上。有土安置主要包括种植业安置、林业安置、牧业安置和渔业安置等方式，在不同的区域，有土安置的方式也有所不同。

种植业有土安置标准一般以安置区人均标准为基数，以确保移民安置后生活水平不低于搬迁前生活水平，经过多年的实践经验，落实种植业有土安置，能基本确保农民以土为本的本质，且搬迁后生活水平基本上高于搬迁前，能达到预期效果。

银盘水电站库区农村移民生产安置，可研规划阶段主要采用的是调剂土地资源丰富，基础配套设施和公共服务相对完善的区域进行安置，其主要安置集中在武隆区的江口镇、彭水县的汉葭镇、高谷镇等城镇周边，区域条件较和基础设施环境较好，其安置方式采取"大分散，小集中"的有土生产安置方式，此种方式能充分利用环境容量，避免超载。

移民生产安置按工程占地区和库区分别安置，其中工程占地区主要安置：对于安置在江口镇蔡家村和花园村，规划调剂耕地588.7亩，安置移民703人，人均耕地0.84亩；对于安置在江口镇黄桷村的移民503人，因为在江口镇边，规划采取种植业和第二、三产业相结合的兼业安置方式，一方面，有偿调剂耕地257.8亩，保证人均0.5亩以上的耕地标准，另一方面，辅以第二、三产业安置以提高移民的收入。

库区主要规划移民生产安置的两种途径为：以种植业安置方式为主安置1634人，分散调剂耕园地1999.6亩，人均安置标准为1.22亩；对于居住在集镇上的97人（彭水县高谷镇陈家居委1组40人、狮子居委2组57人），采取种植业和第二、三产业相结合的安置方式，一方面，有偿调剂耕园地56.6亩，保证每个移民有不低于0.5亩的耕地，另一方面，辅以养殖业和第二、三产业进行安置以提高移民的收入。

通过对其安置后的分析，以种植业安置为主的移民搬迁安置后，其种植业人均纯收入武隆可达1348元，彭水可达1419元。其他劳动力从业和第二、三产业安置分析移民搬迁安置到规划水平年，移民第二、三产业人均纯收入武隆可达6215元，彭水可达3952元。

通过预测，库区武隆区移民到2010年综合人均纯收入7563元，其中种植业纯收入1348元，占总收入比例17.8%，第二、三产业纯收入6215元，占总收入比例的82.2%。

彭水县移民到2010年人均综合纯收入5371元，其中种植业纯收入1419元，占总收入比例的26.4%，第二、三产业纯收入3952元，占总收入比例的83.6%。

通过库区两县移民综合收入分析，两县移民人均纯收入和种植业纯收入均高于规划目标，与安置前收入构成相比，种植业收入比例有所下降，而第二、三产业收入比例明显提高。

实施操作过程中银盘水电站库区两县结合"重庆市统筹城乡户籍制度改革"和"被征地农转非人员参加基本养老保险"等政策，根据移民自愿原则，解决了银盘水电站农转非失地移民参加城镇职工养老保险问题；两县移民农转非参加养老保险人口共计2209人，占两县生产安置总人口的75.47%。剩余24.53%的生产安置人口未参加养老保险的主要原因：一是未满 16 周岁的移民按政策规定，不能参加养老保险；二是对于 20～40 岁年龄段的部分年青壮年移民，由于个人需承担的费用相对较多，自愿放弃农转非参加养老保险。

移民生产安置方式调整后移民家庭经济收入总体较高，均高于当地农村居民年人均纯收入水平，移民生活总体得到保障。两县调整生产安置方式，符合绝大多数移民的意愿，方案可行。

农村移民生产安置方式的改变对水库移民来讲是一种新的生产安置方式，不仅从经济上有更多的自主支配，其生活亦是有了长远的保障。

1. *落实有关政策的需要*

银盘水库农村移民安置方式自 2008 年规划和 2009 年实施规划的调剂有土安置向实施过程中的一次性补偿结合农转非养老保险安置，从政策上符合《国家发展改革委关于做好水电工程先移民后建设有关工作的通知》（国家发改能源〔2012〕293 号）要求，与《重庆市人民政府关于统筹城乡户籍制度改革的意见》（渝府发〔2010〕78 号）、《重庆市人民政府办公厅关于印发〈重庆市统筹城乡户籍制度改革社会保障实施办法（试行）〉的通知》（渝办发〔2010〕202 号）、《关于推进重庆市户籍制度改革有关问题的通知》（渝办发〔2010〕269 号）、《农转非人员基本养老保险试行办法的通知》（渝府发〔2008〕26 号）和《关于重庆市农村居民转为城镇居民参加基本养老保险有关问题的处理意见》（渝人社发〔2010〕182 号）等政策文件形成了有效的铰接。

根据《国家发展改革委关于做好水电工程先移民后建设有关工作的通知》（发改能源〔2012〕293 号）要求，农村移民生产安置规划要因地制宜稳步探索以被征收承包到户耕地净产值为基础逐年货币补偿等“少土”“无土”安置措施；探索加快建立移民养老保险和医疗保险制度。一方面，按《实施规划报告》规定的补偿标准和数量，足额将土地补偿费兑付给移民，用于生产恢复和家庭经营资本等；另一方面，着力探索农村移民生产安置新路子，实行农转城养老保险安置。经重庆市移民局和武隆、彭水两县人民政府努力争取，重庆市人民政府同意，在乌江银盘水电站移民补偿政策范畴以外，按照“重庆市统筹城乡户籍制度改革”和“被征地农转非人员参加基本养老保险”等[（渝府发〔2010〕78 号）、（渝办发〔2010〕202 号）、（渝办发〔2010〕269 号）、（渝府发〔2008〕26 号）及[渝人社发〔2010〕182 号）]社会保障政策，解决了银盘水电站失地农村移民转为城镇居民参加基本养老保险的问题。农转城参加养老保险缴费金额按个人承担 50%、政府补贴 50%。以“4050”人员为例，该年龄段人员仅需每人一次性缴纳 20500 元的基本养老保险费，大大减轻了移民参保的经济负担。

参保后，通过对武隆、彭水两县农村移民抽样调查，共抽样调查 67 人，其中有 12 人年满 60 岁，平均每月领取约 800 元的养老金，此项收入保障了其生活水平。

2. *促进城镇化发展的需要*

重庆市作为成渝城市圈，同时也是长江经济带规划发展的重要依托和发展战略支点，是列入国家重点发展经济带规划区域，武隆、彭水两县又是重庆市旅游和水电等重点区县，两县近年发展迅速，大兴土木，不仅对其城镇周边的基础设施和对外交通进行完善，而且城镇不断扩张，重点发展旅游等相关产业项目；其不断扩张的城镇占地与原本有限的土地安置资源日益冲突，相对安置区移民来讲，极有可能面临土地资源的再次流转或征用，其有限资源不断紧缩，且极易让此部分人员返贫，后期势必激化移民矛盾，与我水库移民生产安置初衷不符；若有效结合一次性补偿和社会养老保险，既可避免后期移民的再次搬迁和土地资源的二次征用，同时能有效长远保障农村生产安置移民后期生活水平。

3. *减少移民矛盾的需要*

移民由于环境和个人能力的差异等诸多因素，不可避免地会遇到各种各样的生存与发展风险，一次性补偿和社会保障安置，可以保障移民有一个合理的基本生活水平，以应对风险，使之共享由工程建设及经济社会发展所带来的益处。由于移民的长期权益有保障，搬迁安置矛盾进一步减少，移民安置效益得到提高，库区和移民安置区社会更为和谐。

### 14.3.3 集镇迁建处理

银盘水电站淹没涉及武隆区黄草和彭水县高谷两座集镇，均为部分淹没，由于建设征地对镇区核心功能影响有限，淹没处理方式确定为依托老城镇就地后靠。在选择迁建新址时，由县人民政府组织，长江设计公司和县移民部门会同所在乡镇综合考虑区位交通、地形地质条件等因素进行了多方案比选，经广泛征求当地政府和移民群众的意愿后，确定迁建新址。其中，黄草集镇新址选定在老集镇东北部的黄草沟出口段（受淹没影响地段），建设场地采取原地填高处理；高谷集镇新址选定在老集镇北侧的佘家湾。

银盘水电站项目经国家核准后，地方政府严格按照规划设计成果精心组织实施，在实施过程中，规划阶段的迁建新址未进行调整，总体规划设计方案未出现重大设计变更。目前，黄草、高谷集镇内已实施完成风貌建设，增加了绿化景观，添置了公共健身器材和消防设施，集镇布置整齐有序、清洁卫生、风貌美观，极大地改善了移民居住环境，已成为乌江流域其他梯级水电站移民工程建设的示范工程之一。

彭水县高谷新集镇见图 14.3-1。

值得思考的是，可研规划黄草集镇迁建人口规模为 256 人，高谷集镇迁建人口规模为 541 人，集镇基础设施按相应规模进行建设。但基础设施建设完成后，实际搬迁入住的移民人口分别只有 195 人和 326 人，其余移民均选择了分散搬迁，形成分散安置基础设施补助资金缺口。实际上，其他水利水电工程移民安置在集镇迁建包括农村居民点的实施过程中也经常出现类似情况，主要原因是移民搬迁安置意愿的不可确定性，可研规划阶段征求的移民意愿在实施过程中可能发生变化。在充分保障移民权益，尊重个人选择的同时，为有效利用和节省移民投资，应在新址基础设施建设启动之前，通过签订搬迁协议等方式明确搬迁对象和迁建人口规模，完善有关规划设计变更程序。

图 14.3-1 彭水县高谷新集镇

### 14.3.4　彭水县城淹没处理

1. 县城概况

彭水县城汉葭镇位于乌江和郁江汇合口处。现状建成区面积 5.4km²，常住人口约 7 万人，金融、商业设施齐全，有农贸市场 3 个、普通中学 4 所。城区主要道路 6 条，全长 13.4km，为混凝土路面，在乌江、郁江、九曲河各建有公路桥 1 座，将三江两岸城区联为一体。城区 35kV 变电站 3 座，自来水厂 2 座，日供水 0.5 万 t。

现状存在主要问题有：城市防洪标准低（2～5 年一遇），城市道路标准低、路面质量差，公用设施不配套；建筑密度较大，缺少活动空间，居住环境质量较差。

2. 淹没影响情况

彭水县城距乌江银盘电站坝址 42km，位于水库回水末端。淹没影响涉及 6 个居委、44 个单位、12 家企业。涉及人口 3299 人，其中居民人口 1577 人，县城单位 1722 人；房屋面积 219389.5m²，其中居民 92892.7m²，单位 125367.7m²，副业 1129.1m²。

淹没影响的建筑大部分为住宅，少部分为商业、办公建筑，主要集中在乌江两岸和郁江左岸，呈狭窄带状分布。虽然淹没比重不大，但淹没区在城区中位置相对较好，对县城码头、沿江道路、城市功能影响较大，此外居民中有相当部分属破产企业下岗职工或依靠社保的低收入者，应根据实际情况妥善处理。

淹没影响区域也是彭水县城亟待改造的旧城区，以银盘水电站建设为契机，结合县城的淹没处理和旧城区改造，使城市布局更合理，基础设施配套、人居环境等有所改善，促进城市经济可持续发展，构造和谐社会。

3. 淹没处理方案

2007 年 2—12 月，长江设计公司在多次规划方案比选和征求业主、地方政府、移民群众的意见后，完成了可研阶段彭水县城淹没处理规划，县城防护、滨江路防护堤及滨江居民点基础设施等完成了初步设计。2007 年 12 月 25—26 日，水电水利规划设计总院在重庆市主持召开了《乌江银盘水电站建设征地移民安置规划报告》审查会议，审查并通过了彭水县城淹没处理规划方案和县城防护、滨江路防护堤及滨江居民点基础设施等的初步设计成果。

实施规划编制过程中，经重庆市移民局、重庆大唐国际武隆水电开发有限公司、长江设计公司与彭水县人民政府协商，彭水县城淹没处理规划方案与可研报告基本一致，仅县城防护堤线长度由可研阶段的 3269.8m 调整为 3228.0m。县城防护、滨江路防护堤及滨江居民点基础设施等在初设工作的基础上根据新的地形、地质资料开展了施工图设计工作，设计成果通过了中国煤炭国际工程集团重庆设计院的审查。

规划根据县城淹没影响特点、结合地质地形条件、统筹兼顾、合理布局，经重庆市移民局、重庆大唐国际武隆水电开发有限公司、长江设计公司与彭水县人民政府多次协商，多方案技术论证，最终确定采用防护＋局部搬迁相结合方案，淹没处理方案如下：

（1）主城区。对县城主城区的淹没处理以防护为主。对人口较密集、建筑物数量较多的淹没区和蓄水后可能发生塌岸的地段采取工程措施进行防护，避免大量移民搬迁，减少移民搬迁难度，保护和充分利用土地资源，防护区 2220 人，房屋面积 137150.1m²；对规模较小、较分散的、采取工程防护不经济的淹没影响建筑物采取货币化补偿，货币化补偿320人，房屋面积38644.1m$^2$。

防护总长度约3228m，防护共分为四段：①乌江左岸沙沱码头—滨江路，长度为650m；②乌江右岸粮食局仓库至商贸园护岸，长度为1470m；③郁江左岸桥头至民政局护岸，长度为290.0m；④外河坝护岸，长度为818m（人行桥长200.04m）。

（2）城郊。对城郊的滨江居委1组淹没线下居民39户135人进行集中建点安置。

文庙居委五里13户57人和滨江居委2组11户49人淹没影响居民均进行就近后靠分散安置。

4. 关于彭水县城淹没处理的思考

由于人口集居密度大、产业集中、居民从业方式多样化、经济和文化发达，其辐射作用不仅对其周边农村经济发展产生一定的拉动作用，也使周边农村地带感受到了城镇基础设施建设发展带来的实惠，因而在水利水电工程建设征地中，受淹城镇迁建也是淹没处理的难点。水利水电工程建设征地一旦涉及到城镇，其搬迁安置难度将增大。难度最大的有两点：一是迁建选址困难，一般城镇迁建选址首先考虑在原城镇周边，但如果新址地段条件达不到原地段等级，不少原来沿街经营的个体工商户失去了生活来源，如同农村移民失去了赖以生存的土地，同时又没有进行生产安置规划一样，很难被移民接受；二是水库淹没一般对沿河城镇的基础设施影响较大，对岸坡稳定可能产生不利影响。

城镇迁建的方式主要包括异地迁建、后靠复建和工程防护3种方案。异地迁建便于城镇总体规划、完善城镇建设、为新集镇带来发展机遇，但缺点是移民离开原有环境，心理上难以适应；部分移民失去原有地段的优势，难以接受安置；总体安置难度较大。后靠复建的优点是居住环境得以改善、移民乐于接受，但缺点是原淹没区周边库岸受蓄水影响，可能产生坍岸，并且后靠需有容量。工程防护优点是原址附近安置、居住环境改善，移民乐于接受，缺点是过渡期较长、不少区域回填深度大、对基础处理要求很高，排水设计如果考虑不周，容易产生内涝等问题。

结合彭水县城淹没特点，本规划采用防护＋局部搬迁方案，这种淹没处理方式避免了大量移民搬迁，减少了搬迁安置难度，充分保护和利用了土地资源，节省了移民投资。同时防护工程与彭水县城市发展相结合，使当地交通条件得到大幅度改善；防护堤内侧形成的区域，为城市建设创造新的发展空间，县城区乌江、郁江两岸已高楼林立，城市景观和面貌焕然一新。

彭水县城沿江防护工程见图14.3-2。

### 14.3.5 彭水县城防护规划设计

彭水县城防洪护岸综合整治工程是彭水县重点工程，是一项集提高城市防洪标准、沿江环境整治、美化库岸环境、改善城市交通功能、改善人居环境、提升城市形象和品位、促进当地经济建设和社会进步等多种功能于一体的综合性基础设施建设项目。

由于彭水县政府对该综合整治工程定位较高，对工程结构设计及景观设计均提出了较高的要求。银盘水电站工程从前期设计到施工结束，克服了以下难点：

（1）工程沿线堤顶地形差异较大，已建建构筑物繁多，致使堤顶道路布线困难。

图 14.3-2　彭水县城沿江防护工程

按照彭水县城市总体规划和已批复的县城防洪体系建设方案，结合地形、地貌、地质条件，防洪评价结论和水行政部门批复的治导线，以及现有河堤布置、建筑物型式和工程施工条件，河堤轴线布置方案堤尽量平顺，满足防洪及适应城区交通布置要求，并兼顾城区改造、拓展开发的条件。为做到尽少拆迁、尽少影响周边建筑物，道路线形尽量平顺，项目设计人员深入现场，调查沿线影响区范围内每栋建筑物结构、基础形式，实地测量放线，多次调整整体布置方案，形成最终堤线的布置。

(2) 乌江、郁江两岸大部分岸坡陡峭，加之局部河道较窄，致使河堤形式选择困难。

结合银盘水电站工程的地形、地貌及河道防洪要求，在满足河道行洪的前提下，对河堤填筑方案，选取单级直立挡墙方案、直立挡墙＋斜坡护岸方案及分级放坡回填＋堆石棱体护脚方案等多方案，从施工难易程度、工程投资规模、整体景观效果等多方面进行技术经济比较，因地制宜，大部分河段河堤选用投资较省，施工简单的单级直立挡墙方案，局部地段遇边坡较陡且坡顶有建筑物处，或有景观和衔接要求的特殊段，选用直立挡墙＋斜坡护岸方案，在不影响行洪的前提下，对景观有特殊要求且具备多级放坡的个别地段采用分级放坡回填＋堆石棱体护脚方案，特殊狭窄、陡壁河段为保证行洪断面布置为高架桥，桥下设护坡或护岸。

(3) 工程沿线地质条件十分复杂，风化岩、顺向坡、岩溶广为分布，致使堤基结构形式选择困难。

银盘水电站工程大部分河段河堤形式为直立挡墙方案，挡墙高度为 20～30m，因此对基础要求相对较高，而工程区位于乌江、郁江两岸斜坡地段，基础岩体为可溶性较强岩石段，岸坡卸荷裂隙、构造裂隙发育，岩溶发育，岩体透水性较强。挡墙基础施工过程中，为满足挡墙承载力及抗倾覆抗滑移稳定要求，克服岩体风化及顺向坡切脚边坡稳定等问题，采用扩大基础或桩基托梁的结构型式进入中风化基岩持力层，溶洞区通过对溶洞回填处理及采用钢筋混凝土梁板跨越等形式进行处理，确保河堤结构稳定及安全。

(4) 彭水县委、县政府提出整体实施“两江一河六岸”河堤建设的要求较高，明确要求对河堤进行“穿衣戴帽”，以体现城市特色、挖掘文化内涵、提升城市形象。

银盘水电站工程景观风貌根据河堤设计方案，重点开展三个方面的打造：第一，利用河堤、水的空间，以苗族和黔中文化为主，打造成为具有地域风貌和城市人文记忆的展现平台；第二，以建设生态绿化廊道为主，柔化堤坝生硬的轮廓，使滨水与城市相互交融、和谐共存；第三，考虑河堤是城市的阳台，充分体现亲水性，进行了亲水体验、健身休闲等方面设计。最终高质量打造环城滨水景观带，展现富有滨水特色的“乌江苗都”。根据不同景观主题和实现不同功能，滨江景观带细分为五大功能区域，即城市阳台迎宾区、苗家风情画廊展示区、历史文化形象区、亲水休闲体验区及郁江生态漫步区。

### 14.3.6 移民安置规划调整

为解决乌江银盘水电站移民安置实施过程中的实际情况，落实国务院第 471 号令的文件精神，重庆市移民局组织武隆区移民局、彭水县移民办、业主大唐武隆公司和设计单位召开了移民安置规划调整会议，会议明确了对原可研核准报告和实施规划进行调整，所有移民迁复建工程的设计变更应严格按照《重庆市移民局关于乌江银盘水电站移民安置实施阶段规划设计管理有关问题的通知》(渝移发〔2008〕231 号) 文件规定执行，文件中对银盘水电站移民实施规划设计变更范围、程序和时间上进行了规范。

为推动此项工作顺利开展，重庆市移民局多次组织武隆、彭水两县人民政府及有关部门、大唐武隆公司、长江设计公司等召开协调会议，就银盘水电站移民安置实施过程中的规划设计变更、规划调整等有关事项进行商讨。同时，长江设计公司提出了银盘水电站建设征地移民安置规划调整工作大纲，大纲内容获得重庆市移民局审查认可。

长江设计公司对银盘水电站库区两县实施过程中实物指标变更、规划设计变更等情况进行了全面复核，并按《重庆市移民局关于乌江银盘水电站移民安置实施阶段规划设计管理有关问题的通知》(渝移发〔2008〕231 号) 的规定进行了核定，对符合政策规定且程序文件齐备的变更项目纳入移民安置规划调整。

1. 规划调整的必要性

(1) 是适应国家政策调整，落实移民政策，依法移民的需要。

国务院新颁布实施的《大中型水利水电工程建设征地补偿和移民安置条例》(国务院令第 471 号)，总结了我国长期以来水库移民工作的实践经验和教训，是指导新时期移民工作的基本法则，处理移民工作中的具体问题和矛盾都必须以新条例的规定为依据。重庆市人民政府随后出台了一系列有关建设征地移民安置的法规政策。为切实落实各项移民政策，妥善解决新老移民政策的衔接过渡问题，对移民安置规划进行相应调整是十分必要的。

（2）是解决疑难问题，全面完成移民任务的需要。由于库区移民情况复杂，农村移民安置、城集镇及专项设施在迁复建过程中出现了一些新的疑难问题和矛盾亟待解决，在一定程度上制约了农村移民安置、城集镇及专项设施在迁复建，同时也制约了当地经济发展；通过规划调整妥善解决上述问题和矛盾，推进移民安置任务全面完成是十分必要的。

（3）是完善移民安置基本程序的需要。银盘水电站各项移民搬迁安置任务截至目前已基本完成，部分征地实物指标、移民工程建设项目由于各种原因在实施过程中相对于原规划设计方案发生了变化，通过规划调整全面梳理各项规划设计变更，核定移民实际补偿投资，完善相关环节和移民安置基本程序是十分必要的。

（4）是适应经济社会发展的需要。银盘水电站移民搬迁安置时间跨度较长，在实施过程中，库区和移民安置区经济社会快速发展，原规划的边界条件已发生了较大变化。为适应新形势和有关行业发展规划要求，对移民安置规划进行相应调整是十分必要的。

2. 内容、方法和程序

（1）实物指标核定。在可研规划和实施规划的基础上，结合移民搬迁安置实际，进一步复核和分解落实各项建设征地实物指标，补充对实物指标变更的认定及完善相关程序。实物指标变更是指在实施移民搬迁安置过程中发现的，符合有关政策规定的实物指标漏、错数据的更改。本次实物指标核定基准年为 2011 年。

根据渝移发〔2008〕231 号文件的规定，实物指标变更的认定程序为：移民户（或产权所有人）提出书面申请→所在村（居）民委员会签署意见，乡（镇）人民政府复核并签署意见→所在县移民局（办）会同综合设代机构、综合监理机构、大唐武隆公司等审核，提出处理意见并张榜公布（公示）→重庆市移民局审批→纳入规划调整。

（2）规划设计变更处理。在可研规划和实施规划的基础上，结合移民搬迁安置实际，全面梳理已发生的规划设计变更，对其中符合政策规定且程序完备的进行认定，并纳入规划调整。

规划变更是指实施过程中由于地质等工程建设条件出现未预料的重大变化、政策性调整等原因引起的工程建设标准、建设规模、选址、工程总体布局、移民安置去向、安置方式、补偿标准等同可研规划比较发生变化。

根据渝移发〔2008〕231 号文件的规定，规划变更的认定程序为：乡（镇）人民政府或工程建设单位提出实施规划变更申请→县移民局（办）初审→综合监理、综合设代审核→县移民局（办）上报→重庆市移民局会商大唐武隆公司后审批→综合设代出具实施规划变更通知和变更文件→纳入规划调整。

设计变更是指在实施中因设计条件或施工条件变化，对批准的单项工程施工图设计进行的变更。

根据渝移发〔2008〕231 号文件的规定，设计变更的认定程序为：项目法人或施工单位提出变更申请→单项工程监理单位、设计单位审查论证→县移民局（办）会商大唐武隆公司审批→设计单位出具设计变更文件→监理机构下发工程变更令→纳入规划调整。

（3）规划调整概算编制。在上述实物指标核定、规划设计变更处理，以及移民工程项目结算审核的基础上编制规划调整投资概算。规划调整投资包括补偿补助费和工程建设费两部分，补偿补助费根据本次核定的实物指标以及可研规划确定的补偿标准和单价进行计算；移民工程项目由武隆、彭水两县移民局（办）委托咨询机构进行工程量和工程造价审核，工程建设费按审核结果考虑实际需发生的二类费用后计列。

咨询机构根据项目实施过程中的设计变更程序文件，在设计、监理和施工等单位的共同参与配合下，对建设项目的工程量进行审核。在此基础上，以建设业主和施工方签订的合同单价为依据对工程项目的造价进行审核，并出具结算审核报告。

# 参 考 文 献


［1］长江水利委员会长江勘测规划设计研究院．重庆乌江银盘水电站可行性研究报告［R］．武汉：长江勘测规划设计研究院，2008.

［2］长江水利委员会长江勘测规划设计研究院．重庆乌江银盘水电站可行性研究阶段工程地质报告［R］．武汉：长江勘测规划设计研究院，2007.

［3］长江勘测规划设计研究有限责任公司．重庆乌江银盘水电站蓄水验收设计报告［R］．武汉：长江勘测规划设计研究有限责任公司，2011.

［4］长江科学院．重庆乌江银盘水电站可行性研究阶段杨家沱坝址现场岩石力学试验研究成果报告［R］．武汉：长江科学院，2005.

［5］中国水电八局有限公司．乌江银盘水电站三期基坑岩溶渗漏封堵出口反灌施工措施［R］．长沙：中国水电八局有限公司，2011.

［6］王颂，王雪波，王德行．岩体 $E_0 - V_P$ 关系曲线在大坝基岩鉴定中的应用［J］．人民长江，2013，44（6）：83-85.

［7］王颂，季福全．乌江银盘水电站左岸高边坡稳定性研究［J］．人民长江，2007，38（9）：87—90.

［8］长江水利委员会长江勘测规划设计研究院．重庆乌江银盘水电站坝址选择专题报告［R］．武汉：长江勘测规划设计研究院，2005.

［9］长江勘测规划设计研究有限责任公司．重庆银盘水电站工程竣工安全鉴定设计自检报告［R］．武汉：长江勘测规划设计研究有限责任公司，2015.

［10］刘玉，周浪，胡进华，等．乌江银盘水电站大坝深层抗滑稳定分析研究［J］．人民长江，2008，39（4）：34-36.

［11］胡进华，杨本新，周浪．乌江银盘水电站枢纽布置设计研究［J］．人民长江，2008，39（4）：25-27.

［12］张练，丁秀丽，杜俊慧，等．银盘水电站左岸坝肩边坡稳定性三维数值分析［J］．人民长江，2008，39（4）：88-90.

［13］杜俊慧，向友国，李凤丽，等．乌江银盘水电站泄洪与消能设计［J］．湖北水力发电，2006（4）：24-27.

［14］杜俊慧，姜伯乐，李国勇，等．泄洪消能设计与试验研究［J］．人民长江，2008，38（4）：31-33.

［15］杜申伟，周浪，张玲丽．乌江银盘水电站厂房设计［J］．人民长江，2008，39（4）：37-38，47.

［16］詹金环，陈超敏，饶志文．乌江银盘水电站施工导流规划与设计［J］．人民长江，2008，39（4）：44-47.